Unsere Zukunft wird gut (sehr wahrscheinlich)

Thomas Unnerstall

Unsere Zukunft wird gut (sehr wahrscheinlich)

Analysen und Einsichten zur Reise der Menschheit

Thomas Unnerstall
Gernsheim, Deutschland

ISBN 978-3-662-72483-5 ISBN 978-3-662-72484-2 (eBook)
https://doi.org/10.1007/978-3-662-72484-2

Die Deutsche Nationalbibliothek verzeichnet diese Publikation in der Deutschen Nationalbibliografie; detaillierte bibliografische Daten sind im Internet über https://portal.dnb.de abrufbar.

Springer ist ein Imprint der eingetragenen Gesellschaft Springer-Verlag GmbH, DE und ist ein Teil von Springer Nature.
Die Anschrift der Gesellschaft ist: Heidelberger Platz 3, 14197 Berlin, Germany

Für Juna und Tim

The silver trump of freedom had roused my soul to eternal wakefulness. Freedom now appeared, to disappear no more forever. It was heard in every sound, and seen in every thing. It was ever present to torment me with a sense of my wretched condition. I saw nothing without seeing it, I heard nothing without hearing it, and felt nothing without feeling it. It looked from every star, it smiled in every calm, breathed in every wind, and moved in every storm.

Frederick Douglas

Vorwort

„Unsere Zukunft wird gut" – einen solchen Titel für ein Buch über die Menschheitsgeschichte im Jahre 2026 zu wählen, mag überraschend sein, geradezu naiv, unrealistisch. Schließlich ist nicht zu leugnen, dass wir seit 5–10 Jahren in wichtigen politisch-gesellschaftlichen Aspekten Zeuge von Rückschritten sind: Der Krieg ist mit dem Angriff Russlands auf die Ukraine zurück in Europa, die nationalistischen Töne aus China werden schärfer, die Demokratien scheinen global auf dem Rückzug gegenüber autoritären Staatsformen zu sein, der Einfluss supranationaler Organisationen schwindet, und nicht zuletzt scheint aufgrund zunehmender innerer Instabilitäten das Modell der offenen, freien Gesellschaft – das sich doch nach dem Zusammenbruch des Ostblocks als „Sieger der Geschichte" wähnen durfte – infrage gestellt. Warum dann „Unsere Zukunft wird gut"?

Zum einen gibt es zu all diesen Entwicklungen eine andere Seite: Auch in den letzten 10 Jahren sind Hunderte Millionen Menschen der extremen Armut entronnen, sind die globalen ökonomischen Ungleichheiten deutlich gesunken, die durchschnittliche Lebenserwartung ebenso wie das Bildungsniveau in der Welt weiter gestiegen, wurden große Fortschritte in der Medizin gemacht, bei CO_2-armen Technologien, u.v.a. Es gibt also, kurz gesagt, zwischen den zahlreichen negativen Schlagzeilen auch viele positive Entwicklungen, die freilich nur selten den Weg in die Massenmedien finden.

Zum anderen bewegt sich dieses Buch sozusagen auf einer anderen Zeitskala: Es handelt von einer Gesetzmäßigkeit, einer Richtung der Geschichte, die sich nicht über Jahre oder Jahrzehnte, sondern über Jahrhunderte manifestiert; und kurzfristiges Auf und Ab, temporäre Rückschläge sind – so stellt sich heraus – unvermeidlicher Teil dieser Gesetzmäßigkeit.

Eine zweite Überraschung liegt sicherlich in der Vita des Autors. Da schreibt ein Physiker, der sich Zeit seines beruflichen Lebens mit ökologischen Fragen und Energiewirtschaft beschäftigt hat, über die Geschichte der Menschheit und diskutiert dazu philosophische Werke und Thesen. Ist das nicht zu riskant, geradezu anmaßend?

Zu meiner Rechtfertigung habe ich zwei Punkte anzubieten.

Zum einen ist Interdisziplinarität ein wichtiges Prinzip in der Forschung, und ein Blick „von außen" auf ein bestimmtes Wissensgebiet – so zeigen viele Beispiele – hat jedenfalls grundsätzlich das Potenzial, fruchtbar zu sein.

Zum anderen habe ich parallel zu meiner mathematisch-naturwissenschaftlichen Ausbildung über einige Jahre hinweg Philosophie studiert und dabei das große Glück gehabt, bei einigen hervorragenden Lehrern lernen zu dürfen. Diese Zeit hat mich sehr geprägt, und ohne diese gedankliche Formung wäre das vorliegende Buch nicht möglich gewesen. Dennoch – so ein Buch zu schreiben, birgt in der Tat ein Risiko; ob das Ergebnis dieses Risiko rechtfertigt, muss der Leser beurteilen.

***

Mein erster Dank im Zusammenhang mit dem Buch gilt meinem mit Abstand wichtigsten philosophischen Lehrer, Vittorio Hösle. Er hat mein Denken nachhaltig beeinflusst und mir ein kategoriales Rüstzeug nahegebracht, das – zusammen mit den Grundgedanken der Philosophie der Aufklärung – die Basis für die konzeptionellen Überlegungen auf den folgenden Seiten bildet.

Sehr herzlich danken möchte ich auch meinem Bruder Ulrich Unnerstall und meinen Freunden Jan-Lüder Hagens, Jennifer Herdt und Ulrich Parlitz, die das Manuskript gelesen und mit unzähligen kritischen Anmerkungen, Hinweisen und Vorschlägen sehr bereichert haben.

Schließlich danke ich dem Springer-Verlag und insbesondere meiner Lektorin, Frau Gabriele Ruckelshausen, für die ausgesprochen freundliche und konstruktive Zusammenarbeit.

Gernsheim
im März 2026

Interessenkonflikt Der/die Autor*in hat keine für den Inhalt dieses Manuskripts relevanten Interessenkonflikte.

Inhaltsverzeichnis

Teil I Gibt es Fortschritt in der Geschichte?

1 Einführung 3

2 Kerndaten der Menschheitsgeschichte in den letzten 300 Jahren 7
2.1 Hunger, Krankheit, Krieg 7
2.2 Weitere fundamentale Lebensbedingungen 13
2.3 Zusammenfassung und Fazit 21

3 Bewertung der Daten: Ist das Fortschritt? 23

4 Einwände zur Bewertung als „Fortschritt" 29
4.1 Einwand 1: Bleibende Defizite 29
4.2 Einwand 2: Zunahme der Risiken 31
4.3 Zwischenfazit 35
4.4 Einwand 3: Globale Ungleichheit 36
4.5 Einwand 4: Mangelnde Nachhaltigkeit 44
4.6 Einwand 5: Rückgang der Biodiversität 51
4.7 Einwand 6: Kein Beitrag zum menschlichen Glück 59
4.8 Einwand 7: Verlust von ideeller Bindung / Sinn 73

5 Fazit zu Teil I 93

Teil II Zufall oder Gesetz? – Alte und neue Theorien zum Verlauf der Geschichte

6 Voraussetzungen für eine Theorie der Geschichte 101
6.1 Drei Prämissen 101
6.2 Folgerungen aus den Prämissen 108

7 Einzelne Geschichtstheorien – historische Werke 113
7.1 Neuzeitliche Geschichtsphilosophie: 1650–1800 116
7.2 Kant und Hegel 120
7.3 Geschichtsphilosophie der letzten 200 Jahre (1830–2020) 129

8 Einzelne Geschichtstheorien – aktuelle Werke 143
8.1 Einführung 143
8.2 „Arm und Reich", Jared Diamond, 1998 145
8.3 „Wer regiert die Welt?", Ian Morris, 2010 152
8.4 „Eine kurze Geschichte der Menschheit", Yuval Noah Harari, 2013 156
8.5 „Anfänge – Eine neue Geschichte der Menschheit", David Graeber und David Wengrow, 2022 161
8.6 „The Journey of Humanity", Oded Galor, 2022 166
8.7 „Big History" (2018)/„Zukunft denken" (2022), David Christian 170
8.8 Zusammenfassung 173

9 Fazit zu Teil II 181

Teil III Was ist der Mensch?

10 Einführung zu Teil III 185

11 Antworten der Philosophie 187
11.1 Aufklärung, Darwin, Max Scheler 187
11.2 Neuere Entwicklungen 192

12 Antworten der Psychologie 195
12.1 Die „Maslowsche Bedürfnispyramide" 196
12.2 Folgerungen 198

13 Zusammenfassung und Abgleich 201

14 Die entscheidende Frage: geistige Antriebe und Fähigkeiten des Menschen 205

15 „Was ist der Mensch?" — Die Antwort 217
15.1 Darstellung 217
15.2 Einordnung 221
15.3 Fazit 225

Teil IV Das Gesetz der Geschichte

16 Darstellung der Theorie 229

17 Anwendung der Theorie 233
17.1 Wirtschaftsgeschichte 233
17.2 Politisch-gesellschaftliche Geschichte 238
17.3 Geistesgeschichte 245
17.4 Fazit 252

18 Begründung der Theorie 253
18.1 Empirische Validität 254
18.2 Innere Konsistenz 258
18.3 Konsistenz mit anderen philosophischen Theorien 263
18.4 Fazit 268

19 Weitere Anmerkungen und Erläuterungen zur Theorie 271
19.1 „Wahrscheinlichkeit" als Grundcharakteristikum der Theorie 271
19.2 Fragen aus Teil I und II 274
19.3 Das Verhältnis der Theorie zum „klassischen Projekt" 277
19.4 „Development as Freedom" von Amartya Sen (1999) 278

19.5 Alternative: Geschichte als richtungsloses Geschehen? 281
19.6 Zum Verhältnis Individuum – Gemeinschaft 283
19.7 Wird der Mensch im Laufe der Geschichte tugendhafter? 284
19.8 Zum Bedürfnis „Gruppenzugehörigkeit“ in der Geschichte 285

20 Fazit zu Teil IV 293

Teil V Wo stehen wir heute als Menschheit?

21 Einführung 297

22 Vorbereitende Überlegungen 301

23 Was können wir heute rational über die Zukunft vorhersagen und was nicht? 305
23.1 Annahmen 305
23.2 Vorhersagen I: politisch-gesellschaftliche Geschichte 308
23.3 Karl Poppers Argument 314
23.4 Vorhersagen II: Geistesgeschichte 316
23.5 Fazit 322

24 Wo stehen wir heute? 325
24.1 Einordnung: politisch-gesellschaftliche Geschichte 325
24.2 Einordnung: Geschichte von Wissenschaft und Technik 340
24.3 Fazit 342

25 Schluss 345

Literatur 347

Teil I

Gibt es Fortschritt in der Geschichte?

1
Einführung

Lieber Leser,[1]

Kennen Sie die in Abb. 1.1 dargestellte Entwicklung?

Diese Abbildung stammt aus dem internationalen Bestseller *„Wer regiert die Welt"* von Ian Morris aus dem Jahr 2010.

Morris entwickelt dort eine Methode, um „zivilisatorische Entwicklung" (der gesamten Menschheit oder einer Region) zu messen, und zwar anhand der vier Aspekte: Energieverbrauch, Größe von Städten, Kriegstechnik und Bildungsniveau. Wenn man auf dieser Basis die Geschichte der menschlichen Zivilisation in den letzten 2000 Jahren quantitativ aufträgt, kommt die Abb. 1.1 heraus.[2]

Man kann auch etwas simpler vorgehen und einfach die Wohlstandsentwicklung der Menschheit (im Sinne der globalen Wirtschaftsleistung pro Kopf) über die letzten Jahrtausende auftragen. Man erhält dann Abb. 1.2.

Die Aussage beider Abbildungen ist identisch, und sie ist frappierend. Plakativ könnte man formulieren: Eigentlich ist vor 1700/1800 gar nichts passiert, die Entwicklung der Menschheit begann „so richtig" erst vor 200–300 Jahren.

Einige bekannte Autoren haben in den letzten zehn Jahren ähnliche Aussagen in einer etwas anderen Art und Weise gemacht:

---

[1] Zur besseren Lesbarkeit verwende ich im Buch durchgehend nur die männliche Form der Anrede; natürlich sind damit immer beide Geschlechter gemeint.

[2] Morris selbst unterscheidet in seinen Darstellungen aufgrund seines primären Erkenntnisinteresses durchgehend zwischen der Entwicklung im „Westen" und im „Osten", was für uns hier nicht relevant ist. Die Abbildung zeigt daher den Mittelwert zwischen „Westen" und „Osten" i. S. v. Morris.

T. Unnerstall, *Unsere Zukunft wird gut (sehr wahrscheinlich)*,
https://doi.org/10.1007/978-3-662-72484-2_1

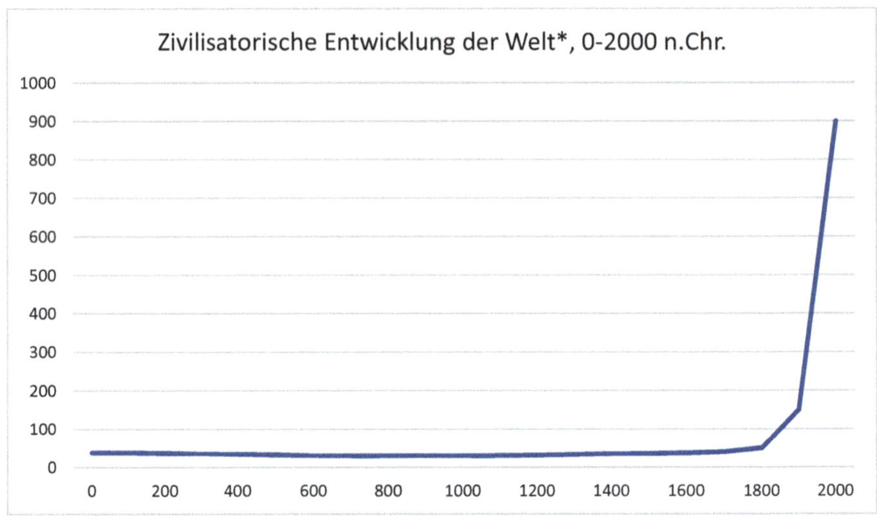

Abb. 1.1 *Nach Ian Morris. (Quelle: Morris (2010), eigene Berechnungen)

„*Während über 99 % der Menschheitsgeschichte waren 99 % der Menschen arm, hungrig, schmutzig und krank.*[3] *Sie lebten in Furcht, waren dumm und hässlich … Jahrhundertelang stand die Zeit praktisch still. Selbstverständlich geschah genug, um die Geschichtsbücher zu füllen, aber die Lebensverhältnisse der Menschen verbesserten sich nicht nennenswert. In den letzten 200 Jahren hat sich all das geändert.*" (Bregman 2017, S. 9/10)

„*Jahrtausendelang … waren es immer die gleichen Probleme, welche die Menschen beschäftigten … Ganz oben auf der Liste standen Hunger, Krankheit und Krieg. Generation für Generation beteten die Menschen zu jedem Gott, jedem Heiligen, und sie erfanden unzählige ... Institutionen und Gesellschaftssysteme – trotzdem starben sie weiter millionenfach an Hunger, Epidemien und Gewalt… Doch am Morgen des dritten Jahrtausends … ist es [der Menschheit] gelungen, Hunger, Krankheit und Krieg im Zaum zu halten.*" (Harari 2017, S. 9)

„*Die meiste Zeit der menschlichen Existenz [war] bestimmt von Überlebensinstinkt und Fortpflanzungstrieb. Der Lebensstandard entsprach mehr oder weniger dem Existenzminimum und veränderte sich weltweit im Laufe der Jahrtausende kaum. Erstaunlicherweise haben sich jedoch unsere Daseinsbedingungen in den letzten paar Jahrhunderten radikal gewandelt … Die Menschheit [hat] praktisch über Nacht eine dramatische und beispielslose Verbesserung unserer Lebensqualität erfahren.*" (O.Galor 2022, S. 11)

[3] Diese Charakterisierung hat prominente Vorläufer. Der berühmte Philosoph Thomas Hobbes meinte schon im 17.Jahrhundert: „Das menschliche Leben ist ekelhaft, tierisch und kurz".

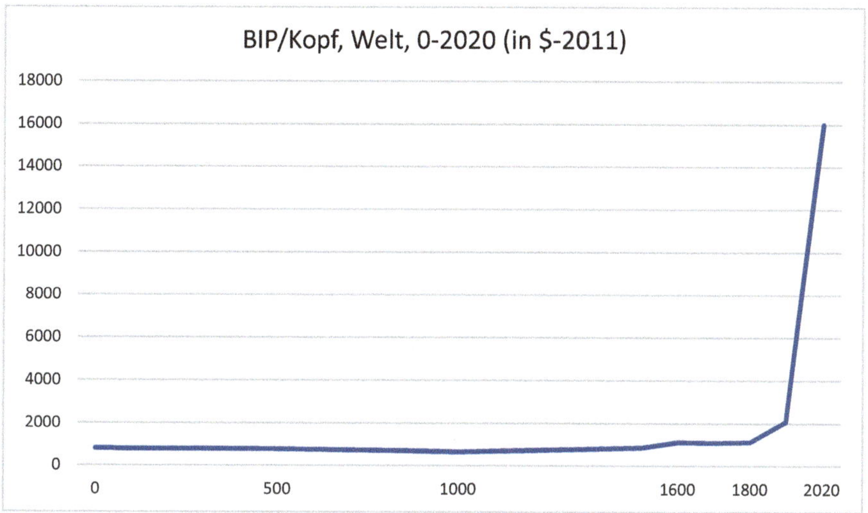

Abb. 1.2 Quelle: OurWorldinData, „Economic Growth" (7/2024)

In der Tat: Ganz unabhängig davon, wie man das näher interpretiert oder bewertet – die letzten 200–300 Jahre Menschheitsgeschichte unterscheiden sich fundamental von den vielen Jahrtausenden vorher. Niemand, der sich seriös über die Geschichte und die Zukunft Gedanken macht, kommt an dieser Tatsache vorbei. Jede philosophische Interpretation, jede wissenschaftliche Theorie der Menschheit und ihrer Entwicklung muss auf jeden Fall eine Erklärung für **dieses** Phänomen liefern. Und jede rationale Einordnung der Gegenwart muss eine Bewertung dieser Entwicklung beinhalten.

Lassen Sie mich deshalb zunächst diese letzten 200–300 Jahre etwas genauer unter die Lupe nehmen; d. h. ich werde in aller Kürze die wichtigsten Entwicklungen der letzten Jahrhunderte in Bezug auf fundamentale Lebensbedingungen auf dem Globus darstellen.[4]

[4] Für ausführlichere Darstellungen dieser Entwicklungen seit ca. 1700 verweise ich auf Norberg (2016) und Pinker (2018).

2

Kerndaten der Menschheitsgeschichte in den letzten 300 Jahren

2.1 Hunger, Krankheit, Krieg

Beginnen wir mit den zweifellos drei größten und ältesten Plagen für die Menschen: Hunger, Krankheit und Krieg. Bereits die Bibel stellt sie als die drei **apokalyptischen Reiter,** also als die Grundschrecken schlechthin, dar. Moderner ausgedrückt, korrespondieren sie mit den unmittelbarsten menschlichen Bedürfnissen: dem Bedürfnis nach Nahrung, nach gesundem Leben und nach physischer Sicherheit.[1]

Hunger

Hunger war seit Anbeginn der Menschheitsgeschichte ein ständiger Begleiter, eine ständige Bedrohung. Ohne an dieser Stelle näher darauf einzugehen, war das Streben nach sicherer Ernährungsgrundlage bereits ein zentrales Motiv für den Übergang vom Jäger-und-Sammler-Dasein zur Landwirtschaft (und damit dem vor der industriellen Revolution fundamentalsten zivilisatorischen Schritt der Menschheit).

Alle Anstrengungen, alle Technik, alle gesellschaftlichen Ordnungen, alle Politik vermochten es jedoch in keiner Region der Welt, den Hunger nachhaltig zu besiegen. Harari (2013) und auch Norberg (2016) liefern anhand von historischen Zeugnissen erschütternde Beispiele von Hungersnöten auch in Europa bis ins 19. Jahrhundert hinein. Global gesehen sind entscheidende Schritte erst in den letzten 70 Jahren gelungen, Abb. 2.1 und 2.2:

[1] Diese Bedürfnisse korrespondieren wiederum mit den Grundempfindungen Hunger, Schmerz und Angst.

T. Unnerstall, *Unsere Zukunft wird gut (sehr wahrscheinlich)*,
https://doi.org/10.1007/978-3-662-72484-2_2

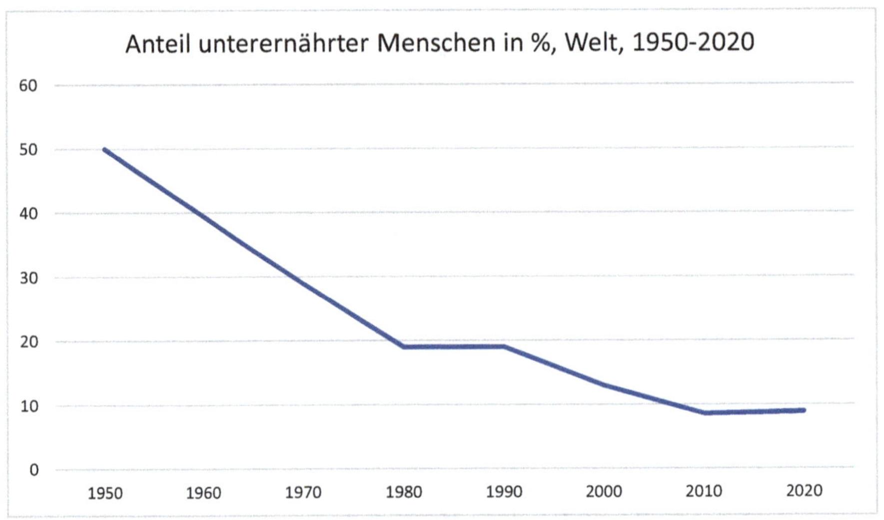

Abb. 2.1 Quelle: Norberg (2016), Kap. 1; OurWorldinData, „Hunger and Undernourishment" (7/2024)

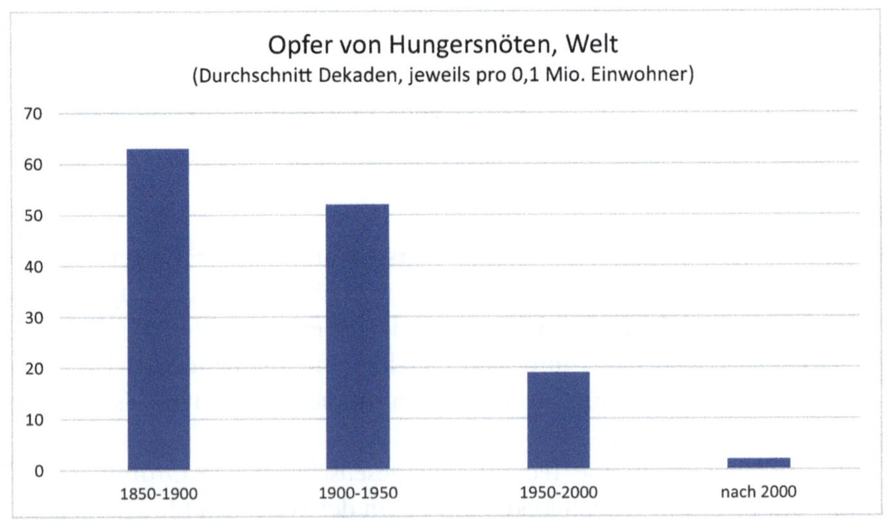

Abb. 2.2 Quelle: OurWorldinData, „Famines" (7/2024), eigene Berechnungen

Heute ist der Anteil unterernährter Menschen auf unter 10 % der Weltbevölkerung gesunken (2/3 von ihnen leben in Subsahara-Afrika und in Indien); und Hungersnöte können zwar noch nicht gänzlich verhindert, aber doch in ihren Auswirkungen gegenüber der Vergangenheit drastisch reduziert werden.

Das Ziel der UN (Sustainable Development Goal No. 1), den Hunger in der Welt bis 2030 komplett zu eliminieren, wird voraussichtlich nicht erreicht; aber eine Zielerreichung bis spätestens 2050 – eventuell mit wenigen Ausnahmen – ist sehr wahrscheinlich. Für diese Prognose sind folgende Fakten wesentlich:

- Bereits heute reicht die weltweite Nahrungsmittelproduktion aus, um alle Menschen komplett zu ernähren: Der existierenden Unterernährung liegen kein Ressourcenproblem, sondern vielfältige politisch-gesellschaftliche Probleme zugrunde.
- Es gibt – außerhalb von Schutzgebieten und Wäldern – sehr erhebliche ungenutzte Reserven an potenziellen Ackerflächen[2] (auch in Afrika), um Nahrungsmittel zu erzeugen.
- Das oft als dramatisch zitierte Problem der weltweiten Bodenerosion und Auslaugung von Ackerflächen erweist sich bei näherer Analyse zwar als eine wichtige Herausforderung, stellt aber die o.g. Prognose nicht grundsätzlich infrage.[3]

Krankheit

So weit entfernt in der Vergangenheit liegend es heute scheinen mag: bis vor etwa 150 Jahren war der Mensch dem Phänomen „Krankheit" praktisch schutzlos ausgeliefert.

Das galt besonders augenfällig für **Seuchen und Epidemien,** die im Altertum, im Mittelalter und auch in der Neuzeit immer wieder verheerende Auswirkungen hatten. Oft wurde ein erheblicher Teil der jeweiligen Bevölkerung dahingerafft: durch eine unbekannte Seuche in Athen während der Blütezeit der griechischen Hochkultur, durch die Pest im mittelalterlichen Europa, durch die von den Europäern eingeschleppten Infektionskrankheiten in Nord-, Mittel- und Südamerika im 16. Jahrhundert, durch Pest und Cholera in Asien im 19. Jahrhundert. Erst seit der systematischen Nutzung von Impfungen und der Entdeckung von Antibiotika (etwa 1870/1880) haben Epidemien viel von ihrem Schrecken verloren.

Das beste Beispiel dafür ist natürlich die weltweite **Corona-Pandemie.** Hier stand bereits nach einem knappen Jahr ein Impfstoff zur Verfügung, und daher – ohne die vielen schlimmen Einzelschicksale vernachlässigen zu wollen – fielen COVID letztlich in den meisten Ländern weniger als 0,3 %, weltweit 0,1–0,2 % der Bevölkerung zum Opfer. Damit hat diese Pandemie kaum

---

[2] Diese Reserven liegen in der Größenordnung von 13–15 Mio. km^2 und sind damit ähnlich groß wie die gegenwärtig genutzten Ackerflächen von 16 Mio. km^2. Diese Daten stammen aus einer Grundlagenstudie der FAO aus dem Jahr 2011. S. näher Unnerstall (2021), S.67 ff.

[3] Unnerstall (2021), S. 88 ff.

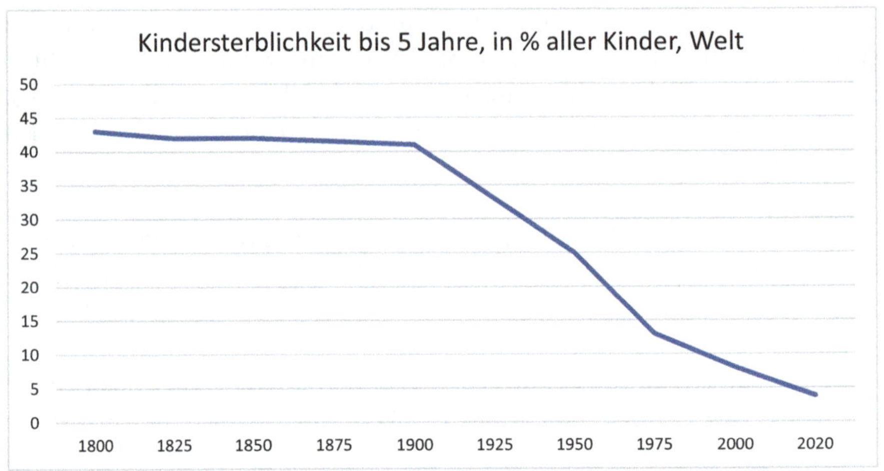

Abb. 2.3 Quelle: OurWorldinData, „Child Mortality" (7/2024)

sichtbare Spuren in der Bevölkerungsentwicklung hinterlassen, weder global noch in einzelnen Ländern.

Noch wichtiger als diese einzelnen Ereignisse über die Jahrhunderte hinweg war aber die ständige Bedrohung durch **unheilbare Krankheiten.** Am eindrucksvollsten lässt sich das an der Kindersterblichkeit ablesen: Über die gesamte Menschheitsgeschichte hinweg war es fast ein ungeschriebenes Gesetz, dass ein Drittel bis die Hälfte der Kinder die ersten 5 Lebensjahre nicht überlebten – egal ob in Regionen mit chinesischer, indischer, indianischer oder europäischer Medizin-Tradition. Erst mit der Entwicklung der modernen, naturwissenschaftlich begründeten Medizin konnte dieser Grundsatz gebrochen werden, Abb. 2.3.

Das UN-Ziel für 2030 lautet hier, die Kindersterblichkeit von heute 3,8 % auf 2,5 % zu drücken (dies entspricht in etwa den westeuropäischen Werten in den 1960er-Jahren). Auch dieses Ziel wird wohl verfehlt, aber auch hier gibt es eine hohe Wahrscheinlichkeit, dass es bis spätestens 2050 erreicht wird.

In jedem Fall hat die heutige Medizin – überall dort, wo sie zum Einsatz kommen kann – die vormals ständige Bedrohung „unheilbare Krankheit/Tod" aus dem Leben und Bewusstsein der meisten Menschen vertrieben, jedenfalls in den ersten 5–6 Lebensjahrzehnten.

Krieg

Krieg, d. h. gewaltsame Auseinandersetzungen zwischen Gruppen/Ländern, war bis in die Neuzeit hinein genauso wie Hunger, Krankheit und das Sterben von kleinen Kindern ein ständiger Begleiter des Menschen in fast allen Regio-

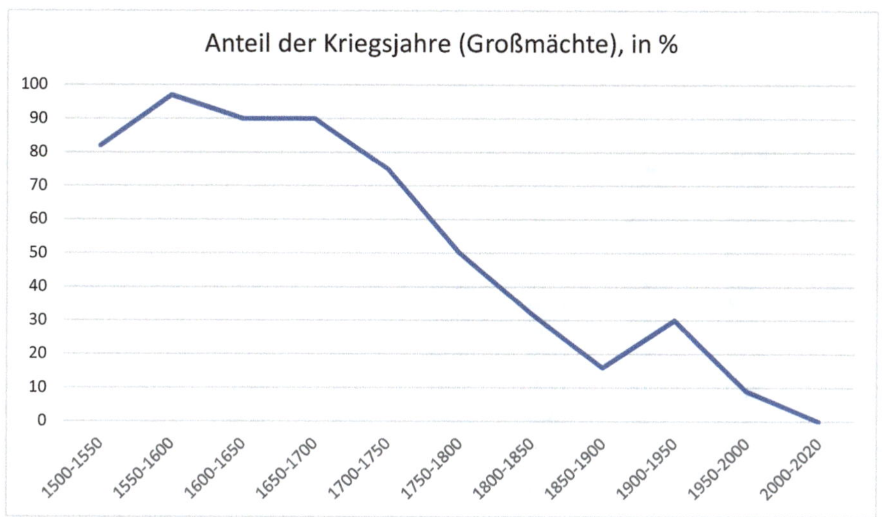

Abb. 2.4. Quelle: OurWorldinData, „Violence and War" (7/2022)

nen der Welt – mit allen potenziell existenziellen Folgen auch für die Zivilbevölkerung. Erst seit der Neuzeit gab es ausgedehntere Friedensepochen; aber Krieg blieb lange Zeit sowohl im Selbstverständnis der Regierungen wie auch im öffentlichen Bewusstsein ein selbstverständliches, legitimes Mittel der politischen Auseinandersetzung bzw. des Machtstrebens von Nationen, Abb. 2.4.

In diesem Sinne ist die Überwindung des Krieges als akzeptiertes Mittel zur Konfliktlösung oder zur Erreichung politischer Ziele erst in den letzten 70 Jahren gelungen, siehe Abb. 2.5.

Diese neue globale Sichtweise hat sich auch in der UN-Charta von 1945 niedergeschlagen; und sie kam z. B. zum Ausdruck in der Tatsache, dass weniger als 5 % aller Länder **gegen** die UN-Verurteilung des Angriffskrieges Russlands gegen die Ukraine votierten.[4] Dieser Krieg – bzw. eigentlich genauer: der aggressive Imperialismus Putins und der ihn tragenden Teile der russischen Gesellschaft – ist daher auch als Einzelfall einzustufen, nicht etwa als Beginn eines neuen „kriegerischen Zeitalters".

Nirgendwo anders in der Welt,mit Ausnahme des Nahen Ostens, ist heute ein eigentlicher Krieg zwischen zwei Nationen absehbar.[5]

---

[4] Sie zeigt sich schließlich auch daran, dass die Militärbudgets relativ zur Wirtschaftsleistung seit Jahrzehnten zurückgehen und heute mit 2–2,5 % den niedrigsten jemals dokumentierten Stand erreicht haben (https://data.worldbank.org/indicator/MS.MIL.XPND.GD.ZS).

[5] Die leider ziemlich wahrscheinliche Invasion, Besetzung und Gleichschaltung Taiwans durch China ist aufgrund der Geschichte und des diplomatischen Status von Taiwan wohl als Grenzfall zwischen „Bürgerkrieg" und „Krieg zwischen zwei Nationen" einzustufen.

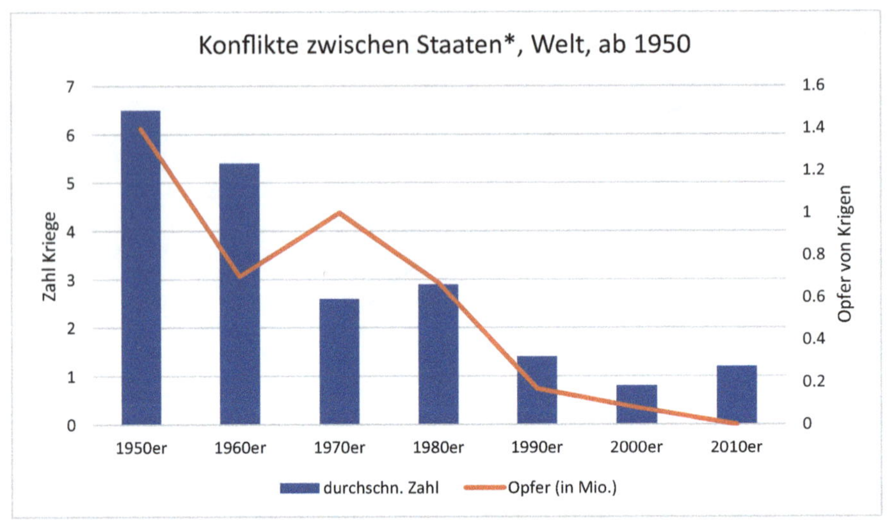

Abb. 2.5 (*Inkl. Kolonialkriege). (Quelle: OurWorldinData, „Violence and War" (7/2024))

Fazit

In den letzten 50–100 Jahren hat die Menschheit die drei apokalyptischen Reiter besiegt, d. h., sie hat ihre bis dato grundsätzlichsten Lebensrisiken – Unterernährung, unheilbare Krankheit schon in jungen Jahren und Krieg – **strukturell** weitgehend überwunden. Die rationale Prognose ist, dass dieser Prozess im 21. Jahrhundert weitergeht und auch zu einem gewissen Abschluss kommt.

Was bedeutet dabei „strukturell"?

Auch in einer friedlichen Gesellschaft mit guten Sozialsystemen und modernem Gesundheitswesen wird es immer einzelne Menschen geben, die Gewalt begehen bzw. zum Opfer fallen; kann es einzelne Menschen geben, die durch das Sozialraster fallen und hungern; und einzelne junge Menschen, die ein gesundheitlich tragisches Schicksal erleiden. Genauso kann es auch in einer im Kern friedlichen Welt mit optimierten internationalen Hilfssystemen einzelne Regierungen (oder terroristische Vereinigungen) geben, die kriegerische Akte begehen; einzelne (kleine) Regionen mit temporärer Unterernährung, und auch anfangs bedrohliche Epidemien.

An dieser Stelle kann ich diese Behauptung nicht wirklich begründen, sondern nur den „gesunden Menschenverstand" zitieren. In Teil IV des Buches werden wir aber sehen, dass es tatsächlich eine sehr grundsätzliche Begründung für diese Aussagen gibt.

2.2 Weitere fundamentale Lebensbedingungen

Die mit Blick auf die gesamte Geschichte ganz außergewöhnliche zivilisatorische Entwicklung der Menschheit in den letzten Jahrhunderten erschöpft sich aber keineswegs im Sieg über die drei apokalyptischen Reiter. In vielen zentralen Lebensbereichen vollzogen sich – nach Jahrtausenden der weitgehenden Stagnation – ähnlich fundamentale Veränderungen, die ich im Folgenden darlegen möchte. Bei dieser Darstellung unterscheide ich drei Gruppen von Ländern (bzw. deren Bevölkerungen):

- „Westen" (i. d. R. Westeuropa + USA)
- Afrika bzw. Subsahara-Afrika (d. h. die afrikanischen Länder südlich der Sahara)
- „Rest of World" (d. h. alle anderen Länder – insbesondere also Asien, Süd- und Mittelamerika, Nordafrika, Osteuropa (inkl. Russland) und Ozeanien).

Warum ich diese Unterteilung gewählt habe? Nun, schauen wir uns zunächst die Daten auf dieser Grundlage an, und dann wird die Antwort deutlich werden – lassen Sie sich überraschen.

Kinderzahlen/Bevölkerungsentwicklung

Soweit historische Daten existieren und verlässlich sind, schwankte die durchschnittliche Zahl von Kindern pro erwachsener Frau (die sogenannte Fruchtbarkeitsrate, abgekürzt FR) über viele Jahrhunderte hinweg zwischen etwa 5 und 7 – je nach Weltregion, wirtschaftlicher Situation und anderen geschichtlichen Umständen. Die Entwicklung seit 1800 zeigt Abb. 2.6.

Bei der Interpretation der dargestellten Daten ist zu berücksichtigen, dass eine FR von (deutlich) über 2,1 ein **Wachstum** der Bevölkerung bedeutet, eine FR (deutlich) unter 2,1 einen **Rückgang** der Bevölkerung (jeweils in einem zeitlichen Abstand von ein bis zwei Generationen zum Passieren der 2,1-Schwelle).[6]

[6] Der Wert 2,1 liegt leicht über dem unmittelbar einleuchtendem Wert 2, um die Effekte von Kindersterblichkeit, Geschlechterverhältnis (Mädchen und Jungen werden nicht im Verhältnis 50/50 geboren, sondern im Verhältnis 49/51), u. a. abzubilden.

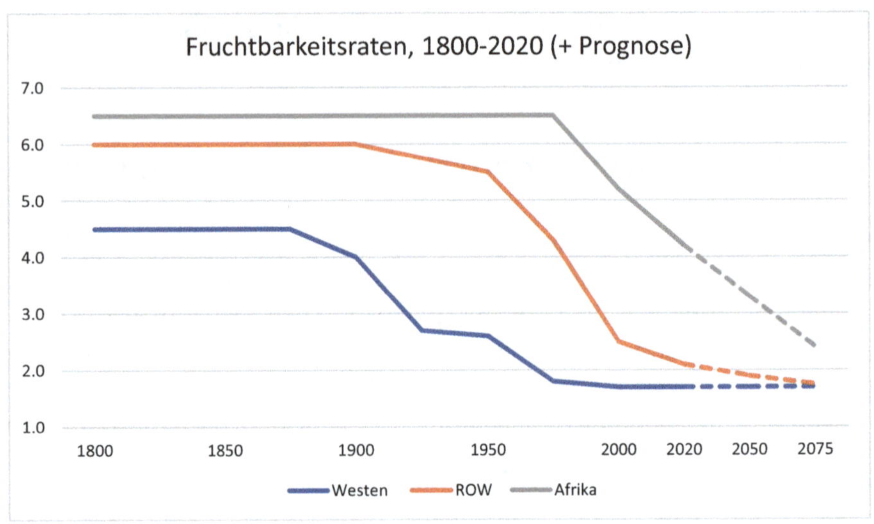

Abb. 2.6 Quelle: OurWorldinData, „Fertility Rates" (7/2024), eigene Berechnungen; Daten vor 1950 grob geschätzt

Insbesondere kann man daher an Abb. 2.6 ablesen, dass die Weltbevölkerung **außerhalb Afrikas** um das Jahr 2060 herum einen historischen Höchststand erreichen, dann langsam sinken und um 2100 wieder in etwa die heutige Größenordnung (6,5–7 Mrd. Menschen) erreichen wird. Die Bevölkerungsentwicklung in Afrika ist demgegenüber schwieriger zu prognostizieren: Sie hängt im Kern davon ab, wie schnell die FR in den nächsten Jahrzehnten sinken wird.

In jedem Fall erwartet die UN zurzeit einen Peak der gesamten Weltbevölkerung zwischen 2080 und 2090 bei etwas über 10 Mrd. Menschen und danach einen (zunächst leichten) Rückgang.[7]

Lebenserwartung

Seit den Anfängen der Geschichte war das Leben der allermeisten Menschen in allen Weltregionen nicht nur beschwerlich, geprägt von körperlicher Arbeit, immer wieder begleitet von Krieg, Hunger und der bitteren Pflicht, eigene Kinder zu beerdigen; es war (z. T. durch diese Umstände bedingt) vor allem auch **kurz.** Die Lebenserwartung betrug in allen Teilen der Welt – weitgehend unabhängig von sozialer Schicht, Beruf, Klima etc. – nur 30–40 Jahre. Selbst im Westen blieb sie bis in die zweite Hälfte des 19. Jahrhunderts hinein nied-

[7] S. UN, World Population Prospects 2024. Dies mag wie eine sehr gewagte Prognose erscheinen, ist es aber nicht. Bei der weltweiten Zahl an Kindern hat die Welt den Peak bereits erreicht (!); seit 2020 stagniert diese Zahl.

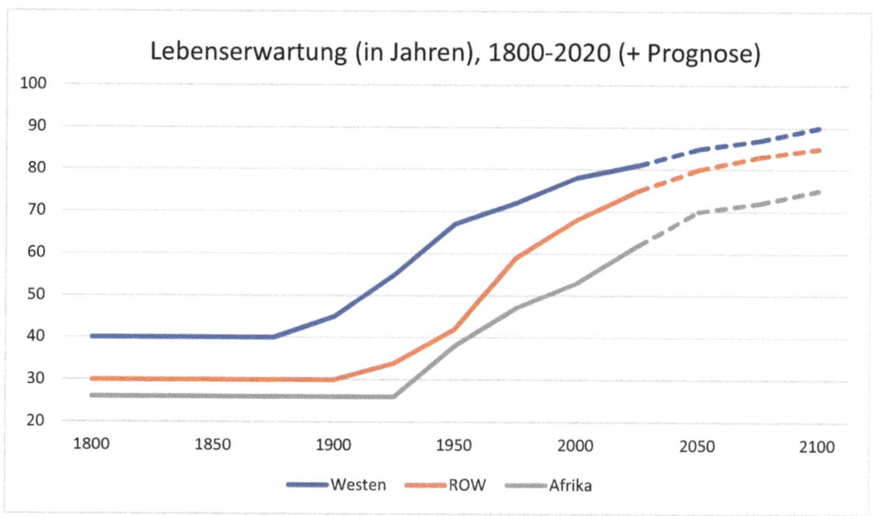

Abb. 2.7 Quelle: OurWorldInData, „Life expectancy" (7/2024), eigene Berechnungen

rig, bis dann die Entwicklung der modernen Medizin eine bis dato völlig unvorstellbare Wendung brachte, wie Abb. 2.7 zeigt.

Welch einen fundamentalen Wandel diese zunächst ganz einfache Tatsache sowohl auf Ebene der Psyche des einzelnen Menschen, auf der Ebene gesellschaftlichen Zusammenlebens als auch auf wirtschaftlicher Ebene (z. B. Entwicklung von Rentensystemen) nach sich zieht, ist leicht nachzuvollziehen.

Extreme Armut

Können Sie sich das Leben eines normalen Westeuropäers im 17. Jahrhundert vorstellen? Er besaß fast nichts – ein paar alte Kleider, einen Stuhl, einen Tisch, ein paar Bretter als Bettstelle und einige Strohsäcke als Bettzeug. Er besaß damit auch kaum mehr als seine Vorfahren 600 oder 2000 Jahre vorher. Die ökonomische Entwicklung der Menschheit – ob in Europa, China, Indien, Afrika oder in anderen Regionen – stagnierte weitgehend zwischen den Jahren 0 und 1700, mit leichten Schwankungen, auf einem BIP/Kopf-Niveau von umgerechnet 1000–2000 $. Das ist vergleichbar mit der heutigen Situation der ärmsten Länder der Welt.

Mit anderen Worten: Bis etwa 1700 waren über 90 % der Weltbevölkerung tatsächlich sehr arm, lebten praktisch am Existenzminimum. Eine signifikante Änderung dieses Zustands setzte im Westen im 18. Jahrhundert ein, in den meisten Teilen der übrigen Welt etwa 100–150 Jahre später, siehe Abb. 2.8.

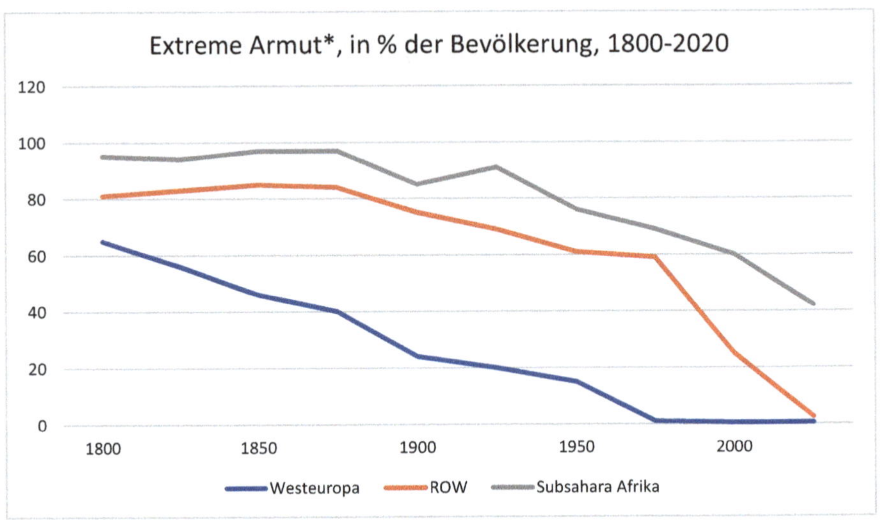

Abb. 2.8 *Einkommen unter 1,9 $/Tag (2011-$). (Quelle: OurWorldinData, „Poverty" (7/2024), eigene Berechnungen)

Heute ist das Problem extremer Armut weitgehend auf Subsahara-Afrika beschränkt, und auch dort hat es in den letzten Jahrzehnten erhebliche Fortschritte gegeben. Die Prognose fällt ähnlich aus wie bei den (natürlich auch z. T. damit verbundenen) Themen Hunger und Kindersterblichkeit: Das UN-Ziel, die extreme Armut bis 2030 komplett zu beenden, wird nicht erreicht werden; aber die Chancen stehen gut, dass es – wiederum bis auf wenige Ausnahmen – bis etwa 2050 erreicht wird.

Abgesehen von extremer Armut: Auch der **allgemeine Wohlstand** der Weltbevölkerung hat rapide zugenommen, vor allem in den letzten Jahrzehnten: 1980 lebten ca. 25 % der Weltbevölkerung auf einem Einkommensniveau (Haushaltseinkommen pro Kopf) von mindestens 10 $ pro Tag – dies entspricht grob der Situation in Westeuropa um das Jahr 1950 herum –, heute sind es bereits knapp die Hälfte, und sehr wahrscheinlich werden es Mitte des 21. Jahrhunderts bereits 2/3 sein.[8]

[8] Andere Darstellung: Außerhalb Afrikas gibt es nur noch circa 20 Länder, die unterhalb eines BIP/Kopf-Niveaus von 10.000 $ leben (= Niveau in Westeuropa in den 1950er-Jahren); 2050 wird es, wenn überhaupt, nur noch sehr wenige Länder geben.

Nochmals andere Darstellung: Seit dem Jahr 2000 haben jedes Jahr 80 Mio. Menschen (d. h. einmal ganz Deutschland) die Schwelle von zehn Dollar pro Tag Haushaltseinkommen pro Kopf – und damit ein beachtliches Wohlstandsniveau – erreicht bzw. überschritten.

Bildung

Die bisher in diesem Kapitel dargestellten Entwicklungen der letzten 200–300 Jahre – Kinderzahlen, Lebenserwartung, Armut/Wohlstand – werden in ihrer längerfristigen Bedeutung vielleicht noch übertroffen von der Entwicklung bei der Bildung. Viele Jahrtausende lang hatte der ganz überwiegende Teil der Bevölkerung keine Möglichkeit, das geistige Potenzial des Menschen auch nur ansatzweise zu entwickeln und zu nutzen. Literatur, Naturwissenschaft, Philosophie, Theologie/religiöse Funktionen, Staatsführung, selbst kaufmännische Tätigkeiten waren einer kleinen Elite vorbehalten; für die anderen blieb der Zugang zu diesen Sphären verschlossen, und der Alltag war von harter körperlicher Arbeit bestimmt.

Dieser Zustand änderte sich im Westen erst vor 300 Jahren, und in den meisten anderen Regionen der Erde vor 100–150 Jahren, Abb. 2.9.

In der zweiten Hälfte des 21. Jahrhunderts wird es dann zum ersten Mal so weit sein, dass – wie immer bis auf wenige Ausnahmen – alle lebenden Menschen eine substanzielle Ausbildung genossen haben werden; der Analphabetismus wird endgültig Geschichte sein. Auch die Zahl der akademisch ge-

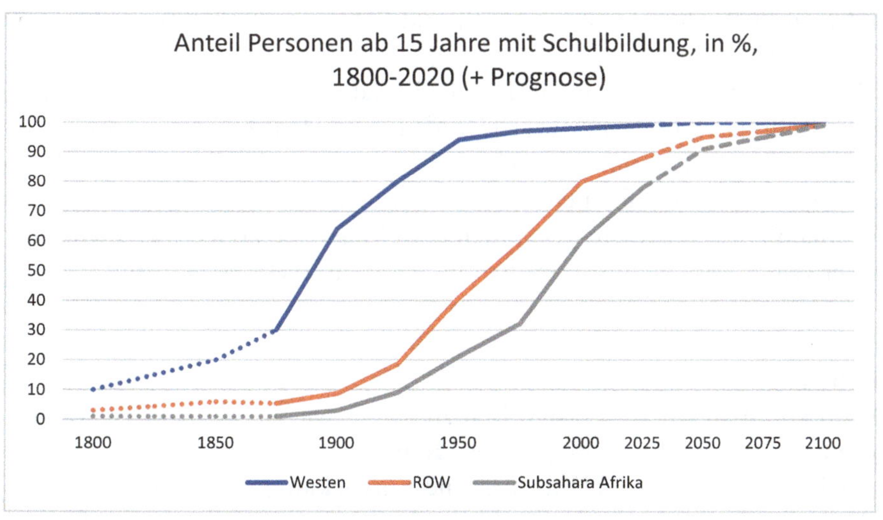

Abb. 2.9 Quelle: OurWorldinData, „Literacy", (7/2024), eigene Berechnungen. Daten vor 1870 = grobe Schätzung

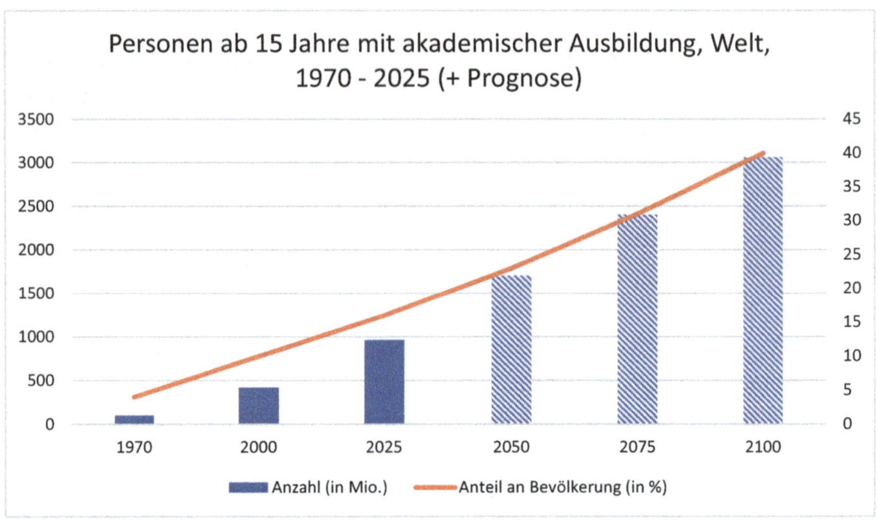

Abb. 2.10 Akademische Ausbildung = Uni, FH, College etc. (Quelle: OurWorldinData, „Global education" (7/2024))

bildeten Personen explodiert geradezu: Waren es 1970 noch ca. 100 Mio., so sind es aktuell schon knapp 1 Mrd., und 2100 werden es über 3 Mrd. sein (Abb. 2.10).

Eine Kernfrage in Bezug auf das 21./22. Jahrhundert lautet, ob die Folgen dieser Bildungsrevolution, die sich in den westlichen Ländern recht einheitlich nach 3–4 Generationen gezeigt haben – offene Gesellschaften, hohe Bedeutung individueller Freiheit, hohe Bedeutung von Wissenschaft und Kunst, Demokratie – sich auch in den anderen Weltregionen als letztlich unvermeidlich erweisen werden. Wir kommen in Teil V auf diese Frage zurück.

Freiheit

Damit kommen wir zum ersten Mal zu dem – wie wir noch sehen werden – für dieses Buch zentralen Begriff der **Freiheit.**

Es liegt wohl auf der Hand, dass die Entwicklung der individuellen Freiheiten von Menschen nicht so leicht und eindeutig quantitativ zu erfassen ist wie die bisher dargestellten Aspekte von Lebenswirklichkeit. Zum einen muss man dabei unterscheiden zwischen **formal** geltenden Verfassungen und Gesetzen – hier gibt es global nur noch relativ wenige Unterschiede, d. h., in fast allen Ländern sind individuelle Freiheit und Menschenrechte Teil der offiziellen Rechtsordnung –, und der **tatsächlichen** gesellschaftlichen Realität.

Zum anderen gibt es eine ganze Reihe von sich sachlich und bzgl. ihrer historischen Entwicklung unterscheidenden Aspekten bzw. besser **Stufen von Freiheit:** von der untersten Stufe, nicht Sklave oder Leibeigener zu sein, über grundsätzliche ökonomische Freiheiten, fundamentale Menschenrechte, Gleichstellung von Mann und Frau, konkrete Wahlfreiheit bezüglich Beruf, Ehepartner, Religion u. a. bis hin zu freier Meinungsäußerung, Gleichberechtigung bzgl. verschiedener sexueller Orientierungen etc. und schließlich philosophischen Begriffen von Freiheit.

Sklaverei

Bzgl. der untersten Stufe, der Abschaffung von Sklaverei, hat die Menschheit eine ähnlich fulminante und global einheitliche Entwicklung hinter sich wie bei den vorher dargestellten Aspekten. Während noch im Jahr 1700 Sklaverei eine weltweit praktizierte, legale und öffentlich akzeptierte Realität war, ist sie heute in jedem Land der Erde illegal, moralisch verurteilt und wird mit wenigen Ausnahmen auch nicht mehr praktiziert.[9]

(Noch deutlich weniger Zeit – ca. 100 Jahre – hat es gebraucht, um zum Beispiel das Wahlrecht für Frauen umzusetzen: Vor 1900 gab es kein Land der Erde **mit** Wahlrecht für Frauen, heute gibt es nur wenige Länder **ohne** dieses Recht.)

Bürgerfreiheiten

Das Spektrum der konkreten individuellen Freiheiten für die Bürger eines Landes wird in internationalen Statistiken mit den Indikatoren „Civil Liberties" und „Human Rights Index" erfasst. Schauen wir diesbezüglich auf die letzten 200–300 Jahre, so erhalten wir die Abb. 2.11 und 2.12.

Aus diesen Daten ergibt sich einerseits dasselbe Muster, das wir schon aus den vorangegangenen Abbildungen kennen: eine lange Zeit stetiger Aufwärtsentwicklung, die im Westen gegen Ende des 18. Jahrhunderts, in der übrigen Welt zeitverzögert eingesetzt hat. Anderseits sehen wir global seit etwa 10–20 Jahren eine Stagnation, die es zu interpretieren gilt (vgl. Teil V).

[9] Vgl. Norberg 2016, S. 141.

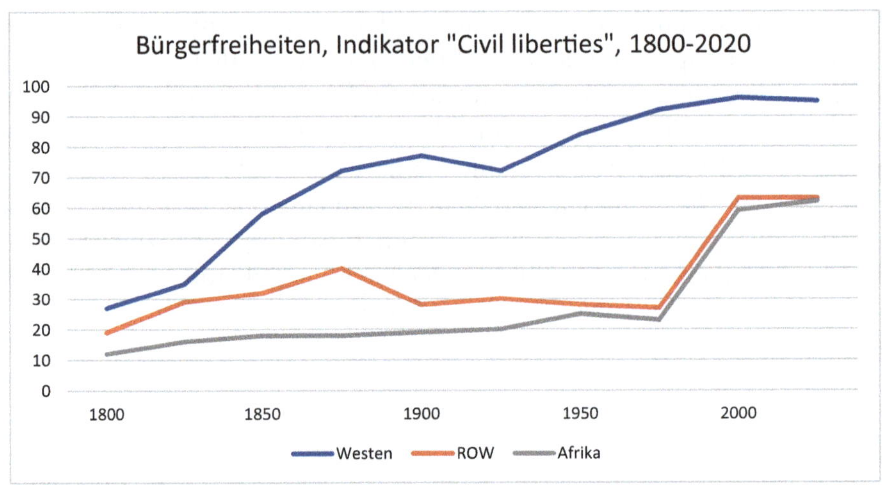

Abb. 2.11 Quelle: OurWorldinData, „Human Rights" (7/2024); eigene Berechnungen. Daten für Westen z. T. geschätzt

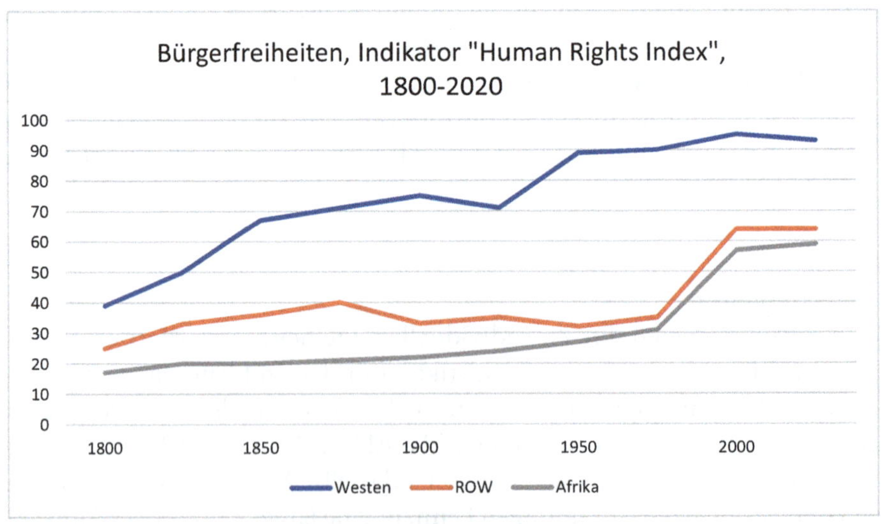

Abb. 2.12 Quelle: OurWorldinData, „Human Rights" (7/2024), eigene Berechnungen. Daten für Westen z. T. geschätzt

2.3 Zusammenfassung und Fazit

Schaut man die Abbildungen 2.1-2.12 noch einmal im Zusammenhang an, so kann man – vorerst noch ganz ohne Bewertung – folgende Schlüsse daraus ziehen:

- Nach einer im Kern nur marginalen Entwicklung bezüglich aller betrachteten Parameter über viele Jahrtausende hinweg hat in den letzten 2–3 Jahrhunderten – d. h. teils beginnend im 18. Jahrhundert, teils beginnend im 19. Jahrhundert – eine absolut **grundlegende und weitreichende Veränderung** in den fundamentalen Lebensbedingungen der Menschheit stattgefunden.
- Wenn man die zugrunde liegenden impliziten oder z. T. von der UN explizit beschlossenen Ziele ins Auge fasst:
  - keine unterernährten Menschen in der Welt;
  - Kindersterblichkeit <2,5 %;
  - Lebenserwartung >80 Jahre;
  - keine Kriege zwischen Ländern;
  - keine extreme Armut in der Welt;
  - 100 % der Menschen mit Schulbildung;
  - keine Sklaverei/Leibeigenschaft;

  dann wurden in diesen letzten 2–3 Jahrhunderten in allen Fällen bereits **um die 90 % des Weges zum Ziel** geschafft; d. h., nur noch etwa 10 % dieses Weges liegen vor der Menschheit.[10]
- All diese Entwicklungen – mit einer Ausnahme – begannen in den **westlichen Ländern;** 100–150 Jahre später folgten die meisten anderen Weltregionen; und die Nachzügler (unter denen Subsahara-Afrika besonders heraussticht) schließlich entwickelten sich in diesem Sinne erst im 20. Jahrhundert.

  Die Ausnahme betrifft die Häufigkeit von und die Haltung gegenüber Kriegen – hier erfolgte der wirkliche Durchbruch überall erst im Laufe des 20. Jahrhunderts.
- Sehr bemerkenswert ist dabei, dass das **Tempo der Entwicklung** im Rest der Welt oft höher war als im Westen. Insbesondere wurde hier ein großer Teil des (bisherigen) Weges erst in den letzten 50–70 Jahren zurückgelegt; vgl. Tab. 2.1.

[10] Bzgl. der weiteren Freiheitsdimensionen ist der Weg noch etwas länger. Legt man z. B. einen Human Rights Index von 0,85 als (Minimal-)Ziel fest, so ist mit dem gegenwärtigen globalen Durchschnitt von ca. 0,7 erst etwa 3/4 des Weges zurückgelegt.

Tab. 2.1 Geschwindigkeit von Veränderungen in Lebensbedingungen

Indikator	Westen	Welt
Kindersterblichkeit 33 % – >5 %	100–150 a	50–100 a
Lebenserwartung 40 Jahre – >70 Jahre	80–90 a	70–80 a
Anteil extremer Armut 70 % – >10 %	130 a	60–100 a
BIP/Kopf 3000 $ – >15.000 $	100 a	70 a
Schulbildung in Bevölkerung 40 % – >90 %	150 a	50–70 a

Quelle: s. Quellen der entsprechenden Abbildungen; OurWorldinData.

- Die Entwicklung ist bis in die Gegenwart hinein ungebrochen, es gibt bzgl. der hier betrachteten Aspekte keine Anzeichen für eine Stagnation oder gar Umkehr der Tendenzen – mit einer Ausnahme: Bürgerfreiheiten.

Es ist wohl nicht übertrieben festzustellen, dass diese Entwicklungen – trotz ihrer zweifellos fundamentalen Bedeutung für das Leben der Menschen auf der Erde – nur relativ wenig bekannt sind.

Zwar sind in den letzten Jahrzehnten eine Reihe von Büchern und Webseiten erschienen bzw. eingerichtet worden, die diese und viele weitere Daten darstellen: Norberg (2016), Pinker (2018), Rosling (2019); gapminder.com, ourworldindata.com, humanprogress.com u. a.; aber auch jüngste Umfragen belegen eine sehr bemerkenswerte Unkenntnis über diese Zusammenhänge, weltweit und insbesondere in westlichen Ländern.

Woran liegt das? Diese Frage ist umso dringender, als dass die Informationsmöglichkeiten für die Mehrzahl der Weltbewohner entscheidend besser sind als je zuvor – das Internet enthält einen Pool von Wissen, der noch vor 30 Jahren unvorstellbar war.

Ich möchte diese Frage in diesem Buch jedoch nicht diskutieren; in erster Linie daher, weil vor einigen Jahren der schwedische Wissenschaftler Hans Rosling mit „Factfulness" eine exzellente Analyse genau zu dieser Frage vorgelegt hat, auf die ich Sie, lieber Leser, gerne verweise.

Neben den von Rosling dargestellten Gründen spielt beim Phänomen, warum die herausragende Entwicklung der Menschheit in der geschichtlich relativ kurzen Zeitspanne seit 1700/1800 in unserem heutigen Bewusstsein, in unserer Sicht auf die Welt erstaunlich wenig präsent ist, evtl. auch ein ganz anderer Aspekt eine Rolle: die Frage bzw. der Zweifel nämlich, wie diese Entwicklung eigentlich zu **bewerten** ist. Handelt es sich überhaupt um **Fortschritt?**

Damit komme ich zum ersten Hauptthema dieses Buches.

3

Bewertung der Daten: Ist das Fortschritt?

Kann man die oben dargestellten Entwicklungen als „Fortschritt" charakterisieren – also **positiv bewerten?**

Vielleicht erscheint Ihnen, lieber Leser, diese Frage als völlig überflüssig, unnötig theoretisch, künstlich: Natürlich, werden Sie vielleicht sagen, ist das Fortschritt. Wenn Sie so denken, haben sie auf jeden Fall die Unterstützung von Steven Pinker, einem der weltweit prominentesten Denker der Gegenwart. Lassen wir ihn hier kurz zu Wort kommen:

> *„Was ist Fortschritt? Man könnte denken, diese Fragen sei so subjektiv und abhängig von kultureller Prägung, dass sie auf ewig unbeantwortet bleibt. Tatsächlich aber ist es eine der leichter zu beantwortenden (grundsätzlichen) Fragen. Die meisten Menschen sind sich einig, dass Leben besser als Tod ist, Gesundheit besser als Krankheit, ausreichend Nahrung besser als Hunger, Reichtum besser als Armut, Frieden besser als Krieg, … Freiheit besser als Tyrannei, Bildung besser als Analphabetismus. … Alle diese Dinge können gemessen werden. Wenn sie im Laufe der Zeit zunehmen, ist das Fortschritt."* (Pinker 2018, S. 93)

Pinker schreibt dann weiter, natürlich gebe es auch andere wichtige Werte, Tugenden, Lebensziele; aber:

> *„Die meisten Menschen priorisieren demgegenüber doch Leben, Gesundheit, Sicherheit, Bildung, Nahrung … weil diese Güter aus leicht nachvollziehbaren Gründen die zwingenden Voraussetzungen für alles andere sind."* (S. 94)

Das klingt einleuchtend, oder?

T. Unnerstall, *Unsere Zukunft wird gut (sehr wahrscheinlich)*,
https://doi.org/10.1007/978-3-662-72484-2_3

Wenn wir diese Auffassung zugrunde legen, dann hat die Menschheit in den letzten 200–300 Jahren nicht nur, **neutral/deskriptiv gesprochen,** eine unbestreitbar sehr deutliche Entwicklung erlebt; sondern sie hat, **wertend/normativ gesprochen,** einen fantastischen Fortschritt gemacht.

Diese Sicht der Dinge wird eindeutig gestützt, wenn wir die Vorstellungen früherer Generationen zum Maßstab nehmen: Das heutige Leben sehr vieler Menschen kommt in vielen Aspekten dem, was die Bibel, frühere Philosophen und zahlreiche Romanautoren aller Zeiten als „Utopie“ oder „Paradies“ beschrieben haben, bereits ziemlich nahe.

Trotzdem: Diese Art von Argumentation reicht, näher betrachtet, nicht aus. Sie reicht insbesondere dann nicht aus, wenn man – wie ich es in diesem Buch tun möchte – höhere Ansprüche an Begründungen stellt, wenn man so weit wie möglich auf wissenschaftlicher Grundlage und auf Basis rationaler Schlussfolgerungen arbeiten will; wenn man nach **gesicherter Erkenntnis** strebt.

Dafür gibt es zwei Gründe:

1. Die Argumentation Pinkers ist **in sich** unbefriedigend. Was heißt *„die meisten Menschen sind sich einig“* (im Original: *most people agree*)? Was bedeutet „die meisten Menschen“? Ist das irgendwie – jenseits des gesunden Menschenverstandes, der das wohl bestätigen würde – nachgewiesen? Und vor allem, selbst wenn man dies empirisch belegen könnte: Diese meisten Menschen könnten sich ja irren. Einst dachten die meisten Menschen, Sklaverei sei ein Teil der natürlichen Ordnung; sie dachten auch, die Erde sei das Zentrum der Welt; und die meisten Menschen waren vor Entdeckung der Evolutionstheorie überzeugt davon, der Mensch sei durch einen unmittelbaren Schöpfungsakt Gottes entstanden. **Mehrheit ist kein Kriterium für Wahrheit.**
2. Viele namhafte heutige Denker (Philosophen, Soziologen, Naturwissenschaftler), viele Künstler und zahlreiche Buchautoren stimmen Pinkers Argumentation im Ergebnis nicht zu: Sie haben eine **zurückhaltende bis ausgesprochen kritische Einschätzung der Gegenwart,** und sie führen dafür eine ganze Reihe von – jeweils unterschiedlichen – Begründungen an.

Zu 1

Wie kann man die Argumentation von Pinker schärfer und klarer machen?

Zunächst müssen wir uns die simple, aber entscheidende Tatsache explizit vor Augen führen, dass jede Bewertung eines Sachverhalts/einer Handlung/einer Entwicklung ein **Wertesystem** voraussetzt, anhand dessen die Bewertung erfolgt. Eine Wertesystem (= eine Ethik) besteht im Kern aus ethischen

Grundsätzen/Maximen, deren Erfüllung als „gut", „positiv" gesetzt ist. Eine wertende (= „normative") Charakterisierung als „Fortschritt" setzt also bestimmte **ethische Maximen** voraus.

Stephen Pinker setzt bei seiner Bewertung, so ist wohl sein Selbstverständnis, zwei ethische Grundsätze voraus:

- Menschliches **Leben** hat einen hohen Wert an sich.
- Jenseits des reinen (Über-)Lebens ist es ein besserer Zustand, wenn menschliche **Grundbedürfnisse** erfüllt werden, als wenn sie nicht erfüllt werden.

Nun ist allerdings der Begriff „menschliche Grundbedürfnisse" alles andere als eindeutig. Zum einen gibt es in der Psychologie und Philosophie ziemlich unterschiedliche Auffassungen dazu, wie menschliche Bedürfnisse richtig zu klassifizieren und zu priorisieren sind. Zum anderen – und z. T. damit verbunden – kann es als wissenschaftlich gesichert gelten, dass die Psyche des Menschen und damit jedenfalls wichtige Teile dessen, was man als seine Bedürfnisse bezeichnen kann, **extrem formbar,** d. h., stark sowohl von seinem kulturellen Kontext als auch seinen individuellen Erfahrungen abhängig sind.

Immerhin: Von der **Psyche** des Menschen abgrenzen kann man seine **Biologie.** Sie ist weitestgehend kulturunabhängig, überindividuell, und die allein aus der menschlichen Biologie erwachsenden Antriebe/Bedürfnisse kann man tatsächlich – als „Grundbedürfnisse" – als allen komplexeren psychischen Antrieben/Bedürfnissen vorgelagert ansehen.[1]

Was zählt zu Grundbedürfnissen in diesem Sinne?

Auf jeden Fall kann man ausreichend Nahrung, Gesundheit und wohl auch noch elementare Sicherheit – physisch (Abwesenheit von Gewalt) und ökonomisch (Abwesenheit von extremer Armut) – aufführen.[2]

Bei den Kategorien „Bildung" und „(elementare) Freiheit" (bzw. rechtliche Gleichstellung aller Menschen) wird es jedoch schwieriger, auf diese Weise zu argumentieren: Sind dies wirklich noch biologisch geprägte menschliche Grundbedürfnisse? Streng genommen setzt eine positive ethische Bewertung dieser Aspekte bereits eine – über die Biologie des Menschen hinausgehende – Anerkennung **wesentlicher allgemeiner Menschenrechte** voraus (wie sie etwa in der UN-Deklaration von 1948 niedergelegt sind).

---

[1] Eine absolute Trennung zwischen Biologie und Psyche ist sicherlich nicht möglich, da es Übergangsbereiche zwischen beiden Sphären gibt. Dennoch gibt es eindeutig biologische (und damit kulturunabhängige) und eindeutig psychische (und damit stark kulturell beeinflusste) Bedürfnisse des Menschen. Wir werden dies genauer in Teil III analysieren.

[2] Diese Aspekte gehören auch zu den beiden untersten Stufen der sog. „Maslowschen Bedürfnispyramide", einer wesentlichen Theorie innerhalb der Psychologie; vgl. Teil III.3.1.

Fazit

Näher analysiert setzt eine komplett positive Bewertung der in Kap. 2 dargestellten Entwicklungen ein Wertesystem voraus, das

- menschlichem Leben
- der Erfüllung von primär biologisch bestimmten Bedürfnissen
- elementaren Menschenrechten (Artikel 1–4 der UN-Deklaration)
- Bildung (Artikel 26.1 der UN-Deklaration)

einen positiven Wert beimisst.

Zu 2

Die Einwände gegen eine Charakterisierung der Entwicklungen der letzten 200–300 Jahre bzgl. Hunger, Kindersterblichkeit, Krieg, Lebenserwartung, Armut, Bildung und Freiheit als **„Fortschritt"** sind vielfältig. Diese Kritiken stellen nicht infrage, dass es sich **nur für sich genommen** um reale und positiv zu bewertende Prozesse handelt; d. h. sie halten die o. g. ethischen Maximen für wahr. Sie sind aber der Auffassung, dass diese positiven Aspekte relativiert, kompensiert oder sogar überkompensiert werden durch andere, ebenso reale und negativ zu bewertende Aspekte.

Folgende wesentliche Einwände bzw. Auffassungen lassen sich unterscheiden.

1. Die Entwicklungen sind positiv, ja; aber angesichts der vielfältigen noch **verbleibenden Defizite** in der Welt verblasst dieser Fortschritt.
2. Die Entwicklungen sind einhergegangen – pointierter ausgedrückt: sie wurden erkauft – mit einer drastischen Zunahme von Komplexität und Fragilität der Welt; dies (modern ausgedrückt: die **mangelnde Resilienz** des Fortschritts) stellt stark infrage, ob die Errungenschaften dauerhaft sind.
3. Die Entwicklungen sind verbunden mit einer deutlichen Zunahme der **globalen Ungleichheiten,** mit einer immer weiter auseinandergehenden Schere zwischen Arm und Reich in der Welt. Ein hoher/zu hoher Preis für den Fortschritt.
4. Die Entwicklungen sind verbunden mit der Plünderung unseres Planeten, d. h. einem viel zu hohen Verbrauch von Ressourcen, einer Zerstörung von Ökosystemen, der Überschreitung „planetarer Grenzen". M. a. W.: Sie sind **nicht nachhaltig;** d. h., sie gingen und gehen auf Kosten der nachfolgenden Generationen. Ein hoher/zu hoher Preis für den Fortschritt.

5. Die Entwicklungen sind verbunden mit einem systematischen, gravierenden Rückgang von Tierpopulationen, einem historisch einmaligen Artensterben und dramatischen **Verlusten an Biodiversität.** Der Mensch hat jedoch nicht das Recht, um seiner Fortschritte willen das Wohlergehen anderer Spezies zu opfern. Daher kann man eigentlich nicht von einem Fortschritt sprechen.
6. Die Entwicklungen sind positiv zu bewerten, aber der Mensch ist dadurch **nicht glücklicher** geworden, vielleicht sogar im Gegenteil; und darauf kommt es schließlich an. Aus diesem Grunde ist es sehr zweifelhaft, ob man wirklich von „Fortschritt" reden kann.
7. Die Entwicklungen sind verbunden mit einem **Verlust von ideeller Bindung und von Sinn** für den Menschen. Materiell gesehen leben wir in einem goldenen Zeitalter, aber ideell sind wir so arm wie nie zuvor. Ohne Ausrichtung auf einen höheren Zweck unseres Daseins, ohne tröstenden Glauben, dass jeder von uns Teil von etwas Größerem, Wichtigerem ist, verfehlen wir die eigentliche Bestimmung des Menschen und bleiben innerlich leer.

Ich denke, Sie werden mir zustimmen, dass jeder dieser Einwände bedeutsam und diskussionswürdig ist. Wir werden sie der Reihe nach überprüfen und schauen, inwieweit sie letztendlich berechtigt sind; bzw. was wir von dieser Kritik lernen können.

4

Einwände zur Bewertung als „Fortschritt"

4.1 Einwand 1: Bleibende Defizite

> „Es gibt 800 Mio. hungernde Menschen auf der Welt; in Afrika sterben jeden Tag unzählige Kinder an leicht zu vermeidenden Krankheiten; in Europa herrscht Krieg; Millionen Menschen leben immer noch in einem Zustand, der de facto Sklaverei bedeutet; Millionen Kinder in vielen Ländern können nicht zur Schule gehen, weil sie arbeiten müssen – und all das in einer Welt, in der wir erstens diese Probleme kennen und in der wir zweitens genügend Möglichkeiten hätten, um sie zu beseitigen."

So oder ähnlich sieht die Gegenrede aus, die beim Einwand 1 der Fortschrittsbewertung gegenübergestellt wird. Und solange das so ist, so fahren die Protagonisten dieses Einwandes fort, kann man schwerlich eine positive Bewertung der Gegenwart rechtfertigen.

Was ist dazu zu sagen?

1.

Zunächst halten wir nochmals fest, dass dieser Einwand das Wertesystem teilt, das bei einer positiven Bewertung der in Kap. 2 dargestellten Entwicklungen – bei einer Charakterisierung als „Fortschritt" – zugrunde gelegt wird. Gerade **weil** diese ethischen Grundsätze gelten, weil sie wahr und wichtig sind, ist es so schwer zu ertragen, wenn sie noch nicht vollständig realisiert sind.

T. Unnerstall, *Unsere Zukunft wird gut (sehr wahrscheinlich)*, https://doi.org/10.1007/978-3-662-72484-2_4

2.

Daher handelt es sich im Kern hier nicht eigentlich um eine **Kritik** der Bewertung, sondern eher um eine Ergänzung; um die Frage, auf was man den Fokus der Aufmerksamkeit richten sollte: auf die 90 % bisher zurückgelegten Wegs oder auf die 10 % verbleibende Lücke zum Ziel.

3.

Mit anderen Worten: Dieser Einwand ist auf jeden Fall dahingehend berechtigt, dass die positive Bewertung auf keinen Fall dazu führen sollte, die Hände in den Schoß zu legen: Um diese letzten 10 % muss ebenso intensiv gerungen werden wie um jede 10 % vorher.[1]

4.

Umgekehrt gilt freilich auch: Schaut man nur auf das Unerledigte, blendet man alle bisherigen Erfolge aus, so bedeutet das nicht nur, abstrakt gesprochen, eine klare Verzerrung des eigenen Weltbildes; sondern man riskiert auch, konkret gesprochen, Radikalisierung und/oder Erschöpfung.

5.

Hinzu kommt der Gedanke, den ich bereits auf S. 12 angedeutet habe: Ich halte es aus grundsätzlichen philosophischen Gründen für unrealistisch (d. h. nicht mit der Welt, so wie sie ist, kompatibel), eine 100-prozentige Realisierung von ethischen Werten zu erwarten. Die Unvollkommenheit – wenn Sie so wollen, „das Böse" – ist ein wesentliches Charakteristikum der Welt; wir können es minimieren, aber nicht eliminieren.
In Teil IV werde ich diese Gründe näher erläutern.

6.

Letzte Bemerkung: Können wir uns überhaupt vorstellen, wie verzweifelt ein aufgeklärter Mensch des 18. Jahrhunderts gewesen sein muss, wenn er das, was die Aufklärung als Potenzial, als Bestimmung des Menschen ansah, mit der Realität **seiner Zeit** verglich? Als die Ziele, die heute zumindest in greifbarer Nähe scheinen, noch geradezu unendlich weit weg waren? Und ist es

---

[1] Es ist dabei allerdings (leider) nicht unwahrscheinlich, dass auch hier – wie so oft – das „Pareto-Prinzip" gilt: Diese letzten 10% bis zum (nahezu) vollständigen Erreichen der Ziele könnten deutlich mehr Zeit und Aufwand erfordern als die 10%-Schritte vorher.

nicht bewundernswert, dass sich so viele Menschen über die Jahrhunderte hinweg trotzdem auf den Weg gemacht, für den Fortschritt gekämpft und uns damit eben jene phänomenale Entwicklung in Kap. 2 beschert haben?

4.2 Einwand 2: Zunahme der Risiken

> *„The real concern here is not that the steady progress of the last two centuries will gradually swing into reverse, plunging us back to the conditions of the past; it's that the world we have created – the very engine of all that progress – is so complex, volatile and unpredictable that catastrophe might befall us at any moment. Steven Pinker may be absolutely correct that fewer and fewer people are resorting to violence to settle their disagreements, but (as he would concede) it only takes a single narcissist in possession of the nuclear code to spark a global disaster. Digital technology has unquestionably helped fuel a worldwide surge in economic growth, but if cyberterrorists use it to bring down the planet's financial infrastructure next month, that growth might rather swiftly become moot."*

Diese Passage aus einem Aufsatz von Burkeman (2017) fasst die Stoßrichtung der Kritik 2 gut zusammen. Die Konsequenz aus einer solchen Sichtweise ist, dass den in den Abbildungen 2.6–2.10 enthaltenen Zukunftsprojektionen (ab 2020/25) mit großer Skepsis begegnet wird.

Zweifellos scheinen viele Entwicklungen der letzten Jahre dieser Skepsis recht zu geben und werden daher von den Protagonisten des Einwands 2 immer wieder angeführt: Corona-Pandemie, Krieg in der Ukraine, Verschlechterung des geopolitischen Klimas/Zunahme der Spannungen zwischen Autokratien und Demokratien, zunehmend spürbare Folgen des Klimawandels, Unsicherheit bezüglich der weltweiten Energieversorgung, nachhaltige Schwäche und Zerstrittenheit der EU … Die Liste ließe sich leicht verlängern.

Was ist dazu zu sagen?

1.

Zunächst halten wir auch hier fest, dass die Fortschritts-Charakterisierung und die zugrunde liegenden ethischen Maximen grundsätzlich vollständig akzeptiert und unterstützt werden. In diesem Sinne handelt es sich auch hier eher um eine **Ergänzung** als um einen eigentlichen Einwand.

2.

Die Ergänzung besteht, genauer betrachtet, aus zwei aufeinander aufbauenden Feststellungen:

- Die positive Entwicklung bis heute bietet keinerlei Garantie bzgl. ihrer Fortsetzung in der Zukunft.
- Konkreter: Die Fortschritte basieren zentral auf immer mächtigeren Technologien; und da sich diese Technologien missbrauchen lassen, ist mit dem Fortschritt der Menschheit parallel und notwendigerweise auch das Risiko gewachsen, dass eben dieser Fortschritt zunichte gemacht wird.

3.

Beiden Aussagen wird man zunächst, auf einer allgemeinen Ebene, zustimmen müssen:

- Garantien für die Zukunft gibt es nicht, weder für das eigene Leben noch für die Zukunft einer Gesellschaft noch für die Zukunft der Menschheit. Die Zukunft ist grundsätzlich offen, da sie von der freien Entscheidung von Menschen abhängt.
- Für die meisten Technologien (auf jeden Fall für die zugrunde liegenden naturwissenschaftlichen Erkenntnisse) gilt: Sie sind als solche wertneutral. Sie lassen sich für verschiedenste Zwecke einsetzen.

  Je mehr Macht (im Sinne von Auswirkungen seines Handelns) dem Menschen durch Technologie an die Hand gegeben ist, desto mehr steigt – unabhängig vom dabei zugrunde gelegten Wertesystem – neben der Tragweite positiver Anwendungen der Technologie auch die Tragweite und damit die Kritikalität negativer Anwendungen.

4.

Aber: Aus der Feststellung, dass die Zukunft grundsätzlich offen ist, folgt nicht, dass sie beliebig, zufällig, völlig unvorhersehbar ist; aus der Feststellung, dass es keine Garantien bezüglich der Zukunft gibt, folgt nicht, dass es keine **Wahrscheinlichkeiten** für ihren weiteren Verlauf gibt.

5.

Damit führt Einwand 2 zur Fragestellung: Wie **wahrscheinlich** ist es, dass die Kurven der Abb. 2.6–2.10 wirklich so eintreten wie projiziert; d. h., dass in diesen Feldern der Fortschritt der Menschheit weitergeht? Oder andersherum: Wie wahrscheinlich ist es, dass die o. g. sicherlich zu Sorge Anlass gebenden aktuellen Phänomene eben diesen weiteren Fortschritt zu Fall bringen, gar die jahrhundertelangen Trends in Kap. 2 umkehren?

6.

Über diese Frage kann man trefflich streiten, und es wird in vielen Büchern, Artikeln, Talkshows leidenschaftlich gestritten – aber auf welcher Grundlage? Interessant ist, dass die Haltung zu diesem Thema offensichtlich z. T. kulturabhängig ist: Umfragen zufolge sind z. B. Europäer in diesen Zeiten eher pessimistisch, Afrikaner eher optimistisch.[2]
Wer hat Recht?

7.

Die **Pessimisten** können sich auf die Tatsache berufen, dass nicht selten in der Geschichte kulturelle Errungenschaften, deren Entwicklung Jahrhunderte gebraucht hatte, für lange Zeit wieder verloren gegangen sind; entweder durch Einwirkung von außen und/oder durch inneren Zerfall. Das gilt zum Beispiel für die Demokratie im alten Athen, für den Lebensstandard der Bürger des Römischen Reiches, für die Seefahrerkunst und die dadurch ermöglichte Teil-Globalisierung des Handels im mittelalterlichen China, für die Kunst der Mayas, für die Wissenschaft der Abbasiden; u. v. a.

8.

Die **Optimisten** können dem zumindest drei Aspekte entgegenhalten, in denen sich die in Kap. 2 dargestellten Errungenschaften der letzten 200 Jahre von den eben in Punkt 7 genannten Beispielen unterscheiden:

[2] Siehe dazu die Tabelle „Optimism about future improvements in global living conditions" in der OurWorldinData-Datenbank.

- Es handelt sich nicht um Errungenschaften **einer** Kultur bzw. **einer** Region, sondern um eine weltweite Entwicklung über alle Kulturen/ Regionen des Planeten hinweg.
- Die Entwicklungen seit 1700/1800 sind breiter angelegt, umfassen fast alle Bevölkerungsschichten, betreffen v. a. das allgemeine Leben, nicht (nur) ein neues Niveau in einzelnen Bereichen von Wissenschaft, Kultur, Politik oder Wirtschaft.
- Die quantitative Dimension der Veränderungen ist – auch mit Blick auf Abb. 1.1 – ohne Beispiel; so schätzt I. Morris (2010), dass etwa das Römische Reich in den 200 Jahren von 200 v. Chr. bis zum Jahr 0 das Niveau der gesellschaftlichen Entwicklung um den Faktor 2 verbessern konnte; in der Zeit 1800–2000 ist dieses Niveau (nach denselben Maßstäben) um den Faktor 20 (!) angehoben worden.

Diese drei Aspekte begründen zweifellos ein starkes Argument, dass es sich bei den Errungenschaften der letzten 200 Jahre um derart verbreitete, umfassende und quantitativ bedeutsame Entwicklungen handelt, dass sie sich historischen Vergleichen entziehen; dass sie also nicht nur eine letztlich kurze, glückliche, aber vergängliche Episode der Geschichte darstellen, sondern dass mit ihnen eine unverlierbare, neue Stufe der Zivilisation erklommen ist.

9.

Gegen diese Art von Argumentation, die sich auf eine reine **Beschreibung** von historischen Fakten beschränkt, werden jedoch die Pessimisten wiederum einwenden, dass auch die Komplexität der Welt und die dem Menschen an die Hand gegebene Macht der Zerstörung historisch ohne Beispiel ist – und diese Feststellung wird man nicht bestreiten können.

Fazit zum Einwand 2
Es reicht nicht aus, die in Kap. 2 dargestellten Entwicklungen der letzten Jahrhunderte nur zu **beschreiben,** wichtige Aspekte herauszuarbeiten. Um sie letztendlich zu beurteilen hinsichtlich ihrer Tragfähigkeit und Bedeutung für die Zukunft, muss man sie **erklären;** muss begründen, ob/inwieweit sie Folge einer die Geschichte bestimmenden Gesetzmäßigkeit sind.

M. a. W.: Eine rationale Antwort auf die Frage, wie wahrscheinlich die Dauerhaftigkeit des Fortschritts der letzten Jahrhunderte ist, kann nur auf der Basis einer **Theorie** gegeben werden: einer Theorie darüber, was überhaupt die die Entwicklung der Menschheit determinierenden Faktoren sind.

Im Ergebnis führt Einwand 2 also auf eine sehr grundsätzliche Fragestellung: Gibt es eine tieferliegende **Gesetzmäßigkeit** hinter den in Kap. 2 dargestellten Entwicklungen – und wenn ja, wie sieht sie aus?

Dies ist nichts anderes als die **Kernfrage dieses Buches.**

4.3 Zwischenfazit

Die Einwände 1 und 2 bewegen sich komplett innerhalb des Wertesystems, anhand dessen man die in den Abb. 2.1–2.12 dargestellten Entwicklungen als Fortschritt, als positive Errungenschaften bewerten muss. Sie stellen diesem Wertesystem kein anderes / keine weiteren Werte entgegen bzw. an die Seite; im Gegenteil, auf Basis eben dieser ethischen Prinzipien beklagen diese Kritiken deren immer noch mangelnde Erfüllung bzw. stellen in Frage, inwieweit deren weitere Erfüllung gesichert ist.

Im Kern lautet dieses Wertesystem:

- Menschliches Leben,
- die Erfüllung der biologischen Grundbedürfnisse des Menschen,
- elementare Freiheiten für jeden Menschen und
- Bildung

sind ethisch positiv zu beurteilen.

Die Einwände 3–7 sind demgegenüber ganz anderer Natur. Ihr gemeinsames Grundmuster, d. h. ihre Kernargumentation, lautet wie folgt: Den aufgeführten vier ethischen Werten kann man zwar zustimmen. Es gibt aber daneben **weitere – ebenfalls wichtige – Werte,** die in eine ethische Beurteilung einfließen müssen. Genau diese Werte werden aber durch die Entwicklung der letzten Jahrhunderte nicht erfüllt bzw. sogar verletzt, und daher fällt die **Gesamtbeurteilung** dieser Entwicklung / des aktuellen Zustands der Welt nicht positiv, zumindest viel kritischer aus als eine Beurteilung auf Basis nur des o. g. Wertesystems.

Der Unterschied innerhalb dieser fünf Einwände liegt dann darin, welcher dieser potenziell zu berücksichtigenden, weiteren Werte in den Mittelpunkt gestellt wird:

- **Einwand 3:** Gleichheit unter den Menschen
- **Einwand 4:** (ökologische) Nachhaltigkeit
- **Einwand 5:** Leben und Wohlergehen von Tieren und Pflanzen
- **Einwand 6:** Glück des Menschen
- **Einwand 7:** Sinn-Erfüllung des Menschen

4.4 Einwand 3: Globale Ungleichheit

Diese Kritik gründet sich auf zwei Aussagen:

- Die Gleichheit der Lebensbedingungen für alle Menschen auf der Welt ist ein mindestens ebenso wichtiger Wert wie ein hoher Durchschnitt dieser Lebensbedingungen in der Welt – eine **normative** Aussage.
- Die globalen Unterschiede bzgl. der Lebensbedingungen zwischen den Regionen der Welt sind gerade in den letzten Jahrzehnten gewachsen und wachsen weiter – eine **deskriptive** Aussage. Oft ist in diesem Zusammenhang von den eklatanten Unterschieden zwischen dem „reichen globalen Norden“ und dem „armen globalen Süden“ die Rede.

Aus beiden Aussagen zusammen folgt eine sehr kritische Bewertung der Gegenwart.

Was ist dazu zu sagen?

Bei der normativen Aussage muss man, näher betrachtet, eine wesentliche Differenzierung vornehmen:

A. Sie kann sich auf **grundsätzliche** Lebensbedingungen (im Sinne der in Kap. 2. dargestellten Indikatoren) beziehen,
   oder
B. Sie kann sich auf die Lebensbedingungen im Sinne von **materiellem Wohlstand** beziehen.

Der Einwand im Verständnis A

1.

In dieser Form ist der **normativen Aussage** zuzustimmen. Leben, biologische Grundbedürfnisse, elementare Freiheiten, Bildung haben die gleiche ethische Gewichtung bzgl. jedes Menschen (jedem Menschen kommt das gleiche Recht darauf zu), und eine basale Erfüllung – die Voraussetzung für alle anderen menschlichen Aktivitäten – ist **wichtiger** einzustufen ist als eine Optimierung auf bereits hohem Niveau der Erfüllung.
Daher ist es ein **ethisch besserer Zustand,** wenn überall auf der Welt ein ähnliches, mittleres Maß an Erfüllung herrscht im Vergleich zu einem Zustand, bei dem in einigen Weltregionen diese Erfüllung kaum gegeben ist und in anderen Regionen bereits in einem sehr hohen Maße.

(Dasselbe Prinzip gilt auch innerhalb von Gesellschaften).

Tab. 4.1 Abstand zwischen Westen und übriger Welt im Zeitvergleich

Indikator	1975	2019/20
Fruchtbarkeitsrate	2,5	0,4
Lebenserwartung	13 a	6 a
Extreme Armut	50 %	7 %
Bevölkerung mit Schulbildung	40 %	12 %
Kriegstote	150.000	50.000
Kindersterblichkeit	11 %	3 %
Unterernährung	26 %	9 %

Quellen: s. jeweilige Abbildungen in Kap. 2; OurWorldinData

2.

Schauen wir uns jetzt die **deskriptive Aussage** in diesem Verständnis an: „Die globalen Unterschiede bezüglich der fundamentalen Lebensbedingungen zwischen den Regionen der Welt sind in den letzten Jahrzehnten gewachsen und wachsen weiter."
Diese Aussage ist anhand der Abb. 2.6–2.12 schnell überprüfbar – und sie ist **falsch.** Das Gegenteil ist richtig – die Unterschiede zwischen dem Westen, Subsahara-Afrika und den anderen Weltregionen sind in den letzten 3–5 Jahrzehnten **deutlich kleiner** geworden.[3] Dasselbe gilt, soweit die Daten zurückreichen, auch für die drei Kernplagen Hunger, Kindersterblichkeit und Krieg. In einer Tabelle zusammengefasst, sieht die Entwicklung der Unterschiede so aus wie in Tab. 4.1 dargestellt.

3.

Bezüglich der Basis-Lebensbedingungen sind also die globalen Ungleichheiten in den letzten Jahrzehnten – z. T. sogar deutlich – **geringer** geworden: Die wichtigsten zivilisatorischen Errungenschaften der letzten 200 Jahre haben sich, vom Westen kommend, über den ganzen Globus ausgebreitet und sind heute bereits bei etwa 90 % der Weltbevölkerung angekommen.[4]

[3] Genau genommen ist dieser Vergleich zwischen großen Weltregionen nicht ausreichend: Es könnte ja sehr große Unterschiede innerhalb dieser Regionen geben, die durch die Zahlen der Tabelle nicht erfasst werden. M. a. W: Eigentlich muss die Analyse der Frage, ob die Unterschiede größer oder kleiner geworden sind, auf die Ebene der einzelnen Länder heruntergehen. Diese Analyse ist anhand der wirklich hervorragend gemachten Datenbank OurWorldinData möglich und führt zum gleichen Ergebnis: Nimmt man jeweils 10% der Weltbevölkerung (als „Ausreißer") heraus, so sind die globalen Unterschiede bei allen Indikatoren im Zeitraum 1950/60 bis heute deutlich **gesunken.**

[4] Das gilt übrigens auch für den Zugang zu Strom (als Voraussetzung für viele Verbesserungen in den konkreten Lebensumständen): 90% der Weltbevölkerung haben heute Strom zur Verfügung.

Richtig ist allerdings aus eben diesem Grund (der Vorreiterrolle des Westens) auch – wie an den Abbildungen 2.6–2.12 ablesbar –, dass die diesbezügliche Schere zwischen den entwickelten Ländern und dem Rest der Welt 100–150 Jahre lang zugenommen hat. M. a. W.: In dieser Zeit wurde gegen das ethische Gebot möglichst großer Gleichheit bzgl. grundsätzlicher Lebensbedingungen verstoßen.

Der sicherlich interessanten Frage, inwieweit dies vermeidbar gewesen wäre, können wir in diesem Buch nicht nachgehen.

Der Einwand im Verständnis B

1.

Die **normative Thematik** in diesem Verständnis B hat eine enorme Tragweite. Das Verhältnis der beiden ethischen Grundsätze

- „Der durchschnittliche materielle Wohlstand soll steigen"
  vs.
- „Jeder materielle Wohlstandszuwachs soll allen Menschen möglichst gleichmäßig zugutekommen",

entspricht dem Verhältnis der politischen Ziele

- Förderung des Wirtschaftswachstums (d. h. Erhöhung des Wohlstands für alle) vs.
- „soziale Gerechtigkeit" (i. S. v. möglichst gleichmäßiger Verteilung des vorhandenen Wohlstands).

Sind beide ethischen Grundsätze gleich wichtig – dies ist die normative Aussage des Einwandes – bzw. welcher ist wichtiger? Was hat politische Priorität?

2.

Lieber Leser, Sie stimmen sicherlich zu, dass diese Thematik nicht nur in der **Beziehung zwischen** Weltregionen/Nationen/Gesellschaften eine große Rolle spielt, sondern auch und vor allem **innerhalb** von Gesellschaften eine Kardinalfrage ist.
Letztlich handelt es sich um nicht weniger als eine der wichtigsten Fragen, an der sich „rechte" und „linke" politische Grundpositionen unterscheiden.

Anders formuliert: Diese normative Thematik ist definitiv **umstritten.** Das zeigen auch die Umfragen dazu, die vom „World Value Survey" regelmäßig seit etwa 40 Jahren durchgeführt werden.[5] In fast **allen** Ländern der Erde sind die Antworten auf die Frage, ob im jeweiligen Land die Einkommensunterschiede reduziert oder – als Anreiz für individuelle Anstrengung – erhöht werden sollten, sehr uneinheitlich, oft mit ähnlich vielen Befürwortern beider Positionen.[6]
Bemerkenswert ist dabei, dass die Antworten kaum abhängig sind von Kultur, Regierungsform, Wohlstandsniveau, sondern eher vom Bildungsniveau und sozialem Status innerhalb des Landes beeinflusst sind.

3.

Es ist für die Zwecke des vorliegenden Buches nicht erforderlich, diese Thematik weiter zu erörtern. Es reicht festzuhalten, dass es sich beim Wert „Gleichheit bzgl. des materiellen Wohlstands" in jedem Fall – d. h., auch wenn man ihn weniger hoch gewichtet als beim Einwand 3 (im Verständnis B) zugrundegelegt – um einen ernstzunehmenden Aspekt bei der gesellschaftlichen Gestaltung in einem Land handelt.
Das spiegelt sich auch darin wider, dass praktisch alle Regierungen der Welt die allein durch das Wirtschaftsgeschehen entstehenden Ungleichheiten durch das Steuersystem und eine Vielzahl von Sozialprogrammen aktiv **reduzieren.** Nicht dieses Prinzip, nur das Ausmaß dieser Eingriffe ist umstritten.

4.

Die Effekte dieser Politik zeigen sich auch in den objektiven Daten.

---

[5] Die Ergebnisse der letzten Umfrage (2017–2022) findet man gut aufbereitet unter World Values Survey, Online Analysis, Frage Q106.

[6] Interessanterweise neigt die **Mehrheit** der Befragten in 80 von 90 an der Umfrage teilnehmenden Ländern eher der Auffassung zu „Die Anreize für individuelle Anstrengungen sollten erhöht werden" als der Auffassung „Die Einkommensunterschiede sollten reduziert werden".

In diesem Sinne wird also die normative Aussage im Verständnis B von der Mehrheit der Weltbevölkerung **nicht** geteilt (deutlich abgelehnt wird sie mehrheitlich z. B. in Nigeria, Polen, Pakistan, Indien, Rumänien).

Klar ist allerdings, dass sich diese Aussage eben auf die Einkommensverteilung bzw. Wohlstandsverteilung **innerhalb** der jeweiligen Länder beziehen, nicht auf die Wohlstandsunterschiede **zwischen** den Ländern.

Interessant in diesem Zusammenhang ist auch die Studie "Ungleichheit und subjektives Wohlbefinden", Kelly & Evans (2017). Sie weist nach, dass es weltweit keine signifikante Korrelation zwischen sozialer Ungleichheit und Glücksniveau in einem Land gibt.

Die Wohlstandsverteilung wird in der Regel mit dem sogenannten **GINI-Koeffizienten** bzgl. des verfügbaren Einkommens der Menschen gemessen. Eine perfekte Gleichverteilung – alle Menschen haben das gleiche Einkommen zur Verfügung – entspricht einem GINI-Koeffizienten von 0; der maximal möglichen Ungleichverteilung – ein einziger Mensch verdient das gesamte Einkommen – entspricht der Koeffizient 1.
Schaut man jetzt auf die GINI-Koeffizienten der Länder der Erde, so zeigt sich folgendes Bild[7]:

- Trotz der immensen Unterschiede auf der Erde bezüglich Kultur, Regierungsform, Wohlstand, Wirtschaftsstruktur bewegen sich heute die GINI-Koeffizienten für 90 % der Länder in einem relativ engen Korridor von 0,25–0,45.[8]
  (Die Ungleichheiten in den europäischen Ländern vor der industriellen Revolution lagen deutlich höher, schätzungsweise im Bereich 0,5–0,6).
- Seit etwa drei bis vier Jahrzehnten ist dieser Korridor insgesamt relativ stabil; die Haupttendenz ist, dass Länder mit besonders hohen Ungleichheiten meist fallende Koeffizienten aufweisen (sich also dem o. g. Korridor annähern).[9]

5.

Der Fokus des Einwandes 3 liegt aber nicht auf Einkommensunterschieden **innerhalb** von Ländern, sondern auf der Ungleichheit des Wohlstandsniveaus **zwischen** Ländern.
In der normativen Betrachtung können wir – ohne dies im Detail zu diskutieren – sicherlich eine ähnliche Aussage treffen wie oben: Auch wenn man dem ethischen Grundsatz „Gleichheit bezüglich des materiellen Wohlstands" nicht denselben Stellenwert beimisst wie Einwand 3, wird man seine grundsätzliche Berechtigung anerkennen: Sehr große Ungleichheiten in diesem Sinne zwischen Ländern sind kein guter Zustand.

[7] S. OurWorldinData, „Income Inequality".
[8] Der ungewichtete Mittelwert aller Länder liegt bei 0,37 (2023).
[9] Der GINI-Koeffizient misst **relative** Einkommensunterschiede, nicht **absolute** Unterschiede. Das bedeutet: Je reicher ein Land, desto größer sind bei gleichem GINI-Koeffizienten die absoluten Einkommensunterschiede. Beispiel: Nehmen wir an, in einem Land mit GINI-Koeffizient 0,35 beträgt im Jahr 1970 der Einkommensunterschied zwischen den ärmsten 10% und den reichsten 10% 30.000 € pro Jahr. Wenn alle Menschen 50 Jahre später das doppelte Einkommen zur Verfügung haben, ist der GINI-Koeffizient weiterhin 0,35, aber der o. g. Einkommensunterschied beträgt jetzt 60.000 € pro Jahr.

6.

Schauen wir daher auf die entsprechende **deskriptive Aussage** des Einwandes 3: „Die Unterschiede im materiellen Wohlstandsniveau zwischen den Ländern der Erde sind auch in den letzten Jahrzehnten gewachsen und wachsen weiter."

Ist diese Aussage wahr?

7.

Eine erste Antwort gibt die Abbildung 4.1. In der armen Welt des Jahres 1800 hatten alle bis auf wenige Menschen geringe Einkommen; damit war auch die Ungleichheit gering. Bis in die 70er-Jahre des 20.Jahrhunderts entwickelte sich tatsächlich eine klare Zweiteilung der Welt in „Reich" (v. a. Nordamerika und westliches Europa) und „Arm" (v. a. Asien und Afrika); in den letzten 40 Jahren ist dies einer sehr viel komplexeren, gleichmäßigeren Verteilung des Reichtums gewichen.

Dieses Bild wird durch eine Analyse des „World Inequality Report 2022"[10] bestätigt; sie misst das Verhältnis des Wohlstandsniveaus der Top 10 % zu den untersten 50 % aller Länder, Abb. 4.2.

Die Weltbank hat schließlich vor einigen Jahren den GINI-Koeffizienten der Einkommensunterschiede **zwischen Ländern** berechnet und kommt zu einem ähnlichen Schluss: Er ist in den letzten Jahrzehnten deutlich gefallen: von 0,56 (1988) auf 0,41 (2013).

Der Grund für diese positive Entwicklung liegt im Kern darin, dass das Wohlstandsniveau der ärmeren Länder v.a. in Asien in den letzten Jahrzehnten deutlich schneller gewachsen ist als das der reichen Länder, s. Tab. 4.2.

Die von Einwand 3 aufgestellte Behauptung weiter wachsender Ungleichheiten im materiellen Wohlstandsniveau der Länder ist damit **widerlegt.**

8.

Das bedeutet natürlich nicht, dass eine weitere Reduzierung der immer noch hohen materiellen Ungleichheit zwischen den Ländern/Weltregionen nicht

[10] Chancel, L., Piketty, T., Saez, E., Zucman, G. et al., World Inequality Report 2022, World Inequality Lab.

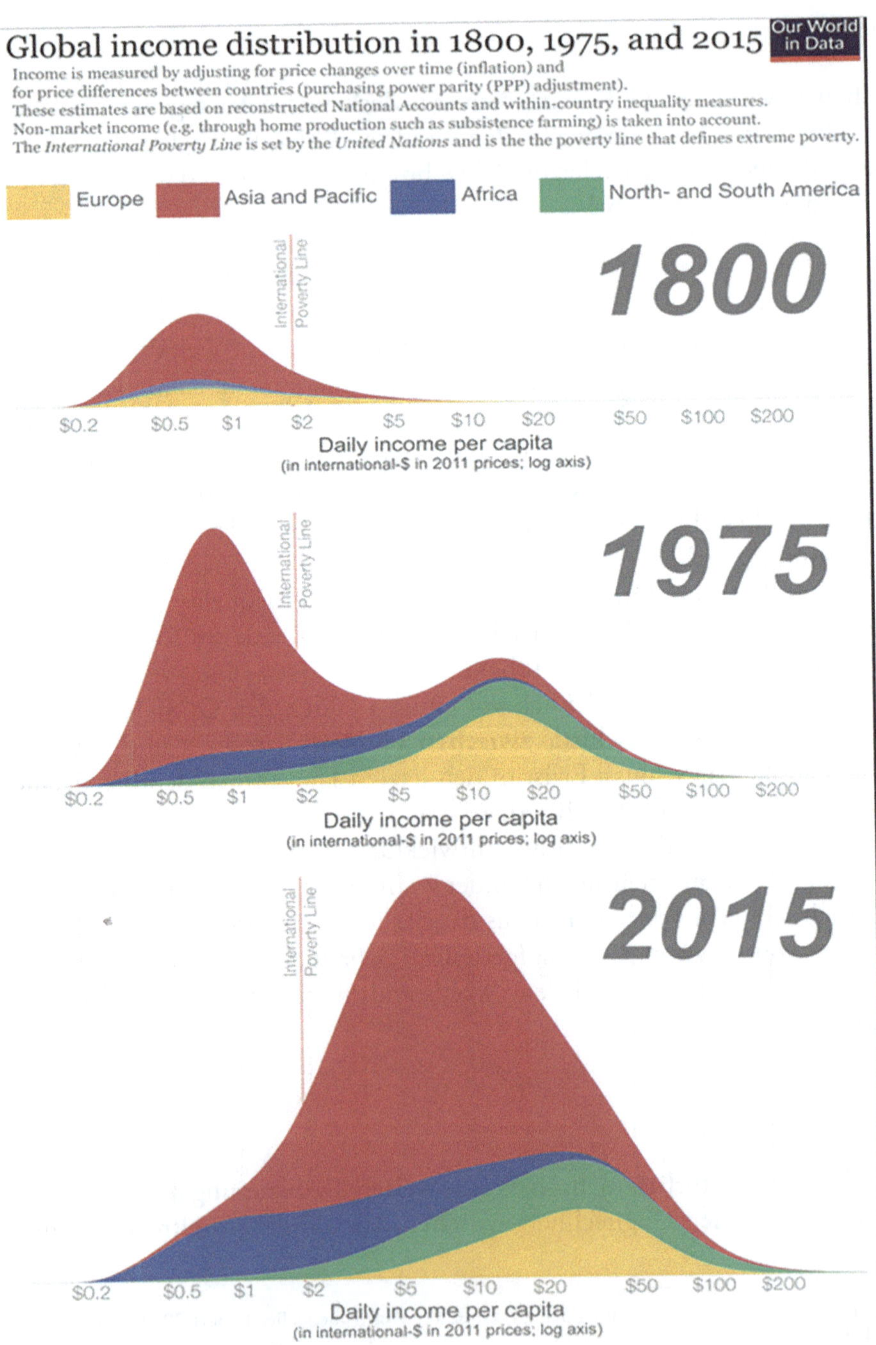

Abb. 4.1 Quelle: OurWorldinData, „Income inequality" (7/2024)

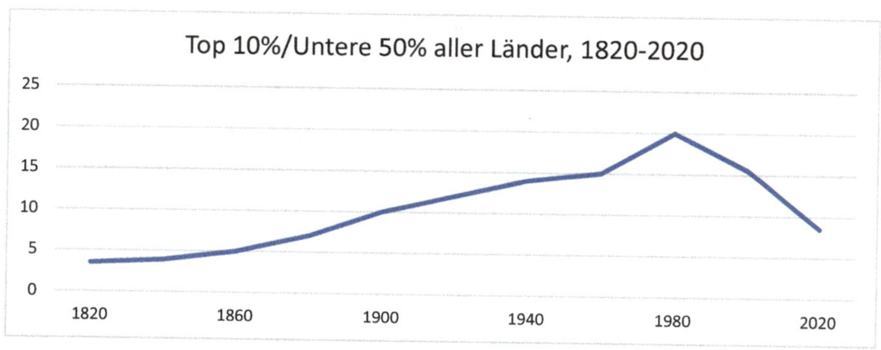

Abb. 4.2 Quelle: World Inequality Report 2022, Fig. 2.4

Tab. 4.2 Entwicklung BIP/Kopf in den Weltregionen

Region	Entwicklung BIP/Kopf 1990–2022
Westen	+ 68 %
Lateinamerika	+ 73 %
Subsahara-Afrika	+ 88 %
Osteuropa	+ 122 %
Ostasien	+ 257 %
Süd-/Südostasien	+ 221 %

Quelle: OurWorldinData, „Economic Growth" (7/2024)

wünschenswert wäre. Die aktuellen Prognosen sind diesbezüglich erfreulich: Die Wirtschaftswachstumsraten dürften auch in der näheren Zukunft in den weniger entwickelten Ländern deutlich höher liegen als im Westen, d. h., der in Punkt 7 genannte GINI-Koeffizient dürfte in den nächsten Jahrzehnten weiter fallen (auf ein Niveau zwischen 0,3 und 0,4, was ja dem durchschnittlichen Niveau der Einkommensverteilung innerhalb der Länder entspricht).

Fazit zum Einwand 3

Der Einwand 3 ist nicht stichhaltig.

Er scheitert daran, dass seine Kernbehauptung „Die Ungleichheiten in der Welt wachsen", sachlich falsch ist – sowohl was die grundsätzlichen Lebensbedingungen (vgl. Kap. 2) als auch was den allgemeinen materiellen Wohlstand betrifft.

Richtig ist, dass diese Ungleichheiten aufgrund des über 200 Jahre während den großen Vorsprungs der westlichen Länder bzgl. Technologie, Wirtschaftsentwicklung, Bildung etc. bis etwa zur Mitte des 20. Jahrhunderts gewachsen sind. Seither aber haben die anderen Weltregionen in beeindruckendem

Tempo aufgeholt und holen weiter auf. Die Ungleichheiten fallen entsprechend seit einigen Jahrzehnten.

Die dem Einwand zugrunde liegende **normative Forderung** nach Gleichheit ist in Bezug auf die grundsätzlichen Lebensbedingungen gerechtfertigt und ist in der ethischen Bewertung untrennbar mit ihnen verbunden.

In Bezug auf den materiellen Wohlstand wirft diese Forderung durchaus eine wesentliche Fragestellung auf: die Frage nach der Bedeutung des Wertes „Gleichheit des Wohlstands für alle Menschen". Dieser Wert hat historisch eine erhebliche Rolle gespielt (kommunistische Utopie); und unterschiedliche Gewichtungen dieses Wertes – relativ zu anderen Werten – sind auch heute noch der Ursprung vieler politischer Auseinandersetzungen. Rein ethisch betrachtet kann die Forderung in dieser Pauschalität aber nicht in derselben Weise eindeutig begründet werden wie die o. g. erste Forderung.[11]

4.5 Einwand 4: Mangelnde Nachhaltigkeit

> „In den letzten 200 Jahren hat die technologische und wirtschaftliche Entwicklung auf der Erde zwar viele positive Folgen für die Menschen gehabt – insbesondere war sie der wesentliche Grund für die in Kap. 2 dargestellten Errungenschaften. Aber sie hat auch zur Plünderung der Ressourcen des Planeten geführt, zur beispiellosen Zerstörung und Verschmutzung unserer Umwelt, zur Auslaugung vieler landwirtschaftlicher Böden, zum dramatischen Verlust von Biodiversität, und vor allem auch zu einem bedrohlichen Klimawandel. Kurzum: Diese Entwicklung war **nicht nachhaltig**[12]; sie ging auf Kosten der nachfolgenden Generationen."

Diese Grundaussage ist mittlerweile derart oft in Büchern, Meinungsartikeln, Talkshows und Social-Media-Posts wiederholt worden, ist so tief in das kollektive Bewusstsein gerade westlicher Gesellschaften eingedrungen, dass sie selten hinterfragt wird.

Oder anders formuliert: Der Einwand 4 ist, zusammen mit Einwand 3, der z. Zt. wohl populärste, weitverbreitetste Einwand gegen eine positive Bewertung der letzten Jahrhunderte Menschheitsgeschichte.

---

[11] Diese Frage ist m. E. ein Beispiel für den später zu thematisierenden Sachverhalt (s. Persönlicher Exkurs II, S. 54.), dass auch bei Voraussetzung eines allgemeingültigen Wertesystems viele relevante Fragen ethisch nicht entscheidbar sind. Es gibt, konkret gesprochen, zwischen einer Position „Der GINI-Faktor sollte 0,3 sein" und „Der GINI-Faktor sollte 0,4 sein" kein wahr oder falsch; es ist eine Frage, die gesellschaftlich diskutiert und mehrheitlich entschieden werden muss.

[12] Beim Einwand 4 ist der Begriff „nachhaltig" ausschließlich in seiner ökologischen Dimension zu verstehen. Die soziale Dimension von Nachhaltigkeit wurde im Wesentlichen in Einwand 3 thematisiert.

Was ist dazu zu sagen?

1.

Fragt man auch hier zunächst nach der **normativen Basis** dieser Kritik – d. h. nach dem ethischen Wert, auf dem der Einwand beruht –, so gibt es zwei Antworten, entsprechend zwei Interpretationen des Begriffs „Nachhaltigkeit":

- Wert A: Leben und gute grundsätzliche Lebensbedingungen (im Sinne der in Kap. 2 dargestellten Indikatoren) für zukünftige Generationen,
- Wert B: Belassen der Ökosysteme in ihrem natürlichen Zustand; und, damit verbunden, Leben und positive Lebensbedingungen für Pflanzen und Tiere.

Beim hier zu diskutierenden Einwand 4 geht es um Wert A; Wert B ist dann die Basis für den Einwand 5, der Gegenstand des nachfolgenden Kapitels sein wird.

2.

Dem ethischen Grundsatz

> „Das Leben / gute grundsätzliche Lebensbedingungen für unsere Kinder und die nachfolgenden Generationen ist genauso wertvoll wie das Leben / gute grundsätzliche Lebensbedingungen für die heutigen Menschen"

ist uneingeschränkt zuzustimmen. Es gibt keinen validen Grund, kein belastbares Argument, hier einen Unterschied zu machen.[13]
Im Gegenteil: Betrachtet man es quantitativ, so stehen max. 15 Mrd. Menschen, die in den letzten 200 Jahren von der wirtschaftlich-technischen Entwicklung profitiert haben, allein in den nächsten 200 Jahren ca. 25 Mrd. heutige Kinder und noch ungeborene Menschen gegenüber, die von potenziellen Beeinträchtigungen ihrer elementaren Lebensbedingungen betroffen wären.

[13] Für eine ausführliche Diskussion verschiedener Aspekte zu diesem Thema – Rechte zukünftiger Generationen und daraus erwachsende ethische Gebote für die heutige Generation – siehe den Eintrag „Intergenerational Justice" in der Stanford Encyclopedia of Philosophy: https://plato.stanford.edu/entries/justice_intergenerational.

Mit anderen Worten: Es ist ein klares ethisches Gebot an jede Generation, so zu leben, zu wirtschaften, zu konsumieren, dass die natürlichen Lebensgrundlagen der zukünftigen Generationen[14] – inkl. deren Möglichkeiten, auf Basis der planetaren Ressourcen zu wirtschaften und zu konsumieren – nicht substanziell beeinträchtigt werden.[15]

Wird dieses Gebot erfüllt, wird dies mit dem Begriff „nachhaltige Entwicklung" bezeichnet.

3.

Die **deskriptive Aussage** des Einwands 4 lautet dann: Die Entwicklung der Menschheit vor allem in den letzten 50–70 Jahren war nicht nachhaltig. (Aus dieser Feststellung werden dann – je nach Autor/Protagonist durchaus unterschiedliche – politische Forderungen abgeleitet, Lösungsmöglichkeiten vorgeschlagen und auch ethische Appelle formuliert. Es würde den Rahmen dieses Buches sprengen, hierauf näher einzugehen).

Trifft diese Aussage zu?

Die sorgfältige Beantwortung dieser Frage erfordert angesichts der Fülle der eingangs genannten Aspekte – Ressourcenverbrauch; Umweltverschmutzung; Ausmaß und Qualität landwirtschaftlicher Böden; Plastikmüll; Zerstörung von Ökosystemen (u. a. Abholzung von Regenwald); Biodiversitätsverlust (Artensterben, Rückgang von Tierpopulationen); Klimawandel – ein eigenes Buch.

Es geht ja darum, für all diese Aspekte jeweils die weltweiten aktuellen und historischen Daten zusammenzutragen, systematisch auszuwerten und daraus dann auch belastbare Prognosen für die (nähere) Zukunft abzuleiten.

Ich habe ein solches Buch vor ein paar Jahren veröffentlicht.[16] Daher kann ich mich in diesem Buch damit begnügen, einige der wichtigsten Ergebnisse daraus darzustellen. Für die näheren Begründungen verweise ich auf das o. g. Buch.

---

[14] Unter „natürliche Lebensgrundlagen" verstehe ich hier diejenigen Aspekte der den Menschen umgebenden Natur, die für die o. g. „guten grundsätzlichen Lebensbedingungen" relevant sind.

[15] Hans Jonas hat dieses Gebot in seinem bekannten Buch „Das Prinzip Verantwortung" (1979) in Form des „ökologischen Imperativs" formuliert: *„Handle so, dass die Wirkungen deiner Handlung verträglich sind mit der Permanenz echten menschlichen Lebens auf Erden."*

[16] Unnerstall 2021.

4.

Wichtige Ergebnisse bezüglich der Frage, ob die wirtschaftlich-technische Entwicklung der Menschheit vor allem seit 1950 tatsächlich (ökologisch) nicht nachhaltig war:

- Anders als in der Regel dargestellt, bietet die Erde Rohstoffe für menschliches Wirtschaften im **Überfluss** – mineralische Rohstoffe (Metalle, Baustoffe, Phosphor, seltene Erden etc.); Ackerflächen in guter Qualität; Trinkwasser; erneuerbare Energien; Nuklearbrennstoffe; u. a. Es gibt diesbezüglich zumindest für die nächsten Tausende von Jahren keine grundsätzlichen Einschränkungen.[17]
- Insbesondere machen die **Rohstoff- und Energieressourcen** des Planeten einen Lebensstandard auf heutigem westlichen Niveau ohne Einschränkungen auch für die gesamte Weltbevölkerung möglich. Die so oft zu hörende / zu lesende Aussage, eine Extrapolation der westlichen Lebensstandards auf die ganze Menschheit würde „die planetarischen Grenzen sprengen", ist schlicht sachlich falsch.
- Entgegen der gängigen Narrative nimmt der Energie- und Rohstoffbedarf in den weit entwickelten Volkswirtschaften des Westens trotz weiter wachsendem Wohlstand **nicht** weiter zu, sondern eher ab: aufgrund zunehmend effizienten Wirtschaftens, Recycling, besseren Technologien, Dematerialisierungstendenzen, zunehmender Bedeutung von Dienstleistungen.
- Die **Umweltverschmutzung** geht bzgl. der meisten Schadstoffe weltweit zurück; eine dauerhafte Beeinträchtigung zukünftiger Generationen ist Stand heute nicht zu erwarten.[18] Auch hier gilt: Je höher der Wohlstand in einem Land, desto geringer in der Regel die Umweltverschmutzung.
  Plakativ gesprochen: Der größte Feind einer sauberen Umwelt ist heute nicht etwa Wirtschaftsentwicklung, sondern im Gegenteil Armut.
- Die **Zerstörung von Ökosystemen,** das Artensterben und der Biodiversitätsverlust sind real. Aber die weltweiten Anstrengungen, um hier Verbesserungen zu erreichen (Schutzgebietsausweisungen,

[17] Um nur ein Beispiel zu nennen: Selbst wenn man annimmt, dass nur 1% des in der oberen kontinentalen Erdkruste vorhandenen Rohstoffs „Eisen" abbaubar ist, würden diese Vorräte bei der gegenwärtigen Abbaurate von Eisen noch über 400.000 Jahre reichen.

[18] Eine Ausnahme bildet hier evtl. das Thema „Mikroplastik": Die Bedeutung dieser Problematik ist im Moment noch nicht verlässlich abzuschätzen.

Artenschutzprogramme, Abkommen zur Beendigung des Regenwaldverlustes), haben bereits messbare positive Wirkungen erzielt; zudem hat sich der Flächenverbrauch der Menschheit deutlich verlangsamt. Insgesamt ist nicht zu erwarten, dass zukünftige Generationen bzgl. der grundsätzlichen Lebensbedingungen (Kap. 2) durch das aktuell absehbare Ausmaß der Schäden wirklich beeinträchtigt werden (siehe auch „Persönlicher Exkurs I" auf S. 49.).

- Der **Klimawandel** als Folge der technisch-wirtschaftlichen Entwicklung der Menschheit ist nach aktuellem Stand des Wissens viel gravierender als die anderen bisher angesprochenen Nachhaltigkeitsthemen. Wenn die Menschheit es nicht schafft, die globale Temperaturveränderung auf rund 2–2,5° zu begrenzen, so sind klare Beeinträchtigung der Lebensqualität, des Wirtschaftens, evtl. sogar der elementaren Lebensbedingungen für erhebliche Teile der Menschheit zu erwarten.
  Mit anderen Worten: Bezüglich **dieser** Problematik war die Entwicklung vor allem der letzten Jahrzehnte, so positiv sie auch für die in Kap. 2 diskutierten Aspekte war, nicht nachhaltig und daher klar zu kritisieren.
  Dies ist umso ärgerlicher, als dass dieses Defizit vermeidbar gewesen wäre: Der Klimawandel wird zu 3/4 verursacht durch die CO_2-Emissionen bei der Verbrennung fossiler Energieträger (Kohle, Erdöl, Erdgas), und dieser Zusammenhang ist seit über 30 Jahren bekannt (1992 wurde die UN-Klimarahmenkonvention ins Leben gerufen). Hätte die Menschheit schon vor 20 Jahren systematisch damit begonnen, die fossilen Brennstoffe durch – im Überfluss vorhandene, nur neu zu erschließende – CO_2-freie Energien (Solar- und Windenergie, Kernenergie, Geothermie, u. a.) zu ersetzen,[19] hätte die globale Wirtschaftsentwicklung, evtl. leicht verzögert, ebenso ablaufen können, und der Klimawandel wäre schon heute weitgehend im Griff.

- Anders formuliert: Der globale technisch-wirtschaftliche Fortschritt war zwar **historisch** untrennbar verknüpft mit der Nutzung der fossilen Energieträger, aber durch die Entwicklung der CO_2-freien Energietechnologien besteht diese Kopplung für die Zukunft nicht mehr,

[19] Ergänzend hätte man die CO_2-Emissionen aus den Kohlekraftwerken mit der damals bereits bekannten CCS-Technologie verringern können.

Persönlicher Exkurs I – Biodiversitätsverlust und Mensch

Lieber Leser, als Sie den Satz gelesen haben:

„Insgesamt ist nicht zu erwarten, dass zukünftige Generationen bezüglich der grundsätzlichen Lebensbedingungen durch das aktuell absehbare Ausmaß der Schäden wirklich beeinträchtigt werden",

haben Sie sich vielleicht gefragt: Wie kann er nur so etwas schreiben? Ist es denn etwa nicht schlimm, wenn z. B. hier in Deutschland Singvögel aussterben, die Insektenbestände zurückgehen, immer mehr Flächen Häusern und Verkehr geopfert werden? Daher ein paar zusätzliche, schlaglichtartige Anmerkungen zum besseren Verständnis:

- *Vor 2000 Jahren war Deutschland zu 70–80% mit Wald bedeckt, heute sind es noch etwa 30%; d. h., über die Hälfte des Waldes wurde von unseren Vorfahren abgeholzt. Wurden dadurch meine grundsätzlichen Lebensbedingungen (insbesondere bzgl. der in Kap. 2 dargestellten Aspekte) substanziell verschlechtert?*
- *Welche Auswirkungen für die Menschheit hat es, ganz nüchtern betrachtet, ganz konkret, dass im Viktoriasee in Afrika 50 der ursprünglich 250 verschiedenen Barscharten in den letzten 100 Jahren ausgestorben sind?*
- *Ist es für meinen heute 16-jährigen Sohn wirklich relevant, ob es noch Auerhühner im Schwarzwald gibt oder nicht? Oder, dass das morgendliche Vogelkonzert im Mai leiser ist als in meiner Kindheit? Oder, dass im Jahr 2019 eine von drei Fledermausarten auf der Weihnachtsinsel im Pazifik ausgestorben ist?*

Führt man solche Überlegungen an, so wird oft entgegnet: So ein Denken sei verkürzt, schließlich „hänge alles mit allem zusammen" in der Natur, und daher wissen wir nicht, welche weiteren Folgen bestimmte einzelne Veränderungen – deren Auswirkungen evtl. per se *tatsächlich wenig problematisch sind – für das Gesamtsystem haben könnten. Das ist, abstrakt genommen, zwar richtig; und deshalb ist es richtig und wichtig, dass die Menschheit die bereits angesprochenen Anstrengungen zum Erhalt der Arten und der Biodiversität fortsetzt und weiter ausbaut.*

Aber ein allgemeines Statement „Die Entwicklungen in Kap. 2. wurden aufgrund der Verluste an Biodiversität mit signifikanten Schäden für die nachfolgenden Generationen erkauft" lässt sich m. E. mit einem solch pauschalen Hinweis nicht begründen. Man muss schon konkret nachweisen, wo/warum das Nachhaltigkeitsgebot verletzt wird.

und die Entkopplung hätte schon vor Jahrzehnten eingeleitet werden können und sollen. Es handelt sich also hier um eine klare ethische Verfehlung der Menschheit. Sie kann wohl nicht mehr vollständig,[20] aber doch weit-

[20] Es besteht die nicht unbegründete Hoffnung, dass in den nächsten Jahrzehnten Technologien entwickelt und im großen Maßstab eingesetzt werden, um der Atmosphäre in signifikantem Umfang CO_2 zu entziehen. Wenn dies gelingt, gibt es eine Chance, die „Sünden der Vergangenheit" weitestgehend zu

gehend wiedergutgemacht werden, wenn die Menschheit ab jetzt konsequent Klimaschutz vollzieht, d. h. – ohne auf Details einzugehen – das Pariser Klimaabkommen von 2015 tatsächlich (weitgehend) umsetzt.

Fazit zum Einwand 4

Einwand 4 ist in vielerlei Hinsicht nicht, aber in einem sehr wesentlichen Punkt doch zutreffend. Er beruht auf dem wahren und wesentlichen ethischen Grundsatz, dass die Handlungen und Entscheidungen einer Generation nicht zu – rational absehbaren, substanziellen – Beeinträchtigung der Möglichkeiten zukünftiger Generationen führen dürfen, ihre Grundbedürfnisse zu erfüllen, Bildung zu erwerben, Freiheitsrechte zu realisieren, Wirtschaft, Wissenschaft und Kultur zu entwickeln.

Anders als oft behauptet oder suggeriert, bedeuten die in Kap. 2 dargestellten Fortschritte und insbesondere die wirtschaftliche Entwicklung der Menschheit im letzten Jahrhundert **keine** bedeutende Verletzung dieses Gebotes, soweit es um Ressourcenverbrauch, Umweltverschmutzung, Zerstörung von Ökosystemen, Biodiversitätsverlust geht. Diesbezüglich also geht der Einwand 4 ins Leere.

Klimawandel deutlich über der 2°/2,5°-Marke hingegen würde mit einer erheblichen Wahrscheinlichkeit (soweit heute beurteilbar) zu eben solchen Beeinträchtigungen für die zukünftigen Generationen führen. Da die Menschheit – wider besseren Wissens – bisher viel zu wenig getan hat, um den Klimawandel zu bremsen, trifft in dieser Hinsicht der Einwand 4 zu.

Es ist aber von großer Bedeutung zu verstehen, dass das Klimaproblem nicht etwa ein Charakteristikum von zivilisatorischer und wirtschaftlicher Entwicklung **per se** ist; das Problem hängt viel mehr vor allem davon ab, welche **Energieträger** für diese Entwicklung genutzt werden. Hätte die Menschheit schon vor Jahrzehnten zunehmend statt der fossilen Energieträger CO_2-freie Energietechnologien genutzt, bzw. vollzieht sie jetzt diese Umstellung ausreichend schnell, hätte das Problem vermieden werden können bzw. kann jetzt noch entscheidend reduziert werden.

---

kompensieren, d. h., die bereits erfolgte Klimaerwärmung wieder zurückzudrehen. (Es wäre aber m. E. unverantwortlich, sich darauf zu verlassen: Die Hauptanstrengung muss in Richtung Vermeidung der CO_2-Emissionen gehen).

4.6 Einwand 5: Rückgang der Biodiversität

Wie bereits eingangs des vorangegangenen Abschnitts angesprochen, beruht dieser Einwand auf der **normativen Forderung:**

Belassen der Ökosysteme des Planeten in ihrem natürlichen Zustand; Erhalt der Biodiversität; Schutz des Lebens / artgerechter Lebensbedingungen für Tiere und Pflanzen.

Schauen wir diese Maxime näher an, so stellen sich eine Reihe von Fragen:

- Was bedeutet „natürlicher Zustand"? Es gibt keinen „natürlichen Zustand" von Ökosystemen, weil die Evolution und die Erdgeschichte voller grundsätzlicher Wendungen ist und die Ökosysteme einem ständigen Veränderungsprozess unterliegen. So lag z. B. die planetare Durchschnittstemperatur in den letzten 500 Mio. Jahren im Mittel 7–8° **über** der heutigen Durchschnittstemperatur. Erdgeschichtlich gesehen befinden wir uns in einer absoluten Kaltzeit, und der **für den Menschen** so problematische Klimawandel ist **für den Planeten** daher eher ein Weg zurück in die Normalität.
- Ebenso gibt es auch kein „natürliches Maß" an Biodiversität. Soweit wir heute wissen (aber die Erkenntnisse sind nicht unumstritten), ist die Biodiversität in der Erdgeschichte – bis auf einzelne Epochen[21] – meist gestiegen und hat heute ein erdhistorisch einmalig hohes Niveau erreicht. Ein Verlust an Biodiversität von diesem Punkt aus wäre daher nicht unnatürlich oder gar katastrophal. Je nach den zukünftigen planetarischen Rahmenbedingungen wäre ein solcher Verlust sehr wahrscheinlich ohnehin nur temporär: Nach ein paar Millionen Jahren (für die Erde ein sehr kurzer Zeitraum, etwa vergleichbar mit ein paar Wochen für ein Menschenleben) würde die natürliche Evolution ihn wieder wett machen.
- Entsprechend ist es schwierig, dem Erhalt von Arten einen ethischen Wert beizumessen – wenn doch ein „Arterhalt" evolutionär gar nicht vorgesehen ist. Die durchschnittliche Zeitspanne für eine Säugetierart etwa beträgt nach aktuellen wissenschaftlichen Erkenntnissen 0,5–1 Mio. Jahre – dann stirbt sie aus, d. h. wird verdrängt oder geht in neuen Arten auf.[22]

---

[21] Im Laufe der letzten 500 Mio. Jahre gab es fünfmal ein sog. „Massenaussterben" – d. h. eine Epoche, in der durch äußere Einflüsse die Mehrzahl aller Pflanzen- und Tierarten innerhalb erdgeschichtlich kurzer Zeit (1000e Jahre) ausgestorben sind.

[22] 1 Mio. Jahre in der Lebensspanne der Erde (7–8 Mrd. Jahre) entspricht, projiziert auf ein Menschenleben, etwa vier Tagen.

- Allgemeiner gesagt: Innerhalb der Natur selbst gibt es keine ethischen Prinzipien, kein gutes/böses Verhalten; es gibt im Kern nur das Recht des Stärkeren.
  Das folgt auch daraus, dass alle Ethik einen freien Willen voraussetzt.

Kann man der Natur und insbesondere dem Leben in der Natur trotz dieser Einschränkungen einen ethischen Wert beimessen?

Die Antwort lautet: Ja, aber die strenge Begründung dafür setzt eine vollständige ethische Theorie (und damit eigentlich ein komplettes philosophisches System) voraus und kann daher innerhalb dieses Buches nicht geleistet werden. An dieser Stelle kann ich nur die m. E. zentralen diesbezüglichen ethischen Maximen[23] darstellen:

1. Die Natur und insbesondere das Leben in ihr hat einen Wert einerseits, weil es in der Entwicklung hin zum Menschen unabdingbare Vorstufen darstellt; andererseits, weil es – jedenfalls bisher – die Basis für das menschliche Leben darstellt.
2. Leben in der Natur hat daher einen umso höheren ethischen Wert, je menschenähnlicher es ist und/oder je mehr es der Entwicklung der Menschheit dient.
3. Menschliches Leben, die Erfüllung primär biologisch beschriebener Grundbedürfnisse, aber auch die Umsetzung höherer Ziele für den Menschen wie Bildung, Freiheitsrechte u. a. hat einen ungleich höheren Wert als Leben in der Natur.

Aus diesen allgemeinen ethischen Prinzipien lassen sich eine Reihe von konkreteren Leitsätzen ableiten; die wesentlichsten lauten:

- Es ist ethisch **nicht** zu beanstanden, wenn der Mensch Ökosysteme zerstört bzw. umwandelt, solange dies den Zielen unter (3) dient.
- Es ist ethisch **nicht** zu beanstanden, wenn im Zuge der Vergrößerung der Weltbevölkerung, der Ausbreitung menschlicher Zivilisation und der Verfolgung der Ziele unter (3) bisherige Lebensräume für Tiere und Pflanzen verloren gehen, ihre Populationen kleiner werden und auch Arten aussterben (lokal/regional oder insgesamt).

[23] Ich denke, dass die folgenden ethischen Maximen letztlich einen relativ breiten Konsens nicht nur innerhalb der westlichen Gesellschaften, sondern innerhalb der Weltgemeinschaft darstellen (dies ist natürlich keine Begründung für ihre Wahrheit).

- Umgekehrt ist es ein ethisches Gebot, Leben in der Natur zu schützen, Biodiversität zu erhalten und artgerechte Lebensbedingungen für Tiere und Pflanzen zu fördern, soweit es mit der Entwicklung des Menschen in diesem Sinne kompatibel ist.
- Dieses Gebot nimmt an Bedeutung zu, je komplexer / höher entwickelt / menschenähnlicher die betreffende Tierart ist.
- Insbesondere ist es ethisch zu verurteilen, wenn Tiere mit einem Bewusstsein und einem komplexen emotionalen Innenleben unnötig – etwa aus Nachlässigkeit, reinem Lustgewinn, partikularen ökonomischen Interessen – getötet, gequält, (eindeutig) nicht artgerecht behandelt oder gehalten werden.

Ich möchte ausdrücklich betonen, dass diese Leitsätze für Fragestellungen der praktischen Realität oftmals keine eindeutigen Antworten liefern:

- Ab welchen Bedingungen genau ist Schweinehaltung im industriellen Maßstab als „nicht artgerecht" zu charakterisieren und damit ethisch zu verurteilen? (Die Frage wird dadurch verkompliziert, dass
  - die Art „Hausschwein" selbst nicht Ergebnis der natürlichen Evolution ist, sondern von Menschen gezüchtet wurde;
  - sich das Leben des Schweins selbst erst dem entsprechenden ökonomischen Prozess verdankt;
  - es bisher nur begrenzt möglich ist, das Innenleben dieser Tiere zu verstehen.)
- Ist es ethisch vertretbar, dass in einem Zoo im Namen der Bildung / der Freizeitgestaltung des Menschen Tiere in engen Käfigen leben müssen?
- Wie ist die Frage ethisch zu beurteilen, ob in Deutschland Wölfe oder Bären wieder angesiedelt werden sollten oder nicht?

Die Antwort auf solche Fragen unterliegt damit in recht weiten Grenzen der Konsensfindung bzw. dem Mehrheitsprinzip innerhalb einer Gesellschaft. Siehe dazu auch den „persönlichen Exkurs II" auf S. 54.

Persönlicher Exkurs II – Grenzen objektiver Ethik

Wir stoßen an dieser Stelle der gedanklichen Entwicklung zum ersten Mal explizit auf ein Problem, dass uns noch mehrfach im Laufe des Buches begegnen wird. Es handelt sich um folgenden Sachverhalt.

Viele Menschen in Deutschland, so darf man wohl feststellen, glauben nicht (mehr) an eine objektive ethische Wahrheit; d. h., sie halten ethische Überzeugungen für prinzipiell kulturabhängig, d. h. für außerhalb der Möglichkeiten einer kulturunabhängigen, allgemeingültigen Argumentation angesiedelt.

Ich halte diese Auffassung aus philosophischen Gründen für falsch. Bestimmten ethischen Grundsätzen muss man, so denke ich, objektive Wahrheit zusprechen: So ist z. B. die Aussage: „Sklaverei ist ethisch verwerflich" m. E. kulturunabhängig und zeitübergreifend gültig.

Aber auch unter dieser Voraussetzung einer objektiven ethischen Wahrheit scheint mir klar, dass sehr viele konkrete ethische Fragestellungen ***nicht*** *objektiv entscheidbar sind.*

- *Wenn ich 1 Mio.€ zur freien Verfügung habe – sollte ich sie eher für die Bekämpfung des Hungers oder für den Klimaschutz einsetzen?*
- *Darf man das Leben von zehn Menschen opfern, um 1000 Menschen vor einem nicht sicheren, aber wahrscheinlichen Tod zu bewahren?*

Mit anderen Worten: Innerhalb einer Philosophie, in der ethische Wahrheit Teil des Gesamtsystems ist, muss man unterscheiden zwischen objektiven ethischen Grundsätzen und daraus rational eindeutig begründbaren Entscheidungen/Handlungen auf der einen Seite und dem weiten Feld der ***Moral*** *auf der anderen Seite.*

Moralische Einstellungen/Entscheidungen sind solche, die auf der Abwägung zwischen ähnlich zu gewichtenden ethischen Werten beruhen und damit in bestimmten Grenzen nicht wahr oder falsch, sondern tatsächlich kulturabhängig oder von persönlichen Prägungen und Überlegungen abhängig sind. Sie unterliegen also den individuellen Präferenzen bzw. der gesellschaftlichen Konsensfindung. Vgl. dazu auch Kap. 23.

Nach der Klärung der dem Einwand 5 zugrunde liegenden **normativen** Sachverhalte können wir uns jetzt der entsprechenden **deskriptiven** Fragestellung zuwenden: Inwieweit wurden während der Entwicklung der letzten 200–300 Jahre die oben formulierten ethischen Leitsätze eingehalten, inwieweit wurden sie verletzt? Diese Frage auch nur annähernd mit weltweiter Abdeckung zu beantworten, würde (wiederum) ein eigenes Buch erfordern – mit der zusätzlichen Schwierigkeit, dass bei vielen detaillierteren Sachverhalten eine eindeutige ethische Beurteilung nicht möglich sein wird; es geht ja in der Regel um relative Gewichtung verschiedener Werte gegeneinander.

Im Rahmen dieses Buches muss ich mich auf folgende Anmerkungen beschränken:

1.

Es ist klar, dass es im Laufe der Geschichte des Menschen immer wieder Verstöße gegen die o. g. ethischen Leitsätze gegeben hat: von der (sicherlich zum vernünftigen Überleben nicht erforderlichen) Ausrottung der australischen Großfauna vor 40.000 Jahren über die rücksichtslose Entwaldung des Mittelmeerraums durch die Römer und den exzessiven Walfang des 20. Jahrhunderts bis hin zu einigen Praktiken der modernen Massentierhaltung. Ferner würde eine entsprechende Analyse sehr wahrscheinlich zu dem Schluss kommen, dass diese Verstöße in den letzten 200 Jahren im Zuge der Entwicklung der Weltbevölkerung, der Ausbreitung der Zivilisation (man denke nur an die Entwicklungen in Nordamerika), der Entwicklung von Bergbau u. a. an Häufigkeit und Schwere zugenommen haben.

2.

Nichtsdestoweniger bleibt der **Gesamtumfang** dieser Verstöße bzw. deren Folgen – bisher – erstaunlich begrenzt[24]:

- Die massive Zerstörung/Umgestaltung von Ökosystemen – in erster Linie die Abholzung von Wäldern zur Gewinnung von Baumaterial, Brennstoff, Ackerflächen, Siedlungsflächen – seit 1800 hat einen Umfang von 10–15 Mio. km^2, d. h. nur 7–10 % der Landfläche des Planeten. (Ein deutlich größerer Anteil, ca. 30 Mio. km^2, werden durch die menschliche Zivilisation in zumeist moderaterem Ausmaß beeinflusst, weil auf diesen Flächen Viehherden weiden.)
- Seit 1800 sind von den höher entwickelten Tierarten, d. h. den Wirbeltieren, weniger als 1 % ausgestorben; und seit etwa 30 Jahren geht diese Aussterberate wieder zurück.[25] Der wesentliche Grund dafür ist die Tatsache, dass mittlerweile eine Fläche von ca. 17 % der Landfläche (und 8 % der Meeresfläche) unter Schutz gestellt ist. Ca. 15 % der Wirbeltierarten gelten aktuell als vom Aussterben bedroht.

[24] Zu den folgenden Zahlen s. Unnerstall 2021.

[25] Der Umfang des Artensterben bei den anderen Tierklassen – vor allem den Insekten – ist unbekannt, auch da die Zahl der Arten (d. h. die Bezugsgröße) völlig unbekannt ist; es gibt sehr divergierende Schätzungen.

- Die wissenschaftlichen Schätzungen darüber, wie viel Prozent der Tierpopulationen bei den Wirbeltieren (also die Zahl der Individuen in den vorhandenen Arten) seit 1800 weltweit verloren gegangen sind, divergieren stark und liegen zwischen 20 und 40 %. Recht einheitlich wird als Hauptursache dafür die o. g. Umwandlung von Ökosystemen, also der Flächenverbrauch für die Landwirtschaft, für Verkehr und für Besiedlung angesehen.

  Daraus folgt: Im Kern war der Großteil dieses Biodiversitätsverlustes **unvermeidlich,** ethisch nicht zu beanstanden, weil er eben der Entwicklung der Menschheit im o. g. Sinne und damit einem höheren ethischen Wert gedient hat. Die Frage, welcher Anteil dieses Verlustes bei optimaler Einhaltung der Leitlinien dennoch hätte vermieden werden können, ist, fürchte ich, im Nachhinein kaum zu beantworten.
- Legt man den wissenschaftlich definierten Begriff „local biodiversity intactness" zugrunde und hält eine Beeinträchtigung von 30 % für vertretbar,[26] so ist die aktuelle Situation die folgende: Weltweit liegen 85 % der Ökosysteme **unter** diesem Grad der Beeinträchtigung (d. h., sie sind nur moderat durch den Menschen beeinflusst), 15 % liegen darüber.

3.

In den letzten 50 Jahren hat es weltweit eine sehr deutliche und zunehmende Einsicht in den ethischen Wert von Flora und Fauna gegeben. Diese Einsicht manifestiert sich zum einen **rechtlich** in einer Vielzahl entsprechender nationaler Gesetze und internationaler Verträge/Abkommen; und zum anderen in konkreten **Handlungen** wie der Ausweisung von Schutzgebieten, wissenschaftlich begleiteten Artenschutzprogrammen, lokalen Initiativen zur Wiederansiedlung von Arten; und auch in Zielsetzungen nationaler Regierungen und der UN. Sicherlich gibt es noch immer erhebliche Lücken zwischen Gesetzen und Realität, zwischen Zielen und Umsetzung, aber man kann doch feststellen, dass die Menschheit hier signifikante Fortschritte gemacht hat und auf einem positiven Weg ist.

4.

Mit Blick auf die heute absehbare Zukunft wird diese Feststellung unterstützt durch die unter den Experten sehr einheitliche Prognose, dass die

[26] Dies entspricht, anders formuliert, der normativen Forderung, Ökosysteme sollten zu > 70 % in gleicher Weise intakt sein wie ohne menschlichen Einfluss.

Flächeninanspruchnahme der Menschheit in diesem Jahrhundert nicht mehr wesentlich wachsen wird. Insbesondere kann die gegenüber heute um noch einmal ca. 2 Mrd. Menschen wachsende Weltbevölkerung in erster Linie durch verbesserte landwirtschaftliche Techniken auf existierenden Ackerflächen (also nicht über eine erhebliche Ausweitung dieser Flächen) ernährt werden; und durch die weltweite Bevölkerungsbewegung vom Land in die Stadt hat die auf dem Land lebende Weltbevölkerung bereits jetzt annähernd ihr historisches Maximum erreicht.

5.

Zusammengefasst: Die weitere Entwicklung der menschlichen Zivilisation kann weitgehend so gestaltet werden und wird faktisch auch zunehmend so gestaltet, dass die meisten höher entwickelten Tierarten (Wirbeltierarten) und der größte Teil der heutigen Biodiversität erhalten bleiben.

6.

Bezüglich der näheren Zukunft ist sich die Wissenschaft einig, dass die größte Gefahr für die Stabilität von Ökosystemen, für den Erhalt von Arten/Tierpopulationen und für die Lebensbedingungen von Pflanzen und Tieren (nicht mehr, wie bisher, vom Flächenverbrauch der Menschheit, sondern) vom anthropogenen **Klimawandel** ausgeht. Allerdings liefert diese Feststellung keine neuen Handlungsanweisungen: Es besteht ja als Ergebnis des Einwandes 4 ohnehin das klare ethische Gebot, den Klimawandel zu begrenzen, allein um der (ethisch weit höher zu bewertenden) guten grundsätzlichen Lebensbedingungen für zukünftige Generationen der Menschheit willen.

7.

Die bisherigen Überlegungen betreffen die „natürliche Natur", d. h. die menschenunabhängig per Evolution entstandenen Ökosysteme, Pflanzen und Tierarten. Ein quantitativ sehr erheblicher Anteil der heutigen real existierenden Tierwelt besteht aber aus Nutztieren, und insbesondere aus in großem Maßstab von Menschen „produzierten" Hühnern, Schweinen, Rindern, Schafen, Ziegen.[27]

---

[27] Die Nutztiere übertreffen in Gewicht die wildlebenden Wirbeltiere um ein Vielfaches.

Den Grundvorgang – der Mensch erzeugt Tiere, um sie dann zu Ernährungszwecken zu töten – wird man dabei ethisch nicht beanstanden können.[28]

Die Frage jedoch, welche Lebensbedingungen wir diesen Lebewesen schuldig sind, d. h., welche Praktiken der Massentierhaltung ethisch noch vertretbar sind oder welche nicht, ist sehr wohl legitim. Leider ist sie sehr schwer zu beantworten – ja, sie gehört aus meiner Sicht zu den schwierigsten ethischen Problemen überhaupt. Die Abwägung zwischen den involvierten Werten (gute Ernährung der 8 Mrd. Menschen, Vermeidung von tierischen Leid) als auch die deskriptiven Fragestellungen (Wieviel Fleisch gehört zu einer ausgewogenen Ernährung?; Was empfinden welche Tiere unter welchen Lebensumständen?, usw.) sind jedenfalls so herausfordernd, dass sie den Rahmen dieses Buches weit übersteigen.

Diese Schwierigkeiten dürften auch der Grund dafür sein, dass die Bedeutung dieses Themas in der weltweiten Öffentlichkeit ungleich geringer ist als die Bedeutung von Natur- und Artenschutz und dass eine vergleichbar klare Entwicklung von Recht und Praxis (vgl. Punkt 3) weltweit nicht festzustellen ist. Auch bei den Protagonisten des Einwandes 5 spielt sie zumeist nur eine geringe Rolle.

Fazit zum Einwand 5

Einwand 5 beruht auf einem ethischen Wert, der zwar oft in unzulässiger Weise ausgelegt und insbesondere auch überschätzt wird, der aber doch einen wahren und wichtigen Kern hat.

Der Mensch hat grundsätzlich sehr wohl das Recht, um seines Fortschritts willen Ökosysteme und das Leben in ihnen zu opfern. Andersherum gilt aber auch: Insoweit es der Entwicklung der Menschheit nicht entgegensteht, sollten Biodiversität erhalten und möglichst artgerechte Lebensbedingungen für Tiere geschützt werden; dies gilt umso mehr, je höher entwickelt das Tier ist.

Anders als oft beim Einwand 5 unterstellt, stellen die Zerstörung von Ökosystemen und der nicht unerhebliche Verlust von Biodiversität während der letzten 200 Jahre als solche **keinen Verstoß** gegen dieses ethische Gebot dar: Sie sind viel mehr zum Großteil **unvermeidliche Folge** der notwendigen Ausweitung landwirtschaftlicher Flächen und Besiedlungsgebiete im Zuge der Zunahme der Weltbevölkerung im 19. und 20. Jahrhundert. In diesem zentralen Sinn ist also der Einwand 5 nicht gerechtfertigt.

[28] Interessanterweise hat auch praktisch keine der zahlreichen menschlichen Kulturen seit 10.000 v. Chr., kaum eine Religion (eine Ausnahme ist der Jainismus) und keine der philosophischen ethischen Theorien seit 500 v. Chr. diese Praxis ernsthaft infrage gestellt.

Punktuell jedoch wurde das ethische Gebot während der letzten 200 Jahre immer wieder in zum Teil eklatanter Weise verletzt. Dies ist allerdings erstens kein neues Phänomen – es begleitet die gesamte Menschheitsgeschichte –, und zweitens gibt es keine systemische Abhängigkeit der in Kap. 2 dargestellten Entwicklungen von diesen „Sünden": Sie hätten vermieden werden können, ohne den Fortschritt zu schmälern.

Insofern trifft der Einwand 5 insgesamt nur sehr eingeschränkt zu. Zudem tendiert er in vielen Ausprägungen dazu, die signifikanten Fortschritte der Menschheit bzgl. Natur- und Artenschutz in den letzten 50–60 Jahren zu übersehen.

Für die **Zukunft** ist bei vernünftiger Vorgehensweise beides erreichbar: die weitere uneingeschränkte technisch-wirtschaftliche und kulturelle Entwicklung der Menschheit **und** weitgehender Erhalt der heutigen Biodiversität inkl. artgerechter Lebensbedingungen für die Wildtiere. Voraussetzung hierfür ist dabei insbesondere der Erfolg beim Klimaschutz: Der Klimawandel stellt für die Zukunft die mit Abstand größte vom Menschen ausgehende Gefahr für die Ökosysteme des Planeten in ihrer heutigen Form dar.

Das Spezialproblem der ethischen Beurteilung der heute gängigen Behandlung von Nutztieren – also die Beurteilung des Einwandes 5 in Bezug auf die moderne Massentierhaltung – kann in diesem Buch aufgrund seiner hohen Komplexität nicht diskutiert werden.

4.7 Einwand 6: Kein Beitrag zum menschlichen Glück

Der Einwand 6 setzt noch einmal auf einer ganz anderen Ebene an als die bisher diskutierten Einwände. Der israelische Historiker Y. Harari formuliert in seinem weltweiten Bestseller „Eine kurze Geschichte der Menschheit" (2013):

> *„Die Menschheit genießt heute einen Reichtum, wie man ihn früher nur aus dem Märchen kannte. Die Wissenschaft und die industrielle Revolution haben ihm übermenschliche Kräfte und nahezu grenzenlose Energie verliehen … Aber sind wir heute glücklicher? Und wenn nicht, welchen Sinn haben dann Landwirtschaft, Städte, Schrift, Geld, Weltreiche, Wissenschaft, Industrie und all die anderen Erfindungen der Menschheit?"* (S. 458)

Andere Protagonisten des Einwands gehen über diese Fragestellung hinaus und behaupten geradewegs, der heutige Mensch sei entfremdet von seinen natürlichen, evolutionär angelegten emotionalen Bedürfnissen, seelisch verkümmert in einer kalten Welt voller Maschinen und daher prinzipiell unglücklicher als frühere Generationen.[29] Daher gehe der sogenannte „Fortschritt" – d. h. die ganze zivilisatorische Entwicklung der letzten Jahrhunderte – in die falsche Richtung.

Was ist dazu zu sagen?[30]

Logischerweise beruht auch dieser Einwand auf einer normativen und einer deskriptiven Aussage.

Die **normative Aussage** lautet:

„Glück ist ein hoher ethischer Wert – gleich wichtig oder sogar wichtiger als die der Fortschritts-Charakterisierung zugrunde liegenden Werte Gesundheit, Gewaltlosigkeit, wirtschaftliche Grundsicherheit, Bildung und elementare Freiheit."

Die **deskriptive Aussage** lautet:

„Das Glück der Menschen hat in den letzten 200 Jahren nicht zugenommen, bzw. weitergehend: Das Glück der Menschen hat in diesem Zeitraum insgesamt eher abgenommen".

Was ist Glück?

Eine Kernfrage angesichts dieser Aussagen ist natürlich, was eigentlich unter „Glück" genauer zu verstehen ist. Diese Frage ist einerseits seit einigen Jahrzehnten Gegenstand eines ganzen Zweiges der empirischen Wissenschaft, der **Glücksforschung.** Andererseits ist sie in vielerlei Hinsicht bereits seit Jahrtausenden Gegenstand von Philosophie und Literatur. Ohne die enorme Komplexität des Glücksbegriffs leugnen oder zu sehr reduzieren zu wollen, lassen sich, denke ich, gut drei Sphären unterscheiden:

- **Biologische Sphäre**
  Diese Sphäre ist die der unmittelbaren Emotion „Glück", die biochemisch korreliert ist mit der Ausschüttung von Glückshormonen. Diese Emotion ist verbunden mit einer einzelnen Handlung / einem Erlebnis; sie ist damit intensiv, aber kurzlebig. Sie kann aufgrund ihrer biochemischen Basis auch durch Drogen/Medikamente hervorgerufen bzw. gefördert werden.

---

[29] So spricht z. B. Jaspers (1949) von der „heimlichen Glücklosigkeit in dieser unmenschlicher werdenden Welt". Karl Popper (1961) meint, „es ist fraglich, ob [der Fortschritt] zum Glück und zur Zufriedenheit der Menschen beigetragen hat."

[30] Vgl. zu diesem Abschnitt Pinker (2018), der in seinem Kap. 18 (Glück) zu ähnlichen Ergebnissen kommt.

- **Psychische Sphäre**
  Mit „Glück" wird hier ein über längere Zeiträume weitgehend stabiler psychischer Zustand bezeichnet, der oft auch mit Lebenszufriedenheit, Lebensglück o. ä. bezeichnet wird.
  Diese Sphäre ist nicht völlig losgelöst von der biologischen Sphäre, geht aber weit darüber hinaus: Jemand kann sich insgesamt glücklich schätzen / zufrieden mit seinem Leben sein, auch wenn unmittelbare, intensive Glücksmomente eher selten sind.[31] Und umgekehrt führen viele emotionale Glücksaugenblicke nicht unbedingt zu stabiler Zufriedenheit mit dem eigenen Leben. Dennoch dürfte eine gewisse **Korrelation beider Sphären** eher die Regel sein.
  Glück in diesem Sinne ist (eher als die biologische Sphäre) Hauptgegenstand der Glücksforschung und meist das, was dem Einwand 6 als Glücksverständnis zugrunde liegt.
- **Geistige Sphäre**
  Während die biologische und die psychische Sphäre als verschiedene Ausprägungen der Grunddefinition „Glück = subjektives Wohlbefinden" interpretiert werden können, geht der dritte Begriff von Glück wiederum weit darüber hinaus. Glück bezeichnet hier den Zustand, dass ein Mensch bewusst und mit erheblichem Einsatz ein als richtig/sinnvoll erkanntes, übersubjektives (z. B. politisch-gesellschaftliches) Ziel verfolgt, **unabhängig** davon, inwieweit dies sein subjektives Wohlbefinden (im üblichen Verständnis) fördert oder sogar erschwert. Man könnte diesen Zustand auch als Harmonie zwischen ideeller Überzeugung und realer Lebensführung, als innere Seelenruhe oder als Sinnerfüllung bezeichnen.[32]

Die dritte Sphäre spielt eine wichtige Rolle beim Einwand 7, und ich werde sie daher im nächsten Abschnitt näher behandeln. Für den Einwand 6 fokus-

---

[31] Konkret bezeichnen viele Menschen es z. B. als großes Glück, Kinder zu haben, obwohl sie gleichzeitig das konkrete Leben mit ihren Kindern als oft anstrengend, sorgenvoll und einschränkend bezeichnen.

[32] Es dürfte nicht unumstritten sein, diese „geistige Sphäre" als eigenständige, von der psychischen Sphäre konzeptionell zu trennende Sphäre anzusehen. Für diese Thematik verweise ich erstens grundsätzlich auf Teil III, in dem die Frage „Was ist der Mensch?" diskutiert wird und genau das Verhältnis von Psyche und Geist des Menschen im Mittelpunkt steht. Zweitens kann man festhalten, dass das, was hier als „geistige Sphäre" skizziert ist, jedenfalls **historisch** eine zentrale Rolle bei der philosophischen Behandlung des Themas Glück gespielt hat: z. B. bei Aristoteles, bei den römischen Stoikern oder bei Immanuel Kant; vgl. auch das Gedicht „Resignation" von F. Schiller.

Drittens ist auf jeden Fall Folgendes klar: Auch wenn es sicherlich Überschneidungen und Interferenzen zwischen Glück im psychischen Sinn und Glück im geistigen Sinn (so wie hier charakterisiert) gibt, so können doch sowohl die subjektiven Motive als auch die gesellschaftlichen Faktoren, von denen jeweils dieses Glück des Menschen beeinflusst wird, sehr unterschiedlich sein.

sieren wir uns auf die **psychische Sphäre** (dies inkludiert dann, soweit es Zusammenhänge gibt, z. T. auch die biologische Sphäre).

Analyse der deskriptiven Aussage
Nachdem damit die Bedeutung des Begriffes „Glück" in den Aussagen des Einwandes 6 geklärt ist, wenden wir uns zunächst der deskriptiven Aussage zu und fragen: Ist das allgemeine Lebensglück, die subjektive Zufriedenheit der Menschen mit dem eigenen Leben, in den letzten 200 Jahren eher gewachsen oder eher gesunken?

1.

Gemäß dem Vorgehen dieses Buches müssen wir zunächst schauen, ob diese Frage wissenschaftlich eindeutig – d. h. auf Basis harter Daten – zu beantworten ist. Die Antwort ist ein klares **Nein.**

- Da Glück in der hier zugrunde gelegten Definition ein subjektiver innerer Zustand ist, kann man ihn verlässlich nur – insoweit sind sich die Experten weitgehend einig – mit Befragungen der Person messen. Um also eine Aussage zum Glücksniveau einer Gesellschaft oder der Menschheit methodisch sauber treffen zu können, muss man eine repräsentative Befragung mit der entsprechenden systematischen Auswertung durchführen.
- Solche Befragungen werden auch durchgeführt, aber erst seit einigen Jahrzehnten: in Europa seit etwa 50 Jahren, in vielen weiteren Ländern seit 30 oder 40 Jahren, weltweit jedoch erst seit etwa 20 Jahren (siehe „World Happiness Report").
- Im 18. und 19. Jahrhundert hat niemand an derartige Befragungen gedacht. Das ist nicht überraschend: Die Psychologie als empirische Wissenschaft ist erst rund 150 Jahre alt; und die Philosophie interessierte sich eher für theoretische Konzepte von Glück als für die konkrete gesellschaftliche Realität.
- Wissenschaftlich eindeutige, methodisch zweifelsfrei untermauerte Aussagen über die Entwicklung des Glücksniveaus in der Welt in den letzten 200 Jahren sind also nicht möglich.

2.

Es gibt aber möglicherweise einen Ausweg. Es könnte ja sein, dass das Glücksniveau der heutigen Menschen (weitestgehend) von bestimmten objektiv messbaren Lebensbedingungen / gesellschaftlichen Gegebenheiten **determiniert wird.** Dann könnte man – unter der Annahme, dass die Menschen sich diesbezüglich in den letzten 200 Jahren nicht geändert haben (eine Annahme, die jedenfalls nicht unplausibel erscheint, vgl. Kap. 6.1) – anhand der vor, sagen wir, 250 Jahren in einem bestimmten Land vorliegenden Lebensbedingungen/Gegebenheiten Rückschlüsse auf das Glücksniveau zu dieser Zeit in diesem Land ziehen.

3.

Was also weiß die heutige Glücksforschung über die Determinanten bzw. Einflussfaktoren von Glück?
Es gibt drei Arten von Einflussfaktoren:

- Für die Lebenszufriedenheit eines Menschen spielen zunächst einmal **genetische Faktoren** (z. T. wohl gepaart mit Erfahrung in der frühen Kindheit) eine erhebliche Rolle, die sich unter anderem über die Biochemie des Körpers auswirken. Sie determinieren sozusagen den Korridor / das Spektrum, innerhalb dessen sich die Lebenszufriedenheit dieses Menschen – je nach Lebensphase und den anderen Einflussfaktoren – in der Regel bewegen kann.[33]
- Eine zweite große Gruppe von Einflussfaktoren sind die **objektiven Lebensumstände.** Hier gibt es erstens die materiellen Faktoren: Wohlstand, Gesundheit, Ernährung usw.; zweitens soziale Faktoren wie Familie, Ehe, Freunde, soziale Eingebundenheit u. a.; und schließlich drittens weitere Lebensumstände wie Fremd- vs. Selbstbestimmung, Beruf etc. Bezüglich der relativen Stärke dieser Faktoren untereinander kann man festhalten, dass dies individuell und auch kulturell ziemlich verschieden ist; aber in der Regel nur, solange ein Mindestlevel bzgl. der materiellen Lebensumstände gewahrt ist: Es ist sehr schwer, bei permanenten Schmerzen, häufigem Hunger oder latenter Angst vor Gewalt einigermaßen glücklich zu sein.
- Potenziell ebenso gewichtig wie diese objektiven, äußeren Gegebenheiten ist aber – und nun wird es leider noch komplizierter – die dritte Gruppe

[33] Konkret gesprochen: Wenn Herr Müller aufgrund seiner genetischen Disposition in einem Korridor des Glücksniveaus (auf einer Skala von 1–10, 10 für sehr glücklich) zwischen 4 und 7 angesiedelt ist, werden auch sehr günstige Lebensumstände in der Regel nicht dazu führen, dass er auf ein dauerhaftes Glücksniveau von 9 kommt. Wenn umgekehrt Frau Schmidts Gene ihr ein eher heiteres Gemüt – einen Korridor zwischen 6 und 9 – beschert haben, wird sie sich in der Regel auch bei ungünstigen Lebensumständen nicht dauerhaft „herunterziehen lassen" auf ein Niveau von 4.

von Einflüssen auf die Lebenszufriedenheit: die bewusste oder unbewusste **innere Einstellung** zu / der innere Umgang mit dem Thema „Glück". Welche Erwartungen hat die Person bezüglich ihres Lebens, mit wem vergleicht sie sich, inwieweit ist Glück ein wichtiges Ziel für sie oder nicht?
Diese innere Einstellung wiederum ist – wie andere psychische Dispositionen/Vorgänge auch – von einer ganzen Reihe von Faktoren abhängig, von der Kultur, in die die Person hineingeboren ist, von ihrer Erziehung, von ihren Lebenserfahrungen, von den Medien, von eigener gedanklicher Arbeit (hier gibt es auch eine Verbindung zur geistigen Sphäre) usw.

4.

Was bedeuten diese Erkenntnisse der modernen Glücksforschung nun für den angestrebten Vergleich zwischen dem Glücksniveau heute und dem vor 100 oder 200 Jahren?
Nun, zunächst ist klar: Von einer **Determinierung** des Glücksniveaus **eines einzelnen** Menschen durch die objektiv messbaren Lebensumstände kann keine Rede sein. Glück ist vielmehr stark abhängig von individueller Disposition, von sozialen Faktoren, von kulturellen Elementen und v. a. auch von der inneren Einstellung bzw. Erwartungshaltung.[34]
Daraus folgt: Eine völlig verlässliche, wissenschaftlich unzweifelhafte Aussage darüber, ob die Menschen vor 200 Jahren im Schnitt glücklicher waren als heute oder nicht, ist auch auf diesem Wege nicht möglich.

5.

Es gibt jedoch ein weiteres, empirisch vielfach bestätigtes Ergebnis der Glücksforschung: Die enge Korrelation zwischen Wohlstand und Lebenszufriedenheit. Sie gilt sowohl im **Vergleich zwischen Ländern:** im Sinne von Wohlstand des Landes / durchschnittliche Lebenszufriedenheit der Bevölkerung; und sie gilt auch **innerhalb eines Landes:** im Sinne von Einkommensniveau / Lebenszufriedenheit einer sozialen Schicht; vgl. Abb. 4.3.

[34] Die Bedeutung der Erwartungshaltung lässt sich vielleicht an folgendem Beispiel deutlich machen: Wie in Kap. 2 dargestellt, musste ein erwachsener Mensch im 18. Jahrhundert auch in Deutschland alle paar Jahre eines seiner Kinder begraben. Für einen heutigen Menschen wäre ein glückliches Leben unter diesen Umständen kaum möglich; für die Menschen damals gehörte dies aber zum Leben dazu, war Teil der Erwartungen dem Leben gegenüber und hatte daher in der Regel psychisch viel geringere Auswirkungen.

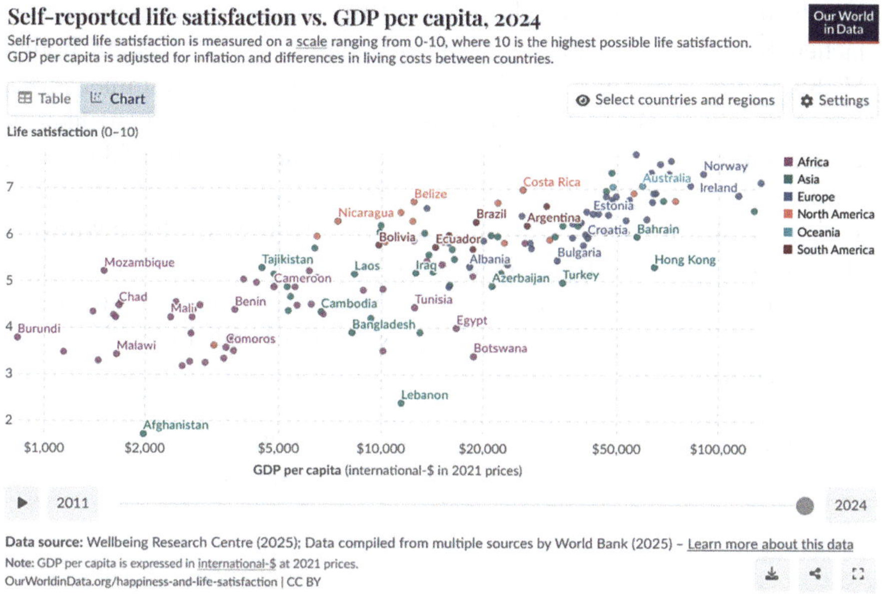
Self-reported life satisfaction vs. GDP per capita, 2024
Self-reported life satisfaction is measured on a scale ranging from 0-10, where 10 is the highest possible life satisfaction.
GDP per capita is adjusted for inflation and differences in living costs between countries.
Our World in Data
Table
Chart
Select countries and regions
Settings
Life satisfaction (0–10)
Africa
Asia
Europe
North America
Oceania
South America
Norway
Australia
Ireland
Costa Rica
Belize
Nicaragua
Brazil
Argentina
Estonia
Croatia
Bahrain
Bolivia
Ecuador
Albania
Bulgaria
Hong Kong
Mozambique
Tajikistan
Laos
Iraq
Cameroon
Azerbaijan
Turkey
Chad
Mali
Benin
Cambodia
Tunisia
Burundi
Bangladesh
Egypt
Malawi
Comoros
Botswana
Lebanon
Afghanistan
$1,000
$2,000
$5,000
$10,000
$20,000
$50,000
$100,000
GDP per capita (international-$ in 2021 prices)
2011
2024
Data source: Wellbeing Research Centre (2025); Data compiled from multiple sources by World Bank (2025) – Learn more about this data
Note: GDP per capita is expressed in international-$ at 2021 prices.
OurWorldinData.org/happiness-and-life-satisfaction | CC BY

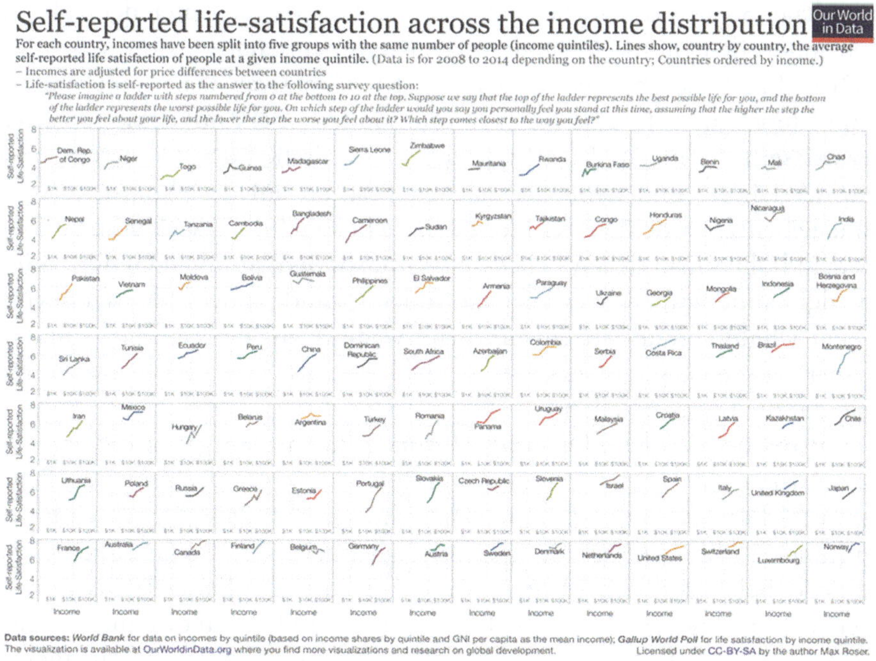
Self-reported life-satisfaction across the income distribution
Our World in Data
For each country, incomes have been split into five groups with the same number of people (income quintiles). Lines show, country by country, the average self-reported life satisfaction of people at a given income quintile. (Data is for 2008 to 2014 depending on the country; Countries ordered by income.)
– Incomes are adjusted for price differences between countries
– Life-satisfaction is self-reported as the answer to the following survey question:
"Please imagine a ladder with steps numbered from 0 at the bottom to 10 at the top. Suppose we say that the top of the ladder represents the best possible life for you, and the bottom of the ladder represents the worst possible life for you. On which step of the ladder would you say you personally feel you stand at this time, assuming that the higher the step the better you feel about your life, and the lower the step the worse you feel about it? Which step comes closest to the way you feel?"
Self-reported Life-Satisfaction
Income
Data sources: World Bank for data on incomes by quintile (based on income shares by quintile and GNI per capita as the mean income); Gallup World Poll for life satisfaction by income quintile.
The visualization is available at OurWorldinData.org where you find more visualizations and research on global development.
Licensed under CC-BY-SA by the author Max Roser.

Abb. 4.3 Quelle: OurWorldinData, „Happiness and life satisfaction" (7/2024)

Wohlgemerkt: Es handelt sich um eine **Korrelation,** nicht um einen einfachen Kausalzusammenhang. Ganz offenbar ist es so, dass ein höheres Wohlstandsniveau eines Landes (bzw. ein höheres Einkommensniveau innerhalb des Landes) nicht bei jedem einzelnen Menschen, aber **im Durchschnitt** damit verknüpft ist, dass auch andere Einflussfaktoren auf das Glück – geschützte Kindheit, Gesundheit, soziale Beziehungen, persönliche Freiheiten, berufliche Situation, evtl. auch innere Einstellungen – eher positiv sind / positiv erlebt werden.

Sehr bemerkenswert ist, dass diese Korrelation global – d. h. unabhängig von Kultur, Religion, Regierungsform, wirtschaftlicher Entwicklung – in ähnlicher Weise gilt.

Kann man daraus folgern, dass die Menschen vor 200 Jahren mit ihrem viel niedrigeren Wohlstand im Schnitt unglücklicher waren als heute?

6.

Ein solcher Schluss ist naheliegend, aber man könnte die Daten der Abb. 4.3 auch anders deuten und folgendermaßen argumentieren:

Diese Ergebnisse haben weniger mit den objektiven Lebensumständen / dem materiellen Wohlstand selbst zu tun, sondern mehr mit dem subjektiven **Bewusstsein** der materiellen Ungleichheiten zwischen den Ländern / innerhalb der Länder und dann der eigenen Position auf der Wohlstandsskala. Hohe Lebenszufriedenheit resultiert also nicht so sehr, so die Argumentation, aus dem hohen materiellen Lebensstandard, sondern aus dem Gefühl, innerhalb des Landes / im Vergleich zu den anderen Ländern der Erde weit oben zu stehen; Unglück resultiert entsprechend weniger aus der eigenen Armut als vielmehr aus dem Gefühl, es schlechter zu haben als viele andere bzw. aus dem Neid auf die Bessergestellten.

Legt man eine solche Deutung zugrunde, kann man gegen die oben genannte These „Die Menschen waren vor 200 Jahren im Schnitt unglücklicher, weil sie viel ärmer waren" den Einwand erheben, dass diese Menschen im 18. Jahrhundert die heutigen Vergleichsmöglichkeiten (als Hauptquelle von Zufriedenheit/Unzufriedenheit) gar nicht hatten: Größeren Wohlstand im eigenen Land abgesehen vom Adel / einer kleinen Elite gab es kaum, etwaiger Wohlstand in anderen Ländern war weitgehend unbekannt. Mit anderen Worten: Die **Erwartungshaltung** der früheren Generationen bezüglich ihres Wohlstands und ihren Möglichkeiten, zu mehr Wohlstand zu kommen, war eine ganz andere als diejenige der heutigen Generationen. Es könnte daher sein, dass diese **früheren Generationen völlig zufrieden waren mit dem, was sie eben hatten.**

Ist diese Überlegung stichhaltig?

7.

Diese Überlegung spricht **einem** der Faktoren, die die Lebenszufriedenheit von Menschen beeinflussen können (die innere Einstellung gegenüber Glück und darin dem Aspekt des materiellen Vergleichs mit anderen) die alles entscheidende Rolle zu, und sie wird insofern von der Glücksforschung – die eben auch den objektiven Lebensumständen einen sehr wesentlichen Einfluss zuspricht – **nicht** gestützt.

Man kann sie zudem zumindest bis zu einem gewissen Grad auch empirisch überprüfen: nämlich anhand der Länder, die erstens im Vergleich zur Weltgemeinschaft arm waren und sind (und in denen sich auch die interne Wohlstandsverteilung kaum geändert hat, d. h. ziemlich konstanter GINI-Koeffizient), die zweitens aber doch in den letzten Jahrzehnten einen erheblichen Wohlstandszuwachs verzeichnen konnten, und in denen es drittens entsprechend weit zurückreichende Erhebungen bezüglich des Glücksniveaus gibt. Solche Länder sind zum Beispiel Indien, Bangladesch, Mexiko.

Schaut man sich die Entwicklung der durchschnittlichen Lebenszufriedenheit in diesen Ländern an, so ist das Ergebnis ziemlich eindeutig: Es ist mit dem wachsenden Wohlstand gestiegen. Die Überlegung unter Punkt 6 wird damit empirisch nicht bestätigt, sondern sie wird eher widerlegt.[35]

8. Zusammengefasst:

- Die Ausgangsfrage – Ist das Glück der Menschen (im Sinne der psychischen Sphäre, d. h. im Sinne der längerfristigen Zufriedenheit mit dem eigenen Leben) in den letzten 200 Jahren eher gestiegen oder eher gesunken? – lässt sich nicht völlig gesichert beantworten: weder **direkt** (es gab seinerzeit keine entsprechenden empirischen Erhebungen) noch **in-**

[35] D. h. nicht, dass der Vergleich des eigenen Lebensstandards mit den anderen sozialen Schichten im eigenen Land oder mit den anderen Ländern bei der eigenen Lebenszufriedenheit keine Rolle spielt. Dieser Aspekt ist sicherlich ein gewisser Faktor – es spricht nur nichts dafür, ihn zu dem **entscheidenden** Faktor zu erheben.

direkt (es gibt keinen eindeutigen Kausalzusammenhang zwischen objektiv messbaren Lebensbedingungen und Glücksniveau des Menschen).
- Die heutige starke Korrelation zwischen Wohlstand und Lebenszufriedenheit in Verbindung mit dem beispiellosen weltweiten Anstieg des Wohlstandes in diesen letzten Jahrhunderten liefert jedoch zwar keinen unzweifelhaften Beweis, aber doch eine **hohe Plausibilität** für die Aussage, dass sich das Glücksniveau weltweit in diesem Zeitraum eher **verbessert** hat; zumal eindeutig glücksverhindernde Faktoren wie Hunger, Krankheit und Angst vor Gewalt insgesamt deutlich zurückgegangen sind.
- Für die Gegenthese – die Generationen des 17., 18. und 19. Jahrhunderts waren glücklicher als die heutigen Generationen – gibt es hingegen keinerlei wissenschaftlich-theoretische oder empirische Anhaltspunkte.[36]

Das **Gesamtergebnis** unserer Prüfung der dem Einwand 6 zugrunde liegenden deskriptiven Aussage „Das Glück der Menschen hat in den letzten 200 Jahren nicht zugenommen bzw. hat sogar abgenommen" lautet damit: Soweit überhaupt rational beurteilbar, ist diese Aussage **nicht richtig.**

Damit steht auch die Beurteilung des Einwands 6 insgesamt fest: Er ist nicht stichhaltig, weil er auf der falschen (jedenfalls nicht belegbaren) Behauptung beruht, die Menschen heute seien nicht glücklicher bzw. sogar unglücklicher als früher.

Analyse der normativen Aussage

Streng genommen erübrigt es sich damit, die zugrunde liegende normative Aussage: „Glück ist ein hoher / der höchste ethische Wert" zu diskutieren: Denn die Entwicklung der letzten 200 Jahre hat diesen Wert ja – anders als von Einwand 6 unterstellt – nicht verletzt, sondern (soweit beurteilbar) eher gefördert.

Dennoch lohnt es sich, einen näheren Blick auf diese ethische Maxime zu werfen. Sie ist nämlich der Ausgangspunkt einer philosophischen Theorie der Ethik, die eine bedeutende Rolle in der Philosophiegeschichte gespielt hat: der sogenannte (klassische) **Utilitarismus.**

---

[36] In diesem Zusammenhang möchte ich auch auf ein weiteres Indiz dafür hinweisen, dass jedenfalls die **Europäer** im 17./18. Jahrhundert nicht besonders glücklich waren (und insbesondere das hohe heutige Glücksniveau in Europa nicht erreicht haben): Zeugnisse aus der damaligen Zeit, insbesondere Zeugnisse von Menschen, die Europa, von außen kommend, zum ersten Mal und daher relativ neutral erlebt haben. Dies ist recht ausführlich in Graeber & Wengrow 2022, Kap. 2, dokumentiert. Nach diesen Zeugnissen zu urteilen, waren die Europäer damals nicht besonders glücklich.

Diese Theorie wurde im Kern – nach einigen Vorläufern in der Antike – vom englischen Philosophen John Bentham am Ende des 18. Jahrhunderts aufgestellt. Sie propagiert das „größte Glück der größten Zahl von Menschen" als zentralen ethischen Wert bzw. Ziel; und damit als **einziges Kriterium** zur ethischen Beurteilung von individuellen Handlungen, sozialen Ordnungen und Rechtssystemen. Unter „Glück" verstand Bentham allerdings in erster Linie das, was wir als Glück im Sinne der biologischen Sphäre bezeichnet haben. Unter Beibehaltung des Grundgedankens, aber mit einem Glücksbegriff eher im Sinne der psychischen Sphäre wurde diese Theorie von vielen Denkern in verschiedene Richtungen weiterentwickelt, verfeinert und modifiziert. Auch heute noch wird der Utilitarismus von nicht wenigen – meist angelsächsischen – Philosophen vertreten, allerdings in einer großen Bandbreite unterschiedlicher Ausformungen.

Da dies kein Buch über Ethik ist, möchte ich den Utilitarismus bzw. seine verschiedenen Varianten hier nicht im Detail diskutieren; im Rahmen unserer Analysen ist es aber sinnvoll, folgende grundsätzliche Anmerkungen machen:

1.

Das ursprüngliche Kernargument von Bentham für seine Theorie war, dass das Hauptmotiv – ja, letztlich das einzige Motiv – menschlichen Handelns eben das Streben nach Glück sei.[37]

Er stellt damit die Ethik auf die Grundlage eines bestimmten **Menschenbildes.**[38] Das ist methodisch korrekt; die Frage ist nur, ob sein Menschenbild korrekt ist.

Meines Erachtens ist es eindeutig nicht zutreffend: Ich werde im Teil III zeigen, dass sich die Motive des Menschen nicht auf die Maximierung positiver Gefühle reduzieren lassen. Damit ist aber auch die darauf basierende ethische Theorie falsch.

2.

Der Utilitarismus hat seit seiner ersten Formulierung viel Kritik erfahren und wurde daher von anderen Philosophen entweder abgelehnt oder – wie bereits erwähnt – deutlich modifiziert.

---

[37] „Die Natur hat die Menschheit unter die Herrschaft zweier souveräner Gebieter – Leid und Freude – gestellt. Es ist an ihnen alleine aufzuzeigen, was wir tun sollen." So beginnt Bentham sein grundlegendes Werk „An Introduction into the Principles of Morals and Legislation", das 1789 erschien.

[38] Dieses Menschenbild wird mit dem Begriff „psychologischer Hedonismus" bezeichnet.

Ich möchte nur eine Konsequenz erwähnen, die für einen klassischen Utilitaristen kaum zu vermeiden ist: Die danach zulässige **Ungleichbehandlung** von Menschen. Nach dem reinen Prinzip des „größten Glückes für die größte Zahl der Menschen" wäre es zum Beispiel völlig in Ordnung, ja ethisch geboten (!), dass eine Gesellschaft eine kleine Minderheit versklavt, wenn dadurch das Glück der großen Mehrheit befördert würde.

Ein Ausweg wäre, dem Wert „Glück" andere Werte – Gerechtigkeit, Freiheit – an die Seite zu stellen. Dann aber stellt sich das Problem, wie diese Werte denn im Verhältnis zum Wert „Glück" zu gewichten sind; und dieses Problem ist auf Basis des Utilitarismus prinzipiell unlösbar, weil die anderen Werte außerhalb seines Grundansatzes liegen.

3.

Es gibt aber m. E., abgesehen von einem falschen Menschenbild und jedenfalls sehr kontraintuitiven Konsequenzen, ein weiteres, grundsätzliches Problem für eine ethische Theorie, die sich auf subjektives Wohlbefinden statt auf objektivierbare Parameter stützt.

Subjektives Wohlbefinden (im Sinne der psychischen Sphäre von Glück) ist – wie wir durch die moderne Glücksforschung wissen – nicht direkt beeinflussbar, individuell sehr unterschiedlich bedingt, in jedem Fall von einer komplexen Vielfalt von Einflussfaktoren abhängig, nur grob quantifizierbar und schließlich auch nur eingeschränkt und mit zeitlicher Verzögerung messbar.

Daraus folgt: Ob eine Handlung oder auch ein Rechtssystem ethisch gut ist oder nicht – und die Möglichkeit dieser Beurteilung ist der Sinn und Zweck jeder ethischen Theorie –, ist weder rational wirklich vorhersehbar noch selbst im Nachhinein klar entscheidbar.

Denn jede Handlung kann ja erstens nur einen Teil der Einflussfaktoren auf Glück überhaupt betreffen, ist zweitens in ihrer Wirkung z. T. von der Erwartungshaltung der betroffenen Menschen bzgl. der Handlung abhängig (die wiederum vom Handelnden wenn überhaupt nur z. T. beeinflussbar ist) und kann sich drittens – auch daher – auf die subjektive Befindlichkeit verschiedener Menschen ganz unterschiedlich auswirken (ohne dass diesen Menschen selbst diese Wirkung unbedingt transparent wäre).

4.

Um dieser fundamentalen Schwierigkeit zu entgehen, haben viele Utilitaristen nach Bentham den Wert „Glück" (als subjektives Wohlbefinden) ersetzt durch „Nutzen" (im Englischen „utility", daher dann „Utilitarismus") für den Menschen; Nutzen im Sinne der Erfüllung konkreter subjektiver Wünsche bzw. die Realisierung von subjektiv als solchen empfundenen Vorteilen / das Vermeiden von subjektiv als solchen empfundenen Nachteilen für den Einzelnen.

Ob eine Handlung die Erfüllung konkreter Wünsche bzw. die Realisierung bestimmte einzelner Vorteile bei den betroffenen Menschen zur Folge hat oder zumindest begünstigt, wird in der Regel jedenfalls im Prinzip vorab abschätzbar und auch im Nachhinein beurteilbar sein. Daher löst diese Form der Utilitarismustheorie tatsächlich das ursprüngliche Problem.

Aber sie handelt sich damit ein neues Problem ein, dass noch grundsätzlicher ist. Es gibt faktisch **ein ganzes Spektrum** von konkreten Wünschen, eine große Palette von (subjektiv als solche empfundenen) Vor- und Nachteilen, die bei den einzelnen Menschen unterschiedlich sein kann – das macht ja gerade ihre Individualität aus.

Verschiedene Handlungsalternativen können daher eben verschiedene Wünsche erfüllen, einigen betroffenen Menschen Vorteile bringen und evtl. Nachteile für andere Menschen nach sich ziehen. Weil dies so ist, muss man (jedenfalls im Prinzip) Wünsche/Vorteile/Nachteile für verschiedene Menschen **gegeneinander gewichten,** um (jedenfalls im Prinzip) eine ethische Beurteilung der Handlungsalternativen vornehmen zu können.

Jede einzelne Person kann **für sich,** d. h. auf sich selbst bezogen, eine solche Gewichtung von Wünschen, Vor- und Nachteilen vornehmen; deshalb ist der Utilitarismus, die Nutzenmaximierung, als leitende Maxime für persönliche subjektive Entscheidungen, die im Kern nur einen selbst betreffen, ein hilfreiches Prinzip (das wir übrigens alle in unserem Leben bewusst oder unbewusst laufend anwenden).[39]

Eine Quantifizierung und ethische Gewichtung eines (subjektiv empfundenen) Vorteils für Person A im Verhältnis zu einem (subjektiv empfundenen) Nachteil für Person B jedoch setzt einen **übersubjektiven** Bewertungsmaßstab =

[39] Eine weitere Situation, in der das utilitaristische Prinzip sinnvoll ist und auch in der Praxis angewendet wird, ist die „Triage" - eine Situation, in der es um **denselben** Wunsch/Vorteil für verschiedene Personen geht, nämlich das Überleben. Wenn eine bestimmte Behandlungsmethode faktisch nur für eine von drei Personen zur Verfügung steht, wird man sie ceteris paribus der Person zuteilwerden lassen, die damit die größten Überlebenschancen hat.

ethischen Maßstab voraus,[40] den der Utilitarismus – der nur subjektive Maßstäbe anerkennt – qua definitionem nicht hat.[41]

5.

Damit scheitert der Utilitarismus als allgemeine ethische Theorie.[42]

Der Utilitarismus, so kann man unsere kurze Analyse zusammenfassen, scheitert an folgendem Selbstwiderspruch: Einerseits beansprucht er objektive (d. h. übersubjektive, für alle Subjekte gleichermaßen verbindliche) Gültigkeit, und er setzt die Gleichwertigkeit des Glücks / des Nutzens für alle Subjekte voraus; d. h., er abstrahiert von der Verschiedenheit der einzelnen Menschen. Andererseits beruht er auf dem genau gegenteiligen Prinzip, auf einem

---

[40] Um dieses Problem an einem Beispiel zu verdeutlichen: Das Ausleben von Homosexualität (vs. ihrer Unterdrückung) ist für die betroffenen Menschen ein großer Vorteil; in nicht wenigen Kulturen fühlen sich aber viele andere Menschen dadurch unwohl und in ihren Überzeugungen verletzt. Ohne einen übersubjektiven Bewertungsmaßstab gibt es keine Möglichkeit, zu entscheiden, ob Homosexualität in einer solchen Gesellschaft erlaubt werden sollte oder nicht.

[41] Einige Philosophen (z. B. M. Coakley, „Interpersonal Comparisons of the Good: Epistemic not Impossible", Utilitas 2015) haben versucht, dieses Problem dadurch zu lösen, dass der erforderliche übersubjektive Bewertungsmaßstab als **Durchschnitt aller subjektiven Bewertungsmaßstäbe** – etwa aller Menschen in einer Kultur / einer Gesellschaft – definiert wird.

Aber selbst wenn man die wahrscheinlich unüberwindlichen Schwierigkeiten ignoriert, so ein Konzept zu operationalisieren (wie erreicht man bei den Menschen die für die Durchschnittsbildung erforderliche Quantifizierung aller persönlichen, komplexen Abwägungen zwischen materiellen Vorteilen, ideellen Werten, physischen Nachteilen etc.?): Ein solches Konzept unterminiert die eigene Grundlage. Es wird nämlich oft gemäß der eigenen Überzeugung falsche Ergebnisse liefern. Die von einer lt. übersubjektivem Bewertungsmaßstab **richtigen** Handlung konkret betroffenen Menschen könnten und werden oft andere Präferenzen haben und bzgl. der Auswirkungen der Handlung lt. ihrem Empfinden stärkere Nachteile / schwächere Vorteile haben als der Durchschnitt, und damit wäre die Handlung gemäß utilitaristischer Ethik doch **falsch.**

Dieses Dilemma ist prinzipiell nicht auflösbar. Der **Durchschnitt** aller subjektiven Bewertungen vermag angesichts der großen Verschiedenheit von Menschen über die subjektive Bewertung eines **einzelnen** Menschen **keine belastbare Aussage** zu machen – eine durchschnittliche Bewertung von 2 auf einer Werteskala von −10 bis 10 kann dadurch entstehen, dass alle Menschen 2 wählen, aber auch dadurch, dass die Hälfte aller Menschen −4 und die andere Hälfte +6 wählt.

Daneben gibt es weitere gravierende konzeptionelle Probleme, u. a.:

- So ein Bewertungsmaßstab wäre völlig vom Zeitgeist abhängig und daher ggf. schnellen Wechseln unterworfen, und von der jeweiligen Kultur abhängig; interkulturelle ethische Fragen (Berechtigung eines Krieges) können so nicht beantwortet werden.
- Minderheiten in einer Gesellschaft werden durch die Durchschnittsbildung systematisch benachteiligt, wenn sich die Mehrheit nicht in ihre Lage versetzen kann (siehe Beispiel „Homosexualität"), und eine Politik zum Schutz der Minderheit wäre dann sogar ethisch verwerflich, weil sie lt. Durchschnitts-Bewertungsmaßstab das Gesamtwohlbefinden **senkt.**

[42] Ich empfehle Ihnen, lieber Leser, in diesem Zusammenhang auch die Analyse des Utilitarismus von Sen (1999), Kap. 3. Er kommt zu dem Schluss, dass der Utilitarismus ungeeignet ist, um eine Frage wie: „Was ist eine gute Entwicklung für ein armes Land?" zu beantworten; dazu seien übersubjektive Maßstäbe (wie das konkrete Maß an Freiheit für die Menschen) erforderlich.

Maßstab, der gerade von der Verschiedenheit der Menschen gekennzeichnet ist.

Fazit

Auch die dem Einwand 6 zugrunde liegende ethische Maxime, „Das Glück der Menschen (im Sinne des größten subjektiven Wohlbefindens für die größtmögliche Zahl) ist der höchste Wert", ist nicht überzeugend.

Aufgrund der faktisch großen Verschiedenheit der einzelnen Menschen – ihrer Individualität – vermag dieses Prinzip keine ethischen Beurteilungen von viele Menschen betreffenden Handlungen oder Regeln zu begründen und ist daher als allgemeine Theorie ungeeignet. Rein subjektive Maßstäbe können keine übersubjektiv gültigen inhaltlichen Aussagen generieren. Positiv formuliert: Eine Ethik mit objektivem Wahrheitsanspruch darf nicht an der Individualität des Menschen ansetzen, sondern muss im Gegenteil an dem **Allgemeinen** des Menschen, d. h. an den allen Menschen gemeinsamen, übersubjektiven Charakteristika, ansetzen.

Verstehen Sie mich nicht falsch – natürlich ist es schön, begrüßenswert, eine „gute Sache", wenn möglichst viele Menschen glücklich und zufrieden mit ihrem Leben sind. Glück eignet sich aufgrund seiner subjektiven Bedingtheit nur nicht als primärer Maßstab für ethische Beurteilungen, d. h. als Grundlage für eine objektive Ethik.

Oder noch einmal anders gesagt: Die Weisen aller Zeiten wussten, dass für den einzelnen Menschen „Glück" nicht das Ziel sein sollte, sondern dass es sich am sichersten dann (von selbst) einstellt, wenn man andere gute und sinnvolle Ziele verfolgt und erreicht.

Dasselbe gilt, denke ich, auch für die Menschheit als Ganze.

4.8 Einwand 7: Verlust von ideeller Bindung / Sinn

Der letzte Einwand gegen die Charakterisierung der in Kap. 1 und 2 dargestellten Entwicklungen in den letzten Jahrhunderten als „Fortschritt" ist der komplexeste und damit auch am schwierigsten zu diskutierende Einwand.

Alle bisherigen Einwände setzen an bestimmten Aspekten der **realen Welt** an:

- an weiter bestehenden Defiziten,
- an realen Zukunftsrisiken (bzw. allgemein an der potenziellen Vergänglichkeit kultureller Errungenschaften),

- an globalen Ungleichheiten,
- an Problemen der Nachhaltigkeit,
- am Rückgang der Biodiversität auf der Erde,
- an der Frage der konkreten (messbaren) Lebenszufriedenheit von Menschen;

und dieser jeweilige Aspekt wird dann den (ebenfalls realen) o. g. Entwicklungen gegenübergestellt und im Vergleich bewertet.

Demgegenüber beruht Einwand 7 nicht nur auf Aspekten der realen Welt, sondern auf einer anderen Dimension: auf einer **ideellen Welt** (zu der der Mensch einen Zugang hat).

Der Bezug zu dieser Welt, so der Einwand, die **Bindung** an sie verleiht dem menschlichen Leben erst seine wahre Bestimmung; damit ist sie auch die Antwort auf die – lt. diesem Einwand im Menschen untilgbar angelegte – Suche nach „höherem" **Sinn.** Die reale positive Entwicklung der Menschheit in den letzten 200 Jahren habe, so die Kritik, individuelle Zwecke und materielle Bedürfnisse zu sehr in den Fokus gerückt; sie sei verbunden mit einer Schwächung oder Zerstörung dieser Bindung. Dies habe negative Konsequenzen sowohl für den einzelnen Menschen als auch für die Gesellschaften insgesamt.

Was ist dazu zu sagen?

Normative Grundlage: eine ideelle Welt

Die erste und offensichtliche Frage ist natürlich, was mit dem Begriff „ideelle Welt" gemeint ist.

1.

Historisch gesehen und bis heute spielt er v. a. in zwei Bereichen eine Rolle[43]:

- In der Religion
  Die ideelle Welt wird hier mit dem Synonym **„Gott"** bezeichnet. Der Mensch hat Zugang zu Gott über Gefühl, spirituelle Erfahrung und/oder Erkenntnis. Die Bindung des Menschen an Gott – der Glaube – wird von der Religion in der Regel in der Tat als das Wichtigste im menschlichen

[43] Man könnte mit einer gewissen Berechtigung (totalitäre) politische Ideologien als einen dritten Bereich ansehen. V. a. der Kommunismus (und z. T. auch der Nationalsozialismus) propagierten einen überzeitlichen Wahrheitsanspruch in Verbindung mit einem Heilsversprechen, und sie forderten die persönliche Bindung an die Ideologie. Aufgrund ihrer historisch kurzen Dauer – auch der Kommunismus spielt jedenfalls in dieser Ausprägung heute keine Rolle mehr – werden wir sie aber im Folgenden nicht berücksichtigen.

Leben angesehen, als das, was seinem Leben erst den wahren Sinn verleiht und ihm innere Erfüllung schenkt.

- In der Philosophie
  Nicht in allen, aber in vielen philosophischen Theorien wird eine ideelle Welt angenommen, die als Welt des Wahren und Guten aufgefasst wird. Der Mensch hat per Erkenntnis Zugang zu dieser Welt; und erst diese Erkenntnis eröffnet ihm die Möglichkeit, das Gute in der realen Welt zu verwirklichen, seine eigentliche Bestimmung zu erfüllen und so auch dauerhaftes Glück zu finden.

2.

Beiden Bereichen und den jeweils verschiedenen Ausprägungen innerhalb von Religion und Philosophie bzgl. der Frage, was die ideelle Welt ist und was sie inhaltlich ausmacht, ist ihr Selbstverständnis gemeinsam. Die ideelle Welt ist der realen Welt **übergeordnet:** Sie repräsentiert das Gute, Wahre, Richtige gegenüber der mängelbehafteten, z. T. irregeleiteten realen Welt; die ideelle Welt bestimmt damit das ethische Gesetz, die Richtung und das Ziel für die reale Welt und damit auch für den einzelnen Menschen in seinem realen Dasein. Der Mensch ist also aufgefordert, sein Wirken in der realen Welt nach den Inhalten der ideellen Welt auszurichten.

3.

Unabhängig davon, wie man die verschiedenen Ausprägungen einer ideellen Welt aus heutiger Sicht beurteilt: Es ist völlig unumstritten, dass sie faktisch – vor allem in Gestalt von Religionen – von großer Bedeutung in der menschlichen Geschichte waren und sind.

Das gilt zum einen für den Menschen als Individuum: Die allermeisten Menschen, die bisher gelebt haben, waren tief religiös, und die Religion hat sowohl in ihrem Alltagsleben als auch in ihrer Gedankenwelt eine große Rolle gespielt. Es gilt zum anderen auch für die gesellschaftlichen Ordnungen und viele besondere Ereignisse der Geschichte: Zahlreiche Kriege, staatliche Systeme, gesellschaftliche Bewegungen/Konflikte und Kulturen sind ohne Religion nicht erklärbar.

4.

Heute sind nichtsdestoweniger viele Menschen der Auffassung, dass eine ideelle Welt im Sinne von Religion oder Philosophie nicht wirklich existiert, und dass folglich jede mit einer ideellen Welt verbundene Vorstellung von Bestimmung oder Sinn eine Illusion ist.

Dieser Auffassung hat z. B. Y. Harari prominenten Ausdruck verliehen:

> *„Soweit wir das aus einer wissenschaftlichen Sicht beurteilen können, hat das Leben nicht den geringsten Sinn … Unser Leben ist nicht Teil eines göttlichen Plans für das Universum … Daher ist jeder Sinn, den wir unserem Leben geben, reine Illusion."* (Harari 2013, S. 477)

Nach dieser Überzeugung[44] hat jede menschliche Sinngebung, die sich auf eine ideelle Welt stützt, nur die rein psychologische Funktion, uns glücklich zu machen, mit unserem Leben zufriedener zu sein.

5.

Es dürfte klar sein, dass die Frage nach der Existenz einer ideellen Welt im o. g. Grundverständnis – jedenfalls in so allgemeiner Form – außerhalb des Rahmens dieses Buches liegt.

Damit wir aber den Einwand 7 überhaupt sinnvoll weiter diskutieren können, nehmen wir im Folgenden einmal an, die Frage sei positiv zu beantworten. Festzuhalten ist ja, dass auch heute ein erheblicher Teil der Weltbevölkerung von der Existenz einer solchen ideellen Welt überzeugt ist.

Daraus folgt natürlich nicht, dass diese Überzeugung wahr ist; aber es ist sinnvoll, sie ernst zu nehmen und die Folgerungen einer näheren Betrachtung zu unterwerfen.

Drei Ausprägungen

In dem so gesetzten normativen Rahmen – es gibt eine ideelle Welt, die das Gute und Wahre repräsentiert, der realen Welt Richtung und Ziel gibt und dem menschlichen Leben eine höhere (d. h. gegenüber den individuellen Wünschen und Zielen des einzelnen Menschen wichtigere) Bestimmung und Sinn verleiht – gibt es verschiedene Ausprägungen des Einwandes 7. Sie un-

[44] Unabhängig davon, wie man zu dieser Überzeugung steht: Sich in dieser Frage auf „die Wissenschaft" – im Sinne von Naturwissenschaft – zu berufen (wie es Harari tut), ist falsch. Die Naturwissenschaft kann gemäß ihrer Methodologie zu diesem Thema schlicht keine Aussage machen. Vgl. auch Kap. 8.4.

terscheiden sich in der Frage, welcher ethische Wert in den Mittelpunkt der Kritik an der Entwicklung der letzten Jahrhunderte gestellt wird:

7.1: die Bindung / der Glaube an die ideelle Welt als solche(r),[45]
7.2: Allgemeinwohl/Gemeinschaft (vs. individuelle Wünsche und Ziele),
7.3: Lebenssinn für den einzelnen Menschen.

Die Kritik ergibt sich dann jeweils aus der Verbindung des normativen Aspektes mit der entsprechenden deskriptiven Aussage:

7.1: Es gibt einen signifikanten Rückgang des Glaubens / der Bindung an eine ideelle Welt.
7.2: Der – früher durch die gemeinsame Bindung an die ideelle Welt gestiftete – gesellschaftliche Zusammenhalt geht zunehmend verloren, die Bedeutung von Allgemeinwohl und Gemeinschaft nimmt ab.
7.3: Es gibt ein wachsendes Defizit an Lebenssinn für den einzelnen Menschen.

Da der normative Rahmen hier vorausgesetzt wird, konzentrieren wir uns im Folgenden auf die Frage, ob bzw. inwieweit diese deskriptiven Aussagen zutreffen.

Wir diskutieren diese Ausprägungen nacheinander.

7.1 Bindung/Glaube als solche(r)

Die **deskriptive** Aussage lautet hier, noch einmal wiederholt:

Die materielle und kulturelle Entwicklung der Menschheit in den letzten 200 Jahren (so wie in Kap. 2 dargestellt) war verbunden mit einem signifikanten Rückgang des Glaubens bzw. der gedanklichen Bindung an eine ideelle Welt.

Was ist dazu zu sagen?

Wir fokussieren uns bei der Antwort auf die **Religion** – einfach weil (ohne dies hier näher zu diskutieren) es unbestritten sein dürfte, dass philosophische

[45] Selbst innerhalb des vorausgesetzten, normativen Rahmens kann man die Frage stellen, ob die innere Bindung an eine ideelle Welt/der Glaube an Gott **als solcher** bereits einen ethischen Wert bzw. ein ethisches Gebot darstellt. Zweifellos ist es so, dass Menschen im realen Leben „Gutes" (etwa im Sinne der christlichen Gebote) tun können, **ohne** eine – explizite, bewusste – solche Bindung; und genauso ist klar, dass Menschen **mit** einer solchen Bindung „Böses" tun können.

Mit anderen Worten: Man kann sehr gut argumentieren, dass sich ethische Maxime immer auf konkrete Handlungen, explizite Regeln des Zusammenlebens beziehen sollten, nicht auf innere Einstellungen.

Theorien jedenfalls bisher für die Weltanschauung der allermeisten Menschen zu keinem Zeitpunkt der Weltgeschichte eine direkte Rolle gespielt haben.

Was also wissen wir über die globale Entwicklung der Religiosität / des Glaubens an Gott in den letzten Jahrhunderten?

1.

Diese Frage mit genauen quantitativen Daten zu beantworten ist nicht möglich – dazu sind die Studien, empirischen Untersuchungen, Umfrageergebnisse zu heterogen, sporadisch und uneinheitlich. Aber es ist doch möglich, ein recht verlässliches Bild bezüglich der großen, qualitativen Trends zu zeichnen.

2.

In früheren Jahrhunderten, im 18. und bis weit ins 19. Jahrhundert hinein war die ganz überwiegende Mehrheit der Bevölkerung – sicherlich mindestens 90 % – in allen Weltregionen[46] religiös, sie glaubte an Gott (bzw. an mehrere Götter), und die Religion war zentraler Bestandteil sowohl des konkreten Lebens wie auch der gesamten Weltanschauung. Es gibt aber eine wichtige Ausnahme dazu: China.[47]

China war im 18./19. Jahrhundert bereits seit Jahrhunderten ein weitgehend areligiöses Land; der dort weitverbreitete Konfuzianismus ist keine Religion (im hier diskutierten Sinn), da seine Lehren nicht unter Berufung auf eine ideelle Welt aufgestellt sind – es handelt sich im Kern um eine realweltliche, auf die konkrete Lebenspraxis abzielende Sittenlehre.

3.

Seit dem 19. Jahrhundert kann man sehr grob drei Trends unterscheiden:

- In den **westlichen Ländern** – Nordamerika und West-/Nord-/Süd europa – hat die Religiosität in der Bevölkerung eindeutig abgenommen.

---

[46] In Bezug auf unsere Definition der Religion als eines Glaubens an eine ideelle, übergeordnete Welt muss man streng genommen den Buddhismus als Ausnahme ansehen: Er wird in der Regel als Religion kategorisiert – und er erfüllt auch die Funktion der Sinngebung für den Menschen mithilfe einer überindividuellen Lehre –, aber seine Lehre nimmt keinen Bezug auf eine ideelle Welt (jedenfalls nicht im hier definierten Sinn); man könnte ihn daher eher als Philosophie oder Weltanschauung betrachten. Dennoch folgen wir hier der allgemeinen Definition und betrachten Buddhisten als religiöse Menschen.

[47] China hier separat anzuschauen, ist auch deshalb berechtigt, weil das Land im Jahr 1800 mit ca. 330 Mio. Einwohnern ein Drittel der Weltbevölkerung stellte – deutlich mehr als ganz Europa mit 200 Mio. Einwohnern.

Tab. 4.3 Religiosität in der Welt

% der Bevölkerung…	Welt	USA	Europa	Japan	Indien	China	Nigeria
…die die Frage „Glauben Sie an Gott" mit „Ja" beantworten	70	81	59	39	94	17	99
…die die Frage „Wie wichtig ist die Religion in Ihrem Leben?" mit „sehr wichtig" oder „ziemlich wichtig" beantworten	60	61	41	15	86	13	98

Quelle: World Value Survey, Umfrage 2017–2022; Werte leicht gerundet; Europa = an der Umfrage beteiligte Länder West-, Nord- und Südeuropas.

Sie liegt heute in den meisten Ländern im Bereich von 30–70 %. Diese Entwicklung begann vor 100–150 Jahren und hat sich nach dem zweiten Weltkrieg deutlich beschleunigt. Ähnliches gilt für Japan, Australien/Neuseeland und – in geringerem Umfang – für Osteuropa.

- In **China** hat sich die jahrhundertealte Tradition weiter verfestigt; China ist weiterhin – und mit Abstand – das Land, in dem die Religion die geringste Bedeutung hat: Nur etwa 10–20 % der Chinesen bezeichnen sich als religiös.
- In den **anderen Regionen der Welt** hat sich in den letzten 200 Jahren bzgl. der Religiosität insgesamt (unabhängig davon, welche Religionen jeweils vorherrschen) wenig geändert. Die Anzahl der religiösen Menschen in der Bevölkerung liegt hier – bei Unterschieden im Detail – insgesamt in der Größenordnung von 80–90 %.

Im Weltdurchschnitt – d. h. alle drei Trends zusammengenommen – liegt die Religiosität damit bei 60–70 % und damit in derselben Größenordnung wie im Jahr 1800.

Wichtige Daten zum aktuellen Stand der Religiosität in der Welt sind in Tab. 4.3 zusammengefasst.

4.

Der Hintergrund für diese Trends ist recht eindeutig.

Weltweit gibt es – unabhängig von Kultur, Regierungsform, Wohlstandsniveau – eine signifikante (negative) Korrelation zwischen Einkommen und v. a. Bildung auf der einen Seite und Religiosität auf der anderen Seite: Je höher Einkommen/Bildungsniveau, desto weniger ist es wahrscheinlich, dass die Person religiös ist. In der letzten weltweiten Umfrage dazu gaben 83 % der Menschen mit niedrigerem Ausbildungsniveau an, religiös zu sein; bei den Menschen mit höherem Ausbildungsniveau waren es nur 49 %.[48]

Diese heute empirisch klar nachweisbare Korrelation zwischen Wohlstand/Bildung und Abkehr von religiösen Bindungen liefert sicherlich die beste Erklärung dafür, warum sich die Entwicklung der Religiosität im Westen in den letzten 200 Jahren so stark von der im Rest der Welt (abgesehen vom Sonderfall China) unterscheidet. In punkto „Bildungsniveau" der Bevölkerung hat der Westen einen Vorsprung von 100–150 Jahren (Abb. 2.9); in punkto „Wohlstand" von 50–100 Jahren. Nimmt man die o. g. Korrelation auch für die Vergangenheit an, so folgt daraus, dass der Westen auch in punkto „Entwicklung der Religiosität" einen entsprechenden zeitlichen Vorlauf hat.

Natürlich ist auch – neben den rein empirischen Daten – theoretisch einleuchtend, das mit zunehmender Bildung das Hinterfragen von gesellschaftlichen, politischen und eben auch religiösen Traditionen wahrscheinlicher wird. Generell werden in der Geschichtsschreibung (ohne darauf an dieser Stelle näher eingehen zu können) Wohlstandsentwicklung, sukzessive Erhöhung des Bildungsniveaus und Niedergang der Religion in Europa (und seinen „Ablegern" in Nordamerika und Ozeanien) auf eine gemeinsame Ursache – die Aufklärung – zurückgeführt.[49]

5.

Im Ergebnis heißt das: Der deskriptiven Aussage kann man zwar nicht in Bezug auf die Menschheit insgesamt, aber doch in Bezug auf den Westen zustimmen.

Fazit

Der Einwand 7 in der Form 7.1 macht eine partiell zutreffende deskriptive Aussage, und es ist die rationale Erwartung, dass sie in 50–100 Jahren auch auf die Welt insgesamt zutreffen wird.

Um allerdings die Charakterisierung der Entwicklungen in Kap. 2 als Fortschritt ernsthaft infrage zu stellen, müsste 7.1 behaupten, der Rückgang der Religiosität / der expliziten Bindung an eine ideelle Welt **als solcher** wäre von ethisch ähnlichem Rang wie die positiven Errungenschaften bzgl. Leben,

[48] Siehe https://news.gallup.com/poll/142727/religiosity-highest-world-poorest-nations.aspx; und https://www.gallup-international.bg/en/36009/religion-prevails-in-the-world/ .

[49] Der interessanten Frage, warum sich in diesem Punkt die USA auffallend von den anderen Ländern des Westens (inkl. Japan, Australien) unterscheiden, können wir in diesem Buch nicht nachgehen.

Gesundheit, Krieg, Wohlstand, Bildung, Freiheit für den Menschen. Das ist m. E. kaum zu argumentieren, vgl. Fußnote 45.

7.2 Allgemeinwohl/Gemeinschaft (vs. individuelle Wünsche und Ziele)

Entsprechend des Ergebnisses unter 7.1 wird dieser Einwand 7.2 in den meisten Fällen primär in Bezug auf die westlichen Länder und in der Regel auch mit Fokus auf die letzten 50–70 Jahre formuliert; bis zum zweiten Weltkrieg haben nicht nur die Religion, sondern Kommunismus und z. T. Nationalsozialismus (die beide großen Wert auf die Gemeinschaft legten) gerade in Europa eine signifikante Rolle gespielt.

Die Kritik dieses Einwandes beruht auf folgenden **deskriptiven Aussagen.** Die westlichen Gesellschaften sind seit einigen Jahrzehnten gekennzeichnet durch:

- zunehmende Heterogenität, innere Spannungen, Polarisierung der öffentlichen Diskussion
- Aufstieg von Populisten und extremeren politischen Bewegungen
- Verlust der Autorität des Staates, des Vertrauens in staatliche Institutionen; Politikverdrossenheit
- Rückgang der gesellschaftlichen Solidarität und damit der gesellschaftlichen Resilienz gegenüber von außen kommenden Krisen/ Herausforderungen.

Bezüglich der Zukunft werden diese Tendenzen meist linear fortgeschrieben und so düstere Prognosen abgegeben:

- Spaltung der Gesellschaften, bis hin zu möglichen Bürgerkriegen
- Umwandlung der Demokratien in Autokratien, geführt von einzelnen Populisten und/oder politisch extremen Parteien
- Verlust der Verteidigungsfähigkeit nach außen.

Als **Ursache** für diese – als negativ charakterisierten – gesellschaftlichen Tendenzen werden in erster Linie zwei kulturelle Entwicklungen genannt:

- ideelle Werte werden zunehmend von **materiellen Werten** verdrängt;
- die **Individualität,** die subjektiven Wünsche, das Ausleben der eigenen Persönlichkeit hat einen immer höheren Stellenwert gegenüber der Berücksichtigung des Gemeinwohls, gegenüber den ethischen Pflichten des Einzelnen in der Gesellschaft.

Diese kulturellen Entwicklungen wiederum sind, so Einwand 7.2, Folge des Rückgangs der Religiosität bzw. allgemein der schwächer werdenden **Bindung an übergeordnete Prinzipien.**

Was ist dazu zu sagen?

Eine auch nur ansatzweise vollständige Würdigung dieses Einwandes ist in Rahmen dieses Buches nicht leistbar; vielmehr würde sie ein eigenes Buch erfordern. Die entscheidenden Aspekte bezüglich unserer Leitfrage – Fortschritt ja oder nein? – kann man m. E. aber doch benennen.

1.

Gesellschaftliche Entwicklung

- Den o. g. deskriptiven Aussagen, d. h. den grundsätzlichen Charakterisierungen der westlichen Gesellschaften, ist auf jeden Fall **zuzustimmen;** sie sind auch nicht wirklich kontrovers, sondern vielmehr recht offensichtlich, in vielen Büchern/Medienbeiträgen beschrieben und durch empirische Daten vielfach bestätigt.
- Klar anhand vieler Indikatoren ist allerdings auch, dass es innerhalb dieser Grundtendenzen **sehr signifikante Unterschiede** von Land zu Land gibt. Zwischen Ländern wie Island, Dänemark, Frankreich, Schweiz, den USA oder Neuseeland liegen Welten in Bezug auf Polarisierung, Populismus, Vertrauen in die staatlichen Institutionen etc.
- Diese erheblichen Unterschiede implizieren, dass einheitliche Prognosen bezüglich der Zukunft dieser Gesellschaften jedenfalls empirisch nicht zu rechtfertigen sind.

2.

Wertewandel: Materialismus, Individualismus

- In ähnlicher Weise wird von vielen Autoren beschrieben und in zahllosen Umfragen bestätigt: Gerade in den westlichen Ländern hat es insbesondere in den 8 Jahrzehnten seit dem Zweiten Weltkrieg deutliche Veränderungen bei den Wertvorstellungen gegeben, und dieser Prozess dauert weiter an.
- Diese Änderungsprozesse sind jedoch sehr komplex und jedenfalls nicht mit einer einfachen Formel wie „materielle Werte (Einkommen, Konsum, Gesundheit, u. a.) nehmen zu, ideelle Werte (Gemeinschaft, Freiheit, Gerechtigkeit u. a.) nehmen ab“ zu beschreiben.

- Ganz unklar und eher zweifelhaft ist es insbesondere, ob materielle Werte und Lebensziele im 17./18. Jahrhundert in Europa – also vor der industriellen Revolution / den Entwicklungen in Kap. 2 – tatsächlich eine geringere Rolle gespielt haben als heute. Zeugnisse aus dieser Zeit (etwa Beschreibungen von Beobachtern aus anderen Kontinenten, die die Europäer als ausgesprochen materialistisch charakterisieren) stützen eine solche These jedenfalls nicht. Vor dem Hintergrund der materiellen Not für weite Teile der Bevölkerung ist sie ohnehin nicht sehr plausibel. Siehe auch „Persönlicher Exkurs III", S. 83.

Persönlicher Exkurs III: Werteverfall in den westlichen Gesellschaften?

Ich kann es mir nicht verkneifen, dem Beispiel anderer Autoren zu folgen und im Zusammenhang mit der Frage „Wertverlust ja/nein?" einige berühmte Zitate anzuführen: Sie zeigen, dass die oben skizzierte Kritik an der Entwicklung in den westlichen Gesellschaften viele sehr ähnliche Vorläufer hat:

„Die Jugend achtet das Alter nicht mehr ... und ist ablehnend gegen übernommene Werte." (ca. 3000 v. Chr., Tontafel der Sumerer)

„Die Jugend ist von Grund auf verdorben, gottlos und faul. Es wird ihr niemals gelingen, unsere Kultur zu erhalten." (ca. 1000 v. Chr., babylonische Tontafel)

„Die Jugend von heute liebt den Luxus ... und verachtet die Autorität." (Sokrates, 400 v. Chr.)

„Wenn ich die junge Generation anschaue, verzweifle ich an der Zukunft der Zivilisation." (Aristoteles, ca. 350 v. Chr.)

„Die Welt macht schlimme Zeiten durch. Die jungen Leute von heute denken an nichts anderes als an sich selbst." (Mönch Peter, 1297)

„Das Sittenverderben unserer heutigen Jugend ist so groß, dass ich es unmöglich länger bei derselben aushalten kann." (Lehrer, 18. Jahrhundert)

Wohlgemerkt: Diese kleine Sammlung soll die Ernsthaftigkeit des Einwandes 7 nicht in Zweifel ziehen. Sie unterstreicht aber die Notwendigkeit, rational und nüchtern normative Fragen anzuschauen, d. h., einen Begriff wie „Werteverfall" erst nach sehr sorgfältiger Analyse zu verwenden.

Tab. 4.4 Zusammenhang Religiosität – Materialismus

% der Bevölkerung...	Welt	USA	Europa	Japan	Indien	China
Religiosität (im Sinne von Tab. 4.3, Frage 2)	60	61	41	15	86	13
Materialismus-Index lt. WVS 0 = post-materialistisch 100 = sehr materialistisch	24	14	17	22	31	49

Quelle: World Value Survey, 2017–2022; Werte leicht gerundet; Europa = an der Umfrage beteiligte Länder West-, Nord- und Südeuropas.

- Der World Value Survey zeigt zudem: Anders als 7.2 unterstellt, bedeutet auch heute geringere Religiosität nicht automatisch mehr Materialismus, wie Tab. 4.4 zeigt.
- Außer Frage steht, dass es v. a. seit 1950 eine ausgeprägte **„Individualisierung“** in den westlichen Gesellschaften gegeben hat, d. h., dass sowohl die objektiven Möglichkeiten der unterschiedlichen Lebensgestaltung je nach individueller Präferenz als auch die Stellung dieser Möglichkeit (Selbstentfaltung, Leben nach eigenen Vorstellungen) in der kulturellen Werthierarchie / persönlichen Wunschliste deutlich zugenommen haben.
- Auch hier ist jedoch ein kausaler Zusammenhang zur Religiosität **nicht** gegeben. So haben zum Beispiel die USA und Großbritannien vergleichbare Grade an Individualisierung, obwohl die Wichtigkeit von Religion sehr unterschiedlich ist (USA = 61%, Großbritannien = 28 %).
- Ebenso ist der Grad der Individualisierung in Japan vergleichbar mit dem in Indien, obwohl Japan mit 15 % und Indien mit 86 % an entgegengesetzten Enden der Skala bezüglich der Wichtigkeit von Religion liegen (siehe Santos et al. (2017)).
- Generell zeigen alle Studien und Umfragen: Steigender Individualismus ist kein rein westliches Phänomen, sondern er geht ganz offensichtlich – nicht völlig, aber doch weitgehend unabhängig von der Frage der Religion – allgemein einher mit den unter Kap. 2 dargestellten Entwicklungen. Der Westen ist zweifellos Vorreiter dieses Trends, aber andere Kulturen entwickeln sich relativ schnell in eine ähnliche Richtung.

3.

Ist die Individualisierung wirklich die Ursache für die o. g. gesellschaftlichen Tendenzen?

- Individualisierung steht in der Tat in einem **natürlichen Spannungsverhältnis** zum gesellschaftlichen Zusammenhalt; persönliche Interessen des Einzelnen stehen einem natürlichen Spannungsverhältnis zum Allgemeinwohl.

- Das Ausleben der eigenen Individualität, die Nutzung persönlicher Freiheiten stellt per se jedoch kein ethisches Problem dar[50]; sie müssen nur zum Ausgleich gebracht werden mit den berechtigten Interessen der Gemeinschaft.
- Wenn der Individualismus im Verlauf der Geschichte größer wird (und in der Folge die innere Heterogenität und Komplexität von Gesellschaften steigt), wird die Herausforderung größer, diesen Ausgleich erfolgreich zu gestalten.
- Daraus folgt: Es **kann** tatsächlich eine Ursache gesellschaftlicher Probleme sein, dass die Individualisierung ein so hohes Maß erreicht, dass sie strukturell und dauerhaft auf Kosten der berechtigten Belange der Gemeinschaft und des allgemeinen Wohles geht.
- Ist dieser Zustand in den westlichen Gesellschaftlich erreicht?
  Wenn dies so wäre, dann müssten sich in allen Gesellschaften ziemlich gleichmäßig die entsprechenden Probleme zeigen. Dies ist jedoch **nicht** der Fall. In den skandinavischen Ländern etwa oder in der Schweiz sind die individuellen Freiheiten und Möglichkeiten hoch (diese Länder liegen mit an der Spitze in allen Umfragen bzgl. Individualisierung), aber dennoch zeigen sich die oben aufgeführten gesellschaftlichen Tendenzen in deutlich geringerem Maße als etwa in den USA, in Frankreich oder auch in Deutschland.
  Das bedeutet: Es ist **nicht richtig,** die negativen gesellschaftlichen Phänomene in den westlichen Gesellschaften ausschließlich oder in erster Linie auf einen prinzipiell „zu hohen Grad an Individualisierung" - und weiter dann auf den Verlust an Glauben/Bindung an eine ideelle Welt – zurückzuführen; andere Faktoren spielen offensichtlich eine gewichtige Rolle.

Fazit:
Der Einwand 7.2 konstituiert insgesamt kein valides Argument gegen die positive Bewertung der Entwicklungen der letzten 200 Jahre. Die **deskriptiven Aussagen** beschreiben wichtige Aspekte, sind aber nur partiell zutreffend; und vor allem ist die aufgestellte **Kausalkette** – „Die Schwächung religiöser Bindungen aufgrund dieser Entwicklungen führt zu hohem

[50] Vgl. das Kapitel „Benign invidualism" in Welzel (2013).

Materialismus und Individualismus und damit zwangsläufig zu negativen gesellschaftlichen Zuständen" – nicht haltbar.[51]

Dieser Einwand weist aber auf eine wesentliche Herausforderung für die westlichen Gesellschaften und auf eine wichtige Fragestellung hin.

Die **Herausforderung** liegt darin, auch in der heutigen Gesellschaft Polarisierung, Populismus, Politikverdrossenheit etc. im Zaum zu halten; oder, anders formuliert: eine stabile Balance zu finden zwischen heterogenen Wertvorstellungen, Individualität, persönlicher Freiheit, materiellen Wünschen auf der einen Seite und Allgemeinwohl, gesellschaftlicher Solidarität, starken staatlichen Institutionen auf der anderen Seite.

Die **Fragestellung** ist, ob dabei ideelle Bindungen, überindividuelle Maximen und Wahrheiten – jenseits der Religion – eine Rolle spielen können oder sogar müssen.

Wir kommen in den Teilen IV und V des Buches auf dieses Thema zurück.

7.3: Lebenssinn

Hat die Abkehr von der Religion, die bei sehr vielen Menschen in den westlichen Ländern stattgefunden hat, für diese Personen zu einem Defizit an Lebenssinn und in der Folge ggf. auch an Lebenszufriedenheit geführt?

1.

Bezüglich der abfragbaren **psychischen Sphäre** des Glücks / der Lebenszufriedenheit führt diese Frage zurück auf den Einwand 6 und die dortigen Ergebnisse: Glück und Zufriedenheit in diesem Verständnis haben in den letzten 50 Jahren in Europa eher zugenommen.

Wie aber dort festgehalten, bezieht sich der jetzige Einwand eher auf das Glück im Sinne der **geistigen Sphäre,** die mit den dort zitierten Umfrageergebnissen nicht verlässlich erfasst werden kann.

[51] Hinzu kommt auch folgender Gedanke. Selbst wenn es in einer Reihe westlicher Gesellschaften in den nächsten Jahrzehnten wieder zu autokratischeren Regimen und/oder gesellschaftlicher Instabilität kommen sollte, wäre dies gegenüber den Verhältnissen vor 200–300 Jahren ja kein Rückschritt; sondern nur ein Teil der Fortschritte wäre rückgängig gemacht (die Fortschritte in anderen Lebensbereichen – Lebenserwartung, Gesundheit, Wohlstand, Bildung – wären davon nicht zentral tangiert). D. h.: So oder so vermag Einwand 7.2 die Fortschritts-Charakterisierung insgesamt nicht zu ändern.

2.

Dennoch gibt es einen empirischen Zugang zu unserer Fragestellung, nämlich über Umfragen, in denen es **direkt** um Lebenssinn geht. Solche Umfragen wurden in den letzten 30 Jahren immer wieder durchgeführt, allerdings eher sporadisch, meist nur in westlichen Ländern, zum Teil mit wechselnden Fragestellungen, und in der Regel nicht systematisch über längere Zeiträume hinweg.[52]

Die Quintessenz all dieser Umfragen ist jedoch eindeutig: Die meisten Menschen im Westen (80–90 %) geben an, ihr Leben habe einen Sinn, d. h., sie empfinden/erkennen **kein signifikantes „Sinndefizit".**

Dieses Ergebnis wird gestützt durch eine – allerdings weltweite – Umfrage aus dem Jahr 2017. Sie weist aus, dass die Religiosität zwar einen messbaren, aber doch recht geringen Einfluss auf die Sinnerfüllung bei Menschen hat: 92 % aller religiösen und 83 % aller nicht-religiösen Menschen geben an, ihr Leben habe aus ihrer Sicht einen Sinn.[53]

Mit anderen Worten: Lebenssinn hängt für die meisten Menschen – anders als von Einwand 7.3 unterstellt – zumindest ihrer eigenen Empfindung nach **nicht** davon ab, ob sie an Gott glauben bzw., allgemeiner, ob sie sich an eine ideelle Welt gebunden fühlen oder nicht. Sehr viele finden offenbar rein subjektiv einen Sinn in realweltlichen Aufgaben und Zielen: in der Familie, in sozialen Beziehungen, im Beruf, in politischem Engagement, in der Erfüllung materieller Wünsche.

3.

Die verfügbaren Daten aus den weltweiten Umfragen[54] zeigen zudem eindeutig, dass diese selbstgesetzten Aufgaben und Ziele in der Regel von Religiosität, wenn überhaupt, nur wenig beeinflusst werden. Insbesondere ist bei den meisten Menschen die Bedeutung von Lebensinhalten, die überindividuellen Charakter haben – politisches oder soziales Engagement – offenbar weitgehend unabhängig von der Bedeutung der Religion, d. h. von der expliziten Bindung an eine ideelle Welt.

---

[52] Für eine gute Darstellung der Forschungsergebnisse im Detail siehe Heintzelmann und King 2014 („Life is Pretty Meaningful").

[53] Auch die bekannte Harvard-Glück-Studie (eine Langzeitstudie, die über 80 Jahre hinweg die wesentlichen Determinanten von Lebenszufriedenheit zu ermitteln suchte) fand **keinen** signifikanten Unterschied in der Lebenszufriedenheit von religiösen und nichtreligiösen Menschen.

[54] S. World Value Survey, v. a. Umfrage 2017–2022.

4.

Nun könnte Einwand 7.3 auf diese empirischen Befunde – ein signifikanter Verlust an Lebenssinn ist jedenfalls aus der subjektiven Perspektive (d. h. in Bezug auf das Innenleben der Menschen, soweit es ihnen transparent ist) nicht feststellbar – etwa so antworten:

> „Das mag schon sein; es beweist aber nur, dass die Menschen in der Lage sind, den Verlust an **wahrem Lebenssinn,** an tiefer Verbundenheit mit dem überindividuell Guten und Richtigen, durch allerlei weltliche Zerstreuung und rein individuelle Zielsetzungen zu kompensieren. Sie wissen gar nicht mehr, welche Dimension von innerer Harmonie und Seelenruhe (Glück i. S. d. geistigen Sphäre) ihnen verloren gegangen ist. Die „metaphysische Bedürftigkeit" des Menschen, seine Sehnsucht nach Transzendenz, d. h. nach einer übergeordneten, ewigen Wahrheit, nach einer Orientierung jenseits der individuellen weltlichen Zwecke, bleibt unbeantwortet, ist nur verschüttet: von Konsum und Jagd nach irdischem Glück."

So eine Aussage läuft aber letztlich auf eine von zwei Behauptungen hinaus:

- Die Bindung an eine ideelle Welt als solche stellt einen wichtigen, ethischen Wert dar (d. h. auch ohne Berücksichtigung der Auswirkungen auf Lebensführung des Einzelnen / auf Lebenssinn)
  und/oder
- Auf die Dauer wird sich – entgegen den jetzt verfügbaren Daten – der Verlust an Religiosität auch in einem Verlust an Lebenssinn für die Menschen bemerkbar machen.

Behauptung A aber haben wir bereits besprochen (wo ist das Argument dafür?); und Behauptung B ist eine Prognose, für die es jedenfalls bisher keine empirischen Anhaltspunkte gibt.

5.

Diese Daten und Schlussfolgerungen bedeuten aber **nicht,** dass die Frage nach der Bedeutung einer ideellen Sphäre, nach übergeordneten Werten und Wahrheiten auch für die Lebenszufriedenheit des Menschen gänzlich von der Hand zu weisen wäre.

Unbestritten ist ja – wie auch durch o. g. empirische Untersuchungen bestätigt wird –, dass der Mensch ein starkes, untilgbares Bedürfnis nach Sinn, nach Aufgaben und Zielen im Leben hat, welche ihm (in seiner individuellen Wertehierarchie) wertvoll erscheinen.

Wie aber werden diejenigen Zwecke, die ihrer Natur nach über die Sphäre des eigenen Lebens hinausweisen – politisches oder gesellschaftliches Engagement, Einsatz für Menschenrechte, für Diversität, für den Klimaschutz, auch Wahl des Berufes – **begründet?** Wenn die Religion als Legitimationsinstanz absehbar ausscheidet, auf welcher Basis werden die dahinterliegenden Überzeugungen des Einzelnen eigentlich geformt?

Dies sind letztlich auch Fragen an die Zukunft der Menschheit – wir werden sie im Teil V des Buches wieder aufgreifen.

Fazit

Auch Einwand 7.3 vermag im Kern nicht zu überzeugen: Der von ihm behauptete Verlust an Lebenssinn ist in den Ländern, die auf dem Weg weg von religiösen Bindungen bereits weit gegangen sind, **subjektiv** kaum feststellbar; und die Forderung nach Bindung an eine ideelle Welt als solche – d. h. ohne Berücksichtigung der konkreten Handlungen – ist normativ kaum argumentierbar.

Aber auch Einwand 7.3 führt – ähnlich wie 7.2 – zu einer Fragestellung, die für den weiteren Gedankengang des Buches von Bedeutung ist.

Fazit zum Einwand 7

- Einwand 7 beruht auf der Grundvoraussetzung, dass es eine ideelle Welt gibt, die der realen, physikalischen Welt übergeordnet ist, die – dem Menschen ethische Werte und seine Bestimmung vorgibt und so – dem menschlichen Leben (unabhängig vom einzelnen Individuum) Sinn und Ziel verleiht.
- Die deskriptive Aussage, dass der Glaube / die Bindung an eine solche Welt – d. h. insbesondere die Religiosität – in den letzten Jahrhunderten zurückgegangen ist, ist für die Welt insgesamt nicht zutreffend. Für die westlich geprägten Länder (Europa, Nordamerika, Australien u. a.) stimmt sie hingegen, insbesondere seit etwa 1950, mit wenigen Ausnahmen eindeutig.
- Dieser Rückgang und die in Kap. 2 dargestellten Entwicklungen sind dabei nicht nur zufällig historisch gemeinsam aufgetreten, sondern haben zu einem großen Teil gemeinsame Ursachen (Aufklärung, Aufstieg von Wissenschaft und Technik) bzw. sind eng miteinander verknüpft (Zunahme des Wohlstands und des Bildungsniveaus der Bevölkerung).
- Das Kernproblem des Einwandes 7 ist jedoch, dass er die Bedeutung von Religiosität bzw. der expliziten, bewussten Bindung an eine ideelle Welt in jeder Hinsicht **überschätzt:** Er überschätzt sie in ihren Auswirkungen auf grundsätzliche Werthierarchien (Materialismus, Individualismus), auf die

konkreten Lebensinhalte (u. a. Einsatz für politisch-gesellschaftliche Ziele) und schließlich – auch daher – auf die Frage, inwieweit Menschen subjektiv ihr Leben als sinnvoll empfinden.

- Der Einwand 7 rückt jedoch ein wichtiges Thema ins Licht, das in den Einwänden 1–6 noch nicht zur Sprache kam: die zweifellos vorhandenen und seit 2-3 Jahrzehnten zunehmenden **gesellschaftlichen Probleme** in einer ganzen Reihe von westlich geprägten Ländern: Polarisierung der öffentlichen Diskussion, wachsender Einfluss von Populismus und extremen Parteien, ein zunehmender Verlust an Autorität des Staates / des Vertrauens in staatliche Institutionen und ein Rückgang der gesellschaftlichen Solidarität.
- Diese gesellschaftlichen Trends sind nicht erklärbar, ohne das zunehmende Maß und den zunehmenden Stellenwert von **individueller Freiheit und Lebensgestaltung** zu berücksichtigen, das unvermeidlich mit den Entwicklungen unter Kap. 2 verbunden war und ist. Daher kann man berechtigterweise die Frage stellen, ob die negativen gesellschaftlichen Trends die positive Charakterisierung dieser Entwicklungen als „Fortschritt" aufheben.
- Diese Frage ist jedoch aus zwei Gründen zu verneinen:

1. Es ist sowohl konzeptionell einleuchtend wie auch empirisch offensichtlich, dass eine ernsthafte Bedrohung des gesellschaftlichen Zusammenhalts **keine automatische Folge** der oben genannten Individualisierung ist.

   Konzeptionell gesehen ist die Herausforderung, das natürliche Spannungsverhältnis von individueller Freiheit und Allgemeinwohl politisch-gesellschaftlich auszutarieren, sicherlich umso größer, je weiter entwickelt individuelle Freiheitsräume sind. Daraus folgt aber nicht, dass diese Herausforderung unlösbar ist. M. a. W.: Wohlstandsentwicklung, Bildungszuwachs, Rückgang der Religiosität können zwar, müssen aber nicht zu einem Zustand „zu hoher Individualisierung" (d. h. ein Zustand, in dem berechtigte Interessen der Gemeinschaft / des Allgemeinwohls dauerhaft vernachlässigt werden) und damit zu gesellschaftlicher Instabilität führen.

   Empirisch gesehen ist darauf hinzuweisen, dass der Grad der o. g. gesellschaftlichen Probleme in Ländern mit ähnlichem Maß an Individualisierung sehr unterschiedlich ist.
2. Auch nachhaltige gesellschaftliche Probleme im o. g. Verständnis werden wahrscheinlich einige, aber sicherlich nicht alle positiven Errungenschaften der letzten Jahrhunderte dauerhaft gefährden. Das bedeutet: In der normativen Bewertung würde in diesem Fall die Charakterisierung der letzten Jahrhunderte als „Fortschritt" geschmälert, aber nicht aufgehoben.

- Zusammenfassend: Aus der berechtigten Kritik an einigen gesellschaftlichen Zuständen in einer Reihe westlicher Länder erwächst letztlich kein valides Argument dafür, dass mit der unbestritten gewachsenen und jetzt hohen Bedeutung der individuellen Freiheit des Menschen diese Gesellschaften auf einem grundsätzlich falschen Weg sind. Theoretische Überlegungen und empirische Fakten legen vielmehr nahe, dass damit unvermeidliche, aber lösbare Herausforderungen für moderne Gesellschaften bezeichnet werden, die grundsätzlich auf dem richtigen Weg sind.

Insgesamt scheitert damit die Kritik des Einwandes 7, auch wenn man ihre Grundvoraussetzung, die Existenz einer ideellen Welt und einer in ihr gegebenen Ethik grundsätzlich akzeptiert: In der Gesamtwürdigung vermag er die die Charakterisierung der in Kap. 2. dargestellten Trends als „Fortschritt" nicht überzeugend zu konterkarieren.

5

Fazit zu Teil I

In den Kap. 1 und 2 dieses Buches habe ich dargestellt, dass die Menschheit bezüglich aller objektiv messbaren, für das menschliche Leben prima facie wesentlichen Grundparameter – Ernährung, Gesundheit, Krieg, Lebenserwartung, Wohlstand, Bildung, elementare Freiheit – in den letzten 200–300 Jahren eine Entwicklung vollzogen hat, die die entsprechenden Veränderungen aller vorangegangenen geschichtlichen Epochen rein faktisch weit in den Schatten stellt.

In den Kap. 3 und 4 ging es um die Frage, wie diese Entwicklung zu bewerten ist. Bei der Analyse hat sich einerseits herausgestellt, dass es in der wissenschaftlichen Diskussion keine Stimmen gibt, die diese Entwicklung, **für sich genommen,** nicht als klar positiv, d. h. als **Fortschritt,** charakterisieren würden.[1] Andererseits jedoch gab es und gibt es eine Vielzahl von Stimmen, die auf der Basis **anderer Aspekte**/paralleler Entwicklungen zu einer in der **Gesamtbilanz** eher kritischen, z. T. auch negativen Bewertungen der Menschheitsepoche seit 1800 kommen.

Ich habe diese Auffassungen in 7 Thesen („Einwänden") kondensiert und diskutiert. Die Ergebnisse lassen sich wie folgt zusammenfassen.

- **Einwand 1** stellt dem Fortschritt die immer noch bestehende Differenz der heutigen Realität zum Zielzustand – langes gesundes Leben, kein Hunger, keine prekäre Armut, kein Krieg, umfassende Bildung und rechtliche

[1] Dies ist ein eindrucksvoller Beleg dafür, dass die dem zugrundeliegenden ethischen Maximen (s. Kap.3) ziemlich universell für richtig/wahr gehalten werden.

T. Unnerstall, *Unsere Zukunft wird gut (sehr wahrscheinlich)*,
https://doi.org/10.1007/978-3-662-72484-2_5

Gleichstellung für alle Menschen – gegenüber. Das ist nicht unberechtigt, kann aber die diesbezüglichen großen Fortschritte der letzten Jahrhunderte gerade **nicht** in Zweifel ziehen.
Der Einwand führt zudem auf die interessante Fragestellung, ob/inwieweit kulturell-gesellschaftliche Idealzustände in der Realität erreichbar sind.

- **Einwand 2** stellt dem Fortschritt die parallel gewachsenen konkreten Risiken für die Zukunft gegenüber - insbesondere im Lichte der historisch belegten Möglichkeit, dass kulturelle Errungenschaften auch wieder (zumindest temporär) verloren gehen können.
Er führt auf die Fragestellung, ob den Entwicklungen der letzten 200 Jahre letztlich Zufälle oder bestimmte allgemeine Kräfte in der Menschheitsgeschichte zugrunde liegen; und damit auf die grundsätzliche Fragestellung, ob die Entwicklung der Menschheit überhaupt einer Gesetzmäßigkeit unterliegt oder nicht – ob sie Richtung und Ziel hat.

- **Einwand 3** stellt den Wert „globale Gleichheit von Lebensbedingungen" in den Mittelpunkt. Das ist ethisch betrachtet jedenfalls z. T. gerechtfertigt. Der Einwand scheitert aber daran, dass entgegen seiner Behauptung die globale Ungleichheit sowohl bzgl. der in Kap. 2 dargestellten Parameter als auch bzgl. des allgemeinen materiellen Wohlstands in den letzten 50–70 Jahren nicht gestiegen, sondern gesunken ist.

- **Einwand 4** stellt dem Fortschritt der letzten Jahrhunderte die Nachteile für zukünftige Generationen gegenüber, die – so die Aussage – durch zu hohen Ressourcenverbrauch und übermäßige Belastung von Ökosystemen entstanden sind und auch notwendig entstehen.
Dieser Einwand scheitert im Kern ebenfalls, weil

  a) die meisten der in diesem Zusammenhang immer wieder aufgeführten ökologischen Probleme nachfolgende Generationen tatsächlich **nicht** substanziell einschränken; und
  b) das Problem „Klimawandel" nachfolgende Generationen zwar substanziell einzuschränken droht, aber mit der weiteren wirtschaftlich-technischen Entwicklung **nicht** notwendig verknüpft ist und daher entkoppelt werden kann. Mit anderen Worten: Klimaschutz und (weiterer) Fortschritt im o. g. genannten Sinn sind völlig kompatibel.

- **Einwand 5** ist im Ergebnis größtenteils nicht stichhaltig:
  - Die zugrunde liegende ethische Aussage, dass das Leben/Wohlergehen von Tieren und Pflanzen ähnlich hoch zu bewerten sei wie das Leben/Wohlergehen des Menschen, ist nicht überzeugend.
  - Die Verluste von Arten, von Biodiversität und von Ökosystemen werden oft übertrieben dargestellt; zudem sind sie zu einem erheblichen Teil unvermeidliche Begleiterscheinungen des Wachstums der Weltbevölkerung.
  - Ähnlich wie beim Klimaschutz gilt für die Zukunft: Der (weitgehende) Erhalt der Biodiversität und die weitere technische, wirtschaftliche und zivilisatorische Entwicklung der Menschheit sind völlig kompatibel. Entsprechende Fortschritte sind bereits sichtbar.

Die Kritik des Einwandes an einigen diesbezüglichen Geschehnissen in den letzten 200 Jahren ist jedoch zum Teil durchaus berechtigt.

- **Einwand 6** stellt dem Fortschritt bzgl. der eingangs genannten Grundparameter den Maßstab „(subjektives) menschliches Glück“ gegenüber, auf den es – so die Aussage – letztlich ankomme.
  Auch dieser Einwand ist unbegründet: Alle verfügbaren empirischen Indikatoren sprechen dafür, dass mit den in Kap. 1 und 2 dargestellten objektiven Verbesserungen auch das subjektiv empfundene Glücksniveau/die Lebenszufriedenheit der Menschheit im Mittel eher angestiegen ist.
  Unabhängig davon, so stellt sich zudem heraus, ist das Phänomen „Glück“ derart stark vom Individuum und seinen spezifischen psychischen Dispositionen abhängig, dass es als Basis für überindividuelle, allgemeine Werturteile nicht besonders gut geeignet ist. Auch daher vermag Einwand 6 nicht zu überzeugen.

- **Einwand 7** schließlich stellt dem Fortschritt den – so die Aussage – damit verknüpften Verlust von Glauben/von Bindung an eine meist religiös bestimmte Welt des Guten und damit von wahrem Lebenssinn (jenseits rein individueller Zielsetzungen) gegenüber; ein Verlust, der – so die Aussage – unweigerlich sowohl zu massiven gesellschaftlichen Problemen als auch zu einem Verlust an subjektiver Sinnerfüllung führt.
  Rein **deskriptiv** ist ein Rückgang an Religiosität der Menschen weltweit bisher nicht, in den westlich geprägten Ländern – insbesondere seit dem 2. Weltkrieg – sehr wohl feststellbar. Auch eingeschränkt auf die westlichen Länder ist der Einwand dennoch nicht haltbar, da

- die meisten Menschen, die sich von der Religion abgewandt haben, ihr Leben dennoch als sinnvoll empfinden und viele sich dennoch auch für ideelle Zielsetzungen engagieren; d. h., die postulierte „Sinnleere" gibt es auch in der westlichen Welt jedenfalls empirisch kaum;
- sich die zweifellos vorhandenen negativen gesellschaftlichen Phänomene in westlichen Ländern (Polarisierung öffentlicher Debatten, Autoritätsverlust staatlicher Institutionen, Entsolidarisierung) in Ursachen und Ausmaß weitaus differenzierter darstellen als vom Einwand 7 behauptet.

Der Einwand 7 führt aber auf die folgende grundsätzliche und wichtige Fragestellung: „Welche Rolle spielen überindividuelle, allgemeingültige ethische Maßstäbe und Zwecke für den einzelnen Menschen, für die Gesellschaft als Ganze und letztlich für die Zukunft der Menschheit?"

* * *

Insgesamt können also die dargestellten Einwände die Charakterisierung der in Kap.. 1 und 2 dargestellten Entwicklungen als positiven Fortschritt **nicht** grundsätzlich erschüttern.

Sie sind aber doch in dreifacher Hinsicht lehrreich.

1.

Die Auseinandersetzung mit den Einwänden komplettiert das in Kap. 2 skizzierte Bild der Entwicklung der letzten Jahrhunderte:

- Die Macht des Menschen über seine Umwelt und potenziell über Mitmenschen steigt aufgrund der technologischen Entwicklung; damit steigen die Zukunftsrisiken.
- Die globalen Ungleichheiten nehmen seit etwa 40 Jahren ab, nicht nur – wie in den Abbildungen in Kap. 2 sichtbar – bzgl. der dort aufgeführten Indikatoren, sondern auch bzgl. des allgemeinen Wohlstandsniveaus.
- Die Entwicklung der Menschheit in den letzten 200 Jahren wurde – auch im wörtlichen Sinne – befeuert durch fossile Energieträger, deren CO_2-Emissionen für den die zukünftigen Generationen potenziell beeinträchtigenden Klimawandel verantwortlich sind. Glücklicherweise gibt es CO_2-freie Energieträger im Überfluss, aber der Umstieg muss jetzt (weitgehend) in den nächsten Jahrzehnten erfolgen.
- Das Glücksniveau der Menschheit ist nach allen verfügbaren Quellen – soweit es überhaupt von den jeweiligen historischen Umständen beeinflusst wird – im Zuge der Entwicklung eher gestiegen.

- Die aus den letzten Jahrzehnten vorliegenden Daten stützen die Erwartung, dass die Bedeutung der Religion weltweit in der Zukunft zurückgehen wird.

2.

Im Zuge unserer Analysen haben wir festgestellt, dass es in der Entwicklung von Gesellschaften – weitgehend unabhängig von Kultur, Geschichte, politischem System, Wohlstandsniveau – eine Reihe von Konstanten bzgl. persönlicher Einstellungen ihrer Mitglieder gibt[2]:

- positive Korrelation Wohlstand – Glück,
- negative Korrelation Bildung/Wohlstand – Religiosität,
- Haltung zur Frage der sozialen Gleichheit.

Diese Feststellung werden wir im Teil III aufgreifen.

3.

Es ist deutlich geworden, dass es für eine vollständige und adäquate Einordnung und Bewertung des Fortschritts unerlässlich ist, eine Reihe grundsätzlicher Fragen zu beantworten:

- Folgt die Geschichte der Menschheit einer tieferen Gesetzmäßigkeit, hat sie eine Richtung; und wenn ja, wie sieht diese aus? Welche Erklärung gibt es dementsprechend für die phänomenale Entwicklung der letzten 200 Jahre?
- Wenn sich die Menschheit in eine Richtung entwickelt und wenn es dabei ein Ziel gibt – was kann man über die Erreichbarkeit dieses Ziels sagen?
- Welche Relevanz für den Menschen und für die Menschheitsgeschichte haben allgemeine (d. h. überindividuelle, überzeitliche, kulturunabhängige) ethische Maßstäbe, auf deren Basis man rationale Werturteile wie „Fortschritt" fällen kann?

Diese Fragen sind Leitlinien für die weiteren Teile dieses Buches. Wir werden dabei erkennen, dass sie letztlich eng miteinander zusammenhängen.

---

[2] Zu erwähnen ist in diesem Zusammenhang auch die ebenfalls kulturunabhängige Korrelation zwischen Wohlstand und der Einstellung zu Kindern, d. h. konkret zur durchschnittlichen Kinderzahl. S. Unnerstall 2021, S.59.

Teil II

Zufall oder Gesetz? – Alte und neue Theorien zum Verlauf der Geschichte

In diesem Teil II werden wir die **gesamte Geschichte** der Menschheit auf der Erde und die Theorien über ihren Verlauf in den Blick nehmen.

Was meine ich mit „gesamte Geschichte"? Nach allem, was wir heute wissen,[1] gab es vor ca. 70.000 Jahren – nach ein paar Millionen Jahren verschiedener Vormenschenformen, und nach ein paar 100.000 Jahren Existenz des Homo Sapiens – noch einmal eine wesentliche Mutation in unserem genetischen Bauplan. Eine Mutation, die den Homo Sapiens in die Lage versetzte, in ganz anderer Weise Kultur, technische Innovationen, Selbstbewusstsein, Zusammenarbeit hervorzubringen als die vielen Generationen vorher.

In Verbindung mit dieser sogenannten „kognitiven Revolution" begann die Auswanderung dieses neuen Menschen von Afrika aus zunächst auf die arabische Halbinsel und von da in die ganze Welt.[2]

In diesem Sinn beginnt der moderne Mensch und seine Geschichte also vor etwa **70.000** Jahren. Bevor wir uns aber mit dieser konkreten Geschichte und den bisherigen Theorien dazu beschäftigen, ist es sinnvoll, sich einige grundsätzliche Gedanken zu machen.

Dazu vorab eine wichtige Klarstellung. Ich verwende den Begriff „Theorie" in diesem Buch im wissenschaftlichen Sinn: Eine Theorie ist demnach ein System von Aussagen zur Erklärung bestimmter empirischer Tatsachen anhand der ihnen zugrunde liegenden Gesetzmäßigkeiten. Das bedeutet insbeson-

[1] S. Krause und Trappe (2021), Harari (2013).

[2] Aus Genanalysen wissen wir, dass die gesamte Weltbevölkerung außerhalb Afrikas von etwa 5000 Menschen abstammt, eben von diesen Pionieren: Krause & Trappe (2021), S.116. In diesem Buch „Hybris" findet sich auch ein guter Überblick über die großen Wanderungsbewegungen in den folgenden Zehntausenden von Jahren, d. h. der Besiedlung der verschiedenen Weltregionen.

dere: Damit eine Theorie über einen Wirklichkeitsbereich überhaupt sinnvoll möglich ist, muss dieser Wirklichkeitsbereich Gesetzmäßigkeiten aufweisen; ist er hingegen in seiner Verfasstheit und seiner zeitlichen Entwicklung im Wesentlichen zufällig, objektiv unbestimmt, so ist eine Theorie (im hier verwendeten Sinn) über ihn nicht möglich.

Das zentrale Thema dieses Teils II – bzw. des ganzen Buches –: „Unterliegt die Geschichte der Menschheit einer Gesetzmäßigkeit?", kann man damit auch so formulieren:

„Ist eine Theorie der Geschichte überhaupt möglich?"

6

Voraussetzungen für eine Theorie der Geschichte

Ich setze in diesem Buch für die gesamte weitere Diskussion **drei Thesen** voraus. Sie bilden den gedanklichen Rahmen, innerhalb dessen ich argumentieren werde. (Wir werden in II.3 sehen, dass auch alle anderen modernen Werke zur Menschheitsgeschichte diese drei Thesen voraussetzen).

6.1 Drei Prämissen

Prämisse 1
Der Mensch in seinen grundsätzlichen Wesenszügen, d. h. seinen angeborenen Bedürfnissen/Antrieben/Fähigkeiten/Potenzialen,[1] hat sich in den letzten 70.000 Jahren – d. h. seit Anbeginn der Geschichte in unserem Sinne – nicht verändert.

Die menschliche DNA hat sich in diesem Zeitraum nicht nennenswert verändert, daher gibt es in der Tat eigentlich keinen Grund, an dieser Aussage zu zweifeln. Sie bedeutet: Würde ein vor 50.000 Jahren geborenes Baby in unsere heutige Zeit versetzt, so würde es ebenso aufwachsen, ebenso schnell lernen, könnte ebenso erfolgreicher Wissenschaftler, Künstler, Manager, Handwerker

[1] Wenn hier und im Folgenden vom „Wesen des Menschen" und seinen angeborenen Bedürfnissen/Antrieben/Fähigkeiten/Potenzialen die Rede ist, ist damit immer das jedem Menschen **gleichermaßen** zukommende Wesen (nicht die jeweils individuellen Ausprägungen/Charakterzüge, die man auch mit „Wesen dieses Menschen" bezeichnen könnte) bzw. die **gemeinsamen** Bedürfnisse/Antriebe/Fähigkeiten/Potenziale gemeint (nicht die jeweils individuellen Talente und psychischen Merkmale, soweit sie in der DNA des Individuums angelegt sind).

T. Unnerstall, *Unsere Zukunft wird gut (sehr wahrscheinlich)*,
https://doi.org/10.1007/978-3-662-72484-2_6

werden wie seine heute geborenen Altersgenossen. Umgekehrt: Würde ein heute geborenes Baby in die Zeit 50.000 v. Chr. versetzt, würde es prinzipiell keine anderen Bedürfnisse haben, Gedanken entwickeln und Entscheidungen treffen als seine Zeitgenossen.

Anders formuliert: Auf der einen Seite handelte es sich bei den vielen Generationen, die 60.000 Jahre lang (bis vor etwa 10.000 Jahren, als der Übergang zur Landwirtschaft begann) ein Leben als Jäger und Sammler führten, um „primitive Wilde" – ohne Schrift; ohne festen Wohnsitz; ohne Wissen über selbst elementare biologische Zusammenhänge, über die Gestalt der Erde, das Universum; ohne Wissen über Vor- und Nachteile bestimmter gesellschaftlicher Organisationsformen; ohne Gesetze, Bürokratie, Institutionen; daher in gewisser Weise ohne all das, was wir **Zivilisation** nennen. Auf der anderen Seite konnten sie im Prinzip genauso nachdenken wie wir – über sich selbst; über eine gute Gestaltung ihrer Beziehungen untereinander; über neue und bessere Techniken, um ihre Bedürfnisse zu befriedigen.[2]

Daraus folgt: Alle Entwicklungen der Geschichte – technisch, wirtschaftlich, gesellschaftlich, moralisch, naturwissenschaftlich, philosophisch, religiös – finden eigentlich auf der Ebene des **Kollektivs** statt: auf der Ebene der Gemeinschaft, der Gesellschaft, der Menschheit als Ganze. Jede Neuerung wird durch einen/mehrere einzelne Menschen geschaffen; aber gesichert, für die Zukunft fruchtbar gemacht und damit zum Baustein von geschichtlicher Entwicklung wird sie durch das Kollektiv.[3]

Das Kollektiv wiederum prägt jedes neugeborene Individuum, stellt ihm das von vorangegangenen Generationen geschaffene und gesicherte Wissen, seine Wertvorstellungen, seine philosophischen/religiösen Überzeugungen zur Verfügung und ermöglicht ihm so, relativ zum Bisherigen wiederum neue Beiträge zu schaffen – nicht weil es als Individuum fähiger, intelligenter, moralischer wäre als die Generationen vor ihm, sondern weil es auf einer breiteren, tieferen und besseren Basis arbeiten, denken und Werturteile fällen kann.

---

[2] Sie wären sicherlich auch ebenso ergriffen gewesen wie wir heute vom 2. Satz des Klarinettenkonzerts von Mozart, vom Taj Mahal oder vom „David" von Michelangelo.

[3] In den letzten Jahrzehnten haben verschiedene Autoren in ihren Büchern über die Weltgeschichte die zentrale Bedeutung dieses „Kollektiven Lernens" für den Geschichtsverlauf hervorgehoben: Diamond (1998), Christian (2022), Galor (2022) u. a. (vgl. Teil II.3).

Prämisse 2
Der Mensch ist grundsätzlich frei in seinen Entscheidungen, hat einen freien Willen.

Diese Aussage klingt, im Jahre 2026 formuliert, relativ selbstverständlich und unkontrovers. Genauer betrachtet, ist sie aber keinesfalls selbstverständlich; sie wurde historisch und wird auch z. T. heute noch in Zweifel gezogen auf Basis des sog. **physikalischen Determinismus.**

Seit der Entdeckung der mittlerweile unstrittig als wahr akzeptierten Evolutionstheorie ist es klar, dass der Mensch in seiner Totalität ein biologisches Wesen ist und damit ein Teil der physikalischen Welt. Mit anderen Worten: Es gibt keinen Schöpfungsakt für den Menschen, keinen Eingriff von außen (eines Gottes) in die physikalischen Abläufe im Universum; damit gibt es auch keine von der Biologie, dem Körper des Menschen abgetrennte „Seele", keinen Teil des Menschen, der den physikalischen Gesetzen nicht unterworfen wäre.

Die Wissenschaft hat zwar – noch – nicht die leiseste Ahnung, wie auf einer rein physikalisch-biologischen Basis so etwas wie **Bewusstsein** (schon bei Tieren) oder gar **Selbstbewusstsein** (beim Menschen) funktioniert/entstehen kann; und man wird auch sagen können, dass ein Gedanke eine andere „Seinsform" hat als ein Atom oder ein Stein. Aber es gibt keinerlei Anhaltspunkte dafür, dass das Selbstbewusstsein oder ein Gedanke keine physikalische Basis hätte, dass sie sozusagen „außerhalb" stünden, den physikalischen Gesetzmäßigkeiten entzogen wären.

Für einen Denker z. B. im Jahr 1900 ergab sich aus dieser Feststellung aber folgendes fundamentale Problem: Die Physik des Jahres 1900 bestand ausschließlich aus rein **deterministischen** Gesetzen, d. h., nach damaligem Stand des Wissens determiniert der Anfangszustand eines Systems jeden zukünftigen Zustand vollständig (unter der Voraussetzung, dass es keine äußeren Einflüsse auf das System gibt).

Nimmt man aber zum Beispiel das Sonnensystem mit der Erde als ein solches System,[4] dann wäre alle Zukunft dieses Systems bereits vor Milliarden Jahren festgelegt worden. Damit wäre aber auch jeder zukünftige Zustand, jede Handlung jedes Menschen – als Teil des Systems – bereits festgelegt; und dies ist inkompatibel mit der Annahme eines freien Willens/freier Entscheidungen.

[4] Dazu muss man annehmen, dass die äußeren Einflüsse auf dieses System (Kometen, kosmische Strahlung etc.) vernachlässigbar sind; dies scheint gerechtfertigt. Sonst kann man auch unsere Galaxie, die Milchstraße, als System nehmen.

Bei dieser Schlussfolgerung ist es unerheblich, ob diese Determiniertheit der Zukunft jemals **konkret erkannt** werden kann oder nicht: Natürlich ist das System „Sonnensystem" um viele Größenordnungen zu komplex, als das jemals – selbst bei Kenntnis aller physikalischen Gesetze (von der wir heute noch weit entfernt sind) – der Zustand dieses Systems zu einem Zeitpunkt X komplett bestimmt und daraus zukünftige Zustände berechnet werden könnten.[5]

Wesentlich ist nur, dass bei Annahme einer deterministischen Welt im physikalischen Sinn die Zukunft der Zivilisation und jeder einzelnen Handlung bereits seit Jahrmilliarden festliegt, auch wenn wir als Menschen sie niemals vorhersagen könnten.

Zu dieser **Inkompatibilität** zwischen Determinismus in der Physik und freiem Willen des Menschen gibt es eine ausgedehnte, mittlerweile seit Jahrhunderten laufende und bis heute andauernde Debatte innerhalb der Philosophie. Ich möchte diese Debatte – die aus meiner Sicht von vielen Unklarheiten und Inkonsistenzen geprägt ist – an dieser Stelle nicht nachzeichnen. Ich möchte aber noch einmal betonen: Hätten wir heute noch eine Physik, die nur deterministische Gesetze kennt und enthält, dann wäre es rational sehr schwierig, an der Prämisse 2 festzuhalten; und damit wäre es unmöglich, die Menschheitsgeschichte in der Weise zu interpretieren, wie ich es in diesem Buch tun werde. Ebenso würden die Geschichtswerke fast aller anderen früheren und heutigen Autoren ihre Grundlage verlieren und wären nicht haltbar, da sie (nicht immer explizit, aber doch implizit) einen freien Willen voraussetzen.

Die heutige Physik ist jedoch **nicht** (mehr) deterministisch, d. h., sie enthält nicht-deterministische Gesetze. Die fundamentale Theorie der atomaren Vorgänge (und damit die Basis auch für die meisten sichtbaren Phänomene) ist die sogenannte Quantentheorie; in dieser Theorie werden viele einzelne Vorgänge auf atomarer Ebene als nicht-determiniert abgebildet, d. h., sie werden ausschließlich mit bestimmten Wahrscheinlichkeiten beschrieben und entsprechend vorhergesagt.

Wichtig ist dabei: Aus der Quantentheorie allein folgt streng genommen **nicht**, dass die Welt tatsächlich indeterministisch ist; sie kann prinzipiell nicht ausschließen, dass es eine – bisher nicht erkannte – Wirklichkeitsebene mit deterministischen Gesetzmäßigkeiten gibt, die die Wahrscheinlichkeitsaussagen

[5] Abgesehen davon würde eine solche Zustandsbestimmung auf atomarer Ebene selbst den Zustand verändern, würde also in einen infiniten Regress führen – sie ist also auch prinzipiell ausgeschlossen.

der Quantentheorie tiefer zu erklären vermögen.,[6] [7] Aber die Quantentheorie ist **kompatibel** mit, sie lässt **Raum für** die Existenz des absoluten Zufalls, d. h. nicht kausal bedingter Ereignisse; d. h. für eine indeterministische Welt.[8]

Damit löst sich die Inkompatibilität zwischen Physik (verbunden mit der Aussage, dass alle Vorgänge auch im menschlichen Körper und Geist eine physikalische Grundlage haben) und freiem Willen auf.

Kurz gesagt, lässt die moderne Physik Raum für die Aussage: „Der Mensch hat einen freien Willen; und er kann daher Kausalketten in der physikalischen Welt in Gang setzen, die selbst nicht (physikalisch) kausal bedingt sind."

Um das noch einmal deutlich zu machen: Die Wissenschaft – in diesem Fall genauer die Neurowissenschaft, die sich mit den Vorgängen im menschlichen Gehirn beschäftigt – ist ziemlich weit davon entfernt zu verstehen, was beim Entschluss „Ich wasche mir jetzt die Hände", dem dann die Aktion in der Realität folgt, wirklich passiert. Sie versteht es weder auf der Ebene von Gehirnzellen, elektrischen Impulsen etc. noch gar auf der zugrundeliegenden atomaren Ebene. (Es gibt allerdings keinen Grund, warum der Mensch dieses Geheimnis nicht irgendwann entschlüsseln können sollte – wir haben noch viele Jahrtausende Zeit.)

---

[6] Die Quantentheorie ist auf der einen Seite extrem erfolgreich in dem Sinne, dass sie sowohl in unzähligen Experimenten mit Elementarteilchen immer exakt richtige Vorhersagen gemacht als auch die Erklärung für vorher unverstandene makroskopische (d. h. für uns sichtbare) Phänomene geliefert hat. Auf der anderen Seite gibt es seit ihrer Entdeckung vor gut 100 Jahren eine sehr kontroverse Diskussion darüber, was diese Theorie denn eigentlich über die physikalische Realität aussagt: Gibt es in der atomaren Welt wirklich rein zufällige Ereignisse (die nur bestimmten Wahrscheinlichkeiten unterworfen sind); oder sind diese Ereignisse eigentlich doch determiniert, und es liegt nur an unserem noch nicht vollständigen Wissen, dass wir diese Determinierung nicht theoretisch verstanden haben und daher noch keine entsprechenden – über Wahrscheinlichkeiten hinausgehenden – Prognosen ableiten können?

Auch auf diese Debatte brauchen wir hier nicht näher einzugehen. Es reicht festzuhalten, dass es bisher keinerlei Konsens über diese Fragen gibt, auch nicht in der Tendenz.

[7] Genau genommen kann **keine** physikalische Theorie von sich behaupten, sie sei vollständig in dem Sinne, dass alle physikalischen Wirklichkeit damit erfasst wäre – sie bezieht sich immer nur auf den von ihr beschriebenen Bereich in der Wirklichkeit und muss für diesen Bereich alle Phänomene erklären, alle denkbaren Experimente richtig vorhersagen.

[8] Vielleicht fragen Sie sich, warum dann für alle makroskopischen – d. h. für unsere Sinne beobachtbaren – Phänomene tatsächlich deterministische Gesetze gelten. Der Grund liegt in der unvorstellbar großen Zahl von atomaren Teilchen, aus denen die makroskopischen Objekte bestehen: Bei so großen Zahlen bekommen Wahrscheinlichkeitsaussagen ein quasi-deterministischen Charakter.

Beispiel: Wenn Sie einen Würfel 60 Mal würfeln, wird zwar ungefähr zehnmal eine sechs herauskommen, aber es können auch 7 oder 20 Sechsen sein – die Wahrscheinlichkeit von 1/6 lässt eine genauere Aussage nicht zu. Wenn Sie den Würfel aber 60 Billionen mal würfeln, wird fast genau – mit gemessen an der großen Zahl de facto unmerklichen Abweichungen – 10 Billionen Mal eine Sechs herauskommen. In diesem Sinne ist es „determiniert", dass 10 Billionen Sechsen gewürfelt werden. (Mathematisch: Der reale Wert konvergiert mit zunehmender Zahl der Ereignisse gegen den Erwartungswert.)

Prämisse 3
Die menschliche Geschichte wird von Menschen und nur von Menschen gemacht.

Diese Aussage soll bedeuten: Es gibt keine Handlungen eines Gottes und auch keine „metaphysischen" (d. h. außerhalb der Physik stehenden) Gesetzmäßigkeiten außerhalb des Menschen, die in irgendeiner Form Ereignisse auf der Erde beeinflussen oder hervorrufen. Es gibt nur menschliche Handlungen, die – neben den physikalischen (bzw. chemischen, biologischen) Gesetzmäßigkeiten – für die Ereignisse auf der Erde ursächlich sind und damit die Menschheitsgeschichte ausmachen.[9]

Auch diese Aussage wird für viele von Ihnen, liebe Leser, ziemlich selbstverständlich klingen. Festzuhalten ist aber, dass sie einerseits zwar keine Erkenntnis nur der Neuzeit ist, dass sie andererseits aber bei den meisten Menschen der Geschichte und auch bei vielen Philosophen und religiösen Denkern auf klaren Widerspruch gestoßen wäre.

Es war nach der Vorstellung wohl fast aller Religionen geradezu das Privileg Gottes/der Götter, **über** dem Menschen, **über** den Naturgesetzen zu stehen und z. B. über das Wetter, das Schicksal einzelner Menschen, über Sieg oder Niederlage im Krieg oder über das Wohlergehen ganzer Völker entscheiden zu können und dieser Entscheidung gemäß auch die konkrete Realität steuern zu können.

Die Absage an diese Vorstellung, die in der Prämisse 3 steckt, bedeutet jedoch keinen Ausschluss der Existenz eines Gottes per se (wie auch immer man diesen Begriff interpretiert, welche Vorstellung auch immer man mit ihm verbindet): Die Aussage 3 bedeutet nur, dass Gott ausschließlich im und durch den Menschen wirkt – indem er die Naturgesetze so gemacht hat, dass sie den Menschen so hervorbringen, wie er ist.

Die Aussage 3 wurde und wird aber nicht nur von Religionsvertretern, sondern auch – jedenfalls implizit bzw. bezüglich ihrer Folgen – von einer anderen Denkrichtung in Zweifel gezogen: Von Historikern, die entweder

(a) einzelnen Kulturen, oder auch
(b) der Geschichte insgesamt

eine **eigene, d. h. von menschlichen Handlungen unabhängige, Gesetzlichkeit** zuschreiben und den Menschen dann mehr oder weniger als Zuschauer/Opfer dieses „übergeordneten" Mechanismus ansehen.

Was ist von dieser Sicht zu halten?

[9] Es ist aber denkbar, dass in der Zukunft andere intelligente Wesen mit freiem Willen von anderen Planeten in der Galaxie die Ereignisse auf der Erde mitgestalten.

(a) Einzelne Kulturen

Schaut man sich an, worin diese Eigengesetzlichkeit von Kulturen, die dem menschlichen Willen, menschlicher Gestaltung angeblich entzogen ist, denn bestehen soll, so ist die wohl prominenteste Theorie diejenige einer unvermeidlichen Abfolge von kulturellem Aufstieg, Blüte, Niedergang und Verfall (z. B. Oswald Spengler, „Untergang des Abendlandes", 1918/1922). Diese These wurde empirisch sehr ausführlich und methodisch gründlich vom Anthropologen Alfons Kraeber in den 1940er-Jahren untersucht. Sein Ergebnis ist eindeutig: *„Ich sehe keinen Hinweis auf irgendwelche Gesetzmäßigkeiten [bzgl. des Verlaufs einzelner Kulturen, TU]: Es scheint weder Zyklen noch sich regelmäßig wiederholende Abläufe oder zwangsläufige Entwicklungen zu geben. Nichts deutet darauf hin, Kulturen könnten nur innerhalb bestimmter Muster aufblühen, oder ohne Chance auf Wiederbelebung verwelken müssen, nachdem sie einmal erblüht sind*" (Kraeber 1944, S. 761).[10]

(b) Geschichte insgesamt

Unter dieser Überschrift sind vor allem historische Geschichtstheorien zu nennen, die eine abstrakte, „übergeordnete" Entwicklungslogik in der Geschichte behauptet haben: Hegel und Marx sind wohl die prominentesten Vertreter einer solchen Theorie. Wir werden sie ausführlicher im nächsten Kap. 7 behandeln – und wir werden sehen, dass auch sie nicht zu überzeugen vermögen.[11]

Wir halten also als Prämisse fest: Es gibt keine Gesetzmäßigkeiten für den geschichtlichen Ablauf außerhalb der Handlungen und Entscheidungen der einzelnen Menschen.[12]

---

[10] Einen schönen Nachweis auch der logischen Inkonsistenz der Theorie von O. Spengler hat Theodor Litt geliefert: Litt (1950).

[11] Diese Theorien haben sich auch nicht durchgesetzt, d. h., sie werden heute nicht mehr vertreten. Die Theorie von Marx ist zudem mittlerweile empirisch widerlegt, vgl. Kap. 8.5.

[12] Diese Aussage schließt natürlich nicht aus, dass es immer wieder in bestimmten historischen Situationen mächtige Eigendynamiken in der Geschichte gab und gibt, der sich die entsprechenden Kulturen/die große Mehrheit der Menschen nur schwer entziehen konnten bzw. können. Dies konstituiert zwar ggf. ein gewisses Muster, aber eben keine **Gesetzmäßigkeit:** In ähnlichen Situationen ist es dann z. B. anderen Kulturen, bestimmten Minderheiten oder einzelnen Menschen gelungen, mit ihren Handlungen diese Eigendynamik zu **durchbrechen** und ein neues Muster zu etablieren.

Entsprechend dieser Differenzierung bedeutet diese Aussage auch: Rein **methodologisch** kann es durchaus sinnvoll sein (in den Sozialwissenschaften, wie z. B. in der Ökonomie) mit Kollektivbegriffen/-konstruktionen zur Erklärung bestimmter gesellschaftlicher Phänomene zu arbeiten. Es ist nur wichtig, im Auge zu behalten, das die Tragweite solcher Theorien begrenzt ist, weil sie eben auf starken Vereinfachungen beruhen und weil sie (anders als in den Naturwissenschaften) zwar wohl oft/in der Regel, aber nicht immer gelten, d. h. keine **Gesetze** widerspiegeln.

Fazit
Für jede der drei Prämissen gibt es sehr gute Argumente; sie geben den heutigen Stand des Wissens wieder; und festzuhalten ist auch, dass zu keiner dieser Aussagen eine gegenteilige, in größerem Umfang akzeptierte Theorie vorliegt.

Diese Prämissen können daher als weitgehend **gesicherte Erkenntnisse** angesehen werden.

Strukturell bilden sie – um es noch einmal zu betonen – die Voraussetzungen für alle konzeptionellen Überlegungen in diesem Buch.

6.2 Folgerungen aus den Prämissen

Die drei Aussagen:

1. Der Mensch hat sich im Laufe der Geschichte bzgl. seines **Wesens,** d. h. seiner gemeinsamen fundamentalen Antriebe/Bedürfnisse und seiner Potenziale/Fähigkeiten, **nicht verändert**;
2. der Mensch hat einen **freien Willen;**
3. Geschichte wird **nur** durch den **Menschen gemacht;**

haben in ihrer Kombination weitreichende Konsequenzen. Aus ihnen ergibt sich logisch die zentrale Folgerung:

Wenn die menschliche Geschichte eine Gesetzmäßigkeit aufweist – d. h., sofern eine Theorie des Verlaufs der Geschichte möglich ist –, muss diese ihren Grund in der Struktur des menschlichen Wesens im o. g. Sinn haben.

Aus dieser Aussage wiederum folgt unmittelbar: Jede Geschichtstheorie muss ein bestimmtes Menschenbild – d. h. eine Theorie des menschlichen Wesens – voraussetzen.[13]

Begründung
Rein empirisch steht fest, dass heute jedenfalls die meisten Menschen ihren freien Willen nicht völlig willkürlich/per Zufall einsetzen, sondern dass sie meistens (subjektiv) **begründete** Entscheidungen bzgl. ihrer Handlungen treffen – Entscheidungen also, die von bestimmten Bedürfnissen/Antrieben/

[13] Vgl.: „Jede Geschichtslehre hat in einer bestimmten Art von Anthropologie ihren Grund" (M. Scheler, „Mensch und Geschichte", 1926).

Fähigkeiten innerhalb eines gegebenen Rahmens motiviert und in diesem Sinne **zielgerichtet** sind.[14]

Folglich müssen wir diesen Sachverhalt auch bei allen Generationen vor uns annehmen.

Die Geschichte besteht damit auf der untersten Ebene aus menschlichen Handlungen, die vollzogen werden mit dem Ziel, menschliche Bedürfnisse zu erfüllen und/oder eigene Fähigkeiten zu entfalten.

Diese Einsicht legt folgenden Gedanken nahe. Wenn man

- Prämisse 1 voraussetzt: Bei allen großen Unterschieden zwischen Menschen zu jeder geschichtlichen Epoche gibt es ein überzeitliches Wesen des Menschen, d. h. einen Kanon aus für alle Menschen gleichen Bedürfnissen/Antrieben und Potenzialen/Fähigkeiten; und
- vom empirischen Befund ausgeht, dass menschliche Handlungen in der Regel in dem Sinne zielgerichtet sind, dass sie diese Bedürfnisse und Potenziale erfüllen bzw. befördern;

dann müsste die Menschheitsgeschichte doch durch eine immer bessere Erfüllung dieser gemeinsamen Bedürfnisse/Antriebe und immer komplettere Entfaltung dieser gemeinsamen Potenziale/Fähigkeiten gekennzeichnet sein.

Ist das wirklich der Fall?

Bedenkt man diese Fragestellung, wird man in einem ersten Schritt festhalten müssen: Auch wenn diese These einer **Richtung** der Menschheitsgeschichte – im Sinne von: „Immer bessere Erfüllung der menschlichen Bedürfnisse, immer komplettere Entfaltung der menschlichen Potenziale" – **insgesamt** zutreffen sollte, so ist doch in jedem Fall klar: Geschichte ist niemals **in allen ihren Details** rational erklärbar.

Warum nicht?

Zwei Gründe lassen sich sofort anführen:

- Menschen machen **Fehler**. Selbst bei ruhiger Überlegung kann man – das weiß jeder von uns aus eigener Erfahrung, auch bzgl. privater Entscheidungen – die entscheidungsrelevanten Sachverhalte falsch einschätzen, Folgen einer Entscheidung übersehen und so Handlungen vollziehen, die die damit angestrebten ziele verfehlen oder sogar konterkarieren.

---

[14] Dass dies so ist, ergibt sich auch theoretisch aus der Evolution des Menschen: Evolutionären Erfolg (im Sinne des Ausbreitens einer Spezies) gibt es nur, wenn die Handlungen in der Regel zielgerichtet i. S. v. Bedürfniserfüllung und Fähigkeitsentwicklung sind und dann auch in diesem Sinne erfolgreich sind.

- Erfolgreich zielgerichtetes Handeln wird nicht selten erschwert dadurch, dass
  - Menschen externen Einflüssen unterliegen können, die ihr Denken und Handeln massiv beeinflussen;
  - Menschen aus einer momentanen Emotion heraus handeln können (und es wenn es zu spät ist, erkennen, dass die Handlung nicht ihren eigentlichen Interessen/Wünschen entsprach);
  - Menschen psychologischen Zwängen folgen können (die von außen kaum sichtbar und die ihnen selbst eventuell nicht transparent sind).

In beiden Fällen sind damit die entsprechenden Handlungen, von außen betrachtet, nicht nachvollziehbar und nicht rational erklärbar.

Die Probleme bezüglich einer Geschichtstheorie, die auf der Formel „Immer bessere Bedürfniserfüllung, immer komplettere Entfaltung der Potenziale/Fähigkeiten der Menschheit" beruht, gehen aber noch bedeutend tiefer:

- Auch ohne explizites Menschenbild – zu dem wir erst im Teil III kommen – ist es einigermaßen offensichtlich, dass es allgemein und in konkreten Situationen innerhalb des großen Spektrums der menschlichen Bedürfnisse/Antriebe/Fähigkeiten **Spannungsverhältnisse** gibt, d. h. in verschiedene Richtungen strebende Aspekte: Der Mensch will Autonomie, aber er hat auch das Bedürfnis nach Kontakt und Zugehörigkeit zu einer Gruppe; er will im Denken frei sein, sehnt sich aber auch nach einem gedanklichen Rahmen, der ihm Orientierung vermittelt; er kann ideelle Ziele haben, die aber vielleicht mit seinen materiellen Wünschen schwer in Einklang zu bringen sind; usw.
  So ist es eher die Regel als die Ausnahme, dass es in konkreten Entscheidungssituationen **Ziel- bzw. Wertkonflikte** gibt:
  Eine Entscheidung und dann die entsprechende Handlung befördert ein Ziel/Motiv, erschwert dabei aber anderes Ziel/Motiv. Damit ist es für den Einzelnen erforderlich, **Zielprioritäten bzw. Werthierarchien** (bewusst oder unbewusst) zu bilden, um sich zwischen Handlungsalternativen entscheiden zu können. Diese Prioritäten bzw. Hierarchien wiederum unterliegen vielfältigen inneren und äußeren Einflüssen, verändern sich im Laufe der Zeit etc.
- Ziel- und Wertkonflikte treten aber nicht nur **innerhalb einer Person** auf, sondern vor allem auch **zwischen Menschen:** Die Feststellung eines „Wesens des Menschen" – eines allen Menschen gemeinsamen Spektrums von Bedürfnissen/Antrieben und Fähigkeiten/Potenzialen – lässt ja Raum für die empirisch offensichtliche Tatsache,

- dass verschiedene Menschen in ähnlichen Situationen ganz unterschiedlich handeln (wollen), weil sie – z. T. auch kulturell bedingt – innerhalb des gleichen Bedürfnis- und Fähigkeitsspektrums unterschiedliche Prioritäten setzen. Dies ruft notwendig reale Konflikte innerhalb einer Gemeinschaft von Menschen und zwischen solchen Gemeinschaften hervor; und
- dass es, z. T. auch dadurch befördert, das Phänomen **Macht** gibt: Einzelne Menschen innerhalb eines Kollektivs, einer Organisation, einer Gesellschaft haben die Möglichkeit (und wollen dies auch), dass – in bestimmten Bereichen – ihre persönlichen Prioritäten das Handeln auch der anderen Mitglieder des Kollektivs, der Organisation, der Gesellschaft bestimmen. Dies führt nicht selten dazu, dass bei diesen anderen Mitgliedern wesentliche Bedürfnisse unterdrückt werden/unerfüllt bleiben, Prioritäten unbeachtet bleiben, Potenziale nicht zur Entfaltung kommen können. (Solche Verhältnisse rufen dann – über kurz oder lang – wiederum konkrete Konflikte hervor.)

Diese hier nur sehr grob skizzierten Sachverhalte haben viele Historiker bzw. Geschichtsphilosophen gerade in jüngerer Zeit dazu bewogen, der Geschichte eine Richtung im o. g. Sinn abzusprechen und sie vielmehr als ewig fortdauerndes, prinzipiell richtungsloses, damit unvorhersagbares Ringen zwischen verschiedenen Zielprioritäten/Werthierarchien/Machtkonstellationen bzw. zwischen verschiedenen Kulturen zu interpretieren.

So formuliert etwa Y. Harari in seinem bereits zitierten Buch „Eine kurze Geschichte der Menschheit" (2013): *„Die Menschen sind in der Regel viel zu unwissend und schwach, um den Verlauf der Geschichte zu ihrem Vorteil zu lenken … Die Geschichte entwickelt sich nicht zum Nutzen der Menschen … Es gibt nicht den geringsten Beweis, dass es den Menschen im Verlauf der Geschichte immer besser geht … Die Geschichte verläuft chaotisch. Sie nimmt aus unerfindlichen Gründen mal eine Richtung, mal die andere" (S. 229/289).*

Diese Folgerung ist jedoch voreilig; d. h. logisch nicht zwingend. Richtig ist, noch einmal gesagt: Der Geschichtsverlauf als Summe bzw. Ergebnis menschlicher Handlungen und Entscheidungen ist **im Einzelnen** sicherlich nicht erklärbar (und damit auch, auf die Zukunft gewendet, im Einzelnen unvorhersehbar); er besteht aus einem extrem komplexen Konglomerat von verschiedensten, zum Teil widersprüchlichen, oft Konflikte hervorrufenden, mehr oder weniger gut überlegten bzw. erfolgreichen (im Sinne der eigenen Ziele) Handlungen und Entscheidungen.

Es könnte aber sein – d. h., es wäre eine denkbare Theorie der Geschichte –, dass im **räumlichen und zeitlichen Mittel,** als übergeordneter Trend, die meistens zielgerichteten Handlungen der meisten Menschen in Verbindung mit zunehmend ähnlichen Zielprioritäten doch dazu führen, dass gemeinsame Bedürfnisse/Fähigkeiten des Menschen für zunehmende Teile der Menschheit zunehmend erfüllt bzw. zur Entfaltung gebracht werden – und dass genau dies dann doch eine Richtung, eine **Gesetzmäßigkeit** der Geschichte konstituiert.

Eine solche Theorie müsste zeigen, warum die **spezifische Struktur** des menschlichen Wesens zwangsläufig zu so einer Entwicklung, so einer Richtung der Geschichte führt.

Wichtig ist dabei: In dem durch unsere drei Prämissen aufgespannten gedanklichen Rahmen ist dies logisch gesehen die **einzige Chance** auf Gesetzmäßigkeit der Geschichte. Es gibt **nur** von Menschen mit Handlungen verfolgte Ziele und die dahinterliegenden Antriebe und Fähigkeiten als Treiber des geschichtlichen Verlaufs, und daher können auch nur sie – genauer: die Gemeinsamkeiten dabei – diesem Verlauf eine überzeitliche, überkulturelle Richtung verleihen.

Damit ist die eingangs dargestellte Aussage - als Folgerung aus den drei Prämissen - begründet.

Gibt es eine solche Gesetzmäßigkeit, eine solche Richtung, ja oder nein? Und wenn ja, welche Struktur des menschlichen Wesens ist dafür verantwortlich?

In diesem Teil II schauen wir uns an, welche Antworten bis heute, d. h. von früheren und heutigen Denkern, auf diese Fragen gegeben wurden.

7

Einzelne Geschichtstheorien – historische Werke

In Kap. 6 sind wir zu wichtigen Ergebnissen gekommen:

A. Sofern dem Verlauf der menschlichen Geschichte eine Gesetzmäßigkeit zugrunde liegt (d. h., sofern dieser Verlauf nicht insgesamt zufällig ist),
   - kann diese Gesetzmäßigkeit nur darin bestehen, dass – über längere Zeiträume gemittelt – die gemeinsamen, wesentlichen Bedürfnisse/Antriebe/Potenziale/Fähigkeiten des Menschen für zunehmende Teile der Menschheit zunehmend zur Erfüllung bzw. Entfaltung gebracht werden;
   - muss die Struktur des menschlichen Wesens so beschaffen sein, dass sie – trotz der großen Unterschiede zwischen einzelnen Menschen/zwischen Kulturen und trotz der daraus erwachsenden Konflikte und Ungleichheiten – diese übergreifende geschichtliche Richtung ermöglicht bzw. impliziert.

B. Die Basis einer entsprechenden Geschichtstheorie muss daher eine Theorie über die Bedürfnisse/Antriebe/Potenziale/Fähigkeiten des Menschen und deren innere Struktur sein.

Diese Ergebnisse folgen logisch, wenn man drei Prämissen akzeptiert:

1. Der Mensch hat sich in seinem Wesen – d. h. seinen angeborenen gemeinsamen Bedürfnissen/Antrieben und Fähigkeiten/Potenzialen – seit der kognitiven Revolution nicht verändert.

T. Unnerstall, *Unsere Zukunft wird gut (sehr wahrscheinlich)*,
https://doi.org/10.1007/978-3-662-72484-2_7

2. Der Mensch hat grundsätzlich einen freien Willen – seine Handlungen/Entscheidungen sind nicht (im physikalisch strengen Sinn) determiniert.
3. Der Mensch und nur der Mensch macht die Geschichte, d. h., es gibt keine – außerhalb menschlichen Handelns funktionierende – Gesetzmäßigkeiten; seien es harte, von den einzelnen Menschen nicht veränderbare kulturelle Eigendynamiken oder direkte Eingriffe einer metaphysischen Instanz/eines Gottes.

Auf dieser Basis können wir jetzt bisher vorgelegte Theorien der Menschheitsgeschichte beurteilen und auswerten.

Auffällig ist dabei, dass gerade in den letzten Jahrzehnten eine Reihe neuer Theorieansätze veröffentlicht worden sind. Es handelt sich insbesondere um folgende Werke:

- „Arm und Reich" von Jared Diamond (1998)
- „Wer regiert die Welt?" von Ian Morris (2010)
- „Eine kurze Geschichte der Menschheit" von Yuval Harari (2013)
- „Zukunft denken" von David Christian (2022)
- „The Journey of Humanity" von Oded Galor (2022)
- „Anfänge – Eine neue Geschichte der Menschheit" von David Graeber und David Wengrow (2022).

Das Nachdenken über den Verlauf der Menschheitsgeschichte hat aber natürlich nicht erst vor 20 oder 30 Jahren begonnen. In der Tat gab es, beginnend vor etwa 2500–3000 Jahren, in der Geschichte viele Denker, die sich mehr oder weniger direkt mit zumindest wichtigen Aspekten der Menschheitsgeschichte (insoweit sie jeweils bekannt war) und/oder ganz explizit mit unserer Leitfrage: „Folgt die Geschichte einem Gesetz?" beschäftigt haben. Insoweit dabei der Fokus auf allgemeinen, theoretischen Überlegungen lag - und nicht nur auf reiner Geschichtsschreibung im Sinne von Darstellung wesentlicher geschichtliche Ereignisse -, bezeichnet man dieses Nachdenken als **Geschichtsphilosophie.**[1]

Es gibt also eine **Geschichte der Geschichtstheorie/Geschichtsphilosophie.**

In diesem Kapitel 7 schauen wir uns – bevor wir in Kap. 8 die oben aufgeführten modernen Ansätze diskutieren – die historischen Theorieentwürfe näher an.

[1] Der Begriff „Geschichtsphilosophie" selbst wurde historisch erst von Voltaire im 18. Jahrhundert geprägt.

Schaut man aus heutiger Sicht auf diese reiche Tradition, so muss man zunächst folgendes festhalten. Die heutigen Theorien der Menschheitsgeschichte basieren und müssen wesentlich basieren auf Erkenntnissen, die z. T. erst wenige Jahrzehnte alt sind: insbesondere auf Ergebnissen der modernen Archäologie, Anthropologie, Genforschung, Evolutionsbiologie, aber auch auf Ergebnissen vieler anderer Disziplinen.

Diese Erkenntnisse erlauben zum ersten Mal, ein relativ gesichertes Bild der kulturellen, wirtschaftlichen und sozialen Entwicklungen in den meisten Weltregionen auch **vor Beginn schriftlicher Dokumente** (ab 3000 v. Chr.) zu zeichnen; und sie erlauben insbesondere eine zunehmend genauere Bestimmung z. B. der Lebenserwartung, der wirtschaftlichen Verhältnisse (etwa des Pro-Kopf-Einkommens), der Häufigkeit von kriegerischen Auseinandersetzungen oder der gesellschaftlichen Strukturen auch in weit zurückliegenden Menschheitsepochen.

All dies konnten frühere Denker nicht wissen und nicht in ihre Überlegungen einbeziehen, so dass ihre Theorien – soweit sie über grundsätzliche philosophische Auffassungen hinausgehen – unvermeidlich aus heutiger Sicht wesentliche Fragestellungen bzw. Antworten vermissen lassen:

- Hat sich der Übergang von der Jäger-und-Sammler-Wirtschaft zur Landwirtschaft in verschiedenen Weltregionen unabhängig voneinander vollzogen?
- Wie waren Jäger-und-Sammler-Gesellschaften oder die ersten landwirtschaftlich geprägten Gesellschaften politisch-sozial organisiert?
- Wie präsent waren Kriege/Gewalt als Todesursache vor 8000 oder 5000 Jahren?
- Wie hat sich die Wirtschaftsleistung Europas oder Asiens in den letzten 2000 Jahren entwickelt?

Das sind Fragen, die noch vor 100 Jahren gar nicht sinnvoll gestellt werden konnten, weil es damals so gut wie keine Anhaltspunkte für deren Beantwortung gab.

Auf der anderen Seite ist klar, dass die Überlegungen in Kap. 6 zu Triebkräften in der Menschheitsgeschichte - d. h. zur inhaltlichen Grundlage des Geschichtsverlaufs - rein **theoretischer Natur** sind, d. h. im Kern unabhängig sind von den konkreten empirischen Fakten der Geschichte.

Aus diesem Grund ist es sinnvoll und aus meiner Sicht auch lohnend, eben diese Überlegungen – d. h. die drei Prämissen und deren o. g. Folgerungen A und B – in den historischen Kontext zu stellen: Mit welchen gedanklichen

Ansätzen haben frühere prominente Geschichtsphilosophen die Menschheitsgeschichte zu erklären, zu deuten und ggf. auch zu prognostizieren versucht?

Es würde allerdings den Rahmen dieses Buches sprengen, die Geschichte der Geschichtsphilosophie im Detail nachzuzeichnen; ich verweise dazu gerne auf den m.E. guten Überblick „Geschichtsphilosophie" des Schweizer Philosophen Emil Angehrn aus dem Jahr 2012.

Daher werde ich zum einen mit der historischen Betrachtung erst **ab der Neuzeit** beginnen[2] – die Geschichtstheoretiker vorher hatten entweder ein im Kern anderes Erkenntnisinteresse (griechische Philosophie) oder waren sehr stark religiös geprägt (Augustinus, Thomas von Aquin, islamische Denker), d. h., waren eigentlich Geschichtstheologen[3] –, zum anderen werde ich mich auf **einige wenige große Linien** beschränken müssen.

7.1 Neuzeitliche Geschichtsphilosophie: 1650–1800

1. Hobbes, Vico, Hume (1650–1750)

Bei **Thomas Hobbes** – einem der wirkungsmächtigsten Geschichtsphilosophen, dessen Kerngedanken noch heute oft zitiert werden – findet sich zum ersten Mal die klare Forderung, (nicht nur den naturwissenschaftlichen Bereich der Wirklichkeit, sondern auch) den menschlich-geschichtlichen Bereich **wissenschaftlich fundiert zu erkennen.** Er sieht damit die Geschichte als einen Gegenstand an, der rational durchdrungen, per Theorie verstanden werden kann; und – das ist sein primäres Anliegen – er erwartet, dass dieses Verständnis dazu führen kann (und soll), dass *„das Menschengeschlecht einen beständigen Frieden genießen"* kann.[4]

Er setzt dabei bereits voraus, dass der nach ihm wesentliche Gegenstand der Geschichte – der Staat, d. h. die Organisationsform des menschlichen Zusammenlebens – nicht gottgegeben ist, sondern **von Menschen gemacht** wird, d. h., damit auch verändert werden kann. Mit anderen Worten: Geschichte ist laut Hobbes im Wesentlichen der Prozess, in dem die ethisch-politische Existenz des Menschen möglichst vernünftig ausgestaltet wird und werden soll.

[2] „Erst in der Neuzeit bzw. … im Zeitalter der Aufklärung … entsteht Geschichtsphilosophie" (Angehrn 2012, S. 14).

[3] Für eine prägnante und m. E. überzeugende Charakterisierung des frühen geschichtlichen Denkens (v. a. bei den Griechen) s. den Aufsatz von Golo Mann in Mann et al. (1961).

[4] Hobbes, „Vom Menschen" (1658), zitiert nach Angehrn 2012, S. 59.

Hobbes führt seine damit grob skizzierten Ideen nicht wirklich selbst aus – weder in dem Sinne, dass er den konkreten Verlauf der Geschichte unter diesen Prämissen nachzeichnen würde; noch in dem Sinne, dass er einen „optimalen Staat" konzipiert hätte. Aber das Programm als solches und das Vertrauen in seine Durchführbarkeit markieren einen gedanklichen Durchbruch und sind ein beeindruckendes Zeugnis der frühen Aufklärung.

Was bei Hobbes noch eher implizit vorausgesetzt war – die Rolle des Menschen in der Geschichte als Handelndem –, hat zum ersten Mal der italienische Philosoph **Giambattista Vico** in voller Klarheit ausgesprochen[5]:

> „Es kann auf keine Weise in Zweifel gezogen werden ..., dass die politische Welt sicherlich von den Menschen gemacht worden ist; deswegen können ihre Prinzipien innerhalb der Modifikationen unseres eigenen menschlichen Geistes gefunden werden."

Die Kernaussage „Der Mensch macht die Geschichte" (unsere **Prämisse 3**) wurde später das „Vico-Axiom" genannt und ist seitdem ein Grundpfeiler der meisten Geschichtsphilosophien. Aus dieser Aussage folgt laut Vico – weil wir den Menschen (nämlich uns selbst) kennen und erkennen können –, dass die Prinzipien der Geschichte, d. h. ihre Gesetzmäßigkeit, rational erkannt werden können. Insbesondere findet sich damit bereits bei Vico die Einsicht, dass (diese Erkenntnis, d. h.) die Theorie der Geschichte auf einer Erkenntnis des Menschen aufbauen muss.

Bei Vico wird die Umsetzung der damit definierten Aufgabenstellung, die „Modifikationen des menschlichen Geistes" zu bestimmen und damit dann den Geschichtsverlauf zu erklären, noch von seinen religiösen Überzeugungen überlagert. Er nimmt eine durch göttliche Vorsehung bestimmte **Entwicklungslogik** an, die sich in den konkreten menschlichen Handlungen – z. T. unabhängig von den jeweils vorliegenden bewussten Intentionen der Menschen – durchsetzt.

Entsprechend unklar ist bei Vico, wie genau er die „Modifikation des menschlichen Geistes" versteht: Einerseits wandelt sich lt. seiner konkreten Geschichtstheorie die menschliche Natur[6] im Laufe der Zeit (eben nach der o. g. Entwicklungslogik), auf der anderen Seite soll sie bzw. eben diese Logik für den heutigen Philosophen erkennbar und auf dieser Grundlage die Geschichte auch erklärbar sein.

---

[5] Vico, „Scienza nuova" (1725), zitiert nach Angehrn 2012, S. 64.

[6] Der Begriff „menschliche Natur" in der klassischen Geschichtsphilosophie entspricht dem, was wir in diesem Buch mit „Wesen des Menschen" bezeichnen.

Trotz dieser Defizite: Vicos methodische Maxime bzgl. der Geschichtsphilosophie - das Vico-Axiom - ist ein bleibendes Verdienst.

Fast zeitgleich zu Vicos „Scienza nuova" in der endgültigen Fassung von 1744 veröffentlichte **David Hume** seinen berühmten Essay „Inquiry concerning human understanding" (1745). In diesem Werk ist Hume sich sicher, *„dass eine große Regelmäßigkeit im menschlichen Handeln bei allen Völkern und zu allen Zeiten besteht, und dass die menschliche Natur in ihren Gesetzen und Vorgängen sich gleich bleibt.... Die Menschen sind in allen Zeiten und Orten so sehr dieselben, dass die Geschichte uns hier nichts Neues und Fremdes bietet"*.

Hume erteilt also Vicos These von einer Änderung der menschlichen Natur im Laufe der Zeiten (und einer dahinterliegenden, von Gott gestifteten Entwicklungslogik) eine klare Absage; er formuliert als erster in dieser Klarheit unsere **Prämisse 1.** Auf der anderen Seite aber setzt er das Vico-Axiom in seinem Denken bereits als selbstverständlich voraus, wie sich in folgender Aussage zeigt, die er fast beiläufig (Hume ist eigentlich kein Geschichtsphilosoph) anfügt: *„Der Hauptnutzen der Geschichte liegt in der Aufdeckung der festen und allgemeinen Gesetze der menschlichen Natur."*

In der Tat: Gäbe es außerhalb menschlichen Handelns weitere Einflüsse auf den Ablauf der Geschichte, könnte man aus ihrem Verlauf keine Rückschlüsse auf die Gesetze der menschlichen Natur ziehen, die diesem Handeln zugrunde liegen.

Nicht nur also folgt Hume Vico darin, dass die Geschichte rational aus der Natur des Menschen verstehbar ist; für ihn gilt sogar die Umkehrung: Die Natur des Menschen – in unserer Begrifflichkeit: das Wesen des Menschen – ist aus dem Verlauf der Geschichte zu erkennen.

Damit ist für die sogenannte **klassische Epoche der Geschichtsphilosophie** (1790–1830), markiert in erster Linie durch die deutschen Philosophen Kant und Hegel, eine gedankliche Basis geschaffen. Insbesondere ist damit der erkenntnistheoretische und methodologische Rahmen gesetzt, in dem diese Geschichtsphilosophien operieren.

2. 1750–1795 (Rousseau, Condorcet)

Ein zweiter gedanklicher Strang hin zur klassischen Epoche betrifft in erster Linie die konkrete **inhaltliche** Interpretation des Geschichtsverlaufs.

Zunächst kommt bei **Jean-Jacques Rousseau** – neben Hobbes der zweite Geschichtsphilosoph, der regelmäßig auch in gegenwärtigen Werken zitiert wird – der zentrale Begriff der **Freiheit** in den Blick; bei ihm in dem Sinne, dass der Mensch ursprünglich (in einem Zustand vor der Entstehung von größeren Gemeinschaften, Eigentumsrechten, sozialen und politischen Ungleichheiten) frei war, diese Freiheit aber durch die zivilisatorische Entwicklung bis heute eingebüßt habe: *„Der Mensch ist frei geboren. Jetzt liegt er überall in Ketten."* Daher, so Rousseau, müsse es jetzt Ziel von vernünftiger Politik sein, die individuelle Freiheit auch in einem Staatswesen, unter der Herrschaft eines Rechtssystems, so weit wie möglich wieder herzustellen.

Seine Zeitgenossen in Frankreich – Voltaire, Turgot, Condorcet – vertraten demgegenüber die Gegenthese, dass der Geschichtsverlauf durch weitgehend stetigen Fortschritt gekennzeichnet sei; in dem Sinne, dass sich die **„Vernunft"** bisher sukzessive durchgesetzt habe und weiter durchsetzen werde; und dass die Menschheit damit auf dem Wege zu immer größerer Freiheit, Wohlstand, Tugend und Glück sei.

Bemerkenswert an diesem Gedankengut sind v. a. zwei Elemente:

- Erstens das Vertrauen in die **Vernunft** des Menschen; und zwar nicht nur in dem Sinne, dass der Mensch qua Vernunft in der Lage ist, die Natur des Menschen und damit den Geschichtsverlauf zu **erkennen** und zu verstehen; sondern auch in dem Sinne, dass der Mensch qua Vernunft den Geschichtsverlauf **gestalten** kann und zunehmend tatsächlich gestaltet. Näher betrachtet, wird hier aus dem großen Spektrum der Bedürfnisse, Antriebe und Fähigkeiten des Menschen einem Antrieb/einer Fähigkeit, nämlich der Vernunft, eine **dominierende Rolle** zugesprochen. Die Vernunft sei die im Menschen im Laufe der Geschichte zunehmend sein Handeln bestimmende Kraft; und dies würde sich zunehmend in der sichtbaren geschichtlichen Wirklichkeit widerspiegeln. M. a. W.: Die realen Lebensverhältnisse des Menschen würden sich durch immer stärker vernunftgesteuerte Erkenntnisse, Entscheidungen und Handlungen im Laufe der Geschichte (langsam) dem annähern, was theoretisch vernünftig sei.[7]
- Zweitens wird hier der wesentliche Inhalt des geschichtlichen Verlaufs nicht nur – wie bei Hobbes und Vico – in der **gesellschaftlichen Ordnung** verortet (d. h. in der Entwicklung von Staatsformen und Moral), sondern ebenso auch in der Entwicklung von Wissenschaft und Technik, von Reli-

[7] Bei diesen Thesen der französischen Geschichtsphilosophen wird der Begriff „Vernunft" (im Original: la raison) ohne explizite Erläuterung verwendet. D. h., es wird vorausgesetzt, dass klar und eindeutig sei,

- sowohl, wie genau die Vernunft als Fähigkeit des Menschen (auch im Verhältnis zu anderen Fähigkeiten und Wesensmerkmalen) zu bestimmen bzw. abzugrenzen ist;
- als auch, welche Lebensverhältnisse des Menschen (u. a. Staatsform, Moral, Wirtschaftssystem) denn „theoretisch vernünftig" sind.

Diese Voraussetzungen sind aus heutiger Sicht alles andere als selbstverständlich; wir werden sie in den Teilen III und IV näher diskutieren.

gion, Kunst und schließlich auch im sukzessiven Abbau sozialer Ungleichheiten.

In diesem Zusammenhang möchte ich Sie, lieber Leser, auf das aus meiner Sicht herausragende Werk „Entwurf einer historischen Darstellung der Fortschritte des menschlichen Geistes“ des Marquis de Condorcet (1793) hinweisen, ein großartiges Zeugnis gedanklicher Kraft und Unabhängigkeit.[8]

Ich möchte hier nur einen Aspekt aus diesem Buch hervorheben, der – soweit ich sehe – von Condorcet zum ersten Mal in dieser klaren Form expliziert wird: die These, dass es bei den Begriffen Freiheit, Vernunft und ihrer sukzessiven Realisierung in der Geschichte immer um **die ganz konkrete Lebensrealität der Masse der Menschen geht.** Nur daran, so führt er aus, *„lässt sich die wahrhafte Vervollkommnung des Menschengeschlechts beurteilen“* (S. 192), und daher müsse auch der wahre Gegenstand von Geschichtsschreibung/Geschichtsphilosophie nicht etwa die technische Entdeckung, das neue Gesetzessystem, die politische Reform sein; sondern die Frage, *„wie sich dies auf die Mehrzahl der Menschen in der jeweiligen Gesellschaft … ausgewirkt hat“* (S. 191).

Dieser neue Fokus – verbunden mit der Einsicht, dass *„oft eine tiefe Kluft besteht zwischen den Rechten, die das Gesetz den Bürgern zuerkennt, und den Rechten, deren sich die Bürger tatsächlich erfreuen; zwischen jener Gleichheit, die durch politische Institutionen gestiftet wurde, und derjenigen, die zwischen den Individuen wirklich besteht“ (S. 199)* – hat Condorcet zum einen erlaubt, Forderungen bzw. Prognosen zum weiteren Geschichtsverlauf abzuleiten, die sich als zutreffend erwiesen haben (vgl. Abschn. 18.1); zum anderen hat dieser Gedanke trotz des zeitlichen Abstands von 230 Jahren im Kern nichts von seiner Aktualität eingebüßt.

7.2 Kant und Hegel

Die von der Bewegung der Aufklärung geprägte, klassische Geschichtsphilosophie erreicht bei Kant und dann bei Hegel ihren Endpunkt – und in gewisser Weise auch ihren formalen und inhaltlichen **Höhepunkt.**

---

[8] Umso beeindruckender ist diese Leistung daher, weil Condorcet sein Buch unter persönlich schwierigsten Umständen schrieb: Er war im Herbst 1793 auf der Flucht vor den Führern der Französischen Revolution, die sich – nachdem er selbst in den ersten Jahren einer der führenden Köpfe der Revolution gewesen war – gegen ihn gewandt hatten. Er hätte also allen Grund zu persönlicher Verbitterung gehabt; stattdessen verfasst er eine Hymne auf die Zukunft der Menschheit.

Formal, weil bei beiden großen Denkern die Geschichtsphilosophie als Teil eines umfassenden philosophischen Systems erscheint, und weil sie sich – gerade auch deshalb – nicht nur auf einzelne, seien es erkenntnistheoretische, seien es inhaltliche Aspekte der Geschichtsphilosophie konzentrieren (wie die bisher genannten Philosophen), sondern alle relevanten diesbezüglichen Fragen aus einer einheitlichen theoretischen Perspektive zu beantworten versuchen.

Inhaltlich, weil Kant und Hegel – jeweils durchaus unterschiedlich – den Geschichtsverlauf zweifelsfrei als Fortschritt gedeutet und dies begrifflich eindeutig auf den Punkt gebracht haben: als „Gang der Vernunft und Realisierung menschlicher Freiheit" (Angehrn 2012, S. 76).

Kant (1794)

Immanuel Kant hat keine explizite Geschichtsphilosophie in dem Sinne vorgelegt, dass er den Geschichtsverlauf bis zu seiner Zeit anhand bestimmter Gesetzmäßigkeiten ausführlich erklärt hätte; er hat vielmehr nur eine Skizze – einen „Leitfaden", wie Kant sagt – dazu verfasst, auf welcher Grundlage eine solche Geschichtsdeutung aufgebaut sein müsste: In der kleinen Schrift *„Idee zu einer allgemeinen Geschichte in weltbürgerlicher Absicht"* von 1794 ist seine diesbezügliche Theorie in komprimierter Form enthalten.

Diese Theorie jedoch – obgleich ein wenig kryptisch und zum Teil etwas verdeckt durch Kants eigenwillige Terminologie – enthält alle wesentlichen theoretischen Überlegungen seiner Vorgänger.

1.

Der Mensch hat bestimmte Fähigkeiten und Potenziale, bestimmte Antriebskräfte sowie insbesondere die Vernunft (zusammen die „Naturanlagen" bei Kant[9]), die ihm als Mensch (d. h. unabhängig von Zeit und Ort) zukommen. In diesem Sinne sind seine Handlungen *„nach allgemeinen Naturgesetzen bestimmt"* (S. 3).

2.

Der Mensch hat einen freien Willen (S. 3, S. 7).

[9] Dies entspricht in unserer Begrifflichkeit im vorliegenden Buch dem „Wesen des Menschen".

3.

Der Mensch macht die Geschichte: *„Er bringt alles, was über die mechanische Anordnung seines tierischen Daseins geht, gänzlich aus sich selbst heraus“* (S. 7).

Zwischenbemerkung: Diese Thesen Kants sind nichts anderes als unsere Prämissen 1, 2 und 3.

4.

Die ganze Geschichte – ihre Gesetzmäßigkeit – besteht darin, dass der Mensch nach und nach seine Naturanlagen (Fähigkeiten/Potenziale, Antriebe, Vernunft) entfaltet und insbesondere sukzessive die gesellschaftlichen Voraussetzungen dafür schafft, dass er dies auch immer besser und schließlich vollständig tun kann:

> *„Die Geschichte [kann] … als eine stetig fortgehende, obgleich langsame Entwicklung der ursprünglichen Anlagen [der Menschengattung] erkannt werden“* (S. 3).[10]

Zwischenbemerkung: Diese These Kants bestätigt exemplarisch das zu Anfang dieses Kapitels aufgestellte Ergebnis A.

5.

Aus diesem Grund gilt: Obwohl im Einzelnen die Geschichte als ein *„planloses Aggregat menschlicher Handlungen“* erscheint, so dass auf den ersten Blick eine *„planmäßige Geschichte [vom Menschen] nicht möglich zu sein scheint“* (S. 4) – so kann sie doch *„im Großen als ein System dargestellt werden“*; d. h., die These in Punkt 4 kann als Erklärung des „so verworrenen Spiels menschlicher Dinge dienen“ (S. 23). Mit anderen Worten: *„Ein philosophischer Versuch, die allgemeine Weltgeschichte [gemäß dieses Leitgedankens, TU] zu bearbeiten, muss als möglich angesehen werden“* (S. 22).

6.

Der wesentliche Träger des Fortschritts – d. h. der sukzessiven Entwicklung der Naturanlagen und vor allem der Vernunft des Menschen – ist die Menschheit als Ganze, nicht das einzelne Individuum (S. 6).

---

[10] Diese Aussage wird hier am Anfang des Werkes noch als „Hoffnung“ bezeichnet; doch Kant resümiert am Ende, dass die Argumente dafür und auch die empirischen Belege „zuverlässig genug“ seien, um auf die Wirklichkeit dieser Entwickkung (als Gesetzmäßigkeit) zu schließen (S. 19).

Zu dem mit den Aussagen 1–6 etablierten gedanklichen Grundgerüst fügt Kant dann drei sehr wichtige Elemente hinzu:

7.

Die zentrale Gesetzesthese 4 wird durch einen **„metaphysischen Überbau"** abgesichert: All diese Verhältnisse – die Naturanlagen des Menschen und der aus ihrer sukzessiven Entfaltung resultierende Verlauf der Geschichte, d. h. ihre Richtung und ihr gedachter Zielzustand – sind angelegt (sogar „geplant") in der **„Natur":** bei Kant das Synonym für den „Weltbau", d. h. die grundsätzliche Verfasstheit des Seins (manchmal auch als „Schöpfung" bezeichnet).[11]

8.

Kant fokussiert sich bei der konkreteren Beschreibung des Gangs der Geschichte und ihres Zielzustandes in erster Linie (nicht auf die nähere Beschreibung/Analyse der Naturanlagen des Menschen und ihrer inneren Struktur, sondern) auf die politischen Verhältnisse, d. h. insbesondere auf die **staatliche Ordnung.**
Sein Gedankengang dabei ist der folgende. Das richtungsgebende Prinzip – die Entfaltung aller Naturanlagen, d. h. der „Talente" und der Vernunft – ist nur realisierbar und wird nur konkret realisiert in dem Maße, wie das Individuum, d. h. alle Individuen, **Freiheit** genießen. Die Freiheit der Individuen hängt lt. Kant aber in erster Linie von der staatlichen Ordnung ab. Daher ist die Entwicklung der staatlichen Ordnung in der Geschichte entscheidend für den Gang der Geschichte als sukzessive Entfaltung der Naturanlagen des Menschen (S. 11).

Kant sieht diesbezüglich **zwei** notwendige Schritte hin zum Ziel der „vollständigen Entfaltung":

- Eine *„vollkommen gerechte, bürgerliche Verfassung"* (S. 11); nämlich die, die die *„größte Freiheit [für das Individuum]"* dergestalt gewährleistet, dass sie *„mit der Freiheit anderer bestehen [kann]"*.
- Solche Verfassungen können wiederum auf Dauer nur gelingen bzw. stabil sein, wenn alle Staaten untereinander in einem gesetzlich geregelten Verhältnis leben, d. h., wenn ein „Völkerbund" (der über die nötigen Machtmittel verfügt, um diese Gesetze durchzusetzen) etabliert wird (S. 15). Nur auf diese Weise, so Kant, können insbesondere Kriege und

[11] Mit dieser Begründung lässt Kant allerdings eine interessante Frage offen: nämlich die, wie die Gesetzmäßigkeit genauer mit dem Wesen des Menschen und seinen Handlungen zusammenhängt.

damit die „höchsten Übel" für die Menschheit verhindert werden, und die Staaten können sich auf ihre eigentliche Aufgabe, eben die Entwicklung der Naturanlagen ihrer Bürger (Kant nennt hier mehrfach das **Bildungssystem** als wichtigsten Hebel[12]) konzentrieren.

Es liegt wohl auf der Hand, das Kant vor allem mit dieser letzteren Einsicht – wenngleich er sie als conditio sine qua non fälschlicherweise verabsolutiert (seit 1800 hat gerade das Bildungssystem und die Freiheitsgarantien der Verfassungen in sehr vielen Ländern ungeheure Fortschritte gemacht, auch ohne dass ein Völkerbund im Kantschen Sinne realisiert wurde) – seiner Zeit weit voraus war; seine Forderung ist heute aktueller denn je.

9.

Kant wird nicht müde, die **Langsamkeit** des von ihm gezeichneten Gangs der Geschichte zu betonen. Die Menschheit habe bisher nur einen „kleinen Teil" dieses Weges zurückgelegt[13]; es bedürfe, so sagt er, *„vieler vergeblicher Versuche"* (S. 14), *„vieler trauriger Erfahrungen"*, bevor die Menschheit gute (im o. g. Sinn) Verfassungen und erst recht einen stabilen Völkerbund hervorbringen wird. Beides kann zwar *„mit Sicherheit erwartet werden"*, liegt aber *„in weiter Ferne"*. Ohnehin kann der gedachte Zielzustand in der geschichtlichen Wirklichkeit als solcher nicht vollständig erreicht werden: *„Nur die Annäherung zu dieser Idee ist möglich"* (S. 13).[14]

Der Grund für diese Einschätzung liegt im Menschenbild Kants, auf dass wir in Teil III ausführlicher eingehen werden. An dieser Stelle genügt es, nur etwas grob festzuhalten: Der Grund liegt lt. Kant *„im großen Hang des Menschen, sich zu vereinzeln"* (S. 9), d. h., sich von anderen Menschen abzugrenzen, mit ihnen zu wetteifern und in diesem Zuge auch herrschen zu wollen, Vorrechte zu wollen, selbstsüchtig zu sein, nur dem eigenen Vorteil zu dienen und dafür andere auch in Not zu bringen.[15]

[12] „Hinter der [Erziehung] steckt das große Geheimnis der Vollkommenheit der menschlichen Natur" (Kant, „Über die Erziehung", 1803).

[13] Es ist ganz aufschlussreich, diese Aussage im Lichte unserer Überlegungen in Abschn. 2.3 anzuschauen. Wenn die Menschheit heute 90 % des Weges zu den dort definierten Zielen zurückgelegt hat, waren es zu Kants Zeit nur 10–20 %. Insofern ist Kants Einschätzung gerade aus heutiger Sicht sehr zutreffend.

[14] Kant liefert damit eine Antwort auf die zweite Frage am Ende von Kap.5.

[15] Kant sagt hier etwas despektierlich: Der Mensch sei aus *„so krummem Holze … gemacht"*, dass daraus *„nichts ganz Gerades gezimmert werden"* kann (S. 13). Dies ist allerdings nicht ganz konsistent mit seiner Metaphysik; zumal es lt. Kant gerade diese Anlage der „Ungeselligkeit" ist, die die Geschichte konkret vorantreibt: *„Dank sei also [dem weisen Schöpfer] … für die Unvertragsamkeit, … für die nicht zu befriedigende Begierde zum Haben oder auch zum Herrschen! Ohne sie würden alle vortrefflichen Naturanlagen in der Menschheit ewig unentwickelt schlummern"* (S. 10).

Daher sei die Selbstbeschränkung, das Sich-Fügen in eine vernünftige Gesellschaftsordnung, das größte Problem für die Menschheit. Dieser *„Hang, sich zu vereinzeln"*, diese Triebkräfte würden dann zwar letztlich durch die Erfahrung, dass ein im Kern gleichberechtigtes Zusammenleben auch im eigenen Interesse liegt, und/oder durch die Vernunft gebändigt – aber diese Wege dauern lang.[16]

Fazit

Kant entwirft in seiner kleinen Abhandlung eine klare, logisch transparent und stringent aufgebaute und mit der geschichtlichen Wirklichkeit überzeugend vermittelte Grundtheorie der Geschichte. Die Aussagen 1–3 sind bis heute gültig (sie entsprechen unseren Prämissen 1-3 in Kap.6), seine Thesen 8 und 9 weisen weit in die Zukunft; und er sieht völlig klar, dass die philosophische Herausforderung in erster Linie darin besteht, die zentrale These 4 bzw. 7 zu begründen.[17]

Hegel (1820–1830)

Georg Wilhelm Friedrich Hegels Geschichtsphilosophie ist in erster Linie niedergelegt im Buch *Vorlesungen über die Philosophie der Geschichte;* dies ist kein von Hegel verfasstes Werk, sondern es handelt sich um die auf Mitschriften basierende Dokumentation einer Vorlesung, die Hegel im Zeitraum 1822–1830 (fünfmal in ähnlicher Weise) gehalten hat.

Oft wird seine Geschichtsphilosophie als Abschluss und weitestgehende Ausarbeitung der „klassischen Geschichtsphilosophie" bezeichnet; sie ist aber aus meiner Sicht – wenn man insbesondere Kant und Condorcet vor Augen hat – nur in einem, allerdings wesentlichen Punkt eine Fortsetzung und Vertiefung; in vielerlei Hinsicht ist sie m. E. eher ein Rückschritt.

Hegel fokussiert sich in seiner Geschichtstheorie sehr stark auf die theoretische, **metaphysische** Grundlegung der Geschichte und ihrer Erkenntnis durch die Philosophie – eine Grundlegung, die bei Condorcet weitgehend fehlt (d. h., sie wird einfach implizit als evident vorausgesetzt) und bei Kant als Basis zwar expliziert (These 7), aber nicht näher begründet wird.

---

[16] Wir haben ja in Kap.4.8 (Einwand 7.2) gesehen, dass die Schwierigkeit, mit diesem „Hang, sich zu vereinzeln" – modern ausgedrückt, mit der Individualisierung – möglichst gut umzugehen, auch heute noch die gesellschaftliche Realität in vielen Ländern prägt.

[17] Persönlich Anmerkung: Ich muss gestehen, dass ich – ohne die Philosophie Kants insgesamt beurteilen zu können – von der Dichte, Tiefe und dem Bemühen um Klarheit in diesem Werk nachhaltig beeindruckt bin. Es enthält auf engstem Raum mehr gedankliche Substanz als viele andere Werke auf 500 Seiten.

Hegels Grundlegung führt auf die Kernformel: *„Die Weltgeschichte ist … die Durchdringung des weltlichen Zustands durch das Prinzip der Freiheit; [und sie] ist der Fortschritt im Bewusstsein der Freiheit“* (S. 32).[18] Bei ihm werden die impliziten metaphysischen Voraussetzungen bei den früheren Denkern auf den Punkt gebracht[19] und durch das Verständnis ihrer reflexiven Struktur vertieft. (Wir können auf Hegels nähere Begründung und Überlegungen hierzu – d. h. auf die Metaphysik Hegels im Einzelnen – in diesem Buch nicht eingehen.) Diese gedankliche Leistung ist außerordentlich und macht Hegel zu einem der wichtigsten Philosophen überhaupt.

Aus der spezifisch geschichtsphilosophischen Perspektive hat der metaphysische Fokus bei Hegel aber einen nicht zu übersehenden Preis: Die konkrete Anwendung der o. g. Formel auf die reale Geschichte ist nicht nur sehr schematisch und abstrakt, sondern bleibt in wesentlichen Punkten teils unklar, teils offensichtlich einseitig und damit fehlerhaft.[20]
Um einige wenige dieser Punkte zu nennen[21]:

- Bei Hegel ist die konkrete Geschichte im Wesentlichen reduziert auf die **politische Geschichte,** d. h. auf die Entwicklung von gesellschaftlicher Ordnung bzw. staatlicher Verfassung. Die Geschichte von Wirtschaft und Technik wird komplett ausgeblendet, die Geschichte von Wissenschaft und Kunst spielt nur eine Nebenrolle.
- Entsprechend einseitig und verkürzt ist die Anwendung des **Freiheitsbegriffs:** Die konkrete Verwirklichung der Freiheit für den Einzelnen erschöpft sich bei Hegel im Schutz des Privateigentums und der formalen rechtlichen Stellung als freier Bürger in einem Staat. Alle anderen Aspekte von Freiheit und Selbstbestimmung selbst innerhalb der gesellschaftlich-politischen Sphäre – Mitbestimmung/demokratische Verhältnisse, Meinungsfreiheit, Recht auf Bildung, Wahlrecht für Frauen usw. – kommen bei ihm nicht in

[18] Die Seitenzahlen beziehen sich auf die Suhrkamp Taschenbuchausgabe Hegel (2021).

[19] Die wichtigsten Voraussetzungen sind,
- dass die näheren Inhalte des „Vernünftigen“ und der „Freiheit“ ideeller Natur und im Kern eindeutig bestimmt sind, d. h. zeit- und kulturunabhängig festliegen;
- dass diese Inhalte als solche von jedem Menschen mit seiner realen Vernunft (seinen geistigen Fähigkeiten) erkannt werden können.

[20] Vgl. die treffende Kritik von Angehrn 2012 an Hegel, Seite 100 ff.

[21] Ich führe im Folgenden nur rein inhaltliche Punkte auf. Was bei Hegels Geschichtsphilosophie durchaus auch auffällt – gerade im Vergleich mit der wohltuend knappen, klar strukturierten, begrifflich zwar eigenwilligen, aber eindeutigen Schrift Kants –, ist der z. T. ausschweifende, z. T. repetitive, z. T. unklar strukturierte Gedankengang und v. a. eine Vielzahl von in ähnlichen Zusammenhängen verwendeten Begriffen, deren Verhältnis untereinander nicht dargelegt wird: Idee, Geist, Vernunft, Substanz, Gott, Weltgeist, das Allgemeine, das Absolute.

den Blick; von wirtschaftlichen und geistigen Aspekten der Freiheit (soziale Aufstiegsmöglichkeiten, Arbeitsverhältnisse, Freiheit in der Lebensgestaltung, im Glauben etc.) ganz zu schweigen.

- Die tiefen und zukunftsweisenden Einsichten Condorcets, dass *„oft eine große Kluft besteht zwischen den Rechten, die das Gesetz den Bürgern zuerkennt, und den Rechten, deren sich die Bürger wirklich erfreuen; zwischen jener Gleichheit, die durch politische Institutionen gestiftet wurde, und derjenigen, die zwischen Individuen wirklich besteht"* (S. 199); dass es in der Geschichte um die konkrete Lebensrealität der Masse der Menschen geht und *„sich allein von da aus die wahrhafte Vervollkommnung des Menschengeschlechts beurteilen lässt"* (S. 192) – all dies ist bei Hegel verloren gegangen.
- Der bisherige historische Fortschritt wird bei ihm letztlich von vier „Völkern" bzw. „Reichen" getragen. Die Geschichte wird dabei konkret vorangetrieben vor allem von einzelnen *„welthistorischen Individuen"* (Hegel nennt Caesar, Alexander, Napoleon); Individuen, die per *„Instinkt"* zu bestimmten Zeitpunkten die zugrunde liegende Entwicklungslogik (bei Hegel der *„Wille des Weltgeistes"*) vollziehen (S. 45). Damit negiert Hegel auch hier die Bedeutung und die Rolle der tatsächlichen gesellschaftlichen Bedürfnisse und Handlungsmotive der großen Mehrheit der Menschen; und er behauptet stattdessen eine **metaphysische Entwicklungslogik,** deren Verhältnis zur geschichtlichen Realität und zum zielgerichteten Handeln der Menschen letztlich völlig unklar bleibt.
- Die sehr abstrakte, schematische und damit z. T. realitätsferne Geschichtsauffassung von Hegel wird auch darin deutlich, dass er das intensive Ringen seiner Zeit um bessere, gerechtere, demokratischere Verfassungen abwertet – man solle einsehen, dass *„die Welt so ist, wie sie sein soll"* (S. 53; vgl. Angehrn 2012, S. 102). Damit wird die bedeutende Einsicht Kants und Condorcets, dass im Gegenteil der Mensch von einer Welt, wie sie sein soll, weit entfernt ist und man eben deshalb die Entwicklung befördern müsse, missachtet.
- Hegel bleibt auch darin hinter Kant zurück, dass er das Verhältnis der Staaten untereinander nicht für grundsätzlich reformbedürftig hält, d. h., dessen Bedeutung für den Gang der (politischen) Geschichte nicht reflektiert; auch deshalb, weil er dem Phänomen „Krieg" (bei Kant und Condorcet übereinstimmend als das größte Übel für die Menschen bezeichnet) recht gleichgültig, z. T. sogar eher positiv gegenübersteht.

Fazit
Zusammenfassend kann man über die klassische Geschichtsphilosophie bei Kant und Hegel also sagen: Ihr großer Verdienst ist es, die **metaphysischen, systemischen Voraussetzungen** der Geschichtstheorie der Aufklärung – „Die Menschheitsgeschichte ist ein gesetzmäßiger Fortschritt hin zu individueller Freiheit und von Vernunft geprägten Gesellschaften" – expliziert und reflektiert zu haben.

Ihre konkreten Überlegungen zur Geschichte sind jedoch von zwei Einseitigkeiten geprägt, bei Hegel noch viel stärker als bei Kant.

- Zum einen steht nur die **politische Geschichte** – d. h. die Frage der vernünftigen Staatsverfassung/gesellschaftlichen Ordnung (bei Kant inkl. der rechtlichen Ordnung zwischen Staaten) – im Fokus;
- zum anderen gerät generell der **einzelne Mensch** in seinem konkreten Wesen und in seiner realen Lebenssituation aus dem Blickfeld – sowohl in seiner Rolle als „Macher" der Geschichte und des geschichtlichen Fortschritts als auch (was damit verbunden ist) als Zielpunkt, d. h. als letztendliches Kriterium dieses Fortschritts.

Damit bleibt ein theoretisches Kernproblem einer Geschichtsphilosophie, die die Geschichte als gerichteten Gang, als einen im Großen gesetzmäßigen Verlauf auffasst, ungelöst: Wie verhält sich diese überzeitliche **Gesetzmäßigkeit** zur konkreten individuellen **Freiheit des Menschen,** zu seinen Irrationalitäten, zu seinen verschiedenen und z. T. konfliktierenden Antrieben, zu unterschiedlichen kulturellen Geprägtheiten, zu den Einbindungen in seine Zeit?[22,23]

[22] Vgl. die Kritik von Angehrn 2012, S. 104.

[23] Mit anderen Worten: Bei Kant und Hegel wird die Gesetzmäßigkeit der Geschichte in erster Linie aus metaphysischen Postulaten abgeleitet, nicht – wie wir es im vorigen Kapitel 6 als erforderlich erkannt haben – aus der konkreten Struktur des menschlichen Wesens. Die entscheidende Frage: „Welche Struktur innerhalb des Bedürfnis- und Fähigkeitsspektrums des Menschen ist es, die trotz der großen Unterschiede zwischen einzelnen Menschen/zwischen Kulturen und trotz der daraus erwachsenden Konflikte und Ungleichheiten diese Gesetzmäßigkeit impliziert?" – s. Folgerung A vom Anfang des Kapitels – wird nicht transparent beantwortet. Wir diskutieren diese Fragestellung explizit inKap. 18.2 und geben dort eine Antwort.

7.3 Geschichtsphilosophie der letzten 200 Jahre (1830–2020)

Blickt man aus heutiger Sicht auf die (europäische) Geschichtsphilosophie der etwa 200 Jahre zwischen Anfang/Mitte des 17. Jahrhunderts und Anfang des 19. Jahrhunderts, so kann man sich m. E. einem nachhaltigen Gefühl der **Bewunderung** für diese gedanklichen Leistungen nicht entziehen. Obwohl im konkreten eigenen Leben in ihren Gesellschaften umgeben von Armut, Krankheit, Ungerechtigkeit, Krieg, haben die prominentesten Vertreter dennoch die zivilisatorischen Fortschritte gesehen, eine Gesetzmäßigkeit dahinter zu erkennen geglaubt bzw. postuliert und auf dieser Basis – v. a. in Gestalt von Condorcet und Kant – Vorhersagen über die weitere Entwicklung der Welt gemacht, die sich im Kern bewahrheitet haben (s. dazu Abschn. 18.1).

Vor diesem Hintergrund sollte man **erwarten,** dass heutige Geschichtsphilosophen – die ja oft umgeben sind von Wohlstand, hoher Lebenserwartung, liberal-demokratischen Gesellschaften und (weitgehendem) Frieden; dazu noch ausgestattet mit ungleich umfangreicheren Kenntnissen bzgl. der tatsächlichen historischen Begebenheiten und auch bzgl. der menschlichen Psychologie –; dass heutige Geschichtsphilosophen also eben diese historisch vollzogenen und konkret erlebbaren Fortschritte der letzten 200 Jahre z. B. als sukzessive Realisierung von Vernunft und Freiheit geschichtlich genauer nachzeichnen/interpretieren, etwa den Freiheitsbegriff genauer bestimmen und evtl. auf dieser Basis ebenso Vorhersagen über die Zukunft machen.

Schaut man zudem rein **systematisch** auf die verschiedenen, hier nur in den großen Linien skizzierten gedanklichen Entwürfe der verschiedenen Philosophen der Aufklärung, so ist es m. E. sehr naheliegend, eine **Synthese** anzustreben zwischen den eher praktischen, viele Aspekte umfassenden Einsichten Condorcets und den theoretischen („metaphysischen") Einsichten Kants und Hegels. Eine solche Synthese anstreben hieße, an einer inhaltlich reichen, auf den realen Menschen und seine konkreten Lebensumstände bezogenen und zugleich begründungs- und erkenntnistheoretisch reflektierten Geschichtsphilosophie zu arbeiten.

Wenn man sich mit diesen beiden Erwartungshaltungen den geschichtsphilosophischen Werken seit 1830 (d. h. nach Hegel) nähert, wird man enttäuscht. Ja – ich muss es so hart sagen – im Grunde kann man nur ungläubig den Kopf schütteln angesichts insbesondere des **heutigen Zustandes** jedenfalls der akademischen Geschichtsphilosophie. Die fundamentalen Veränderungen bzgl. aller wesentlichen Lebensbereiche bei den meisten Menschen – Wirtschaft, Technik, Bildung, persönliche Freiheiten, Gesellschaft, Politik, Rolle der Religion, Wissenschaft – in diesen 200 Jahren werden zumeist noch nicht einmal als wesentlicher Ausgangspunkt thematisiert, geschweige denn gedeutet, eingeordnet, philosophisch aufgearbeitet.

Ebenso ist daher gar nichts mehr übrig von der Forderung bzw. Hoffnung eines Hobbes, eines Kant, die Philosophie müsse bzw. könne mit ihren Erkenntnissen und daraus abgeleiteten Handlungsempfehlungen etwas beitragen zum positiven Verlauf der Geschichte – die heutige Geschichtsphilosophie ist größtenteils derart realitätsfern, dass sie sich als völlig irrelevant für praktisches Handeln erweist.

Woran liegt das? Wie kann das sein?

Lassen Sie uns kurz einige wichtige Stationen der „nachklassischen" Geschichtsphilosophie Revue passieren, um – soweit im Rahmen des vorliegenden Buches möglich – eine Beantwortung dieser Frage zu versuchen.

1. Marx (1850) – Kommunistisches Manifest/„materialistische Geschichtsphilosophie"

Marx' Geschichtsphilosophie hat ein großes Verdienst: Sie bringt in aller Deutlichkeit die konkrete Lebenssituation des Menschen, d. h. vor allem seine Arbeit und seine wirtschaftlichen Verhältnisse, in den Blick – insbesondere in dem Sinne, was als **Fortschritt** in der Geschichte bezeichnet werden kann bzw. sollte. Die Geschichte der Menschheit, so Marx' bleibende Erkenntnis, ist eben nicht nur politische Geschichte und Geistesgeschichte (wie zumeist in der Geschichtsphilosophie der Aufklärung thematisiert), sondern sie ist zentral auch **ökonomische Geschichte.**

Man kann Marx deuten als – im Kern zunächst richtige und verständliche – Reaktion auf die Einseitigkeiten vor allem Hegels und Kants in dieser Hinsicht. Leider verfällt Marx dabei in eine eher noch größere Einseitigkeit: Er verabsolutiert seine Einsicht und meint, die ganze Geschichte sei im Kern **nur** ökonomische Geschichte. Alle historischen Verläufe – d. h. insbesondere auch alle philosophischen/religiösen Ideen und alle gesellschaftlichen Ordnungen – seien (weitgehend) determiniert von den jeweiligen Produktions- und Eigentumsverhältnissen in den sukzessiven Stadien der Geschichte.

Diese These ist, wie wir heute wissen, zum einen empirisch falsch: Es gab in jeder historischen Phase und es gibt heute bei sehr ähnlichen Wirtschaftssystemen z. T. sehr unterschiedliche staatliche Ordnungen (vgl. Kap. 8.5). Zum anderen ist es kaum konsistent zu erklären, warum Marx' Ideen selbst sich ja (nach eigenem Verständnis) außerhalb dieser angeblichen Determination bewegen.[24]

---

[24] Marx' Theorie kann natürlich auch nicht erklären, wie es sein kann, dass zwar die Mehrheit der „Bourgeoisie" das zu seiner Zeit herrschende Wirtschaftssystem unterstützt hat, aber eben nicht alle: Von einer

Überhaupt fällt Marx in seinem Gesamtansatz hinter das bereits erreichte Niveau der historischen Reflexion zurück: Er deutet die bisherige Geschichte nicht aus dem Handeln von Menschen heraus (wie schon Vico gefordert hatte), sondern er bemüht eine unbedingte ökonomische **Entwicklungslogik;** die gerade jetzt (d. h. in der Mitte des 19. Jahrhunderts) zu ihrem Ende komme, weil der Zustand „maximaler Entfremdung“ erreicht sei und daher die Revolution – der Ausbruch des Menschen aus der Entwicklungslogik (hin zu einer freien, selbstbestimmten Gesellschaft) – bevorstehe.

Sicherlich hat Marx mit dem Topos der **Entfremdung** etwas Richtiges und Wichtiges in Bezug auf gerade die damalige, frühe Phase der Industrialisierung gesehen – aber auch hier führt die Verabsolutierung dieser Einsicht zu einer im Kern falschen, d. h. ideologisch völlig verzerrten Sicht auf die konkrete, gesellschaftliche Wirklichkeit zur damaligen Zeit. Nur einige Beispiele aus dem „Kommunistischen Manifest“ von 1848: *„Die Industrie schafft das kleinbäuerliche Eigentum ab“* (S. 21[25]; de facto waren im 19. Jahrhundert nur etwa 25 % der Arbeitsplätze Industrie-Arbeitsplätze; heute sind es noch 15 %); *„Der Pauperismus [d. h. die Armut, TU] entwickelt sich schneller als Bevölkerung und Reichtum“* (S. 20; de facto sank z. B. in England bereits während der Lebenszeit von Marx (1818–1883) die extreme Armut von 80 % der Bevölkerung auf 45 %, der allgemeine Lebensstandard stieg – bei sinkender sozialer Ungleichheit (GINI-Koeffizient) – um fast 100 %. Ab ca. 1870 führten dann die Bildung von Gewerkschaften und politische Sozialreformen ohnehin dazu, dass die Lebensqualität auch der unteren sozialen Schichten in den westlichen Gesellschaften deutlich stieg).

Angesichts dieser massiven Defizite sowohl bzgl. der theoretischen Grundlagen als auch bzgl. der empirischen Gegenwartsanalyse[26] ist es nicht überraschend, dass die Vorhersagen von Marx auf Basis seiner Geschichtsphilosophie größtenteils falsch waren: Die als „unvermeidbar“ vorhergesagte kommunistische Revolution hat in keinem einzigen der westeuropäischen Länder tatsächlich stattgefunden. Zudem kann man heute wohl unstrittig festhalten, dass die Versuche, seine Theorie in die Praxis umzusetzen, überall gescheitert sind.[27]

Determination der Gedanken kann also überhaupt nicht die Rede sein. Das Sein **bestimmt nicht** das Bewusstsein (es übt nur eine nicht unerhebliche Prägung aus, die aber vom einzelnen Menschen gedanklich überwunden werden kann).

[25] Die Seitenzahlen beziehen sich auf die Ausgabe des Pretorian-Books-Verlages, 2019.

[26] Diese Defizite sind schon bald nach Marx analysiert worden. So findet sich z. B. bei Max Weber (1904) die Aussage: *„Die sog. ‚materialistische Geschichtsauffassung‘ im Sinne … des Kommunistischen Manifests beherrscht heute wohl nur noch die Köpfe von Laien und Dilettanten“* (Weber 1904, S. 207).

[27] Da jede Geschichtsphilosophie auf einem Menschenbild beruht, ist eine falsche Geschichtsphilosophie wahrscheinlich auf ein falsches Menschenbild zurückzuführen. In der Tat werde ich in Teil III zeigen, dass der Kommunismus mit dem **richtigen Menschenbild** nicht kompatibel ist.

2. Wesentliche Entwicklungen nach 1870

In den letzten 150 Jahren hat es einige wichtige einzelne Beiträge von Geschichtsphilosophen gegeben:

- Die Einsicht von Jacob Burckhardt in die **überzeitliche Kontinuität in der Kultur** des Menschen, die sich insbesondere in der Kunst ausdrückt (ähnlich auch Nietzsche; anknüpfend an David Hume).
- Die Betonung der **geistigen Sphäre** (also Religion, Kunst, Wissenschaft, Philosophie) als ein wesentlicher, selbstständiger Kern der historischen Dynamik (Droysen, Dilthey, Toynbee; gegen Marx).
- Die Betonung, dass das **Element des Zufalls,** das im Einzelnen Unvorhersehbare, das einmalige Individuelle ein konstitutives Element von Geschichte darstellt (z. B. Windelband).
- Die Einsicht von Max Weber in das geschichtlich eindeutige Muster einer zunehmenden **Rationalisierung** von Politik, Wirtschaft und Technik.
- Die Einsicht darin, dass Fortschritt meist mit viel **Mühe, Leid, persönlichen Opfern** vieler Menschen erkauft wird („Fortschrittskosten" bei Walter Benjamin; anknüpfend an Kant und Condorcet).

Jenseits dieser eher vereinzelten Elemente – z. T. nachvollziehbar als Reaktionen auf/Abgrenzung von Defiziten in der klassischen Geschichtsphilosophie – gibt es einige tiefergehende gedankliche Bewegungen, die die neuere Geschichtsphilosophie prägen:

(1) Historismus
(2) Hinwendung zu methodologischen Fragestellungen
(3) Ablehnung von Gesetzmäßigkeit in der Geschichte
(4) Skeptische Sicht auf die Moderne.

Lassen Sie uns diese Leitgedanken kurz skizzieren.

(1) **Historismus**

Unter "Historismus" versteht man die Betonung des Einflusses der jeweiligen Kultur (d.h. auch von Region und Zeitpunkt in der Geschichte) auf das erkennende Individuum und damit auch auf das Nachdenken über die Geschichte. Diese im Kern richtige (und von den Denkern der Aufklärung sicherlich unterschätzte) Einsicht wird in der Regel dergestalt verabsolutiert, dass **alle Erkenntnis,** alle Theorie über Geschichte kulturell gebunden - und damit von der historischen Epoche, in der die Theorie aufgestellt wird, abhängig - sei, d. h., dass überkulturelles, überzeitliches Wissen und Wahrheit über Geschichte nicht möglich sei.

Eine solche Auffassung ist aus zwei Gründen – als allgemeine These – unhaltbar. Zum einen ist sie theoretisch selbstwidersprüchlich, weil sie ja laut eigener These selbst kulturgebunden ist und damit keinen (überzeitlichen) Wahrheitsanspruch begründen kann.

Zum anderen ist sie praktisch längst nicht mehr auf der Höhe der Zeit: Viele heutige Wissenschaftler in den Natur- und Geisteswissenschaften lassen sich gar nicht sinnvoll **einer** Kultur zuordnen. Sie sind in mehr als einer Kultur aufgewachsen, haben in verschiedenen Gesellschaften/Weltregionen studiert und gearbeitet. Unter welcher kulturellen Bestimmung sollte das Denken dieser Individuen stehen?[28]

(2) **Starke Hinwendung zu methodologischen Fragestellungen**

Diese Forschungsrichtung ist bis zu einem gewissen Grade ebenfalls sinnvoll; und auch hier kann man sagen, dass ein Defizit der klassischen Periode (1650–1830) richtigerweise aufgearbeitet wird. Allerdings hat diese Richtung oft die Form angenommen, eine harte Grenzziehung zu den Naturwissenschaften zu unternehmen und etwa die „Hermeneutik" (d. h. das nicht auf objektive Analyse reduzierbare „Verstehen" historischer schriftlicher Quellen) als einzige zuverlässige methodische Grundlage von Geschichtsinterpretation festzuschreiben.

Auch diese Auffassung ist durch die Entwicklung spätestens der letzten 50 Jahre überholt. Die moderne Geschichtsschreibung ist längst nicht mehr auf überlieferte schriftliche Quellen angewiesen; sie bedient sich der Archäologie, der Genforschung, der Ökonomie, der Biologie, der Klimawissenschaft; und jede sinnvolle Deutung historischer Handlungen und größerer geschichtlicher Muster muss natürlich auch die Erkenntnisse der Psychologie bzgl. der menschlichen Kernbedürfnisse und Antriebe berücksichtigen.

(3) **Klare Ablehnung jeder übergreifenden Gesetzmäßigkeit**

Die meisten heutigen Geschichtsphilosophen sind sich zudem darin einig, dass es keine Richtung, keinen genuinen Fortschritt in der Geschichte gibt: Geschichte habe keinen übergreifenden Sinn und Zweck, sei letztlich ein ewi-

---

[28] Ein noch fundamentalerer Einwand ist ein Phänomen, auf das z. B. Harari (2013) hinweist: Moderne Kulturen sind wenn überhaupt nur noch sehr bedingt voneinander abgrenzbar. Heutige Jugendliche schauen amerikanische Fernsehserien, hören koreanische Boy Groups, lesen japanische Animes, gehen in indische Restaurants und konsumieren Youtube-Clips aus aller Welt. Der weltweit bekannteste „Influencer" ist ein Afrikaner, der auf der chinesischen Plattform TikTok postet… Das ganze Konzept einer spezifischen kulturellen Determination des menschlichen Denkens, jedenfalls im üblichen Sinn, ist völlig überholt.

ges, zufälliges Auf und Ab von Kulturen, eine ziellose Abfolge von Ereignissen, Gesellschaftsformen, Meinungen und Philosophien.[29]

Die Begründungen für diese Meinung sind durchaus verschieden, hängen aber meistens eng zusammen mit der grundsätzlichen Ablehnung jeder „Metaphysik", d. h. mit der philosophischen Grundauffassung, dass es übergreifende, zeitlose Strukturen der Wirklichkeit (außerhalb der Naturwissenschaften) – wie eine Gesetzmäßigkeit der Geschichte – nicht gibt, oder dass diese jedenfalls für den Menschen rational nicht erkennbar sind.[30]

Es gibt bei mehreren Denkern aber auch ein wichtiges, konkretes Argument für ihre geschichtsphilosophische Auffassung. Eine Gesetzmäßigkeit der Geschichte sei prinzipiell **inkompatibel** mit der menschlichen Freiheit: Einen irgendwie per Gesetzmäßigkeit vorbestimmten Verlauf der Geschichte könne es nicht geben, weil der Mensch ja frei sei in seinen Entscheidungen, also gerade nicht gebunden an einen vorgegebenen Verlauf.[31]

Dieses Argument setzt an dem Defizit der klassischen Geschichtsphilosophie an, dass ich am Ende des vorigen Abschnitts (Kap. 7.2) hervorgehoben habe. In der Tat muss jede Geschichtsphilosophie, die der Geschichte eine Richtung, einen Sinn, eine Gesetzmäßigkeit zuspricht, erklären, wie dies mit der konkreten Freiheit des menschlichen Willens zusammenhängt; **warum Freiheit und Gesetz kein Widerspruch** sind. Diese Aufgabe haben auch Kant und Hegel nicht befriedigend gelöst. Wir werden sie in Kap. 18.2 aufgreifen.

Ein zweiter, konkreter Grund für die weitgehend einheitliche Ablehnung der klassischen Geschichtstheorie („Die Geschichte bewegt sich in Richtung von zunehmender Freiheit für den Menschen und vernünftigen politisch-gesellschaftlichen Ordnungen") waren laut Angehrn 2012 die realgeschichtlichen Erfahrungen des 20. Jahrhunderts: Die zwei Weltkriege und vor allem die Herrschaft faschistischer Ideologien (inkl. des Holocaust in Deutschland)

---

[29] Einen ganz interessanten Überblick über modernere Positionen zu Geschichtsphilosophie – neben der guten Darstellung von Angehrn (2012) – gibt das Büchlein „Der Sinn der Geschichte" (1961), das kurze Essays von sieben prominenten Geschichtsphilosophen enthält: u. a. Karl Popper, Theodor Litt, Golo Mann, Arnold Toynbee. Als ein für das aktuelle (akademische) geschichtsphilosophische Denken repräsentatives Werk kann wohl „Geschichtsphilosophie" von Thomas Zwenger (2008) gelten.

[30] Fast alle Autoren – von Litt über Toynbee und Popper bis hin zu Zwenger – sprechen trotz dieser Grundhaltung ganz selbstverständlich von dem „Guten", den „Prinzipien der Humanität" als inhaltliche Bestimmungen, die sie ganz offenbar als überkulturell und überzeitlich gültig ansehen; ohne den Widerspruch zu bemerken, der darin liegt.

[31] *„Die Geschichte kann nicht als Vollziehung eines verborgenen Plans der Natur oder auch nur als [gesetzlich] bestimmtes Geschehen verstanden werden, und zugleich aber als Resultat des freien, willentlich hervorbringenden Tuns des Menschen."* (Zwenger, S. 57). *„Wäre es wirklich so, dass in dem Verlauf der Menschheitsgeschichte sich ein umfassender Totalsinn realisiert, … dann wäre es um die Freiheit geschehen … Wir wären nicht mehr freitätige Urheber des auf uns entfallenden Stücks Geschichte, sondern gehorsame Vollstrecker eines Auftrags"* (Litt in Mann et al. (1961), S. 77/79).

hätten als bereits sicher geglaubte kulturelle Errungenschaften negiert; und daher sei es nicht haltbar, einen „geschichtlichen Fortschritt" zu behaupten.[32]

Dieser Grund ist allerdings bei näherer Betrachtung nicht überzeugend:

- Faschistische Ideologien mit ihren schrecklichen Folgen waren nur in 3 oder 4 von 200 Ländern tatsächlich an der Macht; sie hatten eine Lebensdauer von 20–40 Jahren; und die in Kap. 2 aufgeführten Fortschritte in fast allen Lebensbereichen in fast allen Teilen der Welt sind praktisch unberührt davon geblieben (das gilt übrigens auch weitgehend für Deutschland, Italien, Japan).
- Anders formuliert: So desaströs die beiden Weltkriege, das Regime Stalins und anderer Diktatoren im 20. Jahrhundert waren, so menschenverachtend der Holocaust – diese zeitlich und regional begrenzten menschlichen Leiden auf die gleiche Stufe zu stellen wie die umfassenden und lang andauernden Verbesserungen der Lebensqualität und der Lebensdauer für die meisten Menschen auf der Erde, scheint mir nicht angemessen.
- Wie bereits betont, kann keine vernünftige Theorie einer Gesetzmäßigkeit/einer Richtung in der Geschichte das Element des Zufalls, der irrigen menschliche Handlungen und insbesondere des nicht tilgbaren „Bösen" in der Geschichte leugnen (vgl. Kap. 4.1, 6.2). Geschichte ist nie und wird nie „gradlinig" sein, ist nie und wird nie ohne partielle – d. h. regional und zeitlich begrenzte – Abweichungen, Rückschritte, Zufälle ab(ge)laufen; ihre Gesetzmäßigkeit, so es sie gibt, hat **Wahrscheinlichkeiten** als Basis, keine strikten Kausalitäten.[33]

  Sich von einem in diesem Sinne „naiven" Fortschrittsglauben – also der These einer stetigen, ungetrübten Bewegung der Geschichte auf einen idealen Zustand hin – zu verabschieden, ist richtig.[34] Aber daraus folgt eben **nicht** die o. g. These der **Nichtexistenz** von Fortschritt, Richtung, Gesetzmäßigkeit.

[32] *„Die Tatsache, dass wir gleichzeitig Fortschritte und Rückschritte machen, zeigt, dass nicht nur die Fortschrittstheorien der Geschichte, sondern genauso auch die zyklischen und die Rückschrittstheorien und Untergangsprophezeiungen unhaltbar … sind".* (Popper in Mann et al. (1961), S. 106).

[33] S. dazu näher Kap. 19.1. Es ist sicherlich richtig, dass viele Denker der Aufklärung diesen zentralen Punkt vernachlässigt, jedenfalls nicht klar genug berücksichtigt und dargestellt haben. Dieser Vorwurf trifft (wiederum) vor allem Hegel, der unglücklicherweise und zu Unrecht oft als der Bezugspunkt genommen wird, wenn es um die „klassische Geschichtsphilosophie" geht.

[34] Es ist allerdings keine neue Erkenntnis: Bei Kant und Condorcet wird sie bereits klar ausgesprochen.

(4) Eine skeptische Sicht auf die Moderne

Die vorgenannten, mittlerweile über 100 Jahre andauernden Grundzüge der meisten modernen Geschichtsphilosophien sind meistens gepaart mit einer ausgesprochen **negativen Sicht** auf die (jeweilige) Gegenwart. So ist bei Burkhardt (1870) von einer durchgehenden, kulturellen Verflachung, von globalem Kulturzerfall die Rede; die Herrschaft der Technik als „Verfehlen des Seins" wird beklagt (Heidegger, 1927); der „Untergang des Abendlandes" diagnostiziert (Spengler, 1927); Max Weber sieht die *„Eliminierung alles Schöpferischen im stahlharten Gehäuse der gegenwärtigen Zivilisation"* (1920); Horkheimer/Adorno sehen eine grundsätzlich falsche Richtung der Geschichte (1947); Karl Jaspers konstatiert: *„Die Gegenwart ist ein katastrophales Geschehen zur Armut hin an Geist, Menschlichkeit, Liebe und Schöpferkraft"* (1949). Für neuere Beispiele verweise ich auf die Diskussion der „Einwände" in Teil I.

Ich will auf diese Sichtweisen hier im Einzelnen nicht eingehen, weil dies in der Tat zu weit gehen und z. T. die Überlegungen im Teil I wiederholen würde. Ich möchte nur einen Punkt ansprechen, der dort noch nicht thematisiert wurde: den (angeblichen) **Kulturverfall,** der im Zuge der zweifellos zunehmenden Bedeutung von Wirtschaft und Technik zu beobachten sei.

Wenn man den Begriff „Kultur" diesbezüglich fokussiert auf die **Kunst** - berücksichtigt man andere Aspekte wie (Natur-)Wissenschaft, Gewalt in der Gesellschaft, Gleichberechtigung der Geschlechter, Diversität, Bedeutung der Bildung, dann ist das Urteil „Kulturverfall" ohnehin offensichtlich falsch -, so ist der These von Verflachung/Verfall rein exemplarisch Folgendes entgegenzuhalten:

- In den letzten 100 Jahren ist eine ganz neue Kunstform entstanden – die Filmkunst –, die völlig neue Ausdrucksformen ermöglicht und die inhaltlich viele Meisterwerke hervorgebracht hat (mit der historisch neuen Komponente, das in den letzten Jahrzehnten Menschen rund um den Globus gleichzeitig von diesen Werken berührt worden sind).
- In der Musik sind ganze Musikrichtungen (Jazz, Rock, Musical u. a.) neu kreiert worden, z. T. mit neuen Instrumenten.
- In der klassischen Musik wurde ein Meisterwerk wie „Cosi fan tutte" (Mozart 1790) erst im 20. Jahrhundert als solches (wieder-)entdeckt.
- In der Literatur kann man an Werke von Thomas Mann, Franz Kafka, Bertolt Brecht denken (um nur deutsche Schriftsteller zu nennen), die einen Vergleich mit vielen früheren Jahrhunderten nicht zu scheuen brauchen.

3. Toynbee und Jaspers

Ich möchte neben dieser Darstellung der allgemeinen Strömungen der neueren Geschichtsphilosophie noch zwei einzelne Werke kurz beleuchten, weil sie Überlegungen enthalten, die für den weiteren Gedankengang im Buch von Interesse sind.

Arnold Toynbee (1934–1954) – „A Study of History"
Arnold Toynbee, ein englischer Historiker, hat in seinem zwölfbändigen Hauptwerk „A Study of History" eine umfassende Beschreibung der aus seiner Sicht wichtigsten Kulturen der Geschichte (etwa 20) und ihrer jeweiligen Entwicklungen vorgelegt. Der Umfang dieses Werkes ist beeindruckend (selbst die später veröffentlichte Zusammenfassung hat noch 1000 Seiten); und es wurde wohl auch deshalb bei seinem Abschluss in den 1950er Jahren als Meilenstein der Geschichtsphilosophie gewürdigt (Toynbee wird zuweilen als „letzter großer Universalhistoriker" bezeichnet).

Das Werk ist heute jedoch weitgehend in Vergessenheit geraten. Der Hauptgrund dürfte sein, dass seine Kategorisierungen der verschiedenen Kulturen und ihrer Ursprünge durch die bereits erwähnten großen Fortschritte bei der Geschichtsforschung (u. a. durch Archäologie, Gentechnik, Klimabiologie) rein empirisch zu erheblichen Teilen überholt sind. Auch Toynbees Auffassung, eigentlich sei weltweit nur noch die „westliche Gesellschaft" relevant und habe eine Zukunft, ist – jedenfalls ohne nähere Erläuterung – unhaltbar.

In den recht kurz gehaltenen theoretisch-konzeptionellen Kapiteln des Buches gibt es aber einige erwähnenswerte Überlegungen:

- Toynbee arbeitet in seinen Analysen **drei unterschiedliche Stränge des geschichtlichen Verlaufs** heraus:
  - die wirtschaftliche, technische Geschichte,
  - die politische Geschichte,
  - die Geistesgeschichte, d. h. die Geschichte von Kultur, Religion und Wissenschaft.

  Dabei meint er, letztlich komme es für die historische Entwicklung von Kulturen vor allem darauf an, ob die mit zunehmender räumlicher Ausdehnung und Wirtschaftsentwicklung verbundenen Herausforderungen **geistig** bewältigt werden; d. h., ob intellektuell adäquate neue Lösungen gefunden werden für die Organisation der Gesellschaft, die moralischen Prinzipien des Zusammenlebens, die sozialen Konflikte, die wirtschaftlichen Beziehungen. Diese Erkenntnis, die u. a. an Jacob Burckhardt anknüpft, aber tiefer begründet und ausgearbeitet ist, werden wir in Teil IV aufgreifen.

- Toynbee stellt sich explizit die Frage: „Gibt es Gesetzmäßigkeit in der Geschichte?" („Law and Freedom", S. 261 ff. in Toynbee (1957)). Seine Thesen dazu sind dreigeteilt:

  (1) Es gibt – leider von ihm nicht näher beschriebene – **unterbewusste psychische Kräfte** im Menschen, die über lange Zeiträume wirken und für wesentliche empirisch beobachtbare Muster in der Geschichte verantwortlich sind.

  (2) Es gibt die **menschliche Freiheit,** die sich unabhängig von diesen psychischen Kräften machen,[35] sie transzendieren und daher auch der Geschichte neue, unvorhersehbare Richtungen geben kann.
  Dies legt lt. Toynbee nahe, dass es keine unveränderlichen, zeitübergreifenden Gesetze des geschichtlichen Verlaufs gibt.

  (3) Aber es gibt drittens auch **Gott** und die Beziehung des Menschen zu Gott.[36]
  Der Mensch kann seine Freiheit auch dahin gehend nutzen, dass er *„Gottes Willen zu seinem eigenen Willen macht"* (S. 299), „das Gute" statt „das Böse" wählt.
  Die aus dieser dreigliedrigen Konzeption folgende Frage, ob der Mensch – d. h. konkrete einzelne Kulturen oder die Menschheit als Ganze – seine Freiheit in diesem Sinne (zunehmend) nutzt und ob sich daraus doch eine Richtung, ein Ziel der Geschichte ergibt, lässt Toynbee offen.

Zusammengefasst beurteilt, ist Toynbees Geschichtstheorie zum einen nur Programm (er unternimmt keinen Versuch, die menschliche Psyche näher zu beschreiben und daraus geschichtliche Verlaufsmuster konkret abzuleiten; oder „Gottes Willen"/„das Gute" näher zu bestimmen); und zum anderen lässt sie die entscheidende Frage nach einer Gesetzmäßigkeit offen und ist daher im strengen Sinne **keine Theorie.**[37]

Insgesamt ist sein Werk daher (auch) auf der theoretischen Seite trotz einiger wichtiger Einsichten unbefriedigend.

---

[35] *„Die Bestimmung des Selbstbewusstseins ist es, den menschlichen Geist zu befreien von den Naturgesetzen, die die Psyche regieren"* (S. 288).

[36] Toynbee ist ein gläubiger Christ, der in diesem Buch – für ein wissenschaftliches Werk erstaunlich und auch methodisch nicht akzeptabel – seine religiösen Überzeugungen als evidente Wahrheiten voraussetzt, die keiner weiteren Erläuterung bedürfen. (Auch das dürfte ein Grund dafür sein, dass sein Werk heute kaum noch gelesen wird.)

[37] Auch in seinem Aufsatz im Band „Sinn der Geschichte" (Mann et al. 1961) mit der Überschrift *„Sinn oder Sinnlosigkeit?"* kommt Toynbee zum Ergebnis, dass die Frage, ob die Geschichte sinnvoll oder sinnlos ist (d. h., ob sie in eine Richtung, hin zu einem Ziel verläuft), jedenfalls derzeit nicht zu beantworten sei (S. 99).

Karl Jaspers (1949) – „Vom Ursprung und Ziel der Geschichte"

Dieses Buch des Philosophen Karl Jaspers ist, ähnlich wie das Werk von Toynbee, heute in seinen Darstellungen der Geschichte z. T. überholt. Es ist m. E. dennoch aus zwei Gründen lesenswert.

Zum einen enthält es einen Gedanken, den man als bleibende Erkenntnis einstufen kann und der daher auch heute noch nachwirkt: den Gedanken der **„Achsenzeit"**. Mit diesem Begriff bezeichnet Jaspers die historisch gesehen relativ kurze Periode von 800–200 v. Chr., als unabhängig voneinander in drei Weltregionen – China, Indien und östlicher Mittelmeerraum – der Mensch, so Jaspers, eine ganz neue Stufe des Menschseins erklommen hat: *„Der Mensch wird sich des Seins im Ganzen, seiner selbst und seiner Grenzen bewusst … Es begann der Kampf gegen den Mythos von Seiten der Rationalität (der Logos gegen den Mythos) … Der Mensch vermochte [durch diesen Prozess] sich der ganzen Welt innerlich gegenüberzustellen. Er entdeckt in sich den Ursprung, aus dem er sich über sich selbst und die Welt erhebt"* (S. 20–22). Jaspers gelingt es hier, diesen wesentlichen Meilenstein der Geistesgeschichte treffend zu charakterisieren.[38]

Zum anderen ist es lehrreich zu sehen, wie Jaspers – trotz einer sehr unterschiedlichen philosophischen Grundauffassung, die durch Glauben statt rationaler Metaphysik gekennzeichnet ist – in seinen konkreten Überlegungen zur Menschheitsgeschichte der klassischen Geschichtsphilosophie sehr nahekommt[39]:

- Er betont die zentrale Rolle des **Bedürfnisses nach Freiheit** als Treiber des Verlaufs der Geschichte: *„Menschsein ist Frei-sein; zum eigentlichen Mensch zu werden, ist der Sinn der Geschichte"* (S. 235); *„Die Geschichte … des Menschengeschlechts ist ihr Suchen der Freiheit, wie [unsere Ahnen] Freiheit verwirklichten, in welchen Gestalten sie sie entdeckten und wollten"* (S. 274); und er hat dabei einen komplexeren und damit adäquateren Begriff von Freiheit als die meisten seiner Zeitgenossen. Insbesondere ist für ihn –

[38] Jaspers begeht dabei leider den typischen Fehler der Überschätzung dieser seiner Erkenntnis: Die Achsenzeit sei *„der tiefste Einschnitt der Geschichte; … in diesem Zeitalter wurden die Kategorien vorgebracht, in denen wir bis heute denken"* u. a. Demgegenüber unterschätzt er klar die Bedeutung der Aufklärung.

[39] Bei Jaspers werden die folgenden und weitere treffende und tiefgehende Überlegungen leider getrübt von seinem vergeblichen Versuch, einen Mittelweg zu finden zwischen der klassischen Metaphysik mit der These allgemeingültiger Wahrheiten auf der einen Seite und dem Relativismus und Historismus seiner Zeit auf der anderen Seite. Er hält an Wahrheit, an einer für alle Menschen zugänglichen ideellen Welt und verbindlichen ethischen Maximen fest, hält diese aber für die rationale Erkenntnis und das menschliche Wissen verschlossen: Solche Inhalte seien nur mit dem Gefühl/im Glauben erlebbar, in Kommunikation mit anderen Menschen erfahrbar. Dies ist – ohne hierauf näher eingehen zu können – keine konsistente Position, wie auch eine Reihe widersprüchlicher Aussagen im Buch zeigt.

ähnlich wie für Toynbee – Freiheit und Bindung an ideelle Inhalte kein Widerspruch.[40]
- Er führt auf dieser Basis die Überlegungen Kants zur Frage einer **Weltordnung** sehr detailliert und im Lichte der Erfahrungen des 20. Jahrhunderts fort.
- Jaspers ringt – in gewisser Weise über Kant hinausgehend (aber doch inhaltlich an die metaphysischen Reflektionen Hegels und Kants anknüpfend) – mit der Frage, was denn **nach** der Realisierung einer gerechten Weltordnung und des Weltfriedens das gemeinsame Ziel der Menschheit sein könnte, was angesichts der Vielheit der Kulturen ihre Einheit ausmachen könnte.
- Jaspers Überlegungen münden schließlich u. a. in der durchaus originellen Aussage: *„Unsere kurze, bisherige Geschichte [war] gleichsam das Sichtreffen, das Sichversammeln der Menschen zur Aktion der Weltgeschichte, war der geistige und technische Erwerb der Ausrüstung zum Bestehen der Reise.* ***Wir fangen gerade an*** *[Hervorhebung TU]"* (S. 45, vgl. S. 324).

Insgesamt beharrt Jaspers im Unterschied zum „Mainstream" seiner Zeit darauf, dass die Geschichte einen Sinn, eine Richtung, ein Ziel habe (eben die Realisierung von Freiheit); gleichzeitig beharrt er jedoch darauf, dass es falsch sei, diese Richtung, diesen Sinn rational erfassen zu wollen: Wir können ihn nur erleben und im Leben realisieren (vgl. Fußnote 39).

4. Fazit

Die Ausgangsfrage dieses Abschnitts 7.3 war: „Woran liegt es, dass seit 150 Jahren jedenfalls der „Mainstream" der Geschichtsphilosophie das v. a. von der Aufklärung begonnene Projekt, die menschliche Geschichte rational aus wenigen, einheitlichen Prinzipien heraus zu erklären, nicht fortgesetzt hat?"

Im Lichte unserer kurzen Darstellung kann man diese Frage (natürlich pauschalisiert und vergröbert) wohl am besten so beantworten:

Erstens aufgrund von als ernüchternd empfundenen realgeschichtlichen Erfahrungen und zweitens angesichts zweifellos vorhandener Defizite bei den Geschichtsphilosophen der Aufklärung und insbesondere bei Hegel – der oft, zu Unrecht, als primärer Referenzpunkt genommen wird – hat sich die Auffassung durchgesetzt, dieses Projekt (wie überhaupt die ganze Metaphysik der

[40] Jaspers formuliert diese Einsicht (wiederum ähnlich wie Toynbee) in der Gestalt des Glaubens: *„Die Geschichte ist der Gang des Menschen zur Freiheit durch die Zucht des Glaubens … Der Mensch [wird] er selbst durch Unterwerfung unter unbedingte [ethische] Forderungen"* (S. 275).

Aufklärung) sei **„gescheitert“.** Eine einheitliche, allgemeingültige Theorie der Geschichte sei nicht möglich,

- sowohl erkenntnistheoretisch nicht: weil alle Erkenntnis bzgl. „Prinzipien“ der Geschichte an das kulturelle Umfeld und die historische Epoche des Erkennenden gebunden sei;
- als auch inhaltlich nicht: weil die Geschichte, empirisch gesehen, keine übergeordneten Prinzipien, keine Richtung, kein Ziel habe.

Wir haben jedoch gesehen, dass beide Begründungen bzw. die entsprechenden Argumentationen **nicht** ausreichen, um ein Scheitern des Projektes zu untermauern.

Zweifellos hat aber die o. g. Kritik die theoretischen Anforderungen an das Projekt deutlicher gemacht, das Bewusstsein für die Schwierigkeiten geschärft und eine nicht unvernünftige gedankliche Distanz gegenüber zu stark metaphysisch oder religiös geprägten Zugängen zur Geschichte geschaffen.

Im Vergleich der verschiedenen Autoren kristallisiert sich zudem heraus, dass dem Verständnis der **Freiheit des Menschen** eine zentrale Rolle bei der Interpretation der Geschichte zukommt: Freiheit wird sowohl als Argument **gegen** als auch als Argument **für** die Gesetzmäßigkeit der Geschichte in Stellung gebracht.

Diese Lehren können wir in den Teilen III und IV des Buches fruchtbar machen.

8

Einzelne Geschichtstheorien – aktuelle Werke

8.1 Einführung

Wie wir am Ende des vorherigen Kapitels dargestellt haben, hat sich die akademische Geschichtsphilosophie, etwas plakativ formuliert, in ihre Grundhaltung eingemauert: „Es gibt keine Gesetzmäßigkeiten, keine Richtung in der Geschichte"; und sie hat daher die in Kap.1 und 2 dargestellten, seit Jahrhunderten stabilen Richtungen wesentlicher globaler Indikatoren ignoriert bzw. jedenfalls keine Erklärungen dafür entwickelt.

Nun sind diese Daten viel zu offensichtlich, und auch andere Ergebnisse der neueren Geschichtsforschung weisen jedenfalls auf den ersten Blick viel zu klar auf kulturunabhängige Muster/Strukturen im Geschichtsverlauf hin – Übergang von der Jäger-Sammler-Wirtschaft zur Landwirtschaft; Entstehen von immer größeren politischen Einheiten mit Rechtssystemen und Verwaltung; Entwicklung von polytheistischen zu monotheistischen Religionen; Siegeszug von Naturwissenschaft und Technik; sukzessive Globalisierung; u. a. –, als dass diese empirischen Fakten die Wissenschaft insgesamt kalt lassen könnten; sie schreien sozusagen geradezu nach Erklärung, nach wissenschaftlicher Beschäftigung damit.

Es kann daher nicht verwundern, dass – nachdem die etablierte Geschichtsphilosophie sich verweigert – andere akademische Disziplinen, d. h. Wissenschaftler anderer Provenienz, sich dieser Thematik angenommen und in den letzten 30 Jahren eine Reihe von grundlegenden Werken zur Menschheitsgeschichte vorgelegt haben; eben jene, die ich am Anfang von Kap. 7 bereits aufgeführt habe:

T. Unnerstall, *Unsere Zukunft wird gut (sehr wahrscheinlich)*,
https://doi.org/10.1007/978-3-662-72484-2_8

- „Arm und Reich“ von Jared Diamond (1998)
- „Wer regiert die Welt?“ von Ian Morris (2010)
- „Eine kurze Geschichte der Menschheit“ von Yuval Harari (2013)
- „Zukunft denken“ von David Christian (2022)
- „The Journey of Humanity“ von Oded Galor (2022)
- „Anfänge – eine neue Geschichte der Menschheit“ von David Graeber und David Wengrow (2022).

Es handelt sich dabei u. a. um Historiker, Evolutionsbiologen, Ökonomen, Anthropologen, Archäologen.

Schon ein erster Blick in diese Bücher offenbart ganz andere Grundauffassungen bzgl. der Geschichte als der Mainstream der akademischen Geschichtsphilosophie:

> „*Dass es in der Geschichte allgemeine Verlaufsmuster gibt, steht außer Frage, und die Suche nach Erklärungen ist ebenso lohnend wie spannend*“ (Diamond, S. 41).

> „*Die Geschichte verläuft nach zwingenden Mustern, und mit den richtigen Instrumenten wird es Historikern gelingen, sie zu erkennen und sogar zu erklären*“ (Morris, S. 34).

> „*Hat die Geschichte ein Ziel? Das hat sie in der Tat … Es ist glasklar, dass sich die Geschichte unaufhaltsam in Richtung Einheit [der Kulturen] entwickelt*“ (Harari, S. 204).

> „*Wenn wir unsere Aufmerksamkeit auf die … menschliche Geschichte der letzten 200–300.000 Jahre [lenken], werden wir überwiegend lange steigende, vom kollektiven Lernen angetriebene Trends sehen*“ (Christian, S. 251).

> „*Ich habe eine einheitliche Theorie entwickelt, die versucht, die Reise der Menschheit in ihrer Gesamtheit zu erfassen*“ (Galor, S. 16).

Mit den o. g. Büchern gibt es also offenbar eine ganze Reihe von neuen Geschichtstheorien, die in ihrem Selbstverständnis eben das zu tun beanspruchen, was eine Theorie tun soll: den Geschichtsverlauf – bzw. zumindest wesentliche Aspekte des Geschichtsverlaufs – mit bestimmten, möglichst einfachen Prinzipien zu erklären.[1]

[1] Vgl. auch: „*Wir bieten eine einfache Theorie an, um die Hauptkonturen der wirtschaftlichen und politischen Entwicklungen überall auf der Welt seit der neolithischen Revolution nachzuzeichnen*“ (Acemoglu & Robinson, S. 504).

Man kann jedenfalls einige dieser Werke durchaus lesen als eine **Fortsetzung des geschichtsphilosophischen Projektes der Aufklärung:** Aus ihnen spricht ein ähnliches Vertrauen in die objektive Erklärbarkeit der Geschichte und in das Vermögen des Menschen, diese Erklärungen auch zu finden, wie es bereits die Denker der Aufklärung beseelt hat. Der methodische Ansatz ist allerdings grundverschieden:

- Der Ausgangspunkt der Aufklärer waren ideelle – d. h. „metaphysische" – Prinzipien bzw. menschliche Grundantriebe wie Vernunft, Freiheit; und die damit verbundene Überzeugung, dass diese Prinzipien den geschichtlichen Verlauf bestimmen. Auf dieser Basis wurde dann – meist ziemlich grob und schematisch – der empirische Geschichtsverlauf (soweit damals bekannt) nachgezeichnet.
- Die o. g. Bücher gehen, wenn man so will, genau andersherum vor: Der Ausgangspunkt sind empirisch vorgefundene Muster und Trends in der Geschichte (deren Verlauf mittlerweile in einem Umfang und einer Detailschärfe bekannt ist, wie es sich die damaligen Historiker und Geschichtsphilosophen niemals hätten vorstellen können), und diese Muster/Strukturen werden mit **induktiv** konstruierten, allgemeinen Prinzipien zu erklären versucht. Mit anderen Worten: Die Standardmethode und damit gewissermaßen auch das Selbstvertrauen der Naturwissenschaften werden einfach auf die Geschichtswissenschaft übertragen.

Alle o.g. heutigen Autoren setzen im Übrigen unsere Prämissen 1, 2 und 3 als selbstverständlich voraus (ohne dies explizit zu erwähnen).

Schauen wir uns vor diesem Hintergrund nun nacheinander an, welche Strukturen diese sieben Wissenschaftler jeweils in der Geschichte der Menschheit zu erkennen geglaubt und auf welche Treiber/Prinzipien sie diese zurückgeführt haben.

8.2 „Arm und Reich", Jared Diamond, 1998

In seinem vielbeachteten Werk macht Jared Diamond, ein US-amerikanischer Anthropologe und Evolutionsbiologe, seine methodische Grundüberzeugung sehr deutlich: „*Durch Selbstbeobachtung können wir … Einsichten in die Verhaltensweisen und Eigenschaften von Menschen gewinnen … Ich hege deshalb den Optimismus, dass die Geschichte menschlicher Gesellschaften auf … naturwissenschaftliche Weise erforscht werden kann*" (S. 528). Diese Formulierung erinnert an ähnliche Passagen bei Vico vor 300 Jahren; und sie entspricht unserem Ergebnis B (in Kap. 6.2), dass Basis jeder Geschichtstheorie eine Darstellung der menschlichen Grundeigenschaften sein muss.

In der konkreten Durchführung dieses Programms ist Diamond leider weniger stringent als der eigene Vorsatz erwarten lässt. Das hängt u. a. damit zusammen, dass Diamonds Erkenntnisinteresse in „Arm und Reich" eigentlich ein anderes ist als die Erklärung des **generellen** Verlaufs der Geschichte: Er geht der spezielleren Frage nach, wie es zu erklären ist, dass eine relativ kleine Region – das westliche Europa – in den letzten 500 Jahren praktisch die gesamte übrige Welt technisch-wirtschaftlich, politisch und zum Teil auch kulturell dominieren konnte.

Zur Beantwortung dieser Frage skizziert Diamond jedoch wesentliche generelle Muster der Geschichte und diskutiert sie in einer Weise, die in (mindestens) vier Aspekten sehr lehrreich ist.

1.

Begründungstheoretisch führt Diamond als ein wesentliches Argument für den Gesetzescharakter wesentlicher geschichtlicher Trends – etwa der Entwicklung von einfachen, kleinen J&S-Gruppen[2] zu komplexeren, größeren gesellschaftlichen Einheiten auf der Basis von Landwirtschaft – das an, was er ***„natürliche Experimente"*** (S. 527) nennt: Wenn komplett voneinander unabhängige (d. h. abgeschlossene) Bevölkerungssysteme mit ähnlichem **Anfangszustand** historisch einen grundsätzlich sehr ähnlichen zivilisatorischen Weg gegangen sind, d. h. einen ähnlichen **Endzustand** erreicht haben – wie es in der realen Geschichte (bei vielen Unterschieden im Detail) empirisch festzustellen ist –, dann deutet dies gemäß Standardvorgehen in den Naturwissenschaften eben auf eine **Gesetzmäßigkeit** hin; auch wenn eigentliche, d. h. von Menschen angelegte, Experimente in der Geschichtswissenschaft unmöglich sind.

2.

In **erkenntnistheoretischer Hinsicht** sieht Diamond völlig klar, dass die Geschichte im Einzelnen unvorhersagbar ist, da die Verläufe im Detail von nicht berechenbaren unzähligen Einzelereignissen, d. h. menschlichen Handlungen, abhängen. Er folgert, dass sich Muster/Gesetzmäßigkeiten *„am*

[2] Im Folgenden verwende ich durchgehend die Abkürzung „J&S" für Jäger und Sammler.

ehesten [zeigen], wenn große räumliche und zeitliche Maßstäbe gewählt werden, da sich dann die Einzigartigkeit von Millionen von Einzelereignissen tendenziell ausgleicht" (S. 526).

Es lohnt sich, diesen Punkt zu vertiefen. Der Charakter der historischen Verlaufsmuster, wie Diamond ihn versteht, lässt sich am besten an einem Beispiel deutlich machen. Nehmen wir den **Übergang von der J&S-Wirtschaft zur Landwirtschaft,** der oft als „neolithische Revolution" bezeichnet wird. Tatsächlich ist dieser Begriff sehr irreführend – es war alles andere als eine Revolution. Dieser Übergang war vielmehr ein langsamer Prozess über mehrere Tausend Jahre, eine **Evolution,** der in mindestens fünf, evtl. auch neun oder mehr verschiedenen Weltregionen unabhängig voneinander abgelaufen ist und der von J&S-Gruppe zu J&S-Gruppe sehr unterschiedlich vonstattenging.[3]

Einige dieser Gruppen vollzogen den Übergang relativ schnell und stabil (d. h. innerhalb weniger Jahrhunderte); andere praktizierten in festen Dörfern jahrtausendelang Mischformen zwischen J&S-Wirtschaft und Landwirtschaft; viele andere lebten lange in weiteren Mischformen (z. B. Landwirtschaft in Dörfern im Sommer, J&S-Wirtschaft als Nomaden im Winter); wiederum andere Gruppen, die zur Landwirtschaft übergegangen waren, gaben sie nach einiger Zeit zugunsten des J&S-Daseins wieder auf, um sich dann noch einmal ein paar Jahrhunderte später doch für die Landwirtschaft zu entscheiden. Der entscheidende Punkt ist aber: Ein paar tausend Jahre nach den ersten Anfängen – d. h., nachdem die ersten J&S-Gruppen in einer Region die entsprechenden Techniken entwickelt hatten[4] – hat sich die Landwirtschaft letztlich immer fast flächendeckend durchgesetzt; z. T. aufgrund der entsprechenden Entscheidungen der Bevölkerung, z. T. auch, weil diese Gemeinschaften dann die J&S-Gruppen (bis auf wenige Ausnahmen in Randgebieten) ab einem bestimmten Zeitpunkt sukzessive verdrängten: Die

[3] Bei Diamond wird dies in seinem Teil II beschrieben; eine noch ausführlichere Darstellung findet sich in Graeber und Wengrow (2022), s. II.3.6.

[4] Wann das jeweils in den verschiedenen Weltregionen der Fall war, hängt laut Diamond – und das ist die zentrale These seines Buches – (nicht etwa von der Intelligenz- oder sonstigen Unterschieden bei den regionalen Menschengruppen, sondern) im Kern von **geographisch bestimmten** Faktoren ab: Klima; Ausstattung mit zur Domestikation geeigneten Wildpflanzen und Wildtieren; Möglichkeiten zur schnellen Reise, um Techniken zu verbreiten; u. a.

Diese Unterschiede bestimmten sowohl Anfangszeitpunkt als auch Tempo der „neolithischen Revolution" und ihrer technischen und politischen Auswirkungen; und sie waren auf diese Weise lt. Diamond die wesentliche Ursache dafür, dass die Region Naher Osten/Europa in der Gesamtentwicklung gegenüber den anderen Weltregionen weit vorne lag.

Gemeinschaften auf Basis von Landwirtschaft wuchsen viel schneller, waren also zahlenmäßig überlegen, und sie waren auch technologisch überlegen.
Soweit der historische Ablauf, so wie er heute in den verschiedenen Weltregionen rekonstruiert werden kann.
Wie ist er zu erklären?
Dieser rein empirische Befund zeigt sehr schön, dass es tatsächlich Menschen mit freiem Willen sind, die Geschichte machen. Es gibt keinen blinden Automatismus, keine abstrakte Entwicklungslogik sozusagen über die Köpfe der Menschen hinweg (wie etwa Hegel und Marx suggerierten) – es gibt nur Menschen, die aus bestimmten Beweggründen bewusste Entscheidungen treffen; Entscheidungen, die in ihrer Gesamtheit dann den Gang der Geschichte bestimmen.
Die **einzelne** Entscheidung ist dabei zwar nicht vorhersehbar und kann in ähnlichen Situationen bei verschiedenen Menschen sehr unterschiedlich ausfallen, aber sie unterliegt einer **Wahrscheinlichkeit:** der Wahrscheinlichkeit, dass mit der Entscheidung ein zivilisatorischer Weg befördert wird, der dem menschlichen Bedürfnis-/Fähigkeitsspektrum und seiner inneren Struktur besser entspricht als der bisherige Zustand.[5]
Dieses Bedürfnis- und Fähigkeitsspektrum des Menschen ist qua Prämisse 1 unabhängig von Raum und Zeit; es war im Jahr 7000 v. Chr. in Mesopotamien dasselbe wie vor 6000 Jahren in China und vor 2000 Jahren in den Anden. Daher führt die o. g. Wahrscheinlichkeit[6] über längere Zeiträume und gemittelt über große Regionen zu sehr ähnlichen Resultaten; in diesem Fall die fast flächendeckende Verbreitung der Landwirtschaft als materielle Basis der Gesellschaft.

3.

Der dritte interessante Gesichtspunkt bei Diamond ist seine inhaltliche Auseinandersetzung mit diesem wesentlichen Grundmuster der Geschichte „Übergang zur Landwirtschaft" selbst. Inwiefern entsprach die Landwirtschaft

[5] Präziser – und mit dem wissenschaftlichen Begriff von Wahrscheinlichkeit operierend – muss man formulieren: Die Wahrscheinlichkeit, dass eine Einzelentscheidung dem Bedürfnis- und Fähigkeitsspektrum des Menschen entspricht, ist höher als die Wahrscheinlichkeit, dass sie es nicht tut. In Teil IV wird dies genauer erläutert.

[6] Diamond selbst nutzt den Begriff der Wahrscheinlichkeit von Ereignissen/Entscheidungen nicht; aber seine Überlegung bzgl. der „großen zeitlichen und räumlichen Maßstäbe" lässt sich so am leichtesten logisch untermauern.

den menschlichen Bedürfnissen/Antrieben/Fähigkeiten besser als die J&S-Wirtschaft?

Diamond bietet folgende Erklärung an. Die Landwirtschaft bot gegenüber der J&S-Wirtschaft eine Reihe von **Vorteilen:**

- Das Risiko von Hungersnöten war deutlich reduziert, da das Nahrungsmittelangebot viel weniger von den Launen der Natur abhängig war, sondern weitgehend selbst bestimmt werden konnte.
- Relativ schnell konnten stabile Nahrungsmittelüberschüsse produziert werden (was bei J&S-Gruppen praktisch qua System ausgeschlossen ist); das wiederum erlaubte zum einen schnelleren Bevölkerungszuwachs; zum anderen konnten damit Menschen ernährt werden, die nicht in der Landwirtschaft arbeiten mussten und sich anderen, spezialisierten Aufgaben widmen konnten: Handwerker, Kaufleute, Verwalter, Priester (also religiöse Experten).
- Dies wiederum öffnete ganz neue Möglichkeiten und Herausforderungen bezüglich der gesellschaftlichen Ordnungen; und es hatte positive Rückwirkungen auf das Niveau der landwirtschaftlichen Techniken, was im Idealfall zu einer positiven Rückkopplungsschleife führte.

Das Leben unter der Ägide der Landwirtschaft hatte aber lt. Diamond auch handfeste **Nachteile:**

- Die Menschen mussten meistens deutlich länger und härter arbeiten als bei einem J&S-Dasein.
- Die Ernährung war zwar sicherer, aber in der Regel auch einseitiger und nicht selten knapper[7]; Gesundheit und Lebenserwartung waren daher tendenziell schlechter.
- Es entwickelten sich oft sowohl **soziale** Ungleichheiten innerhalb der nunmehr größeren Gruppe/Gesellschaft als auch festgeschriebene, starre **politische** Ungleichheiten – die an die Stelle von in Regel informellen, oft nur temporären Ungleichheiten in den J&S-Gruppen traten.
- Die menschlichen Beziehungen wurden in der Tendenz durch die größere Bevölkerung anonymer, während die typische J&S-Gruppe mit ihren maximal 50 Mitgliedern familiären Charakter hatte.

Dieser Mix von Vor- und Nachteilen ist sicherlich ein wichtiger Grund dafür, warum die Entscheidungen der Menschen – wie oben dargestellt – im Detail

[7] Grund: Die Nahrungsmittelüberschüsse wurden meist schnell durch Bevölkerungszuwächse aufgezehrt.

so unterschiedlich ausfielen; und wohl auch, warum so oft und so lange Mischformen gewählt wurden: Es ging sicherlich darum, die Vorteile zu maximieren und die Nachteile zu minimieren.
Aber warum, nochmal gefragt, haben sich die Landwirtschaft und mit ihr arbeitsintensivere, größere, hierarchischere, anonymere Gesellschaften schließlich doch überall und eindeutig durchgesetzt?
Diamonds Antwort ist etwas vage und m. E. nicht wirklich überzeugend. Sie läuft darauf hinaus, dass die **materiellen Bedürfnisse der Menschen** letztlich dominierten: Begünstigt durch immer bessere Techniken (inkl. auch Techniken der Vorratshaltung) hätten die ökonomischen Vorteile der Landwirtschaft letztlich den Ausschlag gegeben.
Seine Ausführungen dazu bleiben aber weitgehend auf der phänomenologischen (d. h. rein empirischen) Ebene: Eine **explizite** Rückführung auf menschliche Eigenschaften fehlt.[8]

4.

Der vierte lehrreiche Aspekt bei Diamond ist sein inhaltliches Bild der gesamten geschichtlichen Entwicklung. Es gibt, so ist seinen Ausführungen zu entnehmen, im Kern **drei historische Stränge:**

- die technische Entwicklung,
- die wirtschaftliche Entwicklung,
- die politische-gesellschaftliche Entwicklung.

Diese drei Stränge haben lt. Diamond einerseits ihre jeweils eigene Entwicklungsdynamik, andererseits gibt es vielfältige gegenseitige Beeinflussungen: Bestimmte Techniken waren erforderlich, um die neue Wirtschaftsform „Landwirtschaft" zu etablieren; die Erfindung der Schrift war zentral für die Möglichkeit, komplexe Handelsstrukturen zu entwickeln und Bürokratien aufzubauen; Landwirtschaft war erforderlich, um große Gesellschaften und entsprechende politische Systeme zu bilden. Umgekehrt beeinflussen politische Verhältnisse und Entwicklungen das Wirtschaftssystem,

[8] Mit anderen Worten: Es gelingt Diamond hier auf der einen Seite, ein recht realistisches, plausibles, und auch mit der Rolle des Menschen als zielgerichtet Handelnder kompatibles Bild der Geschichte zu zeichnen – hohe Komplexität der Entwicklungen, viel Vor- und Zurück, sehr unterschiedliche Verläufe im Detail (sowohl innerhalb eines regionalen Systems auch als auch zwischen den Systemen); und es gelingt ihm gleichzeitig, dabei ein gleiches Muster, eine Regelmäßigkeit ebenfalls sehr gut untermauert konstatieren zu können. Auf der anderen Seite ist die theoretische Erklärung dieses empirischen Sachverhaltes – die ihm als Herausforderung eigentlich klar vor Augen steht – bei ihm hier nur in Ansätzen durchgeführt.

und sie können – wie auch der wirtschaftliche Wohlstand – technische Innovationen befördern oder auch hemmen.
Die technische Entwicklung, so Diamond, wird stark von der menschlichen Neugier/Experimentierfreude getrieben; die wirtschaftliche Entwicklung von materiellen Bedürfnissen und ökonomischem Eigennutz. Bzgl. der politisch-gesellschaftlichen Entwicklung bleibt Diamond (wiederum) eine explizite Antwort – im Sinne einer Rückführung auf Ursachen im menschlichen Wesen – schuldig; aber als Kerntreiber drängt sich bei ihm der menschliche Hang zu Konkurrenz/Konflikt zwischen einzelnen Individuen und auch zwischen Gruppen/Gesellschaften in den Vordergrund, der zur sukzessiven Ausweitung festgeschriebener Regeln des Zusammenlebens (d. h. Gesetzen) und, durch kriegerische Eroberungen, zu immer größeren politischen Einheiten führt.
Auffallend ist in diesem Bild das Fehlen einer eigenständigen **geistigen Entwicklung,** die als „Geistesgeschichte" sowohl bei den klassischen Denkern als auch etwa bei Droysen, Dilthey, Toynbee und Jaspers eine zentrale Rolle spielt.[9]

Fazit
Insgesamt legt Diamond in seinem Buch den Schwerpunkt eher auf empirisch vorliegende Phänomene und die darin festzustellenden Muster/Regelmäßigkeiten als auf deren theoretische Durchdringung, d. h. deren Erklärung durch menschliche Bedürfnisse, Motive, Fähigkeiten. Generell fehlt bei ihm ein **explizites Menschenbild.** Nicht klar adressiert ist bei ihm daher auch die Frage, inwieweit es sich bei den von ihm festgestellten Verlaufsmustern der Geschichte um **Gesetzmäßigkeiten** im strengeren Sinne handelt (d. h., inwieweit diese Muster auch in der Zukunft gelten).[10]

Dennoch kann sein Werk aufgrund der hier skizzierten, neuen gedanklichen Ansätze als Meilenstein für die Geschichtstheorie gelten.

---

[9] Diamond thematisiert diesen Aspekt unter dem Stichwort „kulturelle Prozesse" nur sehr kurz und meint dann: „*Welcher Stellenwert ihnen zukommt, ist eine wichtige ungeklärte Frage*" (S. 520).

[10] Einerseits strebt er eine Geschichtswissenschaft nach dem Muster der Naturwissenschaft an und führt dazu, wie dargestellt, den Begriff „natürliches Experiment" ein; andererseits formuliert er: „*Wozu eine historische Erklärung benutzt wird, hat … nichts mit dieser Erklärung zu tun. Wissen dient häufiger als Schlüssel zur Veränderung von Ergebnissen historischer Geschehnisse [er meint eher* ***Prozesse****, TU] als dazu, sie zu wiederholen oder fortzuschreiben. … [Man kann] das Wissen um eine Kausalkette nutzen, um sie zu unterbrechen*" (S. 20/21). D. h., auch Diamond führt – ähnlich wie eine Reihe von Philosophen – die Freiheit der Entscheidung als Argument gegen eine Gesetzmäßigkeit in der Geschichte an.

8.3 „Wer regiert die Welt?", Ian Morris, 2010

Ian Morris – ein britischer Historiker und Archäologe, der in den USA lebt und arbeitet – geht, wie schon der englische Titel seines Werkes („Why the West Rules") verrät, derselben Frage nach wie Diamond: wie ist es zu erklären, das die letzten Jahrhunderte der Weltgeschichte weitgehend vom Westen – d. h. von Europa und später dann dem „europäischen Ableger" USA – dominiert wurden?

Er kommt dabei letztlich – mit zum Teil deutlich mehr Detailtiefe als Diamond – zu einer ähnlichen Antwort, die im Kern aus der Rückführung auf geographische Ursachen besteht.

Ebenso wie Diamond entwickelt er aus diesem Erkenntnisinteresse heraus jedoch auch eine **allgemeine Theorie des Verlaufs der Menschheitsgeschichte:** er beschreibt wesentliche *„zwingende Muster"* (S. 34) in diesem Verlauf, die in vielem weitgehend den von Diamond dargestellten Strukturen entsprechen. Er ist dabei, wie bereits zitiert, der Überzeugung, dass man mit den *„richtigen Instrumenten"* (S. 35) diese Muster erklären kann. Da Morris explizit unsere drei Prämissen (Kap. 6) teilt, können diese Instrumente logischerweise nur in der Feststellung der wesentlichen menschlichen Bedürfnisse/Antriebe/Fähigkeiten/Potenziale bestehen, die allen menschlichen Handlungen zugrunde liegen und damit den Geschichtsverlauf bestimmen.

In der Tat: Im Unterschied zu Diamond – der, wie dargestellt, sein von ihm selbst formuliertes Programm nur unzureichend und eher implizit durchführt – basiert Morris seine Theorie explizit und in aller wünschenswerten Klarheit auf ein bestimmtes **Menschenbild,** dass er „Morris-Theorem" nennt. Danach lassen sich die allgemeinen Muster im Geschichtsverlauf durch vier zentrale Eigenschaften des Menschen[11] erklären:

- Habgier (materielle Bedürfnisse/Bedürfnis nach Wohlstand),
- Angst (Bedürfnis nach Sicherheit),
- Faulheit,
- Neugier.

Menschen, so Morris, seien im Kern *„schlaue Schimpansen"* (S. 35), die beständig versuchen, ihren materiellen Wohlstand mit möglichst wenig Arbeit und in möglichst großer Sicherheit zu mehren; (nur) dafür setzen sie ihren

[11] Morris nennt dies die *„biologischen und soziologischen Gesetze [bzgl. des Menschen, TU], denen die gesellschaftliche Entwicklung unterworfen ist, [und] die immer und überall Gültigkeit besitzen"* (S. 37).

Verstand ein und erfinden – begünstigt durch ihre Neugier – immer bessere Techniken und immer geeignetere gesellschaftliche Ordnungen. Auch alle geistigen Entwicklungen in der Geschichte (Religion, Philosophie, Moral) haben nach seiner Überzeugung letztlich nur diesen Zwecken gedient: *„Jede Zeit bekommt die Denkart, die sie braucht, entsprechend den [ökonomischen, TU] Problemen, die die geographischen Bedingungen und die gesellschaftliche Entwicklung ihr aufzwingen“* (S. 544).

Wenn einer Gesellschaft die Bewältigung der sich ihr in einer bestimmten Epoche stellenden Herausforderungen gut gelingt und sie ihren Wohlstand mehren kann, so seine These, wird sie sich **ausbreiten,** sowohl durch organisches Bevölkerungswachstum als oft auch durch Unterwerfung/Integration benachbarter Gesellschaften. Das führt unweigerlich einerseits zu höheren Belastungen der materiellen Ressourcen in der Region, andererseits zu neuen Herausforderungen für die politisch-gesellschaftliche Organisation; beides gibt wiederum Anlass zur Suche nach neuen technischen und gesellschaftlichen Lösungen. Oft passiert es, dass einzelne Gesellschaften oder auch größere Reiche bei dieser Suche nicht erfolgreich sind, d. h., an den neuen Herausforderungen scheitern und zusammenbrechen; und in diesem Zuge die Auflösung staatlicher Ordnung, Hungersnöte, Migration erleben. Nicht selten (aber nicht immer) profitieren davon benachbarte Gesellschaften, die bisher im Schatten standen und wesentliche Errungenschaften nur kopiert hatten; sie übernehmen in einem solchen Fall dann die Rolle des Motors, der die zivilisatorische Entwicklung in der Region weitertreibt.

Die in der Menschheitsgeschichte insgesamt zu beobachtenden Trends der allmählichen technischen Weiterentwicklung, der zunehmend komplexeren gesellschaftlichen Organisationen, der größeren politischen Einheiten und der steigenden materiellen Möglichkeiten werden daher lt. Morris notwendig begleitet von Aufstieg und Niedergang einzelner Gesellschaften, von wiederkehrenden Perioden des Verlustes vormals erreichter zivilisatorischer Errungenschaften.

Soweit, sehr kurz zusammengefasst, die Geschichtstheorie von Morris.[12]

Was ist dazu zu sagen?

[12] Die besondere Attraktivität von Morris‘ Buch – gerade gegenüber Diamond – besteht dabei darin, dass er mit einer **quantitativen Messgröße** den geschichtlichen Verlauf in einzelnen Weltregionen beschreibt: mit der Messgröße „gesellschaftliche Entwicklung“; und dass er auf diese Weise diesen Verlauf auch grafisch sehr anschaulich darstellen kann. Wir können im Rahmen dieses Buches auf diesen Aspekt nicht näher eingehen; vgl. aber Abb. 1.1.

1.

So gut und richtig es ist, dass Morris die Kernaufgabe klar erkennt und annimmt – eine Geschichtstheorie auf den Grundeigenschaften des Menschen aufzubauen –, so unbefriedigend ist seine konkrete Lösung. Den Menschen auf ein Wesen zu reduzieren, das ein Tier mit besserer Intelligenz ist und dessen einziges geschichtsrelevantes Ziel in einem *„angenehmen Leben"* (S. 36), d. h. in der Mehrung materiellen Wohlstands unter den Randbedingungen „Sicherheit" und „möglichst wenig Arbeit", liegt – das ist m. E. eine massive Unterbestimmung.
Es ist dabei nicht so, dass Morris jeglichen Einfluss von Kultur (im Sinne von Religion, Philosophie, Moral, Kunst) leugnen würde: Dies sei jedoch nur – wie auch der freie Wille (i. S. v. durch **andere** menschliche Antriebe und Fähigkeiten motivierte Entscheidungen) – ein „Joker", der die aus dem Morris-Theorem folgende, im Kern von rein materiellen Bedürfnissen bestimmte Entwicklungslogik zwar *„bremsen oder beschleunigen"*, *„verwässern oder abfälschen"*, aber letztlich nicht verändern könne (S. 547).[13][14]
Genau für diesen zentralen Punkt gibt es allerdings kein Argument bei Morris – er behauptet, dass dies eben die Fakten zeigen; bzw. dass sich die Auffassung, die Kultur könne Geschichte entscheidend beeinflussen, *„nicht sonderlich gut mit den Tatsachen vereinbaren lässt"* (S. 544).
Genau das sehen aber andere Autoren – wie z. B. Harari (2013) oder Graeber & Wengrow (2022), die wir in den folgenden Abschnitten besprechen – mit gewichtigen Argumenten ganz anders. Bereits Anfang des 20. Jahrhunderts hat sich auch Max Weber intensiv mit dieser Frage auseinandergesetzt und ist zu dem Schluss gekommen, dass ein prinzipielles Primat des Ökonomischen – etwa im Hinblick auf die Ursachen der Aufklärung – nicht haltbar ist: Max Weber (1904), S. 186 ff. (vgl. S. 381).
Leider fehlt bei Morris eine Auseinandersetzung mit diesen Positionen.

2.

Ausgesprochen interessant ist es in diesem Zusammenhang, dass Morris ganz am Ende seines Buches seiner eigenen Theorie (natürlich unbewusst) wider-

[13] *„Kultur und freier Wille können...die Gesetze der Biologie [und der] Soziologie nie auf Dauer übertrumpfen"* (S. 547).

[14] Morris übernimmt hier (wohl unbewusst) die Begrifflichkeit von Diamond, der ebenso erklärt: *„Kulturelle Prozesse sind die Jokerkarten der Geschichte und tragen mit zu ihrer Unvorhersehbarkeit [im Detail, TU] bei"* (S. 518). Auch bei Diamond gibt es, wie dargestellt, keine eigenständige kulturelle/geistige Entwicklungslogik.

spricht. Für die **zukünftige** Entwicklung, so meint er, werden wissenschaftliche Erkenntnisse und die Lehren aus der Geschichte doch von entscheidender Bedeutung sein[15] – d. h., er erkennt das Potenzial des Menschen an, über die ökonomische Entwicklungslogik hinaus Geschichte auch nach **gedanklichen** (z. B. ethischen) Prinzipien zu gestalten. Wenn er dieses Potenzial aber grundsätzlich anerkennt, muss er es (lt. Prämisse 1) auch früheren Generationen zugestehen; dies aber stellt einen direkten Widerspruch zum „Morris-Theorem" dar.

3.

Neben dieser Inkonsistenz ist aber das Menschenbild von Morris zum Beispiel nicht geeignet, eines der fundamentalsten Verlaufsmuster der Geschichte, den Übergang von der J&S-Wirtschaft zur Landwirtschaft, befriedigend zu erklären. Dieser Übergang brachte - wie schon Diamond betont hat (und wie es Konsens unter den Historikern ist) - jahrtausendelang insgesamt mehr Arbeit, mehr Krankheiten, und meist sogar eine schlechtere Ernährung mit sich. Gerade dieses zentrale historische Faktum passt also (jedenfalls prima facie) nicht besonders gut zur Morris-Theorie.
Morris sieht das Problem und versucht eine Erklärung (S. 114 ff.), aber diese Erklärung postuliert plötzlich – neben dem Morris-Theorem, das doch die einzige Grundlage für die Erklärung der Geschichte sein sollte – eine weitere Entwicklungslogik, die eines immer höheren Energiedurchsatzes. Das Verhältnis dieser Komponente zur eigentlichen Theorie wird nicht erläutert und bleibt damit völlig unklar.
Morris erklärt demgegenüber sehr ausführlich, warum, nachdem eine ganze Reihe von landwirtschaftlichen Gesellschaften entstanden waren, sich diese als den J&S-Gesellschaften überlegen erwiesen (höhere Bevölkerungszahlen, bessere Technik) und sie in vielen Fällen daher verdrängen konnten. Das ist plausibel und gut argumentiert dargestellt; aber es löst eben nicht die eigentliche Frage, warum diese landwirtschaftlichen Gesellschaften in genügender Zahl überhaupt entstanden sind bzw. warum auch viele J&S-Gruppen (die ja durchaus beide Lebensweisen vergleichen konnten) aus freien Stücken die Landwirtschaft mit ihren Folgen übernommen haben.

[15] Dies ist letztlich – ebenfalls wohl unbewusst – eine Neufassung des Gedankens von Kant, dass gerade die wahre Erkenntnis der Geschichte und ihrer Gesetzmäßigkeit einen positiven Beitrag zu ihrem weiteren Verlauf leisten kann.

Es müssen, **das** ist die rationale Folgerung, bei dieser Wahl – d. h. beim Übergang J&S-Wirtschaft -> Landwirtschaft – auch **andere menschliche Beweggründe** im Spiel gewesen sein.[16]
Damit aber erweist sich das Morris-Theorem als nicht ausreichend, um die Muster im Geschichtsverlauf zu erklären. Härter formuliert: Die Theorie von Morris kann nicht stimmen.[17]

4.

Um mit einer positiven Bemerkung die Diskussion des Buches von Morris zu beenden: M. E. gibt er eine treffende qualitative Definition von „gesellschaftlicher Entwicklung". Danach entspricht dem zu einem bestimmten Zeitpunkt erreichten Stand der gesellschaftlichen Entwicklung *„das Vermögen [der Gesellschaft], ihr materielles, ökonomisches, soziales und intellektuelles Umfeld nach ihren eigenen Vorstellungen und Bedürfnissen zu gestalten*" (S. 33).

Fazit
Morris' Werk ist als **Darstellung** der Geschichte umfassend, z. T. originell, spannend geschrieben, und mit der durchaus überzeugenden Etablierung eines quantitativ ausgearbeiteten Entwicklungsschemas; als **Theorie** der Geschichte, d. h. als Erklärung ihres Verlaufs auf der Basis eines Menschenbildes, scheitert das Buch.

8.4 „Eine kurze Geschichte der Menschheit", Yuval Noah Harari, 2013

Das bereits mehrfach von mir zitierte Buch des israelischen Historikers Yuval Harari hat nicht nur im Vergleich zu den anderen hier behandelten historischen Werken, sondern allgemeiner als Sachbuch einen außergewöhnlichen Erfolg gehabt: In etwa 50 Sprachen übersetzt, wurde es weltweit über 20 Mio.

---

[16] Morris selbst deutet dies sogar an, wenn er schreibt (S. 108): *„Durch die Landwirtschaft entstand eine Lebensweise, die den Menschen gefiel … Es gab [anders als bei den J&S-Gruppen, TU] Heiligtümer, in denen die Götter sich offenbarten; Feste, … die die Sinne erfreuten; … feste Häuser mit regendichten Dächern …, jedes mit eigenen Vorratsräumen und Herd … Indem [die Menschen] … ihrer Welt mentale Strukturen aufprägten, haben sie sich, so könnte man sagen, selbst domestiziert.*"

[17] Es gibt m. E. weitere Probleme mit dem Morris-Theorem, auf die ich aber im Rahmen des Buches nicht näher eingehen kann. Es erübrigt sich auch, weil klar ist (und in den Naturwissenschaften ein methodischer Grundpfeiler): Wenn eine Theorie nur **ein** wichtiges empirisches Phänomen ihres Gegenstandsbereiches nicht erklären kann, dann kann sie nicht vollständig sein. Mit anderen Worten: Ein Beispiel reicht bereits aus, um die Theorie in diesem Sinne zu falsifizieren.

Mal verkauft und erreichte in vielen Ländern Spitzenplätze in den Bestsellerlisten. Die Wahrscheinlichkeit ist also hoch, dass Sie, lieber Leser, das Buch kennen und eventuell sogar ganz oder in Teilen gelesen haben.

Der Grund für die Popularität dieses Werkes erschließt sich ziemlich schnell, wenn man hineinschaut: Zum einen benutzt Harari eine plakative, bildhafte, fast journalistische Ausdrucksweise; zum anderen besticht das Buch mit einer Reihe durchaus origineller, z. T. provokanter, z. T. brillanter Darstellungen wichtiger geschichtlicher Meilensteine (u. a. Sprache, Geld, Schrift, Kapitalismus), und auch mit einer insgesamt überzeugenden, eingängigen Gliederung.

Wer sich allerdings tiefergehend mit Hararis Bild der Menschheitsgeschichte beschäftigt, stößt auf eine ganze Reihe von Unklarheiten, massiven Inkonsistenzen und auch teils zweifelhaften, teils einfach falschen Aussagen.[18]

Die in unserem Zusammenhang wichtigsten Probleme möchte ich kurz aufführen:

1.

Auf der einen Seite findet sich die wesentliche Aussage: *„Hat die Geschichte ein Ziel? … Das hat sie in der Tat … Es gibt immer weniger Kulturen, und die verbleibenden werden immer größer und komplexer … Es ist glasklar, dass sich die Geschichte unaufhaltsam in Richtung [kultureller, TU] Einheit entwickelt“ (S. 204); „Auf lange Sicht war der Übergang von vielen kleinen, zu wenigen großen Kulturen und schließlich zu einer Weltkultur unvermeidlich“* (S. 289).
Auf der anderen Seite schreibt Harari dann: *„Die Geschichte [verläuft] nicht in vorgegebenen Bahnen, [sondern] … chaotisch. Sie nimmt aus unerfindlichen Gründen mal die eine, mal die andere Richtung“* (S. 292).[19]
Man sucht in Hararis Buch vergeblich nach einer Erläuterung oder einer Theorie, wie diese Aussagen zusammenpassen.[20]

---

[18] Daher ist es eine etwas zu harte, aber nicht ganz unzutreffende Charakterisierung, das Buch als „Infotainment“ zu bezeichnen, *„nicht als ernsthaften Beitrag zum Wissen“* (Kritik von C. R. Hallpike).

[19] Vgl.: *„Man kann sich auch eine Geschichte vorstellen, in der es nie zu einer wissenschaftlichen Revolution kommt“* (S. 298); *„Kapitalismus und Menschenrechte sind nichts als Zufallsprodukte“* (S. 292).

[20] Eine mögliche Zusammenführung wäre: Der Übergang zu einer Weltkultur ist unvermeidlich, aber bzgl. des Inhalts dieser globalen Kultur – d. h. bzgl. ihrer Werte, ihrer Ziele, ihrer Verwendung von Ressourcen – gibt es keine Gesetzmäßigkeit; ihre Entwicklung ist unbestimmt und kann sich im Laufe der Zeit immer wieder grundsätzlich ändern. Man kann Hararis Äußerungen evtl. in diese Richtung interpretieren, aber eine explizite Erläuterung fehlt bei ihm. Ob ein solcher Ansatz wirklich zu einer konsistenten Theorie ausgearbeitet werden könnte, wollen wir daher hier nicht diskutieren.

2.

Eine tieferliegende, grundsätzliche Inkonsistenz – die allerdings nicht nur bei Harari anzutreffen ist – betrifft seine Haltung zu **Wertfragen,** v. a. zur Frage, was „gut" oder „nützlich" für den Menschen/die Menschheit sei. Auf der einen Seite insistiert er: „*Wir haben keine objektive Messlatte*", um diese Frage zu beantworten; „*jede Kultur … [beantwortet sie] anders*" (S. 295).
Auf der anderen Seite macht er laufend Aussagen, die eigentlich ganz genau einen solchen – überkulturellen, objektiven – Wertmaßstab voraussetzen: "*Die Geschichtswissenschaftler haben sich nie gefragt, welchen Einfluss [geschichtliche Entwicklungen] auf das Glück der Menschen haben. … Doch im Grunde ist das genau die Frage, die wir an die Geschichte richten* ***sollten*** *[Hervorhebung von mir, TU]*" (S. 459, vgl. S. 483).[21]

„*Die moderne industrielle Tierhaltung [ist] das größte Verbrechen der Menschheitsgeschichte*" (S. 462).

„*Aus moralischer Sicht sind nicht alle Hierarchien [in Gesellschaften] gleich; in manchen… hat die Diskriminierung schrecklichere Formen angenommen als in anderen*" (S. 171).

3.

Ebenso widersprüchlich sind Hararis Aussagen zum Thema „freier Wille" bzw. zu unserer Prämisse 3 (= Die Geschichte wird vom Menschen gemacht).
Auf der einen Seite sagt er: „*Unser Verhalten wird nicht vom freien Willen gesteuert*" (S. 286) (und dies sei eine unbequeme Wahrheit); „*Die Menschen sind in der Regel viel zu unwissend und schwach, um den Lauf der Geschichte zu ihrem Vorteil zu lenken*" (S. 297).
Auf der anderen Seite ist seine Antwort auf die Frage, warum wir uns mit der Vergangenheit beschäftigen (also warum wir zum Beispiel sein Buch lesen) sollten, die folgende: „*Wir beschäftigen uns mit ihr, um zu erkennen, dass unsere gegenwärtige Situation weder unvermeidlich noch unveränderlich ist, und dass wir [als Menschheit, TU] mehr Gestaltungsmöglichkeiten haben, als wir uns gemeinhin vorstellen*" (S. 294). Und ganz am Ende seines Buches formuliert er: „*Die wichtigste Frage der Menschheit ist …: Was wollen wir werden?*" (S. 506) – was nur einen Sinn macht, wenn wir diesen Willen auch erfolgreich umsetzen können.

[21] Diese Aussage ist übrigens sachlich falsch; natürlich haben sich auch frühere Denker diese Frage gestellt. Vgl. z. B. Condorcet, für den dies eine wesentliche Frage war.

4.

Diese theoretischen Inkonsistenzen machen Hararis Buch tatsächlich als **Geschichtstheorie** im eigentlichen Sinn unbrauchbar. Daneben ist eine der auffälligsten Schwächen bei Harari das durchgehend falsche Verständnis von Wissenschaften, d. h. ihren Möglichkeiten und ihren Grenzen.
So meint er z. B. allen Ernstes, **Historiker** könnten über die Frage entscheiden, ob bestimmte ethische Grundsätze (zum Beispiel die fundamentale Gleichberechtigung aller Menschen) objektiv Gültigkeit haben oder nicht (S. 138); oder er behauptet: „*Soweit wir das aus wissenschaftlicher Sicht beurteilen können, hat das Leben nicht den geringsten Sinn*" (S. 477). Kein seriöser Wissenschaftler außerhalb der Philosophie würde jedoch auf Basis seines Fachgebietes hierzu irgendeine Aussage machen.
Schließlich ist er der Auffassung, die Biologie habe gezeigt, dass der Mensch keinen freien Willen habe (S. 288) – wohingegen es aufgrund ihrer Methodik außerhalb der Möglichkeiten der Biologie liegt, die Frage des freien Willens zu adressieren.[22]
Kurz: Bestimmte allgemeine, letztlich philosophische Meinungen (noch dazu, wie wir gesehen haben, in sich widersprüchliche Meinungen) zu äußern und dabei zu suggerieren, diese seien natur- oder geschichtswissenschaftlicher Konsens – das ist schon einigermaßen problematisch.

5.

Bemerkenswert ist es schließlich, Hararis Erklärung des Übergangs von der J&S-Wirtschaft zur Landwirtschaft zu lesen: Dieser Übergang sei in erster Linie das Ergebnis einer „fatalen Fehlkalkulation" (S. 115); er sei „der größte Betrug in der Geschichte" (S. 104). Die Menschen seien nämlich in eine **Falle** getappt: Sie hätten sich mehr Sicherheit und mehr Nahrung versprochen, hätten de facto aber mehr Arbeit, mehr Sorgen und höhere Ungleichheit ertragen müssen. Aber, so seine Behauptung, ab einem bestimmten Punkt hätte es kein Zurück mehr gegeben. Ohne hier Hararis Ausführungen im Einzelnen nachzuzeichnen: Wie plausibel ist es, so einen „Fallenmechanismus" anzunehmen, wenn

- eben dies unabhängig voneinander in 5 (oder mehr) Weltregionen passiert ist;
- über Jahrtausende beide Wirtschaftsformen nebeneinander existierten (sodass die Menschen vergleichen konnten);

[22] Es gibt seit einigen Jahren innerhalb der Neurowissenschaft (eine interdisziplinäre Wissenschaft, die mit Methodiken aus Psychologie, Medizin, Biologie, Informatik u. a. arbeitet) den Versuch, anhand bestimmter messbarer Hirnströme der Frage des freien Willens näher zu kommen. Bisher sind die Ergebnisse jedoch in keiner Weise eindeutig, d. h., sie können in verschiedene Richtungen interpretiert werden.

- es sogar Gesellschaften gab, die temporär den Weg von der Landwirtschaft zurück in das J&S-Dasein gegangen sind?

Man muss die damaligen Menschen schon für sehr naiv, irrational, minderbemittelt halten, um so eine These aufzustellen – und das ist eindeutig nicht gerechtfertigt (Prämisse 1).

Können wir trotz dieser ziemlich eklatanten Schwächen seines Buches etwas von Harari für unsere Fragestellung lernen?
Ich denke schon.

1.

Eine wichtige Einsicht bei ihm ist, dass rein ökonomische Kategorien **nicht** ausreichen, um den geschichtlichen Verlauf zu verstehen; damit stellt er sich – richtigerweise – gegen die entsprechenden Auffassungen sowohl bei Morris als in der Tendenz auch bei Diamond. So formuliert er etwa: „*Die Menschen verspüren ein unwiderstehliches Bedürfnis, das Universum zu verstehen*" (S. 305) und ergänzt so das Menschenbild von Morris um einen wesentlichen Punkt; **diese** Eigenschaft ist für Harari letztlich ein wesentlicher Grund für die wissenschaftliche Revolution in Europa und damit die Errungenschaften der Neuzeit.

2.

Noch allgemeiner laufen seine Kategorien „Welthandel", „Weltreiche" und „Weltreligionen" (S. 289, vgl. S. 211), seine Ausführungen dazu und auch seine Beschreibung der Wechselwirkungen von Kapitalismus, politischen Imperien und Wissenschaft in der Neuzeit darauf hinaus, dass es drei – zwar intensiv wechselwirkende, aber doch auch voneinander unabhängige – Sphären der Geschichte gibt:

- die wirtschaftliche Sphäre,
- die politische Sphäre und
- die geistige Sphäre (mit Wissenschaft, Religion, Philosophie).

Diese Dreigliederung – die sich von derjenigen bei Diamond signifikant unterscheidet – ist bereits bei früheren Denkern angelegt (zum Beispiel Condorcet, Jacob Burckhardt,[23] Arnold Toynbee), sie wird aber von Harari explizit und in weiten Teilen überzeugend auf den Punkt gebracht.

[23] Burkhardt (1885) spricht von den drei „Potenzen" Staat, Religion und Kultur (wobei Kultur bei ihm einerseits Technik und Wirtschaft, anderseits aber auch Wissenschaft und Kunst umfasst) und deren Wechselwirkungen.

3.

Bemerkenswert sind schließlich die oben bereits angesprochenen Überlegungen von Harari zum „Pfeil der Geschichte“ (S. 204). Er sieht eine klare Gesetzmäßigkeit der Geschichte darin, dass bereits seit Jahrtausenden die Welt kulturell enger und enger zusammenrückt, dass sie auf eine einheitliche Weltkultur zuläuft, auf eine Vereinigung der Menschheit. Und er sieht klar, dass diese Einigung nicht (primär) als ein wirtschaftlicher Prozess verstanden werden darf (S. 210, 230), sondern in erster Linie als politischer und kultureller Prozess; ein Prozess, der am Ende auch weltweit für Frieden sorgt (S. 457).

Aufgrund dieser wichtigen inhaltlichen Einsichten – die ihn auch auszeichnen gegenüber den anderen hier behandelten aktuellen Geschichtstheorien – ist Hararis Buch aus meiner Sicht insgesamt doch lesenswert.

8.5 „Anfänge – Eine neue Geschichte der Menschheit“, David Graeber und David Wengrow, 2022

Dieses Werk, entstanden aus einer langen Zusammenarbeit zwischen dem Anthropologen Graeber und dem Archäologen Wengrow, ist ein bemerkenswertes Buch.

Auf der einen Seite ist es geprägt durch eine unsystematische, manchmal geradezu chaotische Gedankenführung; durch logische Fehler; durch ideologisch geprägte (Vor-)Urteile, die nicht selten zu eklatant verzerrten Darstellungen der Wirklichkeit und zu substanziellen Selbstwidersprüchen führen; und durch eine kaum reflektierte und daher lückenhafte Methodologie.

Auf der anderen Seite besticht das Buch durch eine Fülle originell dargestellten historischen Materials; durch z. T. interessante Fragestellungen; und vor allem durch einige wesentliche und in dieser Form auch neue – jedenfalls auf eine neue Art auf den Punkt gebrachte – Einsichten bezüglich der Menschheitsgeschichte.

Angesichts dieser Komplexität ist es nicht ganz einfach, diesem 600-seitigen Werk im Folgenden gerecht zu werden; ich muss mich auf einige große Linien beschränken.

(1) Wichtige Einsichten

- Mit großer Emphase insistieren Graeber & Wengrow darauf – und belegen dies mit vielen Beispielen –, dass die Menschen vor 1000 oder vor 10.000

Jahren prinzipiell **dieselben Fähigkeiten** wie wir heute hatten, über ihr Leben, ihre sozialen Ordnungen und gesellschaftlich-politischen Regeln, ihre wirtschaftlichen Aktivitäten und über ihre persönliche Zukunft nachzudenken und (im jeweils gegebenen historischen Rahmen) freie Entscheidungen darüber zu treffen. Sie illustrieren damit überzeugend unsere Prämisse 1.

- Eine Wirtschaftsform/Art der Produktion bestimmt **nicht** – anders als Marx behauptet hat – die politisch-gesellschaftliche Ordnung oder andere kulturelle Phänomene. Sowohl unter den J&S-Gruppen als auch in frühen landwirtschaftlichen Gesellschaften gab es, wie Graeber & Wengrow nachweisen, bereits eine Fülle verschiedener solcher Ordnungen und kultureller Ausprägungen: egalitär/hierarchisch; friedliebend/kriegerisch; mit/ohne Sklaverei; eher auf Gewalt/eher auf religiöses Wissen gegründete Macht; eher materiell/eher ideell orientiert; u. a.
- Graeber & Wengrow entlarven damit einen nicht selten angenommenen „paradiesischen Urzustand" am Anfang der Menschheit, d. h. in den J&S-Gruppen, als **Illusion:** es gab immer schon Hierarchie, Ungleichheit, Krieg.
- Das Buch liefert in derselben Stoßrichtung viele eindrückliche Beispiele dafür, dass sich wesentliche Entwicklungen in der Geschichte nicht mit **ökonomischen Kategorien** bzw. mit materiellen Bedürfnissen erklären lassen; und das Buch widerlegt damit **rein empirisch** das Morris-Theorem: kulturelle Faktoren, soziale Bedürfnisse, Freiheitsdrang spielen nicht selten eine entscheidende Rolle.
- Wieder und wieder argumentieren Graeber & Wengrow gegen eindimensionale, rein gradlinige Entwicklungslogiken in der Geschichte – dies werde der **Komplexität,** der Vielfalt, des häufigen „Vor und Zurück" in der realen Geschichte nicht gerecht. Interessant sind insbesondere die ausführlich geschilderten Beispiele, dass landwirtschaftliche Gesellschaften über Jahrhunderte zu einer J&S-Wirtschaft zurückkehrten; interessant deswegen, weil dies die Theorie Hararis widerlegt, mit der Entscheidung für die Landwirtschaft seien die entsprechenden Gruppen/Gesellschaften in eine „Falle" geraten, aus der es kein Zurück mehr gab. Dies ist in der Tat ganz falsch: Es **gab ein Zurück,** und eine ganze Reihe von Gesellschaften haben diese Möglichkeit auch in die Tat umgesetzt; aber

  – in der überwiegenden Mehrzahl hatten die landwirtschaftlichen Gesellschaften sicherlich auch diese Möglichkeit, haben sich aber dagegen entschieden;
  – die „zurückgekehrten" J&S-Gesellschaften haben sich dann meist (nach Jahrhunderten) wiederum für die Landwirtschaft entschieden;

  - die landwirtschaftlichen Gesellschaften waren evolutionär gesehen eindeutig erfolgreicher i. S. v.: größere Bevölkerungen, schnellere technische Entwicklung, höhere kulturelle Leistungen.

- Graeber & Wengrow gehen dezidiert **nicht-eurozentrisch** vor, geben beeindruckende Beispiele von sozialen Entwicklungen und insbesondere vom Ausprobieren verschiedener gesellschaftlicher Ordnungen aus allen Teilen der Welt. Sie verbinden dies mit durchaus überzeugender Kritik an den eurozentrischen Weltbildern, die über weite Strecken der letzten Jahrhunderte sehr verbreitet waren.

Diese und auch einige weitere Thesen des Buches zeichnen ein Bild der Geschichte, das alle früheren Generationen auf allen Kontinenten – v. a. ihr Ringen um gesellschaftliche Lösungen, die den vielfältigen materiellen, sozialen und geistigen Bedürfnissen des Menschen möglichst gerecht werden; und ihre diesbezüglichen Überlegungen und Entscheidungen – **ernster nimmt** und auf dieser Basis lebendiger, vielfältiger und realitätsnäher erscheint als dasjenige der meisten bisherigen Geschichtsdarstellungen.

(2) Defizite

Umso erstaunlicher – und enttäuschender – ist es, dass genau diese beeindruckenden Beschreibungen, dieser Grundansatz von Graeber & Wengrow selbst massiv konterkariert wird. Die Autoren betonen wieder und wieder, dass in der Geschichte etwas *„grundsätzlich schiefgelaufen“* sei (S. 13, 462, 535), dass praktisch die ganze Welt in *„eine entwicklungsgeschichtliche Falle“* getappt sei (S. 524): in erster Linie, weil sich praktisch die gesamte Menschheit in eine bestimmte gesellschaftliche Ordnung – nämlich den Staat – begeben habe.

Diese Bewertung widerspricht diametral dem (zurecht) postulierten Ernstnehmen der früheren Generationen: Denn sie muss ja annehmen, dass sich systematisch praktisch alle Menschen/Gesellschaften/Generationen letztlich „falsch“ entschieden haben, dass sie ihren „wahren Bedürfnissen“ zuwidergehandelt haben.

Es lohnt sich, diesen Punkt etwas zu vertiefen.

- Das Spannende am Verlauf der Menschheitsgeschichte ist ja gerade Folgendes: **Trotz** der vielfältigen Wirtschaftsformen, sozialen Ordnungen und Herrschaftssysteme, die die Menschen im Laufe der Geschichte ausprobiert haben, und **trotz** der diesbezüglich gegebenen Wahlfreiheit haben sich

- auf fast allen Kontinenten[24]
- unabhängig voneinander
- im Laufe mehrerer Jahrtausende

komplexe Staatsgebilde (mit Regierung, Rechtssystem, Polizei, Verwaltung) und Gesellschaften mit deutlichen (größeren oder kleineren) sozialen Ungleichheiten letztlich durchgesetzt.

- Die **naheliegende Frage** ist doch dann: Wie ist das zu erklären? Was hat die Menschen (mehrheitlich, immer wieder) dazu bewogen, die Nachteile eines Lebens in einem Staat auf der Basis von Landwirtschaft – harte Arbeit, soziale Ungleichheit, Anonymität, Eingebundenheit in ein starres System von Regeln mit harten Sanktionen, lange Zeit kaum Mitbestimmungsmöglichkeiten – in Kauf zu nehmen? Welches waren die Vorteile, welche Bedürfnisse wurden damit erfüllt, die in den anderen Alternativen – z. B. in einer egalitärer organisierten, ohne Privateigentum und ohne formale Regeln operierenden J&S-Gruppe – offenbar **nicht** erfüllt wurden? Warum hatten die von Graeber & Wengrow dargestellten späteren Versuche, alternative Gesellschaftsformen auf der Basis von Landwirtschaft zu etablieren, keinen dauerhaften Erfolg?
- Graeber & Wengrow jedoch stellen eine ganz **andere Frage.** Diese Frage basiert darauf, dass der heutige Zustand der Welt als fundamental schlecht beurteilt wird (ohne dass Graeber & Wengrow das dabei implizit vorausgesetzte Wertesystem überhaupt im Buch reflektieren würden: Sie setzen es als evident voraus): „*Die Welt [befindet sich] in einem miserablen Zustand*" (S. 13); „*Es hat sich ein Konsens herausgebildet, das Ausmaß der sozialen Ungleichheit sei außer Kontrolle geraten*" (S. 19); „*Etwas ging schrecklich schief in der Menschheitsgeschichte … angesichts des heutigen Zustandes der Welt ist dies kaum zu bestreiten*" (S. 535); „*Die Lage wird für einen Großteil der Weltbevölkerung immer noch schlechter statt besser*" (S. 158).

  Ausgehend von dieser Bewertung lautet die Frage von Graeber & Wengrow, der letztlich ihr gesamtes Buch gewidmet ist: **Wie konnte das passieren?** Wann und warum ist die ganze Menschheitsentwicklung „schiefgelaufen"?
- Für einen neutralen Leser liegt auf der Hand, dass Graeber & Wengrow bei der Beantwortung dieser Frage **scheitern** müssen: Sie müssen erstens scheitern, weil ihre in den o. g. Zitaten ausgesprochene Wahrnehmung der heutigen Wirklichkeit extrem ideologisch verzerrt ist und mit der Realität

[24] Die wesentliche Ausnahme ist Ozeanien (und z. T. Nordamerika), wo sich aufgrund der geografischen Verhältnisse die Landwirtschaft – als notwendige Voraussetzung für größere politische Einheiten – nicht oder erst spät entwickelt hat.

wenig zu tun hat; und sie müssen zweitens scheitern, weil es eben **inkonsistent** ist, einerseits früheren Generationen gleichwertige Bewertungsmöglichkeiten und Entscheidungsfähigkeiten zuzugestehen, dann aber das Ergebnis dieser Bewertungen und Entscheidungen pauschal als „falsch" zu qualifizieren; d. h. eben diesen früheren Generationen die Rationalität ihrer Entscheidungen wieder abzuerkennen.

(Es ist fast ein wenig tragisch zu sehen, wie sich Graeber & Wengrow im Laufe des Buches wieder und wieder diese Frage vorlegen, ohne – letztlich gestehen sie das auch ein[25] – eine irgendwie schlüssige Antwort geben zu können (obwohl sie oft einigermaßen abstruse Behauptungen aufstellen, die dabei helfen sollen).)

Ein zugrunde liegendes Kernproblem bei Graeber & Wengrow ist – logischerweise – ein einseitiges, **unzutreffendes Menschenbild.** Das wird vor allem in folgenden Passagen deutlich: „*Wahre Zivilisation ... [zeichnet sich aus] durch gegenseitige Hilfe, soziale Kooperation, bürgerliches Engagement, Gastfreundschaft oder einfach das Sorgen um andere*" (S. 463). „*Das ultimative Problem der Menschheitsgeschichte ist ... die Frage, ob wir alle die gleiche Möglichkeit haben, an Entscheidungen mitzuwirken, die unser Zusammenleben betreffen*" (S. 21).

Natürlich ist damit **ein** wichtiger Aspekt von erstrebenswerten – d. h. menschlichen Bedürfnissen und Fähigkeiten gut entsprechenden – gesellschaftlichen Ordnungen charakterisiert. Aber es ist eben nur **ein** Aspekt: Der Mensch ist nicht nur ein kooperativ auf andere Menschen bezogenes Wesen; er ist auch Individuum, das seine Individualität ausleben, seine Wirksamkeit in der Welt (auch im Vergleich zu und manchmal gegen andere Menschen) erfahren will[26]; und er hat nicht nur soziale Bedürfnisse, er hat auch materielle und geistige Bedürfnisse.

Eng mit diesem einseitigen Menschenbild hängt zusammen, dass Graeber & Wengrow einen ganz unzureichenden Begriff davon haben, was **Freiheit** für den Menschen bedeutet. Sie messen dem Streben nach Freiheit durchaus eine zentrale Rolle in der Geschichte bei, verstehen darunter aber in erster Linie das, was sie die drei „Grundfreiheiten" nennen: die Möglichkeit zum

[25] „*Die Antwort muss ein Stück weit Spekulation bleiben... Das Beste, was wir bieten können, sind ein paar provisorische Vermutungen*" (S. 537). Bezeichnend ist auch, dass Graeber &Wengrow sogar ganz am Ende des Buches ihre Frage nochmals stellen – d. h. heißt implizit zugeben, dass sie auf den 550 Seiten vorher nicht beantwortet wurde – und dann einen völlig unbekannten Dichter zitieren, der „*dieser Frage vermutlich am nächsten kam*" (S. 553).

[26] Vgl. hier auch die Sichtweise von Diamond, der – wie bereits Kant 200 Jahre zuvor – den menschlichen Hang zu Konkurrenz und Konflikten untereinander für einen entscheidenden Treiber der Geschichte hält.

Ortswechsel, zur Befehlsverweigerung und zur grundsätzlichen Veränderung der gesellschaftlichen Ordnung, in der Menschen leben. Andere Dimensionen von Freiheit – Unabhängigkeit von natürlichen Gegebenheiten durch Technik; Selbstbestimmung bzgl. des Privateigentums; Freiheit bzgl. der Lebensführung, der Wahl des Berufes; Freiheit als geistige Bindung an übergeordnete Prinzipien; u. a. – kommen gar nicht in den Blick.[27]

Allgemeiner gesagt: Das „Glück" – laut Graeber & Wengrow der einzig relevante Gradmesser für die Qualität des menschlichen Lebens (S. 32) (was für sich genommen schon sehr fragwürdig ist) – liegt für Menschen eben nicht nur in sozialen Beziehungen oder in politisch-gesellschaftlichem Engagement, sondern auch in anderen Bereichen: Beruf, Religion, Philosophie, Kunsterlebnisse, materieller Konsum u. a.

Fazit

Insgesamt ist das Buch von Graeber & Wengrow in seinem Kern und insbesondere bzgl. seines eigenen Anspruchs, „eine neue Geschichte der Menschheit" vorzulegen, ein **Fehlschlag:** Zu groß sind gerade aus einer strengeren wissenschaftlichen Sicht die logischen Widersprüche, methodischen Defizite und inhaltlichen Einseitigkeiten.

Aber als reiche und originelle Fundgrube für einzelne historische Entwicklungen und Wendungen und für einige interessante Gedanken hat es seine Meriten. Anders formuliert: Es ist eher ein fesselnder historischer Roman als eine Geschichtstheorie. Wem so eine Lektüre zusagt, dem kann ich das Buch empfehlen.

8.6 „The Journey of Humanity", Oded Galor, 2022

Das jüngste Werk des in Israel geborenen und in den USA arbeitenden Wirtschaftswissenschaftlers Oded Galor ist ein lesenswertes Buch.

Vor allem der Teil I ist eine klare, systematische, faktenbasierte und mit 150 Seiten erfrischend fokussierte Darstellung dessen, was Galor seine „einheitliche Wachstumstheorie" nennt. Galor versteht darunter eine allgemein-

[27] Auf der Basis ihres sehr reduzierten Freiheitsverständnisses beklagen Graeber und Wengrow dann: *„Warum haben die Menschen fast gänzlich … die Freiheit verloren, die früher offenbar für unsere sozialen Ordnungen kennzeichnend waren?"* (S. 162; vgl. S. 535). *„Die ersten drei Grundfreiheiten sind allmählich bis zu dem Punkt verschwunden, dass eine Mehrheit der heute lebenden Menschen kaum mehr verstehen kann, wie es wäre, in einer auf ihnen beruhenden sozialen Ordnung zu leben"* (S. 536).

gültige **Gesetzmäßigkeit** – *„unerbittliche Kräfte, die der Menschheitsreise zu Grunde liegen"* (S. 23) –; und er ist der Überzeugung, damit *„das wesentliche Antriebsmoment der Menschheitsgeschichte"* (S. 22) entschlüsselt zu haben.

Der Kern dieser Theorie lautet:

Der zentrale Treiber der Menschheitsgeschichte ist der **technische Fortschritt;** er wird begleitet von den Treibern Bevölkerungsgröße und Bildung, und alle drei Treiber wirken in einer **positiven Rückkopplungsschleife** zusammen: Technischer Fortschritt ermöglicht effizientere Nutzung von natürlichen Ressourcen, damit mehr Nahrung/Wohlstand, damit größere Bevölkerungen und zunehmende Spezialisierung (d. h. mehr Wissen, höhere Bildungschancen), damit mehr und besser gebildete Menschen, damit schnelleren technologischen Fortschritt.

Mit dieser Gesetzmäßigkeit erklärt Galor dann zum einen die wesentlichen Meilensteine der Geschichte: Auszug des Homo sapiens aus Afrika; Übergang von der J&S-Wirtschaft zur Landwirtschaft; Etablierung größerer Staaten/Reiche; schließlich die industrielle Revolution. Zum anderen leitet er aus dieser Theorie eine Erklärung ab für die „malthusianische Falle" und deren Ende.

Die malthusianische Falle – das Phänomen, dass trotz laufenden technologischen Fortschritts der Lebensstandard in den vielen Jahrtausenden zwischen ca. 8000 v. Chr. und 1800 n. Chr. mit leichten Schwankungen weitgehend gleich blieb – liegt laut Galor daran, dass die durch die verbesserten/neuen Techniken induzierten Nahrungs- und Wohlstandsgewinne nach kurzer Zeit durch den damit jeweils ermöglichten Bevölkerungszuwachs aufgezehrt wurden (d. h., das **wirtschaftliche Volumen** stieg laufend an, das **wirtschaftliche Volumen pro Kopf** blieb gleich). Das Ende dieser langen Phase, d. h. die explosionsartige Zunahme des Lebensstandards für zunehmende Teile der Menschheit seit etwa 1800, interpretiert Galor dann als **Phasenübergang** (in Analogie zum physikalischen Phasenübergang von flüssigem Wasser zu Wasserdampf beim Erhitzen von Wasser), der lange durch das Wirken der oben genannten Treiber vorbereitet gewesen sei.

Was ist zu dieser Theorie zu sagen?

1.

Es handelt sich um eine rein **phänomenologische Theorie;** d. h., eine Theorie, die die Gesetzmäßigkeit nur aus empirischen, direkt sichtbaren Daten induktiv erschließt, ohne sie aus menschlichen Bedürfnissen/Fähigkeiten abzuleiten.

2.

Galor arbeitet – nicht überraschend bei einem Ökonomen – im Kern nur mit **ökonomischen Kategorien.** Implizit setzt Galor damit voraus, dass das wesentliche Motiv des Menschen das Streben nach Wohlstand, dass seine entscheidenden Bedürfnisse **materielle Bedürfnisse** sind. Er diskutiert zwar recht ausführlich auch kulturelle Faktoren in der Entwicklung von einzelnen Gesellschaften, und er weist ihnen sogar eine *„zuweilen entscheidende Rolle für den Verlauf der wirtschaftlichen Entwicklung“* (S. 218) zu; aber sein Bild dabei ist folgendes: Kulturelle Veränderungen (gesellschaftliche Normen, politische Systeme, Einstellungen zur Zukunft etc.) entstehen am Anfang meist zufällig; aber ob sie sich dann (gegen die etablierte Kultur) durchsetzen, hängt davon ab, ob sie sich als **vorteilhaft** – und zwar vorteilhaft im Sinne von technischer Innovationsfähigkeit und damit weiterem Wirtschaftswachstum – erweisen.[28] Es gibt, mit anderen Worten, für Galor **keine eigenständige,** kulturelle Entwicklungslogik, d. h. keine politisch-gesellschaftliche oder geistige Gesetzmäßigkeit in der Geschichte, sondern diese Entwicklungen sind letztlich dem Primat der Ökonomie unterworfen: Die materiellen Bedürfnisse des Menschen determinieren längerfristig den Verlauf der Geschichte.
In ihrem Grundansatz ähnelt damit die Galor-Theorie den Theorien von Morris und von Diamond (letzterer wird auch von Galor entsprechend zitiert).

3.

Damit trifft aber auf Galors Theorie dieselbe **Kritik** zu, die wir bereits bei Morris dargestellt haben: Ein prinzipielles Primat des Ökonomischen hat bereits Max Weber 1904 widerlegt; rein empirisch haben Graeber & Wengrow die Reduktion der den Geschichtsverlauf bestimmenden Motive des Menschen auf materielle Bedürfnisse als unhaltbar nachgewiesen; und Harari liefert gewichtige Argumente, dass z. B. das Phänomen der Aufklärung nicht rein ökonomisch zu erklären ist. Auch der Ökonom und Nobelpreisträger Amartya Sen betont in seinem Buch „Development as Freedom“ (1999) immer wieder,

[28] Auch hier – wie schon beim Phasenübergang – bedient sich Galor einer Analogie aus den Naturwissenschaften, d. h. in diesem Fall der Biologie: Bei der biologischen Evolution entstehen Mutationen ebenfalls zufällig, und ob sie sich durchsetzen (d. h. neue Eigenschaften oder sogar neue Spezies hervorbringen), hängt von materiellen Vorteilen ab: Vorteile bei der Nahrungssuche, bei der Fortpflanzung, beim Schutz vor Umwelt und Feinden.

dass ökonomische Kategorien nicht ausreichen, um historische Verlaufsmuster zu erklären oder auch aktuelle Prozesse in den „Entwicklungsländern" zu verstehen.[29]

4.

Zudem kann Galor durch die Fokussierung auf die materiellen Bedürfnisse zwar behaupten, aber nicht methodisch streng begründen, dass es sich bei seinen drei Treibern wirklich um eine **Gesetzmäßigkeit** handelt, **die auch für die Zukunft gilt;** nicht etwa nur um eine bisher zu beobachtende Regelmäßigkeit. Denn selbst wenn es wahr wäre (was es nicht ist), dass **bisher** die materiellen Bedürfnisse des Menschen gegenüber seinen anderen (etwa sozialen oder geistigen) Bedürfnissen dominierten und daher für die geschichtliche Entwicklung ausschlaggebend waren, dann folgt daraus **nicht,** dass das auch in der Zukunft – wenn z. B. die wesentlichen materiellen Bedürfnisse für die meisten Menschen zur Genüge erfüllt sind – weiterhin der Fall sein wird.[30]
Die damit implizierten Fragen stellen sich für die wohlhabenden Gesellschaften etwa in Westeuropa schon heute: Was treibt dann die technische Entwicklung voran? Nach welchen Kriterien setzen sich kulturelle Veränderungen durch, wenn das Kriterium „Förderung des Wirtschaftswachstums/Mehrung des Wohlstands" in einer reichen Gesellschaft keine Strahlkraft mehr hat?

5.

Galor selbst führt in sein Bild bzgl. der Zukunft zwei Kategorien ein, die sich nicht – jedenfalls nicht allein – aus der ökonomischen Rationalität, dem Streben nach Wirtschaftswachstum, begründen lassen und damit seine eigene Theorie transzendieren: den Wert der **Nachhaltigkeit** (d. h. das Wohlergehen zukünftiger Generationen) und den Wert der **Gerechtigkeit** (d. h. die weitgehende wirtschaftliche Gleichheit unter den Gesellschaften der Erde).

---

[29] Sen legt z. B. dar, dass das wesentliche Motiv für den Widerstand von Sklaven in den USA nicht etwa Armut war, sondern Unfreiheit (S. 28/29). Auch die Tatsache, dass die Sklaverei (zuerst) von England beendet wurde, obwohl sie rein ökonomisch betrachtet sehr vorteilhaft für das Land war, ist auf Basis einer materiellen Geschichtstheorie kaum erklärbar.

[30] Ein erster Hinweis darauf, dass Galors Gesetzmäßigkeit – anders als er behauptet – doch nicht zeitlich konstant ist (d. h., eben keine **Gesetzmäßigkeit** darstellt), ist die simple Tatsache, dass der Teil-Treiber „Bevölkerungsgröße" schon jetzt in allen wirtschaftlich entwickelten Gesellschaften gar keiner mehr ist: Die Bevölkerung stagniert bzw. geht sogar zurück.

Dieser innere Widerspruch bei Galor ist letztlich auch ein Ausfluss derselben grundsätzlichen Inkonsistenz, der wir schon mehrfach begegnet sind: auf der einen Seite beharrt Galor eingangs darauf, dass er „*keinerlei moralische Einsichten*" (S. 22) äußern wolle und dass es keine „*Hierarchie kultureller Normen*" gebe (S. 227). Auf der anderen Seite bezeichnet er dann – offensichtlich mit übergreifendem und allgemeingültigem Anspruch – die wirtschaftliche Ungleichheit in der Welt als „*Übel*", das es jetzt vorrangig zu beseitigen gelte (S. 317, S. 311).

Fazit[31]

Galor bringt in seinem Buch nicht **den,** aber doch **einen** zentralen Antriebsmechanismus der menschlichen Geschichte in einer gelungenen Art und Weise auf den Punkt.

Seine „einheitliche Wachstumstheorie" stellt jedoch – entgegen seinem eigenen Anspruch – keine umfassende, ausgearbeitete, konsistente **Geschichtstheorie** im engeren Sinne dar: Dazu ist sie inhaltlich zu einseitig und auch methodisch-erkenntnistheoretisch zu wenig reflektiert.

8.7 „Big History" (2018)/„Zukunft denken" (2022), David Christian

Der australische Historiker David Christian ist der wichtigste Vertreter einer noch jungen Teildisziplin der Geschichtswissenschaften, die in den letzten 30 Jahren unter dem Begriff „Big History" bekannt geworden ist.

Big History ist dem eigenen Grundverständnis nach in zweierlei Hinsicht „big", d. h. umfassend:

- Zum einen wird durchgehend und dezidiert eine **universalgeschichtliche** Perspektive eingenommen: Es interessiert im Kern nur die Entwicklung der Menschheit als Ganzer, d. h. alle sich auf einzelne Regionen beziehenden Fragen (etwa diejenige nach Erklärungen für die Dominanz des Westens in den letzten Jahrhunderten, die u. a. Morris und Diamond in den Mittelpunkt ihrer Werke stellen) bleiben außer Betracht.

[31] Wir diskutieren hier nicht den zweiten Teil von Galors Buch, der sich mit den Ursprüngen von globalen ökonomischen Ungleichheiten befasst und diese zu erklären versucht (wie schon J. Diamond und I. Morris). Zum einen ist diese Frage nicht unser primäres Interesse, zum anderen hat Galor bezüglich dieser Überlegungen viel Kritik erfahren – wahrscheinlich zurecht: er überschätzt wohl den Faktor „Diversität der Bevölkerung" gegenüber anderen Faktoren.

- Zum anderen wird der **Zeithorizont** erweitert, d. h., die Aufgabe wird gestellt, die menschliche Zivilisation als Teil der Geschichte des Universums zu begreifen.

Es ist klar, dass durch diese räumliche und zeitliche Ausweitung die inhaltlichen Thesen im Verhältnis zu den bisher besprochenen Werken wesentlich allgemeiner/abstrakter werden; d. h., nur die sehr groben Linien der menschlichen Geschichte werden in den beiden Büchern von D. Christian skizziert und interpretiert.

Bemerkenswert bei Christian ist zudem – evtl. ebenfalls dem sehr weiten Ansatz und damit der großen Materialfülle geschuldet – ein auffallend niedriges theoretisch-methodologisches Reflexionsniveau. Die wesentlichen Thesen werden recht plakativ dargestellt, aber oft nur exemplarisch begründet; eine (explizite) Rückführung auf ein Menschenbild fehlt weitestgehend; die Frage, inwieweit es sich bei den behaupteten empirischen Trends um stabile Gesetzmäßigkeiten handelt oder nicht, wird gar nicht diskutiert (obwohl gerade diese Frage für das jüngste Buch, das sich mit Zukunftsprognose befasst, natürlich von großer Bedeutung ist); und schließlich setzt Christian ganz unreflektiert und unausgesprochen ein universal gültiges Wertesystem voraus, wenn er etwa schreibt: *„Anfang der 2020er-Jahre sind wir als Menschheit nicht auf dem richtigen Weg“* (2022, S. 236).

Trotz dieser methodischen Defizite möchte ich einige zentrale Thesen von Christian wenigstens kurz skizzieren (sie sind nicht wirklich neu, sondern auch in anderen der o. g. Werke enthalten).[32]

1.

Die zentrale Eigenschaft des Menschen, sozusagen der zentrale Unterschied zu Tieren, ist die Fähigkeit zum **„kollektiven Lernen“:** Das Phänomen also, dass die Lernergebnisse des einzelnen Individuums (nicht mit seinem Tod verloren gehen, sondern) vom Kollektiv bewahrt und als Grundlage weiteren Lernens genutzt werden. Die dadurch ermöglichte **Wissensakkumulation** im Laufe der Geschichte ist das definierende Merkmal der menschlichen Kultur.

---

[32] Die grundsätzlichste These von Christian – die Entwicklung des Universums in der jetzigen Phase und insbesondere die Entwicklung des Lebens auf der Erde (inkl. der menschlichen Geschichte) sei von zunehmender **Komplexität** gekennzeichnet – ist zwar zweifellos richtig, hat aber aufgrund ihrer Allgemeinheit so gut wie keinen konkreten Erkenntniswert. Daher erwähne ich sie nur in dieser Fußnote.

2.

Dieser Prozess des kollektiven Lernens und der sukzessiven Akkumulation von Wissen ist die Grundlage für **drei übergeordnete Trends,** die die menschliche Geschichte insgesamt prägen (2022, S. 137/138):

- Immer größere Macht und Kontrolle über die Umwelt / **technischer Fortschritt;**
- **Wachsende gesellschaftliche Netzwerke** (Dörfer ->Städte ->Staaten -> Imperien), die u. a. durch Kommunikation und Warenaustausch charakterisiert sind; bis hin zur globalisierten Welt von heute;
- Zunehmendes **Tempo von Veränderungen** im menschlichen Leben, das v. a. durch die Wirkung von positiven Rückkopplungsschleifen (vgl. O. Galor) entsteht.

3.

Eine wesentliche Entwicklung in der menschlichen Geschichte betrifft nicht materielle oder gesellschaftliche Aspekte, sondern die **Haltung zur Zukunft**[33]: von einer rein *passiven* Haltung gegenüber Zeit und Umwelt bei den J&S-Gesellschaften über eine *manipulative* Haltung zur Umwelt in Agrargesellschaften (aber noch verbunden mit der Überzeugung, man sei von Göttern abhängig, was die Zukunft angeht) bis hin zur weit verbreiteten modernen Überzeugung, der Mensch habe seine Zukunft selbst in der Hand und sei damit aufgefordert, sie aktiv zu *gestalten* – technologisch, aber auch gesellschaftlich.

Insgesamt liefert aus meiner Sicht die „Big-History"-Perspektive keine grundlegend neuen Ansätze bezüglich unserer Frage nach Gesetzmäßigkeiten in der Geschichte, weder begründungstheoretisch noch inhaltlich; aber sie wartet doch an einigen Stellen mit ganz interessanten Einsichten auf.
Ein wesentlicher eigener Anspruch von Christian – die Geschichte und insbesondere den Big-History-Ansatz fruchtbar zu machen für Erkenntnis und Gestaltung der **Zukunft** – wird dabei allerdings nicht wirklich eingelöst: In seinen Überlegungen zur mittelbaren und ferneren Zukunft der Menschheit kommt er über sattsam bekannte Allgemeinplätze nicht hinaus.

[33] Dieser Punkt wird auch bei Harari (2013) – aus meiner Sicht besser und ausführlicher – dargestellt.

8.8 Zusammenfassung

Schauen wir nun im Zusammenhang auf die neuen, d. h. in den letzten 30 Jahren vorgelegten Werke zur Menschheitsgeschichte, so können wir zunächst folgende Aspekte festhalten:

1.

Recht einheitlich beschreiben und etablieren sie, dass – rein **empirisch** betrachtet – die Menschheitsgeschichte nicht einfach eine beliebige zeitliche Abfolge von Ereignissen, Kulturen, menschlichen Ausdrucksformen und Prozessen ist, sondern der Geschichtsverlauf **Muster** aufweist.
Man kann diese Muster grob in zwei Kategorien einteilen:

- Es gibt **Regelmäßigkeiten:** d. h. das Phänomen, dass wesentliche zeitliche Entwicklungen bei Menschengruppen in verschiedenen Weltregionen (unabhängig voneinander) sehr ähnlich abgelaufen sind; anders formuliert: dass auf ähnliche Anfangszustände nach Ablauf einer bestimmten Zeit ähnliche Endzustände gefolgt sind.
- Es gibt (z. T. mit diesen Regelmäßigkeiten verknüpft) **langfristige Trends:** d. h. das Phänomen, dass bestimmte Charakteristika/Indikatoren einzelner Gesellschaften oder der Menschheit als Ganze – über längere Zeiträume betrachtet und meist mit Schwankungen über kürzere Zeiträume – eine stabile qualitative oder quantitative **Richtung** aufweisen.

2.

Die wichtigsten beschriebenen **Regelmäßigkeiten** sind:

- Erfindung der landwirtschaftlichen Grundtechniken (Domestizierung und Züchtung von Pflanzen, Domestizierung und Züchtung von Tieren);
- Übergang vom Nomadentum zur Sesshaftigkeit;
- Übergang von einer J&S-Wirtschaft zur Landwirtschaft;
- Etablierung von Privateigentum, Entwicklung sozialer Ungleichheiten;
- Übergang von kleinen, familiären Gruppen mit informeller Hierarchie zu großen, anonymen Gesellschaften mit formaler Hierarchie, d. h. mit Herrschern/Regierungen/Eliten an der Spitze;
- Erfindung der Schrift;

- Etablierung von festgeschriebenen Regeln des Zusammenlebens (Rechtssystem, Gremien zur Konfliktlösung, Gewaltmonopol beim Staat);
- Etablierung einer Verwaltung, um Steuern zu erheben, öffentliche Infrastruktur zu erstellen und den Willen der politischen Führung umzusetzen.

Die wichtigsten **langfristigen Trends**/Richtungen in der Geschichte sind:

- Zunahme der Bevölkerungszahlen;
- technische Entwicklung, die immer größere Kontrolle/Macht über die physische Umwelt verleiht;
- immer größere (und damit immer weniger) Gesellschaften bzw. politische Systeme im räumlichen und zahlenmäßigen Sinn; damit immer ausgedehntere (und weniger) Kulturen;
- wachsende innere Ausdifferenzierung der Gesellschaften bzgl. Berufen/Tätigkeiten, Hierarchien/Funktionen und Eigentumsverhältnissen;
- wachsende Wirtschaft (im Sinne von Güterproduktion, Bereitstellung von Dienstleistungen).

V. a. seit etwa 2–3 Jahrhunderten zudem (vgl. Kap. 1und 2):

- wachsende Lebensstandards (Wirtschaftsleistung/Kopf);
- stetiger medizinischer Fortschritt/Kontrolle über die eigene Biologie; steigende Lebenserwartung;
- wachsendes Bildungsniveau;
- zunehmende Globalisierung, d. h. weltweiter Austausch von Waren, Technologien, wissenschaftlichen Erkenntnissen, Kunstprodukten;
- zunehmende Kommunikation und kulturelle Verflechtung zwischen den Gesellschaften der Erde.

3.

Die genauere **formale** Charakterisierung dieser Muster ist nicht einheitlich: Morris und Galor bezeichnen sie als **Gesetzmäßigkeiten** – d. h. als unvermeidlich, zwingend; Graeber & Wengrow und Harari lehnen eine solche Vorstellung eher ab; Diamond und Christian diskutieren diese Frage nicht explizit.
Alle sind sich – mehr oder weniger explizit – darin einig, dass die Regelmäßigkeiten und Trends nur „im Großen" gelten: Im Detail sei Geschichte von zufälligen, nicht prognostizierbaren Einzelereignissen und Einzelprozessen geprägt.

4.

Bezüglich der **inhaltlichen Geschichtstheorie** – d. h. bei der Frage, wie diese Muster zu erklären sind, welche Prinzipien dafür verantwortlich sind – unterscheiden sich die Autoren erheblich. Morris, Galor und zum Teil auch Diamond legen ihrer Theorie ein **materielles** Menschenbild in dem Sinne zugrunde, dass die materiellen Bedürfnisse des Menschen das verantwortliche Prinzip darstellen. Harari und Graeber & Wengrow widersprechen dieser Erklärung und argumentieren, dass auch andere menschliche Antriebe und Fähigkeiten wesentlich im Sinne einer Erklärung jedenfalls einzelner historischer Muster sind: „Streben nach Freiheit" und „soziale Bedürfnisse" bei Graeber & Wengrow; „Erkenntnisbedürfnis" und „Glücksstreben" bei Harari.

5.

Näher betrachtet, liegt dieser Unterschied nicht darin, dass die Autoren ein gänzlich unterschiedliches Bild des **Gesamtspektrums** der menschlichen Bedürfnisse, Antriebe und Fähigkeiten hätten. Alle wären sich wohl einig, dass es eben materielle, soziale, geistige Bedürfnisse im Menschen gibt, und dass auch allgemeinere Ziele wie „Glück" und „Freiheit" signifikante Motive für menschliche Entscheidungen darstellen können. Einigkeit herrscht wahrscheinlich auch dahin gehend, dass **einzelne** Ereignisse, Phasen, Prozesse der Geschichte jeweils auf verschiedene dieser Bedürfnisse bzw. Motive zurückzuführen sind (sowohl bei herausragenden einzelnen Individuen als auch innerhalb ganzer Gesellschaften).
Der Unterschied liegt also darin, dass Morris und Galor – anders als Harari und Graeber & Wengrow – **einen** Bereich der menschlichen Antriebe für (längerfristig) **dominierend** halten. Dies ist logisch verknüpft (vgl. Kap.6.2) mit ihrer Überzeugung, die Gesetzmäßigkeit der Geschichte bestehe darin, dass diese Bedürfnisse immer vollständiger erfüllt werden.
Es ist bemerkenswert, dass es bei Morris und Galor die **materiellen Bedürfnisse** des Menschen sind, denen Dominanz und damit gesetzesbildender Charakter zugesprochen wird – bemerkenswert daher, weil bei den klassischen Autoren der Aufklärung die dominierenden und damit den Geschichtsverlauf bestimmenden Antriebe des Menschen **„Vernunft" und „Freiheit"** waren.

6.

Soweit also die Autoren überhaupt eine Geschichtstheorie im engeren Sinne entwickeln (also eine Rückführung von Gesetzmäßigkeiten auf menschliche Eigenschaften) – ganz explizit ist das nur bei Morris der Fall –, handelt es sich um „materielle" Geschichtstheorien.
Materielle Geschichtstheorien in diesem Sinne müssen jedoch zum einen als empirisch widerlegt gelten. Zum anderen sind sie, jedenfalls bei Morris und Galor, durch die Inkonsistenz gekennzeichnet, dass sie die Behauptung der Gesetzmäßigkeit (d. h. zeitlicher Unwandelbarkeit) selbst unterminieren, indem sie für die **Gestaltung der Zukunft** ethische Prinzipien einfordern, d. h. eine Überwindung der rein materiellen Entwicklungslogik befürworten – und damit ganz offenbar für möglich halten.
Diese innere Widersprüchlichkeit ist kein Zufall: siehe unten.

Neben diesen Aspekten ist aus meiner Sicht auffallend, dass sich keiner der Autoren in ihren Büchern ausführlicher mit den **früheren Geschichtstheorien** – insbesondere mit den Theorien der Aufklärung – auseinandergesetzt hat.[34]

Das ist auf der einen Seite sehr verständlich: Die Autoren begreifen sich im Kern ja gerade nicht als Philosophen, sondern als empirische Wissenschaftler; und sie haben den Anspruch, unabhängig von „metaphysischen" Voraussetzungen – eben rein auf der Basis von Empirie, von vorliegenden Fakten und sich von daher nahelegenden Kategorien (d. h. quasi naturwissenschaftlich) – zu analysieren und zu argumentieren.

Dennoch ist, auf der anderen Seite, das fehlende Bewusstsein für die Geschichte der Geschichtstheorien und allgemeiner das fehlende Bewusstsein für philosophische Zugänge zur Herausforderung „Geschichtstheorie" bedauerlich. Es ist bedauerlich aus zwei Gründen, die ich kurz darlegen möchte.

Fehlende Selbstreflexion der modernen Autoren
Bei den in diesem Kapitel 8 besprochenen Autoren fehlt eine explizite Reflexion auf die **eigene Stellung** in der Geschichte; sowohl

A. bzgl. der Frage, inwieweit die eigenen Erkenntnisse von dem **historischen Zeitpunkt,** an dem sie entstanden sind, beeinflusst sein könnten; als auch

[34] Immerhin widmet D. Christian in seinem jüngsten Buch Condorcet einen ganzen Abschnitt, aber – bei ihm nicht überraschend – ohne dabei die theoretischen Fragestellungen zu reflektieren.

B. bzgl. der Tatsache, dass ihre Geschichtstheorie **Teil der Geschichte** ist, d. h., auf sich selbst anwendbar sein muss.

Zu (A):
Es kann kein Zweifel daran bestehen, dass die vergangenen 200 Jahre und insbesondere die Zeit seit etwa 1950 im geschichtlichen Vergleich überdurchschnittlich stark vom materiellen Fortschritt, dessen Folgen und den damit zusammenhängenden Fragestellungen (soziale Ungleichheiten, Umgang mit den vorhandenen natürlichen Ressourcen, Belastungen von Ökosystemen und Klima) geprägt waren. Man wird zwar argumentieren können, dass es seit dem 2. Weltkrieg auch signifikante kulturelle, ethische, politische Fortschritte gab – aber erstens sind diese Entwicklungen deutlich umstrittener und sie haben zweitens den Nachteil, dass sie im Unterschied zum materiellen Fortschritt nicht (oder schwieriger) quantitativ messbar sind.

Insofern liegt der Gedanke nahe, dass auch ein rein empirischer heutiger Blick auf die Geschichte – ein Blick, der ja nie völlig voraussetzungslos, sondern jedenfalls im ersten Schritt von einem bestimmten Erkenntnisinteresse beeinflusst ist (vgl. dazu Max Weber (1904)) – nicht ganz unabhängig von diesen Merkmalen unserer historischen Epoche ist. Mit anderen Worten: Man sollte als Geschichtstheoretiker seine Ansätze daraufhin kritisch überprüfen.

Zu (B):
Es gibt einen untilgbaren, entscheidenden Unterschied zwischen den Naturwissenschaften und einer (theoretischen) Wissenschaft von der Geschichte: Das erkennende Subjekt, der Erkenntnisprozess und das Ergebnis, die Theorie, ist bei den Naturwissenschaften im relevanten Sinn **unabhängig** vom Erkenntnisgegenstand, nämlich der Natur. Genau dies ist bei der Geschichtstheorie nicht der Fall.

Eine Geschichtstheorie, die publiziert wird und Allgemeingültigkeit beansprucht, muss auch für sich selbst gelten; d. h., eine solche Theorie muss mit dem historischen Faktum kompatibel sein, dass sie selbst entsteht und dass der entsprechende Geschichtstheoretiker sie publiziert.

Dieser Gedanke hat die unmittelbare Folge, dass eine **„materielle Geschichtstheorie“** im o. g. Sinn nicht stimmen kann:

Zunächst und unmittelbar liegen ihr selbst – ihrem Entstehen, ihrer Niederschrift in einem Buch – natürlich (jedenfalls auch) nicht-materielle Motive zugrunde: Der Historiker (wie jeder Wissenschaftler) will überzeugen, andere Menschen für die Theorie gewinnen, will Wahrheit aussprechen; und oft will er sogar genau damit die Geschichte selbst positiv beeinflussen.[35]

Zudem ist er nicht nur mit seinem Akt der Theorieentwicklung und Publikation, sondern auch mit seiner eigenen Erkenntnis bereits über eine rein materielle Entwicklungslogik hinaus. Er reflektiert, dass es faktisch andere als materielle Motive gibt; dadurch stellt sich automatisch die Frage der Bewertung und Gewichtung von Motiven; daraus folgt, dass auch andere Motive jedenfalls potenziell handlungsleitend sein können.

Damit **hat** der die materielle Geschichtstheorie propagierende Historiker die geistige Freiheit und er **beansprucht** sie für sich, für sein eigenes Leben und für die Zukunft der Menschheit auch **andere Prinzipien** als die Steigerung des allgemeinen materiellen Wohlstands für richtig und wichtig zu erachten und danach zu handeln. Wenn er dies tut, muss er es auch jedem anderen Menschen zugestehen (ja er setzt dieselbe Fähigkeit bei anderen Menschen sogar voraus, sofern er die Geschichte mit Erkenntnis beeinflussen will), und daraus folgt die **Möglichkeit,** dass die Zukunft tatsächlich dauerhaft nach anderen Prinzipien gestaltet **wird** – was der eigenen Theorie widerspricht.

Auf eine kurze Formel gebracht: eine materielle Geschichtstheorie ist – als **allgemeine** Theorie, d. h. mit der Behauptung einer überzeitlich gültigen Gesetzmäßigkeit – eindeutig nicht-reflexiv (d. h. nicht auf sich selbst anwendbar) und damit falsch.

Zwei abschließende Bemerkungen zu diesem Punkt:

- Natürlich erhebt sich angesichts einer solchen Analyse gleich die Frage, ob es denn dann überhaupt eine umfassende, allgemeingültige Geschichtstheorie geben kann, d. h., ob irgendeine Geschichtstheorie denn reflexiv ist. Nun, die Theorien etwa von Condorcet, Kant und Hegel sind reflexiv (während diejenige von Marx es zum Beispiel nicht ist); daraus folgt natürlich nicht, dass sie wahr sind oder umfassend, aber sie bestehen sozusagen den „Reflexivitätstest".

  Wir kommen in Kap 18.2 ausführlich auf dieses Thema zurück.

- Es ist zwar rein konzeptionell nicht ausgeschlossen, dass eine materielle Geschichtstheorie wenigstens **historisch** funktioniert, d. h., die **bisherigen** Regelmäßigkeiten und Trends der Geschichte erklären kann. M.a.W.: Es ist prinzipiell denkbar, dass **bisher** tatsächlich die materiellen Bedürfnisse des Menschen für die Muster in der Geschichte verantwortlich waren; aber dann müsste man annehmen, dass die **Einschränkung** materieller Motive

[35] Vgl. Galor (2022), Nachwort und S. 313 ff.; Morris (2010), S. 593; Harari (2013), S. 294, S. 506.

zugunsten anderer Motive (wie Gerechtigkeit, Nachhaltigkeit, Erkenntnis, religiöse Gebote u. a.), die vielen Menschen heute wünschenswert erscheint und deren Realisierung viele jedenfalls für prinzipiell möglich erachten, in der Historie systematisch keine ausschlaggebende Rolle gespielt hat. Das widerspricht aber eigentlich der Prämisse 1.

Damit ist theoretisch plausibel gemacht, was durch den faktischen Geschichtsverlauf bestätigt wird: Wie dargestellt, müssen materielle Geschichtstheorien auch rein empirisch als von mehreren Autoren widerlegt angesehen werden.

Unreflektierte ethische Voraussetzungen

Der zweite Grund, warum das – soweit jedenfalls aus den hier diskutierten Büchern selbst entnehmbar – Fehlen einer Beschäftigung mit früheren philosophischen Überlegungen zur Geschichte bedauerlich ist, liegt in der auch damit zu erklärenden unreflektierten Haltung zu **ethischen Fragen.** Alle Autoren – bis auf Diamond, der diesbezüglich am saubersten argumentiert – fällen immer wieder **Werturteile** zur Geschichte aus bestimmten ethischen Prinzipien heraus.

Ganz unabhängig davon, ob/inwieweit man diesen Grundprinzipien zustimmt oder nicht und ob/inwieweit die Ableitung

allgemeines ethisches Prinzip -> konkretes Werturteil

jeweils logisch stringent ist oder nicht: Es fehlt offenbar ein klares Bewusstsein davon, dass eben diese ethischen Grundprinzipien implizit als wahr und allgemeingültig vorausgesetzt werden.

Das zeigt sich

- bei Galor und Morris darin, dass sie explizit von sich behaupten, wertneutral zu arbeiten;
- bei Harari darin, dass er gleichzeitig erklärt, ethische Prinzipien seien kulturabhängig und damit **nicht** allgemeingültig;
- bei Graeber & Wengrow darin, dass sie faktisch eindeutig umstrittene Werturteile als „evident" bezeichnen und durchgehend für ihre Argumentation voraussetzen.

Mit anderen Worten: Ein reflektierter Zugang zu ethischen Fragestellungen hätte vor den entsprechenden Inkonsistenzen, die wir jeweils in den einzelnen Werken festgestellt haben, bewahrt.

***

Fazit

Insgesamt können wir als zusammenfassende Bewertung der jüngsten Literatur zur Menschheitsgeschichte vier Punkte festhalten:

- Diese Werke basieren – zum großen Teil einzeln, auf jeden Fall in ihrer Gesamtheit – auf beeindruckenden *Syntheseleistungen* der verschiedensten wissenschaftlichen Disziplinen: Archäologie, Genforschung, Evolutionsbiologie, Anthropologie, Ökonomie, Klimawissenschaften, Geschichtswissenschaften u. a.; und sie etablieren so ein reiches, differenziertes und strukturiertes Bild der Menschheitsgeschichte seit ca. 10.000 v. Chr.
  Es gelingt ihnen dabei, mit überzeugenden analytischen Kategorien, rein **empirisch** und weitgehend übereinstimmend, **wesentliche Muster** im Geschichtsverlauf – Regelmäßigkeiten und langfristige Trends – herauszuarbeiten.
  Insgesamt ist dies ein sehr **bedeutender Fortschritt** in der Geschichtsschreibung und stellt eine völlig unverzichtbare Basis für jedes heutige Nachdenken über die Geschichte dar.
- Diese Verlaufsmuster deuten nach der Auffassung mehrerer Autoren klar daraufhin, dass die menschliche Geschichte **nicht** einfach dem Zufallsprinzip unterliegt, nicht nur ein richtungsloses Geschehen ist.
  Dem ist zuzustimmen: Die zweifelsfrei vorhandenen Regelmäßigkeiten und Trends sind zwar kein Beweis, aber doch ein starkes Argument dafür, dass diese Geschichte vielmehr einer Gesetzmäßigkeit unterliegt und dass daher eine Geschichtstheorie im Sinne von Kap. 6 möglich ist.

- Was eine solche Geschichtstheorie betrifft – also im Hinblick auf die Aufgabe, die empirisch festgestellten Muster zu **erklären,** d. h. auf grundlegende Prinzipien (und das wiederum bedeutet: auf menschliche Wesenszüge) zurückzuführen –, können die Werke allerdings nicht befriedigen. Soweit eine solche theoretische Grundlegung überhaupt unternommen wird, bleibt sie bruchstückhaft und in ihren Ergebnissen nicht überzeugend.

- Zudem lassen die Bücher fast jegliche **erkenntnistheoretische** Reflexion vermissen. Ein solches Nachdenken über die Voraussetzungen der eigenen Arbeit ist bei der rein empirisch-phänomenologischen Darstellung und Analyse verzichtbar; es ist aber unverzichtbar sowohl bei der theoretischen Grundlegung als auch bei den Werturteilen, die die meisten Autoren bzgl. der Menschheitsgeschichte aussprechen.

9

Fazit zu Teil II

Blickt man auf das Fazit des Kap. 8, so legen sich zwei Folgerungen nahe:

1. Angesichts des heutigen Wissens über den Verlauf der Geschichte ist es – entgegen der Auffassung vieler moderner Geschichtsphilosophen – durchaus rational, den Versuch zu unternehmen, eine Theorie dieses Verlaufs aufzustellen.
2. Bei dieser Aufgabe muss es darum gehen, die im Geschichtsverlauf empirisch festgestellten Muster als Realisierung menschlicher Wesenszüge zu begreifen, d. h., auf der Basis eines vollständigen, expliziten Menschenbildes zu erklären; und es muss darum gehen, dies in einer erkenntnistheoretisch und allgemeiner einer philosophisch reflektierten Art und Weise zu tun.

Im Lichte unserer Analyse in Kap. 7 ist es zudem naheliegend, dabei anzuknüpfen an die bisher letzte philosophische Epoche, die von der Gesetzmäßigkeit der Geschichte und damit von der Möglichkeit einer rationalen Geschichtstheorie überzeugt war: also an die „klassische Geschichtsphilosophie". Wir hatten ja gesehen, dass diese Geschichtsphilosophie zwar „metaphysische" Voraussetzungen macht (d. h., nicht rein empirisch begründet ist), und dass in ihnen die Rolle des einzelnen Menschen nicht befriedigend geklärt ist; dass aber von einem grundsätzlichen Scheitern dieses gedanklichen Ansatzes – jedenfalls auf Basis der seither gegen ihn vorgebrachten Argumente – nicht die Rede sein kann.

Etwas plakativ können wir formulieren: Unsere bisherigen Analysen legen nahe, eine **Synthese** zu versuchen von den **theoretischen Einsichten** der

T. Unnerstall, *Unsere Zukunft wird gut (sehr wahrscheinlich)*,
https://doi.org/10.1007/978-3-662-72484-2_9

klassischen Geschichtsphilosophie und dem **empirischen Wissen** der heutigen Geschichtswissenschaft.

Diesem Versuch ist das vorliegende Buch gewidmet.

Durch die Analyse in Kap. 6 wissen wir, dass die erste Aufgabe dabei darin besteht, eine möglichst umfassende, zutreffende Theorie über das Wesen des Menschen – seine Bedürfnisse/Antriebe/Potenziale/Fähigkeiten und deren innere Struktur – aufzustellen; d. h., die nach heutigem Wissen bestmögliche Antwort auf die Frage „Was ist der Mensch?" zu geben.

Diese Aufgabe ist Inhalt des Teils III des Buches.

Teil III

Was ist der Mensch?

10

Einführung zu Teil III

„Was ist der Mensch?" Diese Frage ist nicht zu Unrecht – unter anderem unter Berufung auf Kant[1] – die „Frage aller Fragen" genannt worden, d. h. letztlich die Kernfrage aller Philosophie und allen Nachdenkens über die Welt.

In jedem Fall ist die Frage auch – jedenfalls in einem bestimmten Sinn – der Schlüssel zum Verständnis und zu jeder Theorie der **Geschichte.**

Diese Einsicht kann man, wie wir in Kap. 6 gesehen haben, als gesichertes Wissen ansehen; sie lag den Überlegungen der klassischen Geschichtsphilosophie der Aufklärung seit Vico zu Grunde (Kap. 7.1), und sie bildet auch den Ausgangspunkt (obgleich meist nur implizit) der jüngsten Werke zur Menschheitsgeschichte (Kap. 8).

Genauer betrachtet, ist die Frage „Was ist der Mensch?" allerdings noch zu allgemein für unsere Zwecke. Man kann sie **ontologisch** verstehen: „Welchen Platz, welche Rolle hat der Mensch im Gesamtkontext des Seins, des Universums? Gibt es etwa eine ‚Bestimmung' des Menschen?" Man kann sie **ethisch** verstehen: „Ist der Mensch im Kern gut oder böse?" Und man kann

[1] *„Das Feld der Philosophie … lässt sich auf folgende Fragen bringen:*

1) Was kann ich wissen?
2) *Was soll ich tun?*
3) *Was darf ich hoffen?*
4) *Was ist der Mensch?*

Im Grunde aber … [beziehen] sich die drei ersten Fragen auf die letzte"
(I. Kant in: „Logik – Ein Handbuch zur Vorlesung" (1806)).

T. Unnerstall, *Unsere Zukunft wird gut (sehr wahrscheinlich)*,
https://doi.org/10.1007/978-3-662-72484-2_10

sie **anthropologisch** verstehen: „Was sind die grundlegenden Bedürfnisse und Antriebe des Menschen, was ist deren Verhältnis untereinander, und welche grundlegenden Potenziale/Fähigkeiten hat er, um diese Bedürfnisse zu erfüllen, die Antriebe in Handeln umzusetzen?"

Letztendlich ist klar, dass diese Fragen miteinander zusammenhängen – eine wahre Philosophie ist notwendigerweise ein **philosophisches System,** das v. a. Logik, Ontologie, Erkenntnistheorie, Anthropologie, Ethik, Geschichtsphilosophie, Rechtsphilosophie umfasst –, aber für unsere Zwecke ist die anthropologische Perspektive ausschlaggebend und auch ausreichend.

Wie aber kann man die Frage nach dem **Wesen des Menschen** in diesem praktischen Sinn, d. h. nach seinen „wesentlichen" (ihm als Mensch, als Exemplar der Art „homo sapiens" zukommenden, von historischer Epoche, Kultur, individuellen Prägungen unabhängigen) Bedürfnissen/Antrieben und Potenzialen/Fähigkeiten, rational beantworten?

Eine Möglichkeit ist (wie in Teil II), sich die bisherigen Antworten der **Philosophie** auf diese Frage vor Augen zu führen und etwa zu untersuchen, ob ein gemeinsamer Kern, ein Konsens, zu erkennen ist.[2]

Eine zweite Möglichkeit ist, die Ergebnisse derjenigen empirischen Wissenschaft anzuschauen, die das Innenleben und das Verhalten des Menschen zum Gegenstand hat: die **Psychologie.**

Ich möchte beide Wege ein Stück weit – in der im Rahmen dieses Buches gebotenen Kürze – verfolgen.

Ich kann mir jedoch vorstellen, lieber Leser, dass sich Ihnen schon längst der Zweifel aufdrängt, ob denn diese Frage, so gewendet, überhaupt sinnvoll ist:

Gibt es überhaupt ein **„Wesen des Menschen"?**

Gibt es überhaupt jenseits der Biologie – d. h. der Grundbedürfnisse des Menschen wie Nahrung, Gesundheit, Sexualität, Sicherheit – wirklich allen Menschen zu allen Zeiten zukommende Bedürfnisse und Antriebe? Oder sind alle über die biologische Programmierung hinausgehenden, insbesondere alle **nicht-materiellen** Bedürfnisse/Antriebe – Ehrgeiz, Herrschsucht, Habgier, Mitgefühl, Liebe, Freiheit, Erkenntnis, Selbstverwirklichung, um nur einige zu nennen – derart kulturell geprägt (und damit zeitlichem Wandel unterworfen), dass sie eben **kein** gemeinsames, überzeitliches, überkulturelles Wesen des Menschen konstituieren?

Nun, schauen wir uns an, was Philosophie und Psychologie zu dieser Frage zu sagen haben.

---

[2] Da wir hier voraussetzen (Prämisse 1), dass dieses Wesen des Menschen zeitlich konstant ist, und da jeder Denker der Geschichte durch Selbstbeobachtung/Selbsterkenntnis und Beobachtung anderer Menschen dieselbe Basis für seine Antworten hatte wie ein heutiger Denker (abgesehen allerdings von den Erkenntnissen der Psychologie und der Neurowissenschaften), haben rein a priori historische Antworten dieselbe Validität, können mit demselben Wahrheitsanspruch auftreten wie heutige Antworten.

11

Antworten der Philosophie

11.1 Aufklärung, Darwin, Max Scheler

Analog zur Darstellung historischer Theorien zum Verlauf der Menschheitsgeschichte beginnen wir hier mit dem Denken der Neuzeit (d. h. ab etwa 1600 n. Chr.). Ich orientiere mich dabei an der knappen, aber – soweit ich es beurteilen kann – alle wesentlichen historischen Gedanken bezüglich des Menschenbildes enthaltenden Darstellung „Philosophische Anthropologie" des deutschen Philosophen Gerald Hartung (2018).

Aufklärung, Darwin

1.

Lange Zeit war das Denken der Aufklärung über den Menschen – von Descartes bis Kant, auch anknüpfend an die griechische Philosophie – vom Prinzip eines grundlegenden **Dualismus** geprägt: dem Dualismus von Leib und Seele, von Natur und Geist; oder vom Menschen als biologisches Wesen und dem Menschen als selbstbewusstes, freies, erkennendes und beurteilendes Wesen.
Als Ausfluss seines **biologischen Wesens** werden dann seine natürlichen („materiellen") Antriebe (inkl. Habgier, Hang zur Faulheit), aber auch seine anderen „Leidenschaften" (Herrschsucht/Machtstreben, Stolz/Eitelkeit, Neid,

T. Unnerstall, *Unsere Zukunft wird gut (sehr wahrscheinlich)*,
https://doi.org/10.1007/978-3-662-72484-2_11

Mitgefühl u. a.) angesehen; als Ausfluss seines **geistigen Wesens** sein Streben nach Freiheit/nach Erkenntnis und seine Fähigkeit zu „vernunftgeleitetem", d. h. an ideellen Motiven orientiertem Handeln.,[1] [2]

Wie in Teil II dargestellt, waren die Denker der Aufklärung auf Basis dieses Menschenbildes davon überzeugt, dass letztlich die geistigen Motive – auch in Auseinandersetzung/im Ringen mit den materiellen Motiven – für die großen Linien im Geschichtsverlauf verantwortlich sind und sukzessive die konkrete menschliche Wirklichkeit (vor allem in Staat und Gesellschaft) prägen.

2.

Über diese allgemeine duale Struktur der menschlichen handlungsleitenden Eigenschaften hinaus findet sich bei Kant eine knappe, aber aufschlussreiche Darstellung dessen, was man als **soziale Antriebe** des Menschen bezeichnen könnte, und die er unter den Begriff „ungesellige Geselligkeit" fasst: *„Der Mensch hat eine Neigung, sich zu vergesellschaften [d. h., die Gemeinschaft mit anderen Menschen zu suchen, TU]); er hat aber auch einen großen Hang, sich zu vereinzeln … [d. h.,] alles bloß nach seinem Sinne richten zu wollen; [mit der Folge], dass er zum Widerstand gegen andere geneigt ist"* (Kant 1794, S. 9). Aus diesem *„Antagonismus"*, so Kant, entspringen Ehrsucht, Herrschsucht, Habsucht, Eitelkeit und damit Zwietracht unter den Menschen (obwohl *„der Mensch…[auch] Eintracht [will]"*). Diese *„natürlichen Triebfedern der Ungeselligkeit"*, sind aber laut Kant gleichzeitig von entscheidender Bedeutung dafür, die Kräfte des Menschen anzuspannen und so die Geschichte voranzutreiben – in deren Verlauf dann diese Antriebe, diese *„selbstsüchtig-tierischen Neigungen"*, zunehmend diszipliniert, von der Vernunft des Menschen gelenkt und schließlich in eine moralisch gute Gesinnung integriert werden (vgl. Condorcet 1794, S. 211/212).

[1] Der Dualismus im Menschenbild spiegelt im Denken der Aufklärung einen grundlegenden Dualismus im Sein wider: Es gibt danach die physikalisch-natürliche Welt, und es gibt eine „metaphysische" ideelle Welt des Seins, die Welt des Wahren und Guten. Der Mensch ist einerseits mit seinem Körper und seinen materiellen Antrieben Teil der physikalischen Welt; andererseits hat er durch seine Vernunft auch Zugang zur ideellen Welt.

[2] Die sich sofort stellende Frage nach dem Verhältnis dieser beiden Seiten bzw. nach dem Ursprung dieses Dualismus wurde auch bei den nicht-religiösen Denkern (meist implizit) dahingehend beantwortet, dass der Mensch eben so geschaffen worden sei. Diese Auffassung wird mit der Entdeckung der Evolutionstheorie unhaltbar; vgl. Punkt 3.

3.

Dieser klassische Dualismus der Aufklärung wurde geistesgeschichtlich dann durch die **Evolutionstheorie** im 19. Jahrhundert nachhaltig infrage gestellt. Der Mensch wurde nicht etwa (direkt) als solcher, als mit Geist ausgestattetes Wesen, geschaffen, wie es die Aufklärer in irgendeiner Form annehmen mussten; sondern er hat sich aus dem Tierreich evolutionär entwickelt. Daher war es zunächst einmal naheliegend, den Dualismus zugunsten der biologischen Seite aufzugeben und den Menschen als „besonders schlaues Tier" zu begreifen (ein Gedanke, den Kant und die anderen Aufklärer vehement abgelehnt haben): *„So groß nun auch … die Verschiedenheit an Geist zwischen dem Menschen und den höheren Tieren sein mag, so ist sie doch sicher nur eine Verschiedenheit des Grades und nicht der Art"* (Darwin, 1875).[3]

4.

Im Gefolge von Darwin traten bald dezidiert naturalistische oder materialistische Menschenbilder in den Vordergrund: die sog. „pragmatische Theorie" (Dewey); und verschiedene Theorien, die jeweils **einem** der menschlichen Bedürfnisse eine dominierende Rolle zuweisen: dem Machtstreben (Nietzsche), seiner wirtschaftlich-materieller Existenz (Marx), dem Geschlechtstrieb (Freud).

Wir gehen auf diese Menschenbilder nicht näher ein – sie sind zweifellos sehr einseitig, und ihnen wurden daher aus verschiedenen philosophischen Richtungen andere, komplexere Menschenbilder entgegengesetzt.

5.

Einig sind sich die meisten der im 20. Jahrhundert folgenden gedanklichen Ansätze aber – gemäß ihrer grundsätzlich „anti-metaphysischen" Haltung – in der Ablehnung des Menschenbildes der Aufklärung.

Es gibt zu dieser generellen Tendenz der nachdarwinschen Philosophie bzgl. des Menschen jedoch eine prominente und wichtige Ausnahme: **Max Scheler** hat 1928 mit seinem Buch: „Die Stellung des Menschen im Kosmos" den Begriff „philosophische Anthropologie" als solchen geprägt[4] und ein

---

[3] Zitiert nach Hartung 2018, S. 52.

[4] *„Schelers kurze Abhandlung ist der klassische Text der philosophischen Anthropologie, gleichsam die Gründungsakte dieser jungen Forschungsrichtung"* (Hartung (2018), S. 136).

Menschenbild entwickelt, das eine Synthese darstellt von den neu gewonnenen naturwissenschaftlichen Erkenntnissen der Evolutionstheorie und den philosophischen Erkenntnissen der Aufklärung.

Max Scheler (1928)

Scheler legt sich im Lichte der Evolutionstheorie explizit die Frage vor, ob ein *„Wesensbegriff des Menschen … der dem Menschen als solchem eine Sonderstellung gibt, die mit jeder anderen Sonderstellung einer lebendigen Spezies unvergleichbar ist, überhaupt zu Recht besteht"* (S. 9).

Seine Antwort ist ein eindeutiges „Ja", und er entwickelt hierzu ein, so könnte man sagen, **dreistufiges Modell:** es gibt die **biologisch-physiologische** Seite des Menschen (hier ist er einfach eine tierische Spezies unter vielen), die **psychische** Seite des Menschen inkl. seiner praktischen instrumentellen Intelligenz (hier ist er zwar allen anderen Tieren weit überlegen, aber diese Seite begründet keinen Wesensunterschied, sondern nur einen graduellen Unterschied), und die **geistige** Seite des Menschen: eine völlig neue Qualität in der Wirklichkeit, die außerhalb der Sphäre und der Kompetenz von Biologie und Psychologie liegt (S. 32).

Die biologische und die psychische Seite des Menschen, so Scheler, seien unterscheidbar, aber eng miteinander verwoben bezüglich Gefühlen, Antrieben, Bedürfnissen, Motiven von Handlungen; beide Seiten seien Gegenstand der empirischen Wissenschaften; und diese „Vitalsphäre" des Menschen ist primär verantwortlich für die „historischen Bewegungen", die einzelnen Ereignisse der Geschichte (S. 55).

Die geistige Seite aber *„macht den Menschen zum Menschen"* (S. 31). Sie ist dadurch charakterisiert, dass der Mensch sich seine eigene physische und psychische Beschaffenheit **gegenständlich** macht, sie dadurch transzendiert und sich von ihr im Grundsatz emanzipiert (S. 35). Ihre Grundbestimmung ist daher die **Freiheit;** und sie verleiht, so Scheler, dem Menschen die Fähigkeit

- sich das „Sosein" seiner Umwelt gegenständlich zu machen (objektiv anzuschauen) und damit Wissenschaft zu betreiben[5];

[5] *„Denn das ist das Große der menschlichen Wissenschaft, dass der Mensch in ihr … langsam ein Bild der Welt zu gewinnen weiß, das … von seiner psychophysischen Organisation, … seinen Bedürfnissen und deren Interessen an den Dingen ganz und gar unabhängig ist."* (S. 39).

- einen ideen- und wertegeleiteten (d. h. rein aus der Vernunft und ihren Bestimmungen abgeleiteten, von seinen individuell-subjektiven Bedürfnissen weitgehend unabhängigen) „geistigen Willen" zu entwickeln und seine Handlungen entsprechend zu lenken (S. 58);
- sich selbst in seiner konkreten Individualität in der historischen Zeit als zufällig und endlich zu begreifen und auf Basis dieser Erkenntnis nach einem dauerhaften, „höheren" (d. h. überindividuellen) Sein/höheren Sinn zu fragen: der Ursprung von Religion und philosophischer Metaphysik.[6]

Auf dieser Grundlage ist die **Menschheitsgeschichte** laut Scheler geprägt vom Spannungsverhältnis zwischen biologisch-psychischen Bedürfnissen/Handlungsmotiven auf der einen Seite und von vernunftgelenkten Werten/Handlungsmotiven auf der anderen Seite. Ihr Verlauf sei insgesamt gekennzeichnet durch eine *„im Großen und Ganzen zunehmende Ermächtigung der Vernunft,... [d. h.] eine zunehmende Aneignung [ihrer] Ideen und Werte durch die großen triebhaften Gruppentendenzen und die Interessensverzahnungen zwischen ihnen"* (S. 57).[7] *„Diese Ideen und Werte werden in der Geschichte der Welt im Menschen und durch den Menschen ... verwirklicht"* (S. 59).[8]

Zusammenfassend ist die philosophische Anthropologie Schelers dadurch gekennzeichnet, dass er einerseits die Erkenntnisse der Evolutionstheorie aufnimmt (insbesondere indem er der Psyche und praktischen Intelligenz eine eigene Sphäre zuweist), andererseits aber auf der Autonomie des Geistes – als zwar evolutionär entstandene, aber gegenüber den Tieren völlig neue Qualität – beharrt. Der klassische Dualismus wird so überwunden und durch eine Triade ersetzt, ohne die Kernüberzeugungen des Menschenbildes der Aufklärung preiszugeben.

---

[6] *Die Idee „eines absoluten Seins, ... gleichgültig, ob sie dem Erleben oder dem Erkennen zugänglich ist, ... gehört ebenso konstitutiv zum Wesen des Menschen wie sein Selbstbewußtsein"* (S. 75).

[7] Scheler widmet seinen Bemerkungen zur Geschichte hier nur ein, zwei Absätze, da die Menschheitsgeschichte nicht sein eigentliches Erkenntnisinteresse ist: Er ist kein Geschichtstheoretiker. Dies ist auch der Grund dafür, dass wir ihn bei unserem Überblick über die Geschichte der Geschichtstheorien nicht erwähnt haben.

[8] Vgl.: *„Die Verlebendigung des Geistes ist das Ziel ... endlichen Seins und Geschehens"* (S. 59), Dies ist letztlich in etwas anderer Darstellung ein gegenüber den Überlegungen von Kant (und Hegel) ähnliches, aber erweitertes Bild der Geschichte.

11.2 Neuere Entwicklungen

1.

Wir haben das Menschenbild von Max Scheler hier auch deshalb ausführlicher dargestellt, weil es der bisher letzte umfassende Entwurf eines – metaphysisch geprägten, von einem unwandelbaren Wesen des Menschen ausgehenden – Menschenbildes ist, der sich selbst als **überzeitlich gültig** begreift. Der Kern fast aller neueren philosophischen Anthropologien ist es demgegenüber, Menschsein als grundsätzlich **soziokulturell und geschichtlich variabel** aufzufassen; und damit auch die Antworten auf die Frage „Was ist der Mensch?" als prinzipiell geschichtlich bedingt – d. h. ohne überzeitliche Gültigkeit – anzusehen.[9]
Dementsprechend legen diese gedanklichen Gebäude den Schwerpunkt darauf, die kulturellen Unterschiede zwischen sozialen Gruppen und Individuen zu analysieren und zu reflektieren; mit dem Grundverständnis, das auch alle geistigen Aspekte des Menschen von Wandelbarkeit, Vielheit und Geschichtlichkeit gekennzeichnet sind.
Diese „Kulturanthropologien" haben laut Hartung (2018) die zweite Hälfte des 20. Jahrhunderts bestimmt; dabei ist *„die grundsätzliche Gleichwertigkeit aller Kulturformen als normative Position gesetzt"* (S. 112).

2.

Diese Arbeiten korrelieren meist mit der Überzeugung, dass es bzgl. der Abgrenzung zwischen Mensch und Tier *„nicht mehr darum [geht], einen Wesensunterschied, sondern einen Unterschied gradueller Entwicklung von Verhaltensweisen und Fähigkeiten zu bestimmen"* (S. 119).
In jüngerer Zeit hat sich auf dieser Basis wieder eine Diskussion um „Human Universals" (Brown 1991) entwickelt – über seine rein biologisch geprägten Charakteristika hinausgehende Merkmale des Menschen (Verhaltensmuster, Einstellungen) also, die nach rein empirischer Analyse als kulturübergreifend charakterisiert werden können; diese Debatte hat aber bisher zu keinen konsensualen, greifbaren Ergebnissen geführt.

---

[9] *„Die Antwort auf die Frage ‚Was ist der Mensch?' wird in den Horizont ‚echter Geschichtlichkeit' gerückt … Jedes Menschenbild hat einen geschichtlichen Index"* (Hartung (2018) S.86 über die sehr einflussreiche Position Helmuth Plessners).

3.

Insgesamt, so resümiert Hartung, hat sich die akademische philosophische Anthropologie der heutigen Zeit davon verabschiedet, den Menschen zu erklären, d. h., nach dem (überzeitlichen) Sein des Menschen, nach seinem **Wesen** zu fragen; an die Stelle tritt eine in erster Linie empirische Forschung bzgl. seiner Artikulationen und Handlungen, *„eine Analyse der unbegrenzten Vielfalt von Denkformen und Möglichkeiten der Lebensgestaltung"* (S. 112). *„Was der Mensch ist, zeigt sich in seinem Tun"* (S. 130).
Entsprechend gilt für das philosophische Menschenbild: *„Am vorläufigen Endpunkt des sozial- und geisteswissenschaftlichen Prozesses hat sich das Bewusstsein von der Geschichtlichkeit, Variabilität und Pluralität aller menschlichen Selbstentwürfe in den Vordergrund geschoben"* (S. 129).[10]

Aus der so charakterisierten aktuellen Antwort der Philosophie auf die Frage "Was ist der Mensch?", folgt unmittelbar, dass dieses Denken keinerlei Beitrag leisten kann zu einer Erklärung der menschlichen Geschichte und ihren Mustern. Eine solche Erklärung, eine Theorie der Geschichte setzt ja gerade voraus, dass es einen unwandelbaren Kern im Menschsein – nicht nur in den primär biologisch geprägten, sondern auch in darüber hinausgehenden Bedürfnissen, Antrieben und Fähigkeiten – gibt, der für die beobachteten Regelmäßigkeiten und Trends der Geschichte verantwortlich ist.
Umgekehrt ist klar: Wenn diese moderne Auffassung wahr ist – wenn es einen solchen unwandelbaren Kern nicht gibt –, dann kann es keine Gesetzmäßigkeit in der Geschichte geben. M. a. W.: Die (Mainstream-)Anthropologie der Gegenwart **impliziert bereits** die (Mainstream-)Geschichtsphilosophie der Gegenwart, die wir in Abschn. 7.3 beschrieben haben.
Was ist von dieser philosophischen Anthropologie der Jetztzeit zu halten?

Bevor ich dazu Stellung nehme, ist es sinnvoll, die zweite naheliegende Quelle eines Menschenbildes, die **Psychologie,** zu befragen.

[10] Vgl. folgende Charakterisierung Hartungs des Grundstandpunktes der heutigen philosophischen Anthropologie: *„Das Bild, das sich [der Mensch] von sich selbst macht, [hat] einen geschichtlichen Index, [ist] soziokulturell variabel und [steht] in Konkurrenz mit einer unbegrenzten Pluralität anderer Selbstbilder"* (S. 130). In diesem Sinne, so konstatiert Hartung, ist *„die Zeit der philosophischen Anthropologie im Sinne einer Grundlagenwissenschaft vorbei"* (S. 115).

12

Antworten der Psychologie

Da sich die Psychologie jedenfalls in erster Linie als **empirische Wissenschaft** begreift, könnte man erwarten oder jedenfalls hoffen, dass sie (in Analogie zu den Naturwissenschaften) in ihrem nunmehr 150–200-jährigen Bestehen einen allgemein akzeptierten Theoriekern entwickelt hat, von dem aus die weitere Forschung – im Sinne von Erweiterung und Differenzierung – stattfindet. Dies ist jedoch **nicht** der Fall.

Vielmehr gibt es eine Pluralität von Theorien, Menschenbildern, Persönlichkeitsmodellen; diese führen dann auch zu sehr verschiedenen Konzepten in der angewandten Psychologie, d. h. vor allem in der Psychotherapie, in der Organisations-/Arbeitspsychologie oder auch in der Pädagogik bzw. Erziehungspsychologie.

Es gab und gibt den Versuch, diese Pluralität durch die Entwicklung einer dezidiert „theoretischen Psychologie" (sozusagen einer Meta-Theorie der verschiedenen psychologischen Theorien) einzuordnen und im Sinne einer Vereinheitlichung aufzulösen, aber diese Versuche haben bisher nicht zu einem greifbaren Ergebnis geführt.[1]

[1] *„Angesichts der überdauernden und unlösbar erscheinenden Kontroversen zwischen den Hauptrichtungen der Psychologie ist eine Vereinheitlichung bis auf weiteres nicht zu erwarten"*

(Wikipedia, „Theoretische Psychologie").

T. Unnerstall, *Unsere Zukunft wird gut (sehr wahrscheinlich)*,
https://doi.org/10.1007/978-3-662-72484-2_12

12.1 Die „Maslowsche Bedürfnispyramide"

Trotz dieses ernüchternden Befundes halte ich es für lohnend, sich eine der wirkungsmächtigsten psychologischen Theorien vor Augen zu führen, nämlich die sogenannte **humanistische Psychologie;** sie ist historisch entstanden aus der Abgrenzung zur Psychoanalyse von S. Freud und zum Behaviorismus und wurde u. a. vom US-amerikanischen Psychologen Abraham Maslow Mitte des 20. Jahrhunderts begründet. Ihr Kern ist die Strukturierung aller wichtigen Bedürfnisse/Antriebe des Menschen.

Nach dieser Theorie kann man folgende Bedürfnisse bzw. daraus erwachsende Handlungsmotive, die jedem Menschen zukommen, unterscheiden.

Elementare Bedürfnisse I = Physische Bedürfnisse:

- Nahrung
- Schlaf
- Schutz vor Nässe und Kälte
- Sexualität

Elementare Bedürfnisse II = Sicherheitsbedürfnisse:

- Gesundheit
- körperliche Sicherheit
- materielle Sicherheit

Soziale Bedürfnisse:

- Kontakte/Beziehungen
- Zuneigung/Liebe
- Gruppenzugehörigkeit

Individualbedürfnisse:

- Anerkennung/Prestige
- Abgrenzung/Autonomie
- Selbstwirksamkeit/Erfolg/Macht

„Höhere" Bedürfnisse:

- Persönlichkeitsentwicklung, Selbstverwirklichung
- kognitive Bedürfnisse (Erkenntnisstreben) und ästhetische Bedürfnisse
- Sinnbedürfnis, Bedürfnis nach Transzendenz (nach einem „höheren" Sein)

Diese Bedürfnisse werden oft in die (nicht von Maslow selbst stammende) **„Maslowsche Bedürfnispyramide"** eingeordnet, mit dem Verständnis, dass es eine gewisse „Hierarchie" menschlicher Bedürfnisse gibt: Zuerst müssten, so die Überlegung, die elementaren Bedürfnisse bis zu einem gewissen Grade befriedigt sein, bevor soziale und Individualbedürfnisse handlungsleitend werden; ebenso sei die Erfüllung von bestimmten sozialen und Individualbedürfnissen i. d. R. Voraussetzung für den Vorrang höherer Bedürfnisse im Motivspektrum des Menschen.

Es ist aber wichtig – und kann, denke ich, auch als weitgehender Konsens in der Psychologie angesehen werden –, dass dabei gilt:

- Die genauere Ausprägung und die relative Stärke dieser Bedürfnisse ist signifikant sowohl individuell verschieden als auch kulturell geprägt (und damit auch geschichtlichen Wandlungen unterworfen). Eine jederzeit und für jeden Menschen gültige und in diesem Sinne **strenge Hierarchie existiert** also **nicht.**
- Mit dieser Aussage kompatibel ist aber die Annahme, dass es eine solche Hierarchie im Sinne von **Wahrscheinlichkeit** gibt: In dem Maße, wie die elementaren und dann die sozialen und Individualbedürfnisse erfüllt sind, steigt die Wahrscheinlichkeit, dass die höheren Bedürfnisse Vorrang genießen, d. h. in der eigenen Zielhierarchie weit oben stehen/zunehmend handlungsleitend werden.
- Die Bedürfnisse sind in dem Sinne nicht streng voneinander zu trennen, dass es vielfältige gegenseitige Beeinflussungen und auch Übergangsbereiche zwischen ihnen gibt.
- In konkreten Situationen ist es eher die Regel als die Ausnahme, dass in einer wichtigeren Entscheidungssituation jede Handlungsoption ein oder mehrere bestimmte Bedürfnisse erfüllt, andere aber konterkariert oder sogar negiert, sodass der Mensch genötigt ist, eine Wahl zu treffen, eine (jedenfalls temporäre) **Priorisierung** von Bedürfnissen vorzunehmen (vgl. Kap. 6.2).
- Wie diese Wahl ausfällt, d. h., welche der menschlichen Bedürfnisse in bestimmten Lebenssituationen konkret handlungsbestimmend bei einem Menschen sind, ist wiederum von seiner kulturellen Prägung, seiner

Persönlichkeit (die sich zudem im Laufe seines Lebens verändert) und seinen Erfahrungen beeinflusst.[2] Sie ist aber nicht determiniert: Der Mensch hat im Grundsatz einen freien Willen.
- Dabei – und das ist ein wesentlicher weiterer Faktor – wird die Komplexität der menschlichen Handlungsrealität dadurch erhöht, dass die Entscheidungen des Menschen, diese Wahl zwischen Handlungsoptionen (nicht nur seinen eigenen unmittelbaren Bedürfnispräferenzen, sondern) oft auch **externen Einflüssen** unterliegt: insbesondere Sanktionsandrohungen bzw. Belohnungsperspektiven (der Familie, der Gruppe, der Gesellschaft).

12.2 Folgerungen

Schaut man auf die Strukturierung der menschlichen Bedürfnisse in der humanistischen Psychologie, so sind im Hinblick auf unsere ursprüngliche Fragestellung folgende Aspekte von Bedeutung:

1. Die elementaren Bedürfnisse des Menschen – die mit den Grundgefühlen, Hunger, Durst, Müdigkeit, Frieren, Libido, Schmerz, Angst verbunden sind – gehören im Schwerpunkt eher in den Bereich der **Biologie**.
2. Auf der anderen Seite des Spektrums wird das Bedürfnis nach Erkenntnis und nach „höherem" Sinn (d. h. religiöse, metaphysische Bedürfnisse) – das also, was man auch als seine geistigen Antriebe ansprechen könnte – zwar genannt, aber in der Regel nicht eigentlich als von der Psychologie näher zu betrachten eingestuft: Hierzu wird vielmehr auf die **Philosophie** verwiesen.
3. Insofern kann man als **psychische Bedürfnisse im engeren Sinne** die sozialen Bedürfnisse und die Individualbedürfnisse bezeichnen; wobei es, so könnte man wohl sagen, sicherlich Übergangsbereiche gibt:
   - materielle Sicherheitsbedürfnisse im Übergang von elementaren Bedürfnissen zu den psychischen Bedürfnissen;
   - das Bedürfnis nach Selbstverwirklichung im Übergang von psychischen Bedürfnissen zu geistigen Bedürfnissen.

[2] In diesem Zusammenhang ist die in dieser Explizitheit recht neue Erkenntnis wichtig, dass der Mensch aus rein biologischer Perspektive – als signifikanter Unterschied zu Tieren – eine große **Formbarkeit** aufweist: Er kommt sozusagen halbfertig zur Welt, und seine kognitive und emotionale Ausstattung im Detail – d. h. seine individuelle Psyche – ist in hohem Maße von Eindrücken, Erfahrungen, Prägungen nach seiner Geburt abhängig.

4. Die **Psychologie** beschäftigt sich demnach in erster Linie mit den **sozialen und den Individualbedürfnissen** des Menschen; ihrem Verhältnis untereinander; ihren individuellen Ausprägungen und Beeinflussungen durch Kultur, Erziehung, Erfahrung, Moralvorstellungen/gesellschaftlichen Regeln; ihren Auswirkungen auf individuelle Handlungen, Entscheidungen, auf Lebenszufriedenheit, auf das jeweilige persönliche Umfeld; ihren Auswirkungen auf das berufliche Umfeld, auf die Gesellschaft; und mit den psychischen Problemen/Krankheiten, die in diesen Kontexten auftreten können und auftreten.[3]

Die für uns zentrale Frage ist dann die, ob – bei allen kulturell und individuell bedingten Unterschieden – die von der humanistischen Psychologie etablierte Grundstruktur der menschlichen Bedürfnisse/Antriebe und insbesondere seiner psychischen Bedürfnisse/Antriebe **geschichtlich konstant** ist: ob sie für die Jäger und Sammler und für einen chinesischen Bauern im Jahr 5000 v. Chr. genauso galt wie für einen Bewohner des römischen Reiches, einen indischen Raja und für Nelson Mandela.

Diese Frage kann von der Psychologie strenggenommen nicht beantwortet werden: Ihre empirische Methodologie basiert nur auf den heute lebenden Menschen. Implizit setzt sie aber einen solchen überzeitlichen, überkulturellen Charakter voraus: Denn zum einen sollen ihre Theorien (wie die Theorien jeder empirischen Wissenschaft) in der Regel überkulturelle Gültigkeit besitzen, und zum anderen wird vor 100 Jahren entstandenen Werken der Psychologie grundsätzlich volle Relevanz auch für die heutigen Menschen zugestanden.[4]

---

[3] Zur Strukturierung dieser Sphäre der psychischen Bedürfnisse im engeren Sinne gibt es neben den an Maslow angelehnten, hier dargestellten Kategorien auch andere Modelle, so zum Beispiel

- die „Selbstbestimmungstheorie", die drei Grundkategorien zugrunde legt:
  - soziale Eingebundenheit,
  - Autonomie,
  - Kompetenz/Lernbedürfnis.
- Die „Konsistenztheorie", die vier Kategorien zugrunde legt:
  - Bindungsbedürfnis,
  - Bedürfnis nach Orientierung und Kontakt,
  - Bedürfnis nach Selbstwerterhöhung und Schutz,
  - Bedürfnis nach Lustgewinn und Unlustvermeidung.

Diese Frage der genauen Kategorisierung ist jedoch für unsere Zwecke in dem vorliegenden Buch nicht von entscheidender Bedeutung.

[4] Z. B. „Priniciples of Psychology" von William James 1890; „Vorlesungen zur Einführung in die Psychoanalyse" von Sigmund Freud 1917/18; „Die Beziehung zwischen dem Ich und dem Unbewussten" von C. G . Jung 1928.

Anders formuliert: Das oben skizzierte „Menschenbild“ der humanistischen Psychologie – die Kernbedürfnisse/Antriebe des Menschen, ihre Struktur und seine Fähigkeit, innerhalb dieses Spektrums jeweils im Prinzip freie Entscheidungen zu treffen – wird als in seiner DNA verankert angesehen. Die genaue Ausprägung ist dann, wie oben geschildert, individuell verschieden; d. h., sie ist zum einen individuell-genetisch beeinflusst und zum anderen (vgl. Fußnote 2) von den vielfältigen Einflüssen nach seiner Geburt geformt.

13

Zusammenfassung und Abgleich

Schauen wir uns nun im Zusammenhang die Ergebnisse der philosophischen Anthropologie und der Psychologie bis heute an, d. h. deren Antworten auf die Ausgangsfrage: „Was ist der Mensch?"

Es gibt zunächst ein **Spannungsverhältnis** zwischen der Grundposition der gegenwärtigen philosophischen Anthropologie: „Es gibt kein überzeitliches ‚Wesen' des Menschen; alles Menschsein – jenseits der elementaren (biologisch kategorisierten) Bedürfnisse – ist soziokulturell bedingt und von der historischen Epoche abhängig", und dem oben skizzierten Menschenbild der humanistischen Psychologie. Letzteres ist zwar innerhalb der Psychologie nicht unumstritten und kann nicht als wissenschaftlich gesichertes Ergebnis charakterisiert werden; aber es stellt zumindest die Herausforderung in den Raum, sich damit auch philosophisch zu beschäftigen.

Anders formuliert: Das Menschenbild der humanistischen Psychologie steht grundsätzlich dem Menschenbild der Aufklärung/Max Schelers näher als den derzeit dominierenden anthropologischen Auffassungen in der Philosophie.

Auch bzgl. konkreter Inhalte ist es nicht schwer, wesentliche Aussagen über den Menschen, die sich in den Werken der Aufklärung finden, weitgehend zu parallelisieren mit den Aussagen der humanistischen Psychologie, obwohl sich die Begrifflichkeiten natürlich unterscheiden.

Besonders bemerkenswert ist hier Kants Einsicht in die „ungesellige Geselligkeit" des Menschen, die strukturell den Individualbedürfnissen auf der einen Seite und den sozialen Bedürfnissen auf der anderen Seite entspricht.

T. Unnerstall, *Unsere Zukunft wird gut (sehr wahrscheinlich)*,
https://doi.org/10.1007/978-3-662-72484-2_13

Allerdings ist die moderne Psychologie hier ungleich differenzierter und expliziter; und vor allem, so könnte man formulieren, kommt erst durch sie das Individuum – nicht abstrakt, als „Exemplar der Gattung Mensch“, sondern – als **konkreter einzelner Mensch** in seiner inneren Komplexität und Variabilität wirklich in den Blick, wird ernst genommen und Gegenstand wissenschaftlicher Theoriebildung.[1]

Ebenso bemerkenswert ist m. E. die Möglichkeit, unschwer eine Kongruenz herzustellen zwischen der Kategorisierung der humanistischen Psychologie und dem Menschenbild Max Schelers im Sinne einer Dreistufigkeit der menschlichen Antriebe:

biologische Seite <–> Elementare Bedürfnisse,
psychische Seite <–> Individual- und soziale Bedürfnisse,
geistige Seite <–> „höhere Bedürfnisse“.

Mit diesem Hintergrund wenden wir uns jetzt dem letztlich entscheidenden Punkt zu, der **innerphilosophischen Auseinandersetzung** zwischen den anthropologischen Positionen der klassischen Philosophie und Max Schelers auf der einen Seite und der modernen philosophischen Anthropologie auf der anderen Seite: Gibt es ein überzeitliches, überkulturelles Wesen des Menschen - nicht nur bzgl. elementarer, primär biologisch beschreibbarer Bedürfnisse/Antriebe und bzgl. einiger psychischer Grundstrukturen, sondern auch bzgl. des vollen Spektrums der Individual- und sozialen Bedürfnisse und bzgl. seiner geistigen Antriebe und Fähigkeiten?

Insbesondere: Gibt es ein – im Kern allen Menschen als Mensch innewohnendes – **Streben nach** Erkenntnis und „höherem“ (d. h. überindividuellem, überzeitlichem) Sinn? Und gibt es die korrespondierende **Fähigkeit zur** Emanzipation von seinen individuellen Besonderheiten/kulturellen Geprägtheiten und damit zu „objektiver“ (d. h. nicht subjektabhängiger) Erkenntnis und zu „vernunftgeleitetem“ (d. h. an bestimmten ideellen Motiven orientiertem, uneigennützigem) Handeln?

Die klassische Philosophie bejaht dies und hält die geistige Seite für die entscheidende (weil die Vergangenheit und Zukunft der Menschheit in den großen Linien bestimmende) inhaltliche Charakterisierung des Wesens des Menschen; der Mainstream der heutigen Philosophie verneint dies oder hält jedenfalls diese Aspekte – im Vergleich zu den kulturellen und individuellen

[1] Das größte Defizit der klassischen Philosophie ist es aus meiner Sicht, die Rolle des Individuums und seiner konkreten Lebensrealität unterbestimmt und unterschätzt zu haben. Vgl. Kap. 7.2, Fazit.

Geprägtheiten – für nicht so relevant, dass sie die Konzeption eines (zeitlosen, kulturunabhängigen) „Wesens des Menschen“ rechtfertigen würden.

Man kann diesen fundamentalen Unterschied in der Auffassung vom Menschen auch folgendermaßen formulieren:

Ist die Vernunft, sind die geistigen Fähigkeiten des Menschen im Kern **nur** Werkzeug, nur Mittel, um die aus den individuellen biologischen und psychischen Bedürfnissen erwachsenden Ziele/Zwecke zu erfüllen (= der Mensch ist ein schlaues Tier); oder ist die Vernunft **auch** eine eigenständige, gemeinsame Instanz im Menschen, die von den individuellen biologischen und psychischen Bedürfnissen und Prägungen unabhängige (Erkenntnisse gewinnen und) Ziele/Zwecke setzen kann?

Im Folgenden werde ich die letztere Auffassung die „klassische Position“ nennen, die erstere Auffassung die „moderne Position“ (wissend, dass es viele Unterschiede innerhalb der jeweiligen Positionen gibt, und dass es auch heute Philosophen gibt, die eine klassische Position vertreten).

Wer hat Recht?[2]

[2] Bezüglich dieser Frage gibt es eine charakteristische Asymmetrie in den beiden Positionen:

Die klassische Position hält die moderne Position für falsch; der modernen Position wohnt die Schwierigkeit inne, dass sie die klassische Position auf der einen Seite eigentlich für überholt und veraltet hält; auf der anderen Seite aber (wenn sie ehrlich zu sich selbst ist) sagen muss: „Keine von beiden hat mehr Recht als die andere, da alle Auffassungen bzgl. des Menschen zeitlich und kulturell bedingt und damit prinzipiell gleichberechtigt sind.“

Auf diesen formalen Unterschied (und seine Implikationen) wollen wir aber jetzt nicht weiter eingehen und uns auf die inhaltliche Fragestellung konzentrieren.

14

Die entscheidende Frage: geistige Antriebe und Fähigkeiten des Menschen

Unstrittig zwischen beiden Positionen und auch der Psychologie ist das **faktische Vorliegen** und auch die **geschichtliche Wirkungsmacht** von Antrieben im Menschen, die – im (jedenfalls vordergründigen) Gegensatz zu allen anderen Bedürfnissen, die sich auf das konkrete Leben der eigenen Person beziehen – auf die eigene Person transzendierende Inhalte gerichtet sind.

Diese Antriebe nehmen empirisch-phänomenologisch vor allem **drei Formen** an:

1. Die geschichtlich wichtigste und augenfälligste Form ist das Bedürfnis, als einzelner Mensch an einem „höheren" - d. h. jedem einzelnen Menschen übergeordneten – Sein und Sinn zu partizipieren (und daraus Befriedigung, Kraft, Trost zu schöpfen). Die Antwort auf dieses Bedürfnis war und ist primär die **Religion:** Mit wenigen Ausnahmen haben alle Kulturen zu allen Zeiten Religionen entwickelt, an die jeweils die ganz überwiegende Mehrheit der Mitglieder dieser Kultur geglaubt haben. Auch heute bezeichnet sich die klare Mehrheit der Weltbevölkerung als religiös (vgl. Kap. 4.8).
2. Die zweite (z. T. verwandte) Form hat u. a. Max Weber treffend charakterisiert: *„Die letzten und höchsten Werturteile, die unser Handeln bestimmen und unserem Leben Sinn und Bedeutung geben, werden von uns als etwas objektiv Wertvolles empfunden … Nur unter dieser Voraussetzung hat [es] Sinn, [sie] nach außen zu vertreten"* (Weber (1904), S. 190, vgl. S. 260).

T. Unnerstall, *Unsere Zukunft wird gut (sehr wahrscheinlich)*,
https://doi.org/10.1007/978-3-662-72484-2_14

In der Tat: Der Mensch hat das Bestreben, wesentliche Meinungen und Überzeugungen seiner Person zu kulturellen, gesellschaftlichen oder politischen Themen nicht nur als seine persönliche Präferenz zu interpretieren, sondern ihnen (auch ohne metaphysische Absicherung) einen allgemeinen – auch für seine Mitmenschen gültigen – Wert und Wahrheit zuzusprechen. Daraus erwächst, oft auch gekoppelt mit dem Bedürfnis nach Gruppenzugehörigkeit, die geschichtliche Wirkungsmacht von **Ideologien und politischen Ideen,** aber auch von moralischen Überzeugungen.

3. Die dritte, seltenere Form ist das Streben nach Transzendieren des eigenen Lebens durch **wissenschaftliche Erkenntnis,** das z. B. Albert Einstein schön beschrieben hat: *„Als ziemlich frühreifem jungem Menschen kam mir die Nichtigkeit des Hoffens und Strebens lebhaft zum Bewusstsein, das die meisten Menschen rastlos durchs Leben jagt … Jeder war durch die Existenz seines Magens dazu verurteilt, an diesem Treiben sich zu beteiligen. Der Magen konnte durch solche Teilnahme wohl befriedigt werden, aber nicht der Mensch als denkendes und fühlendes Wesen … [Also strebte ich danach (TU)], mich aus den Fesseln des „Nur-Persönlichen" zu befreien, aus einem Dasein, das durch Wünsche, Hoffnungen und primitive Gefühle beherrscht ist. Da gab es draußen diese große Welt, die unabhängig von uns Menschen da ist und vor uns steht wie ein großes, ewiges Rätsel, wenigstens teilweise zugänglich unserem Schauen und Denken. Ihre Betrachtung wirkte als eine Befreiung, und ich merkte bald, dass so mancher, den ich schätzen und bewundern gelernt hatte, in der hingebenden Beschäftigung mit ihr innere Freiheit und Sicherheit gefunden hatte. Das gedankliche Erfassen dieser außerpersönlichen Welt im Rahmen der uns gebotenen Möglichkeiten schwebte mir … als höchstes Ziel vor."*[1]

Unstrittig ist also das Vorhandensein und die geschichtliche Bedeutung dieser geistigen Antriebe. Radikal unterschiedlich ist jedoch die **Interpretation** dieser menschlichen Eigenschaft bei beiden Positionen.

Für die **klassische Position** sind die geistigen Antriebe des Menschen und v. a. seine Fähigkeit zu objektiver Erkenntnis, zur Erschließung überindividueller, „vernünftiger" Inhalte, schlechthin konstitutiv: Erst diese Antriebe und diese Fähigkeit machen den Menschen zum Menschen und konstituieren damit auch den entscheidenden Unterschied zum Tierreich.

Und wie lautet die Interpretation innerhalb der **modernen Position?**

[1] Albert Einstein 1946, „Autobiographisches", S. 1ff.

Diese Art von Bestrebungen kann nur als ein offenbar relativ verbreiteter und auch historisch bisher ziemlich konstanter formaler psychischer Aspekt des Menschen gedeutet werden, der auch oft stark durch das Bedürfnis nach Gruppenzugehörigkeit, nach gemeinsamem Erleben und Handeln bedingt ist; und dessen Umsetzung in religiöse Überzeugungen/in Werturteile/in Erkenntnis in jedem Fall, was die konkreten Inhalte angeht, kulturell und zeitlich sehr stark variiert, eine „unbegrenzte Vielfalt“ aufweist.

Was ist von dieser Interpretation zu halten?

Lieber Leser, ich komme jetzt zur vielleicht wichtigsten Passage in diesem Buch. Ich behaupte nämlich, dass diese Interpretation und damit die moderne Position **nicht haltbar** ist: dass sie wesentliche empirische Phänomene nicht erklären kann, und zwar **prinzipiell,** qua Ansatz, nicht erklären kann. Zur Untermauerung dieser Behauptung werde ich schwerwiegende, mit der modernen anthropologischen Position nicht erklärbare Fakten unter folgenden Stichworten diskutieren:

(a) Potenzielle Dominanz des Bedürfnisses nach Transzendenz
(b) Naturwissenschaften und Mathematik
(c) Ethische Grundprinzipien
(d) Weitere Wissenschaften
(e) Kunst.

(a) Potenzielle Dominanz des Bedürfnisses nach Transzendenz

Faktum ist zunächst, dass die geistigen Antriebe – und zwar bei allen drei skizzierten Formen – **dominant** sein können; d. h., sie können handlungsleitend sein in dem Sinne, dass Menschen bereit sind, für ihren Glauben, für ihre moralischen oder politischen Überzeugungen, für die wissenschaftliche Wahrheit praktisch alle anderen Bedürfnisse hintenanzustellen. Wohlgemerkt: Für eine ganz außerhalb ihrer individuellen Person liegende, nicht-materielle Idee sind Menschen bereit, persönliche Opfer zu erbringen – von Einschränkungen ihrer biologischen Bedürfnisse über Isolation von anderen Menschen und Verzicht auf Macht und Ruhm bis hin sogar zum Tod.

Diese Dominanz ist sicherlich nicht die Regel, aber sie war und ist – in sehr vielen Abstufungen – auch nicht selten; und sie kulminiert historisch immer wieder in überaus beeindruckenden und inspirierenden Persönlichkeiten: von Sokrates und Siddhartha Gautama über Jeanne d'Arc und Sophie Scholl bis hin zu Mahatma Gandhi und Nelson Mandela.

Zweierlei scheint mir hier bemerkenswert zu sein:

- Dieses Phänomen ist erstens nicht nur ein „gradueller Unterschied in Verhaltensweisen und Fähigkeiten" zwischen Tier und Mensch, sondern ein **qualitativer** Unterschied: Tiere sind prinzipiell an die eigenen biologischen und psychologischen Bedürfnisse gebunden.
- Zweitens geht es bei den „Ideen", für die Menschen historisch-faktisch unter Einschränkung/Aufgabe vieler anderer Bedürfnisse eingetreten sind – nicht immer, aber nicht selten –, um solche, die nicht an ihre Kultur und ihre Zeit gebunden sind, d. h. **universalen Charakter** haben.

Einer der wichtigsten solcher konstanten universellen Inhalte sind die mathematischen und naturwissenschaftlichen Gesetze.

(b) Naturwissenschaften und Mathematik

Fast jedes Kind auf diesem Planeten lernt in der Schule den „Satz des Pythagoras" - ein mathematisches Theorem, das vor deutlich über 2000 Jahren (wahrscheinlich in mehreren Kulturen unabhängig voneinander) entdeckt wurde; und das „Archimedische Prinzip" in der Physik, das aus dem dritten Jahrhundert v. Chr. stammt.

Eine simple Tatsache – aber sehr bemerkenswert. Eine ebenso simple Tatsache ist es, dass ein beliebiger wissenschaftliche Artikel in einer naturwissenschaftlichen Fachzeitschrift heute nicht selten von 15, 20 oder mehr Autoren stammt, die aus mehreren Forschungseinrichtungen in drei oder vier Kontinenten kommen.

Wie könnte das sein, wenn Menschsein tatsächlich prinzipiell (d. h. nicht nur bzgl. einzelner Aspekte) „soziokulturell gebunden und von der historischen Epoche abhängig" wäre? Offenbar ist der Mensch zu Erkenntnis fähig, die unabhängig von seiner Person, seiner Kultur und seiner Zeit ist und die genau deshalb jeder andere Mensch zu jeder anderen Zeit in jeder anderen Kultur nachvollziehen kann und daraufhin als „wahr" charakterisieren wird.

Genau das ist auch der Grund, warum es das geschichtliche Muster des wissenschaftlichen Fortschritts und des darauf aufbauenden technischen Fortschritts gibt. Weil eine richtige physikalische Theorie unabhängig davon ist, von wem, wann, wo sie entdeckt wurde, kann prinzipiell jeder andere Mensch irgendwann, irgendwo diese Theorie darauf aufbauend prüfen, verbessern, erweitern – dadurch nämlich, dass er dieselbe Fähigkeit wie der Entdecker hat,

unabhängig von seinen subjektiven Bedürfnissen, seiner psychischen Ausstattung und seiner kulturellen Prägung wissenschaftlich zu arbeiten.[2]

Genau diese und nur diese Fähigkeit des Menschen, sich im Denken unabhängig von seiner konkreten individuellen Verfasstheit zu machen, ermöglicht und erklärt den wissenschaftlichen und technischen Fortschritt – über die Jahrtausende und über alle Kulturen hinweg.

Man könnte auch formulieren: **Naturwissenschaften und Mathematik stiften eine zeitlose Gemeinsamkeit zwischen allen Menschen.**[3]

(c) Ethische Grundprinzipien

Weitere bedeutsame, zeitlose Gemeinsamkeiten zwischen den Kulturen finden sich in der Ethik, d. h. in den Vorstellungen von „Gut und Böse":

- Die sogenannte „goldene Regel" der Ethik („Behandle andere so, wie du von ihnen behandelt werden willst") wurde unabhängig voneinander bereits vor der Zeitenwende in verschiedenen Kulturkreisen (China, Indien, griechisch-römische Antike) formuliert und hat bis heute – unbeschadet vieler Differenzierungen – nichts von ihrer Bedeutung verloren.
- „Gerechtigkeit" und „Wissen/Weisheit" gelten nicht nur in der europäischen Tradition – von Platon und Cicero über Augustinus, Thomas von Aquin und die Denker der Aufklärung bis heute — als Kardinaltugenden; sie wurden auch von Konfuzius und in der indischen Geschichte als zentrale ethische Gebote angesehen.
- Im Behandlungszimmer meines Hausarztes in einer kleinen hessischen Gemeinde hängt eingerahmt der „Hippokratische Eid"[4] – ein aus der griechischen Blütezeit stammender Text, der ethische Maximen für das ärztliche Tun aufstellt. Er hängt dort nicht aus medizinhistorischen Gründen, sondern weil sich auch heutige Ärzte vielen dieser Leitlinien verpflichtet fühlen.

---

[2] Ein schönes Beispiel dafür ist die Geschichte der Zahl 0. In voller Klarheit wohl zuerst in Indien reflektiert (7. Jahrhundert n. Chr.), wurden die mathematischen Regeln bzgl. der 0 von dem iranischen Mathematiker al-Chwarizmi (dessen Name übrigens noch heute im Begriff „Algorithmus" erhalten ist) im 8. Jhdt. weiter ausgearbeitet und verbreitet, bevor dann die europäischen Mathematiker ab ca. 1600 beim Rechnen mit der 0 und allgemein in der Mathematik die Führungsrolle übernahmen.

[3] Sehr schön hat das schon vor über 200 Jahren der englische Denker Thomas Paine (später einer der Gründerväter der USA) beschrieben: *„Die Wissenschaft, keines Landes Partei ergreifend, hat großzügig einen Tempel errichtet, in dem alle sich zusammenfinden können"* (zitiert nach Pinker (2018), S. 837).

[4] Der Text stammt, soweit es die heutige Forschung beurteilen kann, nicht vom griechischen Arzt Hippokrates (ca. 460–370 v. Chr.) selbst; aber wohl aus seiner Zeit/seinem weiteren Umfeld.

Ich denke, man kann über diese Beispiele hinaus auch dahingehend argumentieren, dass es in den letzten Jahrhunderten auf ethischem Gebiet kulturübergreifend (nicht nur Konstanz, sondern) tatsächlich **Fortschritt** gibt: und zwar – in gewisser Analogie zum Verhältnis von Naturwissenschaft und Technik – sowohl auf theoretischem Gebiet als auch in der gesellschaftlichen Realität: Einsicht in das Unrecht und dann weitgehende Abschaffung der Sklaverei; Einsicht in die Unangemessenheit und daraufhin deutlicher Rückgang von Kriegen zwischen Ländern;[5]; Einsicht in die Bedeutung der allgemeinen Menschenrechte und sukzessive Umsetzung in gesellschaftliche Realität.

Natürlich gibt es große Unterschiede in der praktischen Realisierung dieser Menschenrechte; aber sie sind mittlerweile in praktisch allen Ländern in den Verfassungen codiert und Teil der „offiziellen" Politik, was noch vor 200 Jahren völlig undenkbar war. Darüber hinaus bilden sie auch die Grundlage für die Zusammenarbeit aller Nationen in der UN.

Für unsere Zwecke ist aber v. a. folgender Aspekt von Bedeutung: In praktisch allen Ländern berufen sich Menschen aus unterschiedlichsten Kulturen auf die Menschenrechte, erachten sie als **universal** und damit auch für ihre Kultur gültig: chinesische Bürgerrechtler, iranische Studenten oder afghanische Frauen, um nur einige wenige Beispiele aufzuführen.

Welche menschliche Eigenschaft erklärt die hier aufgeführten empirischen Phänomene, wenn nicht die Annahme, dass der Mensch prinzipiell zu von seiner Kultur und seiner eigenen Individualität unabhängigem ethischen Denken und Fühlen in der Lage ist und er dann – z. T. auf der Basis von Kenntnis der Gedanken anderer Menschen zu anderen Zeiten – oft zu den o. g. universalen Überzeugungen kommt?

(d) Weitere Wissenschaften

In der Sphäre des rationalen Denkens gibt es das Phänomen **zeitlicher, kulturunabhängiger Konstanz** nicht nur in den Naturwissenschaften und

[5] Im Buch „Die Schlafwandler" (2013) von Christopher Clark über die Entstehung des ersten Weltkrieges wird u. a. eines sehr deutlich: In den Jahrzehnten vor dem 1. Weltkrieg galt der (zwischenstaatliche) Krieg in allen europäischen Ländern als – nicht unbedingt wünschenswertes, aber letztlich – **legitimes Mittel** der Politik zur Durchsetzung nationaler Interessen; und zwar jeweils gleichermaßen in der Politik selbst, in der Gesellschaft, in den Medien und ohnehin im Militär. Diese Haltung hat sich in weiten Teilen der Welt (leider mit einigen Ausnahmen wie etwa Russland, wie wir wissen) fundamental und auch – ich denke, das kann man sagen – irreversibel geändert.

bzgl. ethischer Grundprinzipien, sondern auch in anderen Wissenschaften: in der Philosophie, der Geschichtswissenschaft, der Ökonomie.

Einige Beispiele:

- Platonische Dialoge sind Gegenstand von philosophischen Studiengängen an vielen Universitäten weltweit; nicht primär aus historischem Interesse, sondern weil sie Argumentationssequenzen enthalten, die auch für das heutige Denken maßgeblich sind (s. auch Persönlicher Exkurs IV: Griechische Philosophie im 20. Jahrhundert).
- Die Unterscheidung von „Anlass" und „Grund" für einen Krieg, die Thukydides im fünften Jahrhundert v. Chr. zum ersten Mal in Bezug auf den peloponnesischen Krieg entwickelte, ist ebenso die Basis für viele heutige Geschichtswerke, z. B. die Analyse von Christopher Clark in Bezug auf den ersten Weltkrieg, 2400 Jahre später („Die Schlafwandler", Clarke 2013).
- Oft wird Adam Smiths bahnbrechendes Werk „Der Wohlstand der Nationen" von 1776 als theoretische Grundlegung der Marktwirtschaft
- gesehen; und da die Marktwirtschaft – in vielen Variationen – das Wirtschaftssystem fast aller Länder der Erde ist, wirken diese Gedanken auch nach 250 Jahren kulturübergreifend fort.

Persönlicher Exkurs IV: Griechische Philosophie im 20. Jahrhundert

Es gibt wenige Werke, die mich als Student persönlich mehr beeindruckt haben als die „Apologie des Sokrates" und „Kriton" von Platon; nicht als Kunstwerk und nicht als ***historisch*** *bedeutsame menschliche Äußerung, sondern weil dort Gedanken formuliert werden, die mir „wahr", für mich und mein Denken relevant erschienen.*

Wie kann das sein, dass vor 2500 Jahren – in einer in sehr vielen Beziehungen sehr anderen Kultur – entstandene Gedanken diese Wirkung entfalten?

Die moderne Anthropologie steht achselzuckend vor einem solchen Phänomen, muss es als zufällige Koinzidenz deuten, d. h., kann es nicht erklären.

(e) Kunst

Aus meiner Sicht besonders beeindruckend sind auch die geschichtlichen Konstanten in der Kunst. Der bedeutende (Kunst-)Historiker Jacob Burckhardt schrieb dazu: „*Kunst und Poesie … sind … eine … ideale Schöpfung, der bestimmten einzelnen Zeitlichkeit enthoben, irdisch-unsterblich, eine Sprache für alle Nationen. … Ihre Werke … [leben] weiter, um die spätesten Jahrtausende zu befreien, zu begeistern und geistig zu vereinen*“ (Burckhardt (1872), S. 69).[6]

In der Tat: Wollte man ernsthaft leugnen, dass es Kunstwerke gibt, die Menschen überall auf der Welt seit Jahrhunderten berühren, inspirieren und „erheben“ — etwa die ägyptischen Pyramiden, Buddha-Statuen, Michelangelos Pietá, der Taj Mahal?

Das Erleben von Kunst kann dabei, wie unzählige Dokumente aus vielen Jahrhunderten belegen, nicht auf biologisch programmierte Emotionen reduziert werden: Charakteristisch ist vielmehr das Gefühl/der Gedanke, an einer anderen Wirklichkeit teilzuhaben, eben „erhoben“ zu sein von der Begrenztheit des eigenen Lebens auf eine überindividuelle Ebene.

Aus diesem Grunde gehen Menschen weltweit in Kunstmuseen: nicht primär aus historischem Interesse, sondern um solcher Erlebnisse willen. Das Theaterstück „Antigone“ von Sophokles (uraufgeführt 442 v. Chr.) wird noch heute gelesen und gespielt, ebenso wie „Romeo und Julia“ (1597 n. Chr.) von Shakespeare; das jahrtausendealte babylonische „Gilgamesch-Epos“ wurde im 20. Jhdt. mehrfach vertont — weil diese Werke zeitlose menschliche Grunddispositionen zum Ausdruck bringen.

Sehr schön hat das der indische Philosoph R. Tagore zum Ausdruck gebracht: „*Whatever we understand and enjoy in human products instantly becomes ours, whereever they might have their origin. I am proud of my humanity when I can acknowledge the poets and artists of other countries than my own. Let me feel with unalloyed glory that all the great glories of man are mine*“ (zitiert nach Sen (1999), S. 242).

[6] Vgl.: „*Jeder große Künstler [ist] schlechthin unersetzlich, weil das Weltganze mit seiner Individualität eine Verbindung eingeht, welche nur diesmal so existierte und dennoch ihre Allgemeingültigkeit hat*“ (S. 223).

Persönlicher Exkurs V: Opernszene in „Shawshank Redemption"

Auch nach sehr vielen Filmen, die ich in meinem Leben angeschaut habe, ist für mich eine der beeindruckendsten Szenen der Filmgeschichte die sogenannte „Opernszene" aus dem (insgesamt herausragenden) Film „Shawshank Redemption". Der Film spielt in einem Schwerverbrecher-Gefängnis irgendwo in den USA in den 1950er-Jahren, in dem der Alltag für die Insassen von Gewalt untereinander und seitens der Wachleute, von Hoffnungslosigkeit und von Eintönigkeit gekennzeichnet ist. In der „Opernszene" spielt der Protagonist, ein zu Unrecht verurteilter Banker, unerlaubterweise über den Gefängnislautsprecher das Duett „Sull'aria" aus der Mozart-Oper „Hochzeit des Figaro" (zweifellos eines der schönsten Frauenduette der Operngeschichte).

Sein Freund – grandios dargestellt von Morgan Freeman – beschreibt die Wirkung dieser Musik auf die Gefängnisinsassen im Off folgendermaßen: „I tell you those voices soared higher and farther than anybody in a grey place dares to dream. It was like some beautiful bird flapped into our cage and made those walls dissolve away. And for the briefest of moments, every last man at Shawshank felt free."

Man muss sich das vor Augen führen: Ein Mensch aus der gehobenen Wiener Gesellschaft im Zeitalter des Absolutismus bringt im Jahr 1786 Noten auf ein Blatt Papier. 170 Jahre später hören Menschen, die „sozio-kulturell" kaum etwas mit dem Komponisten gemeinsam haben – die meisten haben wahrscheinlich überhaupt noch nie eine Oper gehört – diese Musik (ohne die italienischen Worte zu verstehen), und sie löst das Gefühl von Freiheit aus. Ich weiß, es ist nur ein Film; aber m.E. eine Illustration des oben zitierten Diktums von J. Burckhardt - Werke der Kunst leben weiter, um spätere Generationen zu befreien -, wie sie bewegender nicht sein könnte.

Empfehlen möchte ich Ihnen in diesem Zusammenhang auch die Dokumentation „Kinshasa Symphony", die zeigt, wie Menschen in Kinshasa, einer der ärmsten und chaotischsten Großstädte der Welt, unter schwierigsten Umständen u. a. Beethovens 9. Sinfonie lernen und aufführen – einfach aus Liebe zu dieser Musik (deren Wurzeln entfernter nicht vom Leben in einer afrikanischen Millionenmetropole des 21. Jahrhunderts sein könnten).

Eine ganz besondere, herausragende Bedeutung kommt in diesem Zusammenhang der **Musik** zu – weil sie unabhängig von Sprache/Schrift und damit (zunächst) ganz außerhalb der gedanklichen Sphäre operiert. Gerade bei der Musik ist zu beobachten, dass sie Menschen aus allen Kulturen und allen sozialen Schichten in ganz ähnlicher Weise bewegen kann.

Das gilt vielleicht in besonderem Maße für die Meisterwerke der europäischen Klassik, etwa die Opern von Mozart und Verdi oder die Sinfonien von Beethoven, die nach über 200 Jahren weltweit Menschen begeistern und deren führende Interpreten mittlerweile aus den verschiedensten Kulturen dieses Planeten stammen (s. auch Persönlicher Exkurs V).

Wie ist dieses Phänomen zu erklären?

Ich kann nicht erkennen, wie es mit einer Position in Einklang zu bringen ist, die die Gemeinsamkeit unter den Menschen im Kern nur in ihrer Körperlichkeit, ihren biologisch programmierten Bedürfnissen und eventuell einigen psychischen Grundantrieben verortet.

Nein, die Kunst stiftet – neben der Mathematik/Naturwissenschaft und ethischen Grundprinzipien – **eine weitere Sphäre der Gemeinsamkeit zwischen allen Menschen**[7]; eine Sphäre, die den Menschen ganz grundsätzlich von Tieren unterscheidet; in der sich Menschen unabhängig von ihrem jeweiligen Sosein aufhalten und begegnen können, und die ihnen (nicht immer, aber immer wieder) das Gefühl von Freiheit, von Transzendenz vermittelt.

Über diese Aspekte hinaus bildet die Kunst einen – vielleicht sogar den im Moment wichtigsten – Aspekt desjenigen Phänomens, das wir bereits unter dem Stichwort „Entwicklung einer Weltkultur“ angesprochen haben (Kap. 7.3, Stichwort „Historismus“, Kap. 8.4):

Eigentlich schon seit Jahrhunderten, besonders ausgeprägt aber seit einigen Jahrzehnten – wesentlich gefördert durch die neuen Kommunikationsmittel und das Internet – leben Menschen, insbesondere junge Menschen, ja nicht mehr nur in „ihrer“ Kultur (die ohnehin in den meisten Fällen bereits längst ein komplexes Konglomerat von eigenen Traditionen, neuen Entwicklungen innerhalb dieser eigenen Kultur und vielfältigen äußeren Einflüssen ist); sondern sie rezipieren Kunst aus anderen Teilen der Welt – Literatur, Filme, Musik – und mit dieser Kunst auch das kulturelle bzw. individuelle Setting, in das diese Werke eingebettet sind.

So waren die englischen Harry-Potter-Bücher, in 80 Sprachen übersetzt, auf allen Kontinenten sehr erfolgreich; der amerikanische Film „Titanic“ brach auch in vielen nicht-westlichen Ländern Besucherrekorde; der japanische Zeichentrickfilm „Spirited Away“ wurde auf mehreren Kontinenten mit Filmpreisen überschüttet; auch Regisseure wie Akira Kurosawa oder Ang Lee

[7] Interessant sind in diesem Zusammenhang auch neuere psychologische Studien zum Phänomen „Kunst“ und insbesondere zur Frage der gemeinsamen Bewertung von Kunstwerken über Kulturen und Zeiten hinweg; Ergebnis: Es gibt bei der Bewertung einerseits kulturell bedingte Unterschiede, aber es gibt andererseits auch Gemeinsamkeiten — objektive Eigenschaften des Kunstwerks, die die Bewertung kultur- und zeitübergreifend mitbestimmen.

genießen weltweite Bewunderung; und vor allem in der heutigen Musikszene verschwimmen kulturelle Unterschiede zusehends.[8]

Fazit
Ich stelle fest:

Wesentliche historische und aktuelle Fakten in Naturwissenschaft und Technik; bzgl. einiger ethischer Maximen; in weiteren Wissenschaften wie Ökonomie, Geschichtswissenschaften, Philosophie; und schließlich in der Kunst können von der „modernen Position" – die, Hartung (2018) folgend, als Mainstream der heutigen philosophischen Anthropologie gelten kann – **nicht** erklärt werden (sind nicht kompatibel mit ihr); von der „klassischen Position" hingegen sehr wohl.[9][10]

Daher werde ich ab jetzt die klassische Position voraussetzen und darauf aufbauend ein Bild des Menschen und eine (wiederum darauf aufbauende) Interpretation der Menschheitsgeschichte entwickeln.

Dieses Urteil ist aber nicht so zu verstehen, dass die ab etwa 1850 einsetzende Bewegung der philosophischen Anthropologie hin zur Betonung der *„Aspekte des Geschichtlichen, der Variabilität und Pluralität des Menschseins"* (Hartung (2018), S. 112) einfach nur falsch ist.

---

[8] Um nur ein aktuelles Beispiel zu nennen: Der Song „Flower" der US-Sängerin Miley Cyrus stand 2023 nicht nur in den meisten europäischen Ländern an der Spitze der nationalen Hitlisten, sondern auch in folgenden Ländern/Regionen: Ecuador, Paraguay, Südafrika, Philippinen, Singapur, Vietnam, Australien, Neuseeland, MENA (Middle East and North Afrika), GUS (Nachfolgeorganisation der Sowjetunion).

[9] Ebenfalls von der modernen Position kaum zu erklären sind die kulturübergreifenden Korrelationen bzgl. wichtiger menschlicher Lebensaspekte, die wir in Teil I festgehalten haben: positive Korrelation Wohlstand-Glück, negative Korrelation Bildungsniveau-Religiosität; und auch kulturübergreifende Ergebnisse des World Value Survey, etwa die Einstellung zur Frage der sozialen Ungleichheit (vgl. Kap. 4.4). Oder, um nur ein weiteres Beispiel zu nennen: Das Video „The good life" des US-Wissenschaftlers R. Waldinger – das die Ergebnisse der Harvard-Glück-Studie (die ausschließlich auf Interviews mit US-Amerikanern basiert) enthält — wurde in China über 100 Mio. mal angeschaut.

[10] Eine weitere Facette der menschlichen Realität, die m. E. durch die moderne Position schwer zu erklären ist, ist der erstaunliche Lebensweg einzelner Personen: Immer wieder haben Menschen sich aus schwierigsten Verhältnissen ihrer Kindheit – die aus rein psychologischer Sicht entsprechende problematische Folgen für das spätere Leben haben sollten – zu beeindruckenden Persönlichkeiten, Vorbildern, viele Menschen berührenden Akteuren entwickelt. Als ein Beispiel unter vielen möchte ich die Schauspielerin Viola Davis nennen, die in ihrem lesenswerten Buch „Finding Me" ihren Weg nachzeichnet.

Auch dies legt nahe, so denke ich, dass es eine von aller Prägung unabhängige Instanz im Menschen geben muss, eine Fähigkeit, die jeder Person zukommt und einer solchen Entwicklung maßgeblich zugrunde liegt.

Falsch ist nur die **Verabsolutierung** dieser Einsicht dahingehend, dass diese Aspekte alles seien; dass sich Menschsein darin erschöpfe und in diesem Sinne ein zeitloses „Wesen" des Menschen abzulehnen sei.

Richtig hingegen ist, dass die Philosophie der Aufklärung in ihrem Menschenbild, ihrer Bestimmung des Wesens des Menschen eben diese Aspekte nicht (klar genug) berücksichtigt hat, dass sie sie vernachlässigt, nicht ernst genug genommen hat. Sie hat den Menschen zu sehr als „Exemplar der Gattung Mensch" verstanden, seine Subjektivität mehr oder weniger als zu überwindendes Übel auf dem Weg zur Vernunft gesehen und damit in ihrer konstitutiven Bedeutung unterschätzt. Insofern kann man die o. g. historische Bewegung als Reaktion auf dieses Defizit verstehen und entsprechend als unvermeidlich und gerechtfertigt einstufen.

Mit anderen Worten: Die richtige Antwort auf die Frage „Was ist der Mensch?" muss m. E. in diesem Sinne in einer **Zusammenführung** der klassischen und der modernen philosophischen Anthropologie bestehen.[11]

Dies ist das Ziel des nächsten, den Teil III abschließenden Kapitels.

[11] Die o. g. Charakterisierung des Defizits der Philosophie der Aufklärung hat ziemlich ähnlich Max Scheler unternommen („Philosophische Weltanschauung", Seite 61ff); von dieser Kritik ausgehend entwickelt er sein in Kap 11.1 dargestelltes dreistufiges Menschenbild, das ich – z. T. nicht in der konkreten Ausführung, aber – strukturell für richtig halte.

15

„Was ist der Mensch?" — Die Antwort

15.1 Darstellung

Das Wesen des Menschen besteht aus **drei Sphären** oder Stufen:

1. die biologische Sphäre,
2. die psychische Sphäre,
3. die geistige Sphäre.

(1) Die biologische Sphäre
Der Mensch ist zunächst, auf der ersten Stufe, ein natürlicher Organismus unter vielen; mit biologisch programmierten, „materiellen" Bedürfnissen/Antrieben und korrespondierenden Grundemotionen:

- Nahrung <—> Hunger/Durst
- Schlaf <— > Müdigkeit
- Schutz vor Nässe und Kälte <—> Frieren
- Sexualität <—> Libido
- Gesundheit <—> Schmerz
- Physische Sicherheit <—> Angst/Aggressivität

Er ist hier im Kern einfach ein Exemplar seiner Gattung „Homo sapiens", insofern zwar ein einzelnes Individuum, aber sozusagen ein **„allgemeiner" Einzelner,** dessen Individualität sich weitestgehend in genetisch bedingten,

T. Unnerstall, *Unsere Zukunft wird gut (sehr wahrscheinlich)*,
https://doi.org/10.1007/978-3-662-72484-2_15

äußerlichen Merkmalen und kleinen Variationen in den biologischen Funktionalitäten erschöpft.

Er steht hier im Spannungsverhältnis von Tätigkeit/Aktivität, um seine Bedürfnisse zu erfüllen, und von Ruhe/Muße.

(2) Die psychische Sphäre

Die Psyche des Menschen ist in erster Linie geprägt von folgenden Bedürfnissen/Antrieben:

- Beziehungen zu anderen Menschen
- Zugehörigkeit zu Gruppen
- Anerkennung von/Ansehen bei anderen Menschen
- Abgrenzung von anderen Menschen/Autonomie
- Selbstwirksamkeit/Erfolg/Macht

Die ersten beiden Kategorien kann man als soziale Bedürfnisse/Antriebe kennzeichnen, die letzten drei als Individualbedürfnisse/-antriebe.

Zu dieser Sphäre gehören die praktische – d. h. die unmittelbar zielgerichtete – Intelligenz und die Neugier. In ihr angesiedelt sind auch die „höheren" Emotionen wie Sympathie, Zuneigung, Scham, Stolz, Neid, Eifersucht, Ärger, Habgier, Eitelkeit, Trauer, Mitleid, Geborgenheit u. v. a.[1]

Während diese **Grundstruktur** der menschlichen Psyche allen Menschen gemeinsam ist, sind die inhaltlichen Ausprägungen, die relative Stärke und das Zusammenwirken der einzelnen Kategorien von Mensch zu Mensch sehr unterschiedlich und (z. T. wohl genetisch, vor allem aber) soziokulturell, geschichtlich und von den individuellen Lebenserfahrungen geprägt. Insofern ist der Mensch in dieser Sphäre das **konkrete, einzigartige Individuum,** das bewusste und sich seiner Individualität – in Abgrenzung zu allen anderen Individualitäten – bewusste Subjekt.

Er steht hier in erster Linie im Spannungsverhältnis von sozialen und Individualbedürfnissen/-antrieben, von Kollektiv und Individuum.

Diese Sphäre ist grundsätzlich in vielen Abstufungen auch bei höher entwickelten Tieren vorhanden, allerdings in einem ungleich geringeren Maße der inneren Komplexität und der Bewusstheit.

[1] Vielleicht fällt Ihnen, lieber Leser, auf, dass hier – wie fast im gesamten Buch – das Stichwort „Liebe" nicht vorkommt. Das ist bewusst und damit zu erklären, dass ich mir bzgl. der richtigen Verortung dieser zweifellos wesentlichen menschlichen Fähigkeit, lieben zu können, nicht im Klaren bin. In gewisser Weise übergreift die Liebe in ihren verschiedenen Formen alle drei Sphären: Erotik ist eher in der biologischen Sphäre zu Hause, Verliebtheit wohl in der psychischen Sphäre, reife Liebe – auch aufgrund der Bereitschaft, dafür persönliche Opfer zu erbringen – hat auch Züge der geistigen Sphäre.

(3) Die geistige Sphäre
Die geistige Sphäre ist v. a. gekennzeichnet durch

- das Streben nach „objektiver" (subjektunabhängiger, bleibender) Erkenntnis,
- das Bedürfnis nach „höherem" (überindividuellem, dauerhaftem) Sinn.

Beide Bedürfnisse/Antriebe korrespondieren mit der Fähigkeit des Menschen, sich sowohl seine Umwelt als auch die eigene Subjektivität (= die eigene biologische und psychische Sphäre) gegenständlich zu machen; mit der Folge,

- Wissenschaft betreiben zu können (d. h. subjektunabhängige Erkenntnis zu generieren);
- die eigene Individualität als geschichtlich bedingt und zeitlich begrenzt zu begreifen, sie so grundsätzlich zu transzendieren und damit eine entscheidende neue Dimension von **Freiheit** zu gewinnen.

Diese Fähigkeit ist in jedem Menschen vorhanden; der Grad der Ausschöpfung des darin liegenden Potenzials und das Zusammenwirken mit den anderen Sphären sind individuell sehr verschieden.

Insbesondere ist die geistige Sphäre einerseits implizit immer präsent, d. h., bestimmt das Denken und Handeln des Individuums mit. Aber die zunehmend explizite Herausreflexion aus der eigenen Geprägtheit, das innere Sich-unabhängig-machen von der psychischen Disposition ist andererseits ein langsamer Prozess; ein Prozess, der sich wesentlich auch in der psychischen Sphäre abspielt. Das Denken erhebt sich sozusagen aus der Versunkenheit in der eigenen Subjektivität.

In dieser Sphäre ist der Mensch wieder **allgemeiner Einzelner** (und nimmt sich als solcher wahr); d. h., die Unterschiedlichkeit der Individualitäten ist strukturell aufgehoben.

Er steht in dieser Sphäre in erster Linie im Spannungsverhältnis zwischen individueller Freiheit auf der einen Seite und Bindung an überindividuelle Inhalte auf der anderen Seite.

Die geistige Sphäre konstituiert einen (nicht nur graduellen, sondern) **prinzipiellen** Unterschied zum Tierreich und ist in diesem Sinne der entscheidende Wesenszug des Menschen.

* * *

Um diese Struktur richtig zu verstehen, sind folgende Erläuterungen erforderlich:

- Die drei Sphären sind kategorial zu trennen, aber sie stehen in vielfältiger **Wechselwirkung** miteinander. Mit anderen Worten: Der konkrete, einzelne Mensch ist immer auch ein Ganzes, alle Bedürfnisse/Antriebe sind immer präsent; temporär (oder auch auf Dauer) kann eine Sphäre sein inneres Bewusstsein, seinen Willen und sein Handeln weitgehend dominieren, aber er bleibt das dreigliedrige Wesen. Umgekehrt: Wird eine Sphäre bzw. eine der aufgeführten Grundbedürfnisse dauerhaft negiert/unterdrückt, hat dies (in der Regel) „negative" Auswirkungen, d. h. Unwohlsein/Leiden/Funktionsstörungen/Unglücklichsein.

- Insbesondere gibt es auch wichtige Bedürfnisse/Antriebe, die sich nicht eindeutig einer Sphäre zuordnen lassen, sondern die man vielleicht als – individuell unterschiedlich ausgeprägte – **Kombinationen** charakterisieren kann: Besitzstreben (biologische und psychische Sphäre), Geborgenheit/Stabilität (biologische und psychische Sphäre), Persönlichkeitsentwicklung (psychische und geistige Sphäre), Kunsterlebnisse (psychische und geistige Sphäre); u. a.

- In dem Maße, wie bei einem Menschen

  a) seine grundlegenden biologisch-materiellen und psychischen Bedürfnisse/Antriebe erfüllt sind; und
  b) seine geistigen Bedürfnisse und Fähigkeiten durch Bildung entwickelt werden,

  steigt die **Wahrscheinlichkeit,** dass die geistige Sphäre für sein Leben und seine Handlungen an Bedeutung gewinnt; d. h., dass die Rolle subjektunabhängiger Aspekte (= allgemeiner Werte und Ziele) bei seinen Entscheidungen zunimmt.

  In diesem Sinne kann man von einer **Hierarchie** der Bedürfnisse oder von „Stufen" sprechen.

  Diese Hierarchie, diese **innere Struktur im menschlichen Wesen** ist, wie wir sehen werden, letztlich entscheidend dafür, dass es in der Geschichte eine Gesetzmäßigkeit gibt.

- Die **Willensbildung** ist ein für das menschliche Leben fundamentaler innerer Prozess, der **alle drei Sphären involviert und übergreift.** (Wie dieser Prozess genau zu verstehen ist – sei es biologisch-neurophysiologisch, psychologisch oder philosophisch –, ist eine schwierige und, soweit ich sehe, bisher nur in Ansätzen beantwortete Frage.)

„Wille“ setzt einerseits das Bewusstsein der Wahlfreiheit/Entscheidungsfreiheit voraus („ich will dieses und nicht jenes“, „ich entscheide mich zwischen verschiedenen Möglichkeiten“), und andererseits impliziert er reflexiv den Willen, diesen seinen Willen und das entsprechende Handeln auch tatsächlich selbst zu bestimmen, d. h. **frei** zu sein.

- Daher ist **Freiheit/Selbstbestimmung** von zentraler, sphärenübergreifender Bedeutung für das menschliche Wesen.

Soweit die Darstellung des Menschenbildes, das m. E. von den Grundbestimmungen her die derzeit – d. h. auf der Basis des heutigen Wissens und bisher entwickelter philosophischer Argumentation – beste Antwort auf die (anthropologisch verstandene) Frage „Was ist der Mensch?“ darstellt.

Dieses Menschenbild ist die Basis für die in Teil IV dargestellte Theorie der Geschichte.

15.2 Einordnung

Zur besseren Einordnung dieses Menschenbildes in verschiedene Diskussionsstränge rund um das Thema „Mensch“ möchte ich einige weitere Aspekte diskutieren:

(1) Evolution
Die drei Sphären mit dem Begriff „Stufen“ zu belegen, hat seinen Ursprung auch in der Evolutionstheorie. Es ist klar, dass biologische Sphäre, psychische Sphäre und geistige Sphäre evolutionär **nacheinander** entstanden sind; und dass es die evolutionär letzte Stufe ist (insbesondere mit ihrem letzten großen Schritt vor 70.000 Jahren), die die Spezies Mensch aus ihrem jahrhunderttausende langen ökologischen Nischendasein herausgeführt hat und insofern auch daher als „höchste“ Stufe bezeichnet werden kann.

(2) Glück
Glück – in den zwei vielleicht unterscheidbaren Formen „spontanes, temporäres Glücksempfinden“ und „dauerhaftere grundsätzliche Lebenszufriedenheit“ – ist kein eigenes Bedürfnis, sondern eine **Folge,** wenn Bedürfnisse/Antriebe erfüllt werden. Natürlich strebt jeder Mensch bis zu einem gewissen Grad auch unmittelbar „Glück“ an, aber es gibt sozusagen keinen direkten Weg dorthin, es taugt nicht als Ziel: Es stellt sich ein, **vermittelt** über das erfolgreiche Verfolgen anderer Handlungsmotive.

Dabei sind alle drei Sphären wesentlich beteiligt: die biologische Sphäre insofern, als dass i. d. R. der maßgebliche „Glückskorridor“ für einen einzelnen Menschen (hauptsächlich) genetisch bedingt ist (Kap. 4.7); die psychische Sphäre, weil dort die für das alltägliche Leben bedeutendsten Bedürfnisse/Antriebe und damit Handlungsmotive zu Hause sind; und die geistige Sphäre, weil

- Glück/Zufriedenheit stark von der **Erwartungshaltung** bzgl. des eigenen Lebens abhängt, die vor allem dort geformt wird; und weil
- die Kenntnis der eigenen (Ausprägung der) Bedürfnisse/Antriebe – die **Selbsterkenntnis** – primär dort entsteht; und auf dieser Basis kann der Mensch seine Energie so einsetzen, dass die Erfolgswahrscheinlichkeit bzgl. der ihm besonders wichtigen Motive und damit die Wahrscheinlichkeit für Glück/Zufriedenheit steigt.

(3) Die geistige Sphäre/Freiheit in der neueren Philosophie

Die geistige Sphäre des Menschen wird, wie dargestellt, seit Darwin von sehr vielen Philosophen als nicht „wesentlich“ (i. S. v. das Wesen des Menschen ausmachend) angesehen; sie wird im Kern unter die – von kultureller und individueller Variabilität und Pluralität gekennzeichnete —psychische Sphäre subsumiert. Folglich werden die in Kap. 14 genannten, aus der geistigen Sphäre entspringenden Gemeinsamkeiten unter den Menschen vernachlässigt oder geleugnet.

Es gibt jedoch auch eine ganze Reihe prominenter Philosophen in diesen letzten 100–150 Jahren, die zwar die „klassische Position“ insgesamt nicht teilen, aber doch in wichtigen Punkten mit ihr übereinstimmen (obwohl sie ansonsten auch untereinander sehr unterschiedliche philosophische Auffassungen vertreten). Insbesondere halten sie die geistige Sphäre bzw. die daraus erwachsende Freiheit für ein entscheidendes (überzeitliches, überkulturelles) Wesensmerkmal des Menschen.

Lassen Sie mich einige aus meiner Sicht besonders herausragende Beispiele aufführen.

Jakob Burkhardt

„Es gibt [für den Menschen (TU)] die Pflicht, … sich auszubilden, zum erkennenden Menschen, dem die Wahrheit und die Verwandtschaft mit allem Geistigen über alles geht“ (1890, S. 19).

„Die Religionen sind der Ausdruck des ewigen und unzerstörbaren metaphysischen Bedürfnisses der Menschennatur“ (1890, S. 96).

Max Weber

„*[Der Mensch ist] Kulturmensch, begabt mit der Fähigkeit und dem Willen, bewusst zur Welt Stellung zu nehmen und ihr einen Sinn zu verleihen*" (1904, S. 223).

„*Uns allen [wohnt] irgendwie der Glaube [inne] an die überempirische Geltung letzter und höchster Wertideen, an denen wir den Sinn unseres Daseins verankern*" (1904, S. 260).

Karl Jaspers

„*Menschsein ist frei-sein*" (1949, S. 235).

„*Der Mensch ist nie erschöpft mit dem, was er als Gegenstand von Physiologie, Psychologie und Soziologie wird. Er kann Teil gewinnen an einem Umgreifenden, durch das er erst eigentlich er selbst wird*" (1949, S.269).

Theodor Litt

„*[Für den Menschen ist] das Sinnzentrum seines Daseins … die Freiheit des zur Entscheidung aufgerufenen Willens*" (1961, S. 77).

„*Der Mensch … ist nicht nur das Besondere; er ist auch das um seine Besonderheit wissende und insoweit sie transzendierende Besondere*" (1961, S. 80).

„*[Wenn der Mensch naturwissenschaftlich forscht, tritt] alles das, was ihm als diesem besonderen, einmaligen Menschen eigentümlich ist, … zurück, und immer stärker, immer ausschließlicher, kommt in ihm die Funktion zur Herrschaft, in deren Ausübung er mit allen anderen Subjekten eins ist, nämlich eben das ‚reine', d. i. das von allen Beimischungen persönlicher Art gesäuberte Denken. Er wird, je vollkommener seiner Aufgabe genüge tut, umso mehr zum Platzhalter der allgemeinen Vernunft, er wird zum ‚transzendentalen Ich', zum ‚Bewusstsein überhaupt'*" (1950, S. 17).

Arnold Toynbee

„*Das forschende Fragen nach einer höheren geistigen Wirklichkeit war in der Geschichte konstant; die Vorstellungen, die damit verbunden waren, haben sich im Laufe der Zeit gewandelt*" (1961, S. 95).

„*The mission [of the gift of consciousness] is to liberate the human spirit from … the psyche*" (1957, S. 288).

Karl Popper

„*Wir [als Menschen können] der Geschichte einen Sinn geben und ein Ziel setzen … durch unsere ethischen Ideen – wie die Idee der Freiheit und der Idee der Selbstbefreiung durch das Wissen*" (1961, S. 109).

(4) Ist der Mensch „gut"?

„Im Grunde gut" (2019) lautet ein Bestseller des niederländischen Historikers Rutger Bregman.

Sein Buch wendet sich – zurecht und mit überzeugenden Beispielen und Argumenten – gegen die Meinung, der Mensch sei "im Grunde schlecht", und seine bösen Anlagen müssten durch die Religion, die gesellschaftlichen Regeln, die Moral gebändigt oder sogar ausgemerzt werden. Ebenso hat Bregman sicherlich Recht mit seinen Darstellungen, dass diese Meinung in früheren Zeiten sehr verbreitet war (der religiöse Begriff der „Erbsünde" ist ein wichtiges Beispiel), auch bei Denkern der Aufklärung eine z. T. nicht unerhebliche Rolle gespielt hat und schließlich auch heute noch in vielen Variationen und Abstufungen anzutreffen ist. In dieser Hinsicht ist das Buch lesenswert.

Das Problem ist jedoch – wie es bei vielen Autoren der Fall ist –, dass Bregman diese richtige Einsicht **verabsolutiert** und mit der Behauptung, der Mensch sei „im Grunde gut", in die gegenteilige Einseitigkeit verfällt.[2]

Die Frage, ob der Mensch "im Grunde" gut oder schlecht sei, macht näher betrachtet gar keinen Sinn. Man kann diese Frage auf zwei Weisen interpretieren:

(a) „im Grunde" im Sinne von „ursprünglich" (vor aller Zivilisation, also in der Zeit der Jäger-und-Sammler),
(b) „im Grunde" im Sinne von „an sich, ohne alle äußeren Einflüsse".

Beide Lesarten führen jedoch zum gleichen Ergebnis:

(a) Es gibt nicht den einen „ursprünglichen Menschen". Die Jäger-und-Sammler-Gruppen hatten immer schon (d. h. vor Beginn der „Zivilisation") sehr verschiedene Lebensweisen, Kulturen, Moralvorstellungen (vgl. Harari 2013, S.64). Es gab immer schon Krieg, Hierarchie, Neid, Egoismus, Machtstreben, Ausgrenzung; und es gab immer schon Kooperation, Friedfertigkeit, Zuneigung, Hilfsbereitschaft, Mitbestimmung, Einsatz für die Gemeinschaft.
(b) Es gibt auch nicht den Menschen „an sich". Die psychische Sphäre des Menschen ist extrem formbar; d. h., wesentliche Ausprägungen der psychischen Bedürfnisse/Antriebe, Zielhierarchien und konkreten

[2] Ich möchte in diesem Zusammenhang darauf aufmerksam machen, dass Bregman in seinem Buch – wie alle Autoren, die wir in Kap. 8 besprochen haben – ganz selbstverständlich (d. h. unausgesprochen) die inhaltliche Bedeutung des Prädikats „gut", d. h. eine universell gültige, allgemeine Ethik voraussetzt; eine Voraussetzung, die vom „Mainstream" der aktuellen ethischen Philosophie **nicht** geteilt wird.

Handlungspräferenzen entwickeln sich immer u. a. aus einer komplexen Vielfalt äußerer Einflüsse. Zudem ist der Mensch nicht statisch, er entwickelt sich im Laufe seines Lebens, er lernt; und er ist durch seine geistige Sphäre in der Lage, diese Prägungen wiederum zu transzendieren und sein Handeln primär nach überindividuellen Maximen auszurichten.

Mit anderen Worten: Der Mensch war immer schon und ist auch heute immer prinzipiell zum „Guten“ und zum „Schlechten“ fähig; und die psychischen Bedürfnisse/Antriebe tragen meist beide Möglichkeiten in sich: **Gruppenzugehörigkeit** führt zu Kooperation, aber potenziell auch zur Abgrenzung und Feindseligkeit gegenüber anderen Gruppen; **Zuneigung** führt zu positiven Beziehungen, aber potenziell auch zu Eifersucht; **Selbstwirksamkeit** führt zu Erfolg (z. B.) bzgl. technischem Fortschritt, potenziell aber auch zu Machtstreben; **Ansehen** zu positiver Anstrengung, aber potenziell auch zu Egoismus oder Neid; **Sinnsuche** führt zu Selbstlosigkeit, aber potenziell auch zu Empfänglichkeit gegenüber Ideologien, usw.

Diese Überlegungen implizieren freilich auch, dass man in einem bestimmten Verständnis dem Votum „Der Mensch ist im Grunde gut“ einen wahren Sinn abgewinnen kann: Der Mensch ist – durch Erziehung, Bildung, gesellschaftliche Verhältnisse – zum Guten formbar bzw. kann sich selbst zum Guten hin formen. (Natürlich ist er auch zum Schlechten hin formbar.)

Eine m. E. wichtige und spannende Frage ist daher, ob es im Laufe der Menschheitsgeschichte einen Fortschritt dergestalt gibt, dass die „schlechten Handlungen“ in der Tendenz **abnehmen;** bzw. welches die Möglichkeiten sind, eine solche Entwicklung zu befördern. Auf diese Frage gehe ich in Kap. 19.7 noch einmal ein.

15.3 Fazit

Das hier vorgestellte Menschenbild – das man sicherlich noch ausarbeiten, weiterentwickeln, im Detail besser hinterlegen kann – ist aus meiner Sicht dadurch charakterisiert, dass es

- zentrale Denkrichtungen der **philosophischen Anthropologie** integriert und ihnen ein gemeinsames Gebäude gibt;
- bedeutende Überlegungen aus der **Psychologie** aufnimmt;
- mit den Fähigkeiten des Menschen in Wissenschaft/Technik, Philosophie/Religion, Kunst, und mit den diesbezüglichen **historisch-empirischen Fakten** — einerseits zentrale gemeinsame Inhalte, andererseits z. T. große kulturelle und individuelle Variabilität und Pluralität – kompatibel ist.

Kann aber dieses Menschenbild darüber hinaus die wesentlichen, allgemeinen historisch-empirischen Fakten in ihrem zeitlichen Ablauf **erklären,** d. h.: Kann es neues Licht werfen auf die in Kap. 8.8 festgehaltenen Verlaufsmuster, auf Regelmäßigkeiten und Trends in der Geschichte?

Und gibt diese Theorie des menschlichen Wesens eine Antwort auf die Frage, ob diese Muster – auch für die Zukunft gültige – **Gesetzmäßigkeiten** widerspiegeln?

Diesen Fragen ist der nächste Teil IV gewidmet.

Teil IV

Das Gesetz der Geschichte

Nach den Vorbereitungen in den Teilen II (Prämissen und bisherige Theorien zur Geschichte) und III (Etablierung eines Menschenbildes) können wir jetzt das eigentliche Ziel dieses Buches in Angriff nehmen: die Lösung bzgl. der Frage, ob der Verlauf der Menschheitsgeschichte einer Gesetzmäßigkeit unterliegt oder nicht und ggf. wie dieses Gesetz aussieht. M.a.W.: Dieser Teil IV soll die Frage beantworten, „Was ist die wahre Theorie der Geschichte?"

Ich möchte diese Antwort in mehreren Schritten geben. Zuerst werde ich die Theorie darstellen, d. h., die dem Verlauf der Menschheitsgeschichte zugrunde liegenden Gesetzmäßigkeit **beschreiben;** dann werde ich die Theorie **anwenden,** d. h., ihre Erklärung für die empirisch festgestellten Regelmäßigkeiten und Trends der Geschichte darlegen; drittens möchte ich die Gründe erläutern, die für die **Wahrheit dieser Theorie** sprechen; und schließlich werde ich mögliche **Einwände** diskutieren sowie Alternativen und Grenzen aufzeigen.

16

Darstellung der Theorie

1.

Der Verlauf der Geschichte unterliegt einer Gesetzmäßigkeit.

2.

Entsprechend der drei Sphären des menschlichen Wesens läuft die Geschichte der Menschheit in drei Sphären ab:

- Wirtschaftsgeschichte,
- politisch-gesellschaftliche Geschichte,
- Geistesgeschichte (d. h. Religion, Philosophie, Wissenschaft, Kunst).

3.

Jede dieser Sphären unterliegt auf der einen Seite einer eigenen internen Entwicklungslogik; ihr zeitlicher Verlauf ist damit bis zu einem gewissen Grade unabhängig von den anderen Sphären. Auf der anderen Seite gibt es sowohl vielfältige gegenseitige Beeinflussungen und Wechselwirkungen als auch, an einzelnen historischen Punkten, harte Voraussetzungsverhältnisse; z. B.:

- Die Landwirtschaft war Voraussetzung für die Entwicklung komplexer gesellschaftlicher Ordnungen/Staaten.
- Die Aufklärung und der folgende Aufstieg der Naturwissenschaften waren Voraussetzung für die Entwicklung der industriell geprägten Wirtschaft.

T. Unnerstall, *Unsere Zukunft wird gut (sehr wahrscheinlich)*,
https://doi.org/10.1007/978-3-662-72484-2_16

4.

Der geschichtliche Verlauf innerhalb jeder Sphäre ist zum einen getrieben von den jeweiligen menschlichen Bedürfnissen/Antrieben, die dieser Sphäre primär korrespondieren:

- Wirtschaftsgeschichte – biologische Sphäre – elementare und materielle Bedürfnisse;
- politisch-gesellschaftliche Geschichte – psychische Sphäre – soziale und Individualbedürfnisse/-antriebe;
- Geistesgeschichte – geistige Sphäre – Streben nach Erkenntnis und Sinn.

Zum anderen sind die Verläufe jeweils getrieben vom übergreifenden menschlichen Grundmotiv der Freiheit und Selbstbestimmung.

5.

Die Gesetzmäßigkeit dieser Verläufe und damit der Geschichte insgesamt besteht darin, dass Freiheit und Selbstbestimmung sukzessive realisiert werden: für den einzelnen Menschen, für die einzelnen Gesellschaften und für die Menschheit als Ganze; und dass im Zuge dessen die Bedürfnisse/Antriebe des Menschen zunehmend erfüllt und die Fähigkeiten/Potenziale des Menschen zunehmend zur Entfaltung gebracht werden – jeweils für zunehmende Teile der Menschheit.

- Bei dieser Entwicklung haben Freiheit und Selbstbestimmung für den einzelnen Menschen ihre Grenze im Kern nur in der Freiheit und Selbstbestimmung der anderen Menschen.[1]
- Entsprechend ist die Erfüllung von Bedürfnissen und die Entfaltung von Potenzialen auf die Dauer nur durch den Rahmen begrenzt, der gesetzt wird durch die Bedürfniserfüllung und Potenzialentfaltung aller anderen Menschen in gleicher Weise.

6.

Bei dieser Gesetzmäßigkeit handelt es sich strukturell um ein Gesetz bzgl. **Wahrscheinlichkeiten:** Die Wahrscheinlichkeit, dass menschliches Handeln zu den historischen Mustern im Sinne von Punkt 5 führt, steigt

[1] Analog gilt für Gesellschaften im Verhältnis untereinander: Freiheit und Selbstbestimmung für eine einzelne Gesellschaft hat ihre Grenze nur in der Freiheit und Selbstbestimmung aller anderen Gesellschaften.

mit dem Umfang des betrachteten Zeitraums. Ebenso manifestiert sich diese Gesetzmäßigkeit nur in den Mittelwerten über größere Zeiträume.[2]

7.

Die Gesetzmäßigkeit impliziert **zwei komplementäre geschichtliche Trends** (ebenfalls im Sinne von steigenden Wahrscheinlichkeiten und im längerfristigen, zeitlichen Mittel):

(a) Die fortschreitende Freiheit und Selbstbestimmung des Individuums führt zu einer zunehmenden **Individualisierung** – d. h. zu einer wachsenden Ausdifferenzierung der Persönlichkeiten und Lebenswege bzgl. ihrer detaillierteren Bedürfnisse, ihrer psychischen Dispositionen und ihrer Fähigkeiten.[3]

(b) Die zunehmende Bedürfniserfüllung und die (auch damit zusammenhängende) Verbreitung immer höherer Bildung führt zu einer sukzessive wachsenden Bedeutung der **geistigen Sphäre** im einzelnen Menschen und folglich in der Menschheit; und damit – weil der Mensch in der geistigen Sphäre wesentlich **allgemeiner** Einzelner ist (s. Kap. 15) –

- zu einer wachsenden Bedeutung von allgemeinen, subjektunabhängigen Prinzipien für sein Handeln;
- in der Folge zu einem wachsenden Kanon an gemeinsamen (überindividuellen, überkulturellen) Inhalten innerhalb der Menschheit – zur schrittweisen Entwicklung einer **Weltkultur.**

Etwas plakativ formuliert könnte man sagen: Einerseits wächst in der Tendenz die faktische **Ungleichheit** zwischen den Menschen, die Pluralität von Individualitäten und Lebensentwürfen; andererseits wächst auch die **Gleichheit,** d. h. der Umfang und die Bedeutung gleicher kultureller Inhalte und gleicher grundsätzlicher Prinzipien für das individuelle Handeln (die sich auch in staatlichem Handeln ausdrücken können).[4]

---

[2] Zur Verdeutlichung: Nimmt man z. B. in einer Weltregion jeweils die Mittelwerte des Realisierungsgrades von Freiheit und Selbstbestimmung in der politisch-gesellschaftlichen Sphäre über z. B. 100 Jahre, dann bedeutet die Gesetzmäßigkeit: Die Wahrscheinlichkeit, dass der Mittelwert 1000 Jahre später über dem Anfangsmittelwert liegt, ist höher als die Wahrscheinlichkeit, dass er schon 500 Jahre später über dem Anfangswert liegt.

[3] Wenn der große griechische Geschichtsschreiber Thukydides (ca. 450–400 v. Chr.) recht hatte, als er schrieb: "Das Geheimnis des Glücks ist die Freiheit", dann impliziert die Gesetzmäßigkeit auch, dass im Mittel und über längere Zeiträume das Glück der Menschen zunimmt.

[4] Vgl. dazu Max Scheler (1927), „Der Mensch im Weltalter des Ausgleichs".

8.

Technik ist eine unabdingbare Voraussetzung für höhere Grade der Erfüllung vieler Bedürfnisse/für größere Entfaltung von Fähigkeiten, und sie ist daher zweifellos von zentraler Bedeutung für den Verlauf der Geschichte.

Gerade auch in der Technik realisiert sich Freiheit und Selbstbestimmung des Menschen, nämlich im Verhältnis zur natürlichen Umgebung: Jeder technologische Fortschritt bedeutet ein Stück **Unabhängigkeit** von dieser gegebenen Umwelt; mit einem technischen Produkt **bestimmt der Mensch,** wie sich diese Materie (auf seinen Willen hin) zu verhalten hat.

Die Technik konstituiert aber keine eigene Sphäre, sondern lässt sich am besten einordnen an der Schnittstelle von Wirtschaftsgeschichte und Geistesgeschichte.

17

Anwendung der Theorie

Im Folgenden möchte ich die Leistungsfähigkeit der in Kap. 16 vorgestellten Theorie unter Beweis stellen. Ich werde überblickshaft zeigen, dass und auf welche Weise sie wesentliche Meilensteine der Menschheitsgeschichte (vgl. dazu auch Kap. 8.8) in den drei Geschichtssphären ohne Ausnahme zu erklären vermag.

17.1 Wirtschaftsgeschichte

Landwirtschaft

Der erste große Entwicklungsschritt in der Wirtschaftsgeschichte war der Übergang von der Jäger-und-Sammler-Wirtschaft zur Landwirtschaft. Dieser Übergang lässt sich, wie wir in Teil II gesehen haben, nicht überzeugend mit dem Streben nach Erfüllung materieller Bedürfnisse erklären. Er ist vielmehr in erster Linie dadurch zu erklären, dass er in **dreierlei Hinsicht** einen fundamentalen Fortschritt bezüglich Freiheit und Selbstbestimmung bedeutete:

- Erstens befreit sich der Mensch damit grundsätzlich von der Abhängigkeit vom natürlich gegebenen **Nahrungsangebot;** er bestimmt vielmehr dieses Nahrungsangebot selbst.
- Zweitens befreit sich der Mensch damit von der Einschränkung auf nur eine Art der (primären) Tätigkeit: Die Landwirtschaft eröffnet durch die erzielbaren Nahrungsüberschüsse ein neues, wachsendes Spektrum an an-

T. Unnerstall, *Unsere Zukunft wird gut (sehr wahrscheinlich)*,
https://doi.org/10.1007/978-3-662-72484-2_17

deren Berufen – Handwerker, Händler, Verwalter, Priester, u. a. Dies begründet für den Menschen die grundsätzliche Freiheit der **Wahl seines Berufes,** und es erlaubt ihm, andere in ihm liegende Fähigkeiten und Potenziale zu entfalten.

- Drittens schließlich erschließt die in der Regel nur durch die Landwirtschaft ermöglichte Sesshaftigkeit des Menschen gegenüber der Jäger-und-Sammler-Existenzweise ein ganz neues, weites Feld der Selbstbestimmung: die individuelle Gestaltung der eigenen vier Wände, von Haus und Hof; die Entwicklung der eigenen Persönlichkeit über **Privateigentum** bzw., allgemeiner, einer Privatsphäre.[1]

Aus diesen Gründen hat sich die Landwirtschaft überall auf der Erde durchgesetzt, obwohl sie für viele Menschen jahrtausendelang, rein materiell betrachtet, sehr zwiespältig war: mehr Arbeit, Mangelernährung/schlechtere Gesundheit, größere Ungleichheiten in der Gesellschaft.

Der Übergang zu Landwirtschaft war also nicht etwa eine „Falle" (wie Y. Harari meint) oder gar ein „Fehler" (wie Graeber & Wengrow und zum Teil auch J. Diamond[2] suggerieren):Es war eine **Wahl** (der Mehrheit) der Menschen, für die die o. g. Aspekte von Freiheit und Selbstbestimmung letztlich schwerer wogen als die materiellen Nachteile.

Geld

Der zweite fundamentale Schritt in der Wirtschaftsgeschichte war sicherlich die Einführung von Geld, die – ab etwa 3000 v. Chr. – wie die Landwirtschaft an einer Reihe von Orten unabhängig voneinander vollzogen wurde. Geld trat an die Stelle von Tauschgeschäften zwischen materiellen Gütern (vereinzelt auch zwischen materiellen Gütern und Dienstleistungen) und hat daher unmittelbar praktische Vorteile. Aber dieser Schritt bedeutet auch eine (weitere) Emanzipation des Menschen von der natürlich vorgegebenen materiellen Basis seines Lebens: Er stellt ihr ein selbst definiertes, geistiges Konstrukt an die Seite, eben „Geld".

Geld bedeutete zudem ganz konkret eine ungeheure Erweiterung menschlicher Handlungsmöglichkeiten, d. h. seiner alltäglichen Freiheit: Unabhängig von seinem eigenen Beruf und seiner aktuellen Situation (d. h. davon, was er

---

[1] Dies ist der wesentliche Grund dafür, warum kommunistische Wirtschaftsformen nicht funktioniert haben und nicht funktionieren können: weil sie mit der Freiheit und Selbstbestimmung des Menschen, die sich unter anderem in Privateigentum und eigenverantwortlicher, wirtschaftlicher Tätigkeit ausdrückt – allgemeiner gesagt: mit seiner Individualisierung –, nicht kompatibel sind.

[2] Vgl.: „The Worst Mistake in the History of the Human Race", J. Diamond 1987.

selbst gegebenenfalls aktuell zum Tausch anbieten konnte) konnte er Produkte erwerben, Dienstleistungen in Anspruch nehmen, sich unterhalten lassen etc.[3]

Globalisierung

Bereits früh versuchten die Menschen, sich von den durch die jeweiligen regionalen Verhältnisse (Klima, Vegetation, Bodenschätze, Kunsttraditionen) bedingten Begrenzungen im Warenangebot zu befreien, indem sie mit anderen Regionen Handelsbeziehungen aufbauten.

Einen ersten Höhepunkt erreichten diese Bestrebungen bereits in den ersten Jahrhunderten n. Chr., als erstmals ein Güterverkehr etabliert wurde, der praktisch die gesamte damals in Eurasien bekannte Welt umfasste:

Waren aus China, Indonesien, Japan wurden über Indien als Drehscheibe nach Mitteleuropa (Römisches Reich), Nordafrika und Ostafrika geliefert, ebenso wie andersherum Waren und auch Sklaven gen Osten exportiert wurden (s. Frie (2017), Kap. 4, vgl. Kap. 6).

Zeitweise brach dieses fast schon – mit Ausnahme von Ozeanien und Amerika — globale Handelsnetz wieder zusammen, wurde aber während des Mongolen-Reiches (ca. 1200–1350 n. Chr.) und später vor allem durch das indische Mogulreich wieder reaktiviert; bevor dann die Europäer ab ca. 1500, auch im Zuge der Entdeckung und Eroberung des amerikanischen Doppelkontinents und später Ozeaniens, dem globalen Handel endgültig zum Durchbruch verhalfen.[4]

Zuerst wurden diese sukzessiven Schübe der Globalisierung getrieben durch materielle Wünsche v. a. der jeweiligen Oberschichten der einzelnen Länder (Gewürze, Parfum, Schmuck, Kleidung), z. T. auch durch die Neugier bzgl. anderer Kulturen und deren Gewohnheiten u. a. Später spielte zunehmend das dadurch vergrößerte Warenangebot und die damit erweiterten

[3] Dieselbe Entwicklung der Loslösung, d. h. Befreiung von einer materiellen Basis lässt sich **innerhalb** des Konstruktes „Geld“ beobachten: Die ersten Geldformen waren Krüge mit Getreide; bald darauf folgten gewichtete Edelmetalle (die immerhin noch einen gewissen materiellen Wert besaßen); sehr viel später dann Papiergeld (das keinerlei eigenen Wert mehr besitzt); und wir erleben in unserer Zeit den letzten Schritt, die Loslösung von Geld von jeglichem materiellen Substrat: Geld ist bald nur noch eine nicht materielle Entität, die sich ausschließlich in Zahlen auf Computerservern manifestiert.

[4] Allerdings hat der globale Handel über Jahrtausende hinweg, gemessen an der Gesamtwirtschaft, nur eine untergeordnete Rolle gespielt: Soweit heute nachvollziehbar, beliefen sich die Exporte nur auf wenige Prozent der globalen Wirtschaftsleistung. Dies hat sich erst im 20. Jahrhundert deutlich geändert: Vor allem nach dem Zweiten Weltkrieg entwickelte sich der Welthandel zu einem bedeutenden Wirtschaftsfaktor mit heute ca. 25 % Anteil am Welt-BIP. Aus diesem Grunde wird der Begriff „Globalisierung“ auch spezifisch für diese neue Entwicklung gebraucht.

Wahlmöglichkeiten auch für größere Teile der Bevölkerungen eine wichtige Rolle.[5]

Kapitalismus/Kreditwesen

Als nächsten historischen Schritt in der Wirtschaftssphäre, sehr viel später, wollen wir – hier Harari (2013) folgend – die Einführung eines systematischen Kreditwesens, den Grundbaustein des Kapitalismus, ansprechen.

Kern dieser Innovation war ebenfalls ein **Akt der Befreiung:** *„Vor Beginn der Neuzeit waren dem Geld Fesseln angelegt. Es konnte nämlich nur Dinge repräsentieren …, die im Hier und Jetzt existierten. Dadurch war das Wachstum [der Wirtschaft] erheblich eingeschränkt … Erst in der Neuzeit befreite [die Menschheit] sich aus dieser Falle, als [durch eine Meisterleistung der menschlichen Fantasie] ein System aufkam, das auf Vertrauen in die Zukunft aufgebaut war: … eine besondere Art von Geld, die ‚Kredit' genannt wurde"* (Harari 2013, S. 376/377). Ein Kredit befreit von der Beschränkung auf die Ist-Zeit, weil er über **zukünftige** reale Dinge gedeckt ist bzw. werden soll.

Auch diese Erfindung erweitert das konkrete Handlungsspektrum von Menschen in ganz neuer Weise: Jeder kann im Prinzip unternehmerisch tätig werden, und jeder kann sich in der Gegenwart materielle Dinge leisten (oder aber etwa auch seine Kinder ausbilden lassen) – unabhängig von seinem aktuellen Vermögen –, in dem er sein zukünftiges Einkommen zum Teil verkauft.[6][7]

Industrielle Revolution

Der nächste grundsätzliche Schritt in der Wirtschaftsgeschichte war die industrielle Revolution, die durch die Erfindung der (von menschenunabhängiger Energie angetriebenen) Maschine ermöglicht wurde.

---

[5] Ein wichtiges Beispiel ist die Kartoffel, die im 16. Jahrhundert von Südamerika nach Europa kam und das Nahrungsmittelangebot deutlich erweiterte. Ein jüngeres Beispiel ist Soja, das - ursprünglich aus China stammend – zuerst in Asien verbreitet wurde, im 18. Jahrhundert in den Westen gelangte und heute vornehmlich in Südamerika und den USA angebaut wird.

[6] Mir ist natürlich bewusst, dass es ein weiter Weg war von der ursprünglichen Entwicklung des neuzeitlichen Kreditwesens (ab etwa 1600) bis zum heutigen Zustand, wo – in vielen Ländern – jeder Mensch unter bestimmten Voraussetzungen einen Kredit bekommen kann. Es geht mir hier nur darum, wesentliche prinzipielle Entwicklungen der Wirtschaftsgeschichte als Schritt zur Realisierung von Freiheit und Selbstbestimmung zu erklären.

[7] Eine andere (aber kompatible) Auffassung bzgl. des Kerns des neuzeitlichen (ursprünglich ebenfalls im Westen entwickelten) Kapitalismus vertritt Max Weber 1904: Entscheidendes Merkmal sei *„die rationale Organisation freier Arbeit als Betrieb"* (S. 349). Auch bei ihm ist also die Entwicklung zunehmender Freiheit im Arbeitsleben ausschlaggebend für diesen Meilenstein der Wirtschaftsgeschichte.

Ihre Bedeutung liegt zum einen darin, dass der Mensch damit die strukturelle Beschränkung der wirtschaftlichen Produktionsprozesse und damit der Produktivität auf seine eigene, biologisch vorgegebene Arbeitskraft überwand, d. h., sich in diesem Sinne von den Beschränkungen seiner Biologie befreit; und zwar bzgl. seiner **körperlichen** Arbeitskraft.

Zum anderen eröffnete die industrielle Revolution wiederum ein vorher undenkbares Spektrum neuer Tätigkeiten, die die Wahl- und damit auch die Selbstbestimmungsmöglichkeiten für den einzelnen Menschen nochmals potenzierten.

Diese Tätigkeiten bewegten sich zudem in der Tendenz weg von Arbeiten, in denen die körperlichen Fähigkeiten des Menschen ausschlaggebend sind, hin zu Tätigkeiten, bei denen die psychischen und geistigen Fähigkeiten im Vordergrund stehen und entfaltet werden können. Insbesondere befreite damit diese Entwicklung sehr viele Menschen von dem jahrtausendealten Los, täglich in der Landwirtschaft für ihr materielles Überleben kämpfen zu müssen.[8]

Computer/Künstliche Intelligenz

Seit ca. 1970 wiederholt sich die Entwicklung der industriellen Revolution i. S. v. Befreiung von der Beschränkung der Produktionsprozesse und damit der Produktivität durch die Arbeitskraft des Menschen, aber diesmal bzgl. seiner **intellektuellen** Arbeitskraft.

Ein erheblicher Teil der Entwicklungen der letzten 50 Jahre, die in Kap. 2 dargestellt wurden, und insbesondere das Wirtschaftswachstum in diesem Zeitraum konnte nur durch diesen weiteren Meilenstein in der Wirtschaftsgeschichte realisiert werden.

Zukunft: Ende des Zwangs zur Erwerbsarbeit

Der Prozess der Ergänzung und des Ersetzens der menschlichen Arbeitskraft ist heute immer noch in vollem Gange; und er wird – z. T. wohl schon in den nächsten Jahrzehnten – münden in den in gewisser Weise strukturell letzten Schritt in der Wirtschaftsgeschichte (so wird es in unterschiedlichen Formen von einigen Ökonomen prophezeit): das sukzessive Ende der Erwerbsarbeit im engeren Sinn. Der Mensch wird sukzessive befreit von dem Zwang, für die

[8] Im Zuge dessen trug die industrielle Revolution erheblich dazu bei, dass die vormals übliche Kinderarbeit in der Landwirtschaft zunehmend obsolet und so die Entwicklung des allgemeinen Schulwesens – d. h. die Entwicklung hin zu höherer Bildung der Menschen – entscheidend befördert wurde.

Sicherung seiner materiellen Existenz zu arbeiten. Weite Teile der Wirtschaft werden (weiter) automatisiert, die produzierenden Maschinen werden zunehmend von immer intelligenteren Maschinen gesteuert; und auch viele Dienstleistungen werden absehbar von (zunehmend humanoiden) Robotern erbracht.

Damit eröffnen sich ganz neue Freiräume für den Menschen, seine Lebenszeit nach eigenen Präferenzen zu gestalten, seine Fähigkeiten auszubilden, selbstgewählte Ziele zu verfolgen.[9]

17.2 Politisch-gesellschaftliche Geschichte

Historischer Staat

Die hervorstechende Entwicklung der frühen politisch-gesellschaftlichen Geschichte ist sicherlich diejenige von der ursprünglichen J&S-Gruppe mit unter 50 Mitgliedern über verschiedene Stufen immer größerer und komplexerer Gemeinschaften bis hin zu den Einheiten, die wir mit dem Begriff „Staat" bezeichnen.

Staaten sind (hier folge ich J. Diamonds Klassifikation in Diamond (1998), S. 326/327) Gemeinschaften von Menschen, die vor allem durch folgende Eigenschaften charakterisiert sind:

- über 50.000 (oft Millionen) Mitglieder;
- binnenstrukturiert in Dörfer und Städte; mit einer Hauptstadt;
- zentrale Entscheidungsmacht: „Regierung";
- organisierte, mehrere Ebenen umfassende Verwaltung inkl. Bürokratie;
- klar festgelegte, in der Regel schriftlich vorliegende Gesetze und ein Justizapparat, der diese Gesetze überwacht und Zuwiderhandlungen verfolgt (und dem das Gewaltmonopol zugewiesen ist);
- Erhebung von Steuern;
- intensive Landwirtschaft als ökonomische Basis.

[9] Mit dieser Darstellung soll nicht geleugnet werden, dass dieser Übergang – wie schon die industrielle Revolution – wahrscheinlich mit schwierigen und für viele Menschen schmerzhaften temporären Anpassungsprozessen einhergehen wird: Arbeitslosigkeit, neue Verteilung von Wohlstand (auch evtl. zwischen Ländern/Weltregionen), Suchen nach neuen Lebensinhalten, Einsamkeit. Auf die Dauer ist diese Entwicklung aber nicht nur unvermeidlich (weil gesetzmäßig), sondern auch - wie die industrielle Revolution – der Weg in noch mehr Bedürfniserfüllung und Selbstbestimmung für den Menschen.

Die Herausbildung von Staaten stellt – ähnlich wie der Übergang zur Landwirtschaft und die Einführung von Geld – eines der wesentlichen Muster des Geschichtsverlaufs dar: Sie vollzog sich unabhängig voneinander in mehreren Weltregionen,[10] meist einige Tausend Jahre nach der jeweiligen Einführung der Landwirtschaft.

Wie ist dieses Muster zu erklären?

J. Diamond nennt folgende zentrale Vorteile eines Staatswesens für den Menschen (die jeweils mit der Erfüllung wesentlicher Bedürfnisse zusammenhängen):

- **Äußere Sicherheit**
  Innerhalb des Staatsgebietes herrschte in der Regel Frieden, während vor der Staatsbildung sich einzelne Dörfer/Städte regelmäßig aus verschiedenen Gründen Kriege lieferten.
- **Innere Sicherheit**
  Durch Gesetze und Justiz wurden zwischenmenschliche Konflikte deutlich eingedämmt und besser gelöst. Vorher zogen z. B. einzelne Gewaltakte zwischen Menschen oft endlose Racheakte und Gegen-Racheakte nach sich.
- **Effizienz der Entscheidungsfindung**
  Wesentliche, viele oder alle Mitglieder des Staates („Bürger") betreffende Entscheidungen konnten durch die festgelegten und zentralisierten Entscheidungsprozeduren relativ schnell getroffen werden; wohingegen es vorher, d. h. ohne etablierte Regierung, von der persönlichen Autorität und Überzeugungskunst einzelner Gruppenmitglieder abhing, ob eine Entscheidung in angemessener Zeit erreicht werden konnte.[11]
- **Materielle Vorteile**
  Organisierte Staaten bieten zudem eine Reihe von ökonomischen Vorteilen für ihre Bürger: zentrale Vorratshaltungen, um Defizite einzelner Gruppen/Gebiete auszugleichen; Sicherung eines vielfältigen Warenangebots; öffentliche Bauprojekte, die z. B. Gesundheit, Mobilität oder Religion fördern; weitergehende Spezialisierung von Berufen mit entsprechenden Aufstiegschancen.

---

[10] Sie vollzog sich zunächst **nicht** überall, insbesondere dort nicht, wo die Landwirtschaft aus geographischen Gründen erst relativ spät oder gar nicht Fuß fassen konnte: Ozeanien, weite Teile Afrikas, weite Teile des heutigen Russlands waren noch vor 500 Jahren geprägt von kleinen gesellschaftlichen Einheiten, in denen staatliche Elemente nicht oder nur z. T. ausgebildet waren. Erst seit einigen Hundert Jahren ist der gesamte Globus von Staaten im o. g. Sinn bedeckt.

[11] Die Notwendigkeit vorab festgelegter Entscheidungsprozeduren bzw. einer Regierung steigt naturgemäß mit zunehmenden Bevölkerungszahlen – schon bei einer Bevölkerungszahl von einigen 1000 sind „basisdemokratische" Entscheidungsfindungen i. d. R. nicht mehr praktikabel.

Diesen Vorteilen stehen allerdings gewichtige Risiken gegenüber, die sich in der geschichte sehr oft in massiven Nachteilen für die Bürger niedergeschlagen haben; in erster Linie (so auch Diamond):

- **Machtmissbrauch** der Regierung (oder auch der Verwaltung oder der Justiz);
- Politische und wirtschaftliche **Ungerechtigkeit** und Ungleichbehandlung.

Aufgrund dieses grundsätzlichen **Spannungsverhältnisses** von Vor- und Nachteilen für die Mehrheit der Bürger — in denen sich letztlich auch die Spannungsverhältnisse in den menschlichen Bedürfnissen/Antrieben widerspiegeln — gab es in der Geschichte

- eine Vielzahl verschiedener Varianten bzgl. der inneren Ordnung von Staaten,
- einen beständigen (z. T. bis heute andauernden) Prozess der Neubildung und des inneren Zerfalls von Staaten
- und sehr unterschiedliche Erfolge von Staaten bzgl. des wirtschaftlichen Wohlergehens, der kulturellen Leistungen (in Wissenschaft, Technik, Infrastruktur, Kunst) oder auch bzgl. ihres Verhältnisses zu anderen Staaten (etwa bzgl. kriegerischer Eroberungen).

Was es aber – trotz der durchaus zwiespältigen Auswirkungen des Staates auf die Lebensqualität der Menschen – fast nirgendwo gab, war eine bewusste **Abkehr** von der Staatenbildung als solcher. Der erste, große Schritt in der politisch-gesellschaftlichen Geschichte hat sich (ähnlich wie die Einführung der Landwirtschaft in der Wirtschaftsgeschichte) als dauerhaft erwiesen.

Warum?

Sicherlich waren die Vorteile des Staates ab einem bestimmten Punkt aus Sicht der Menschen unverzichtbar; aber unsere Geschichtstheorie führt auch auf zwei wesentliche weitere Aspekte:

(1)

Die Bildung eines Staates mit festgeschriebenem Territorium, Gesetzen und formalen Hierarchien ist als solche ein wesentlicher und geschichtlich zwangsläufiger **Akt der Selbstbestimmung** des Menschen: Die vormals z. T. unreflektierten, ungeschriebenen Regeln, informellen Hierarchien und die wechselnden Entscheidungsprozesse in der J&S-Gruppe werden abgelöst durch eine selbst definierte, festgeschriebene und im Grundsatz bewusst gewählte bzw. formbare Ordnung in einer gesellschaftlichen Einheit.

(2)

Lt. unserer Theorie (Kap. 16, Punkt 7 (a)) führt die zunehmende Freiheit und Selbstbestimmung des Menschen unvermeidlich zu größerer Individualität und damit ganz grundsätzlich zu größeren **Unterschieden** (d. h. Ungleichheiten) zwischen ihnen.
Je mehr die unterschiedlichen Fähigkeiten von Menschen – körperliche Kraft, handwerkliches Geschick, Intelligenz, Empathie, künstlerische Fähigkeiten, Charisma, Fähigkeit zu Kooperation/List/Blendung u. a. – entfaltet werden können und so zum Tragen kommen, umso mehr werden sie sich (je nach gesellschaftlicher und wirtschaftlicher Situation der Gemeinschaft) in unterschiedlichem „Erfolg" in verschiedenen Dimensionen niederschlagen und damit auch in **reale Ungleichheiten** übersetzen.

Was unter dem Schlagwort „soziale Ungleichheit" bis heute viele politisch-gesellschaftliche Debatten bestimmt, ist also nicht etwa ein „Unfall" der Geschichte, ein „Fehler" der früheren Generationen, ein Unglück – es ist, im Gegenteil, eine Gesetzmäßigkeit der Geschichte, dass solche Ungleichheiten entstehen.[12] Es muss daher darum gehen, mit ihnen richtig umzugehen: sie in einem bestimmten Korridor zu halten und vor allem dafür zu sorgen, dass sie keine großen Auswirkungen haben auf Bildungschancen, gesellschaftliche Anerkennung, Aufstiegsmöglichkeiten; d. h., **dass Ungleichheit nicht zu Ungerechtigkeit führt.**

Man kann es, mit anderen Worten, als die – strukturell unvermeidliche – **Kernherausforderung jeder Gesellschaft** bezeichnen, die Individualität und unterschiedlichen Fähigkeiten ihrer Mitglieder einerseits zuzulassen, ja sogar zu fördern; andererseits aber dafür zu sorgen, dass die resultierenden, realen Ungleichheiten begrenzt bleiben und insbesondere die Gemeinschaft aller nicht unterminieren.

Ab einer gewissen Bevölkerungsgröße ist dafür eine komplexe, explizit festgelegte staatliche Ordnung (zwar ganz sicher kein Garant, aber) eine **notwendige Voraussetzung**.

Um es noch einmal anders zu formulieren: Mit zunehmender Freiheit und Individualität der einzelnen Menschen steigt auch die Notwendigkeit, dieser

[12] Wie wir in Kap. 4.4 gesehen haben, werden diese Unterschiede (bis zu einem gewissen Grad) ja auch von der Mehrheit der Menschen kulturübergreifend nicht nur akzeptiert, sondern sogar für sinnvoll gehalten.

Freiheit Schranken zu setzen, damit sie mit der Freiheit aller anderen kompatibel ist und auf die Dauer bestehen kann; d. h., die Notwendigkeit steigt, dass sich eine Gemeinschaft von Menschen in diesem Sinne **selbst organisiert,** entsprechende Regeln und Gesetze schafft, seine Gemeinschaft zu einem Staatswesen weiterentwickelt.

Der die allgemeinen Menschrechte realisierende Staat

Diese Logik führt bereits auf den zweiten großen Schritt in der politisch-gesellschaftlichen Geschichte: die Entwicklung dessen, was Kant eine „vollkommene bürgerliche Verfassung“ genannt hat, d. h. die Entwicklung des die allgemeinen Menschenrechte realisierenden Staates.

Die ersten Staaten entstanden vor über 5000 Jahren, und bald zeigte sich die bereits angesprochene große **Variabilität** von gesellschaftlichen Ordnungen, Regierungsformen, Legitimationen von politischer Macht/gesellschaftlicher Vorrangstellung; und (z. T. als Folge dieser Strukturen) eine große Vielfalt bzgl. Größe und zeitlicher Stabilität.[13]

Die meisten Staaten waren dabei geprägt von großen materiellen Ungleichheiten, von Ungerechtigkeiten zwischen verschiedenen gesellschaftlichen Schichten, von Sklaverei, von Willkür der Herrschenden; zudem wurden sie oft erschüttert durch eigene oder aufgezwungene Kriege, Hungersnöte (z. T. aufgrund von Klimaschwankungen), Epidemien, Völkerwanderungen etc.

Im Laufe der folgenden Jahrtausende gab es in einzelnen Gemeinschaften/Staaten immer wieder durchaus Fortschritte im Sinne von Rechtssicherheit, gleiche Rechte zumindest für größere Gruppen, Begrenzung von Macht, gerechtere Verteilung der ökonomischen Ressourcen – etwa in der griechischen Demokratie, im Römischen Reich, in der chinesischen Tang-Dynastie, im indischen Mogulreich unter Akbar u. a. Wir wollen diese Entwicklungen in diesem Buch jedoch nicht nachzeichnen: Sie waren partiell (auch in der griechischen und römischen Gesellschaft war z. B. Sklaverei eine Selbstverständlichkeit), und sie waren zeitlich nicht stabil.

Es dauerte vielmehr bis in die Neuzeit, bis ein grundsätzlich neuer Schritt in der gesellschaftlichen Ordnung einsetzte, der sich als ähnlich universal herausstellen sollte wie die ursprüngliche Bildung von Staaten: In einer Wechselwirkung von gesellschaftlichen und philosophischen Impulsen wurden in einem Prozess über mehrere Jahrhunderte die allgemeinen Menschenrechte entwickelt.

---

[13] Diese vielen Formen werden z.B. in Graeber & Wengrow (2022) sehr plastisch beschrieben.

Dieser Prozess begann in England im späten Mittelalter und erreichte seinen ersten Kulminationspunkt in der zweiten Hälfte des 18. Jahrhunderts mit der amerikanischen und französischen Revolution (bzw. den Texten und Verfassungen, die in diesem Zusammenhang ausgearbeitet wurden).

Die geistigen Grundlagen – inkl. einer Kodifizierung in einem Rechtssystem – waren damit gelegt. Die **allgemeinen Menschenrechte** sind nichts anderes als die Ausbuchstabierung von Freiheit und Selbstbestimmung des Menschen im gesellschaftlich-politischen Kontext; die in Kap. 16 aufgestellte Geschichtstheorie besagt damit, dass

I) ihre gedankliche Entwicklung,
II) ihre Festschreibung in gesellschaftlichen Ordnungen (Verfassungen) und
III) ihre Umsetzung in gesellschaftliche Realität

vorbestimmte, aufeinanderfolgende Stufen der gesellschaftlich-politischen Menschheitsgeschichte darstellen.

Man wird heute sagen können, dass die Stufen I (gedankliche Entwicklung) und II (Festschreibung in staatliche Verfassungen inkl. der UN-Verfassung)[14] weltweit historisch (weitestgehend) abgeschlossen sind.[15]

Die Menschheit befindet sich also in der Stufe III, und bei allen gravierenden Defiziten hat es zweifellos bisher auch hier,[16] insbesondere in den letzten 80 Jahren, erhebliche Fortschritte gegeben. Nimmt man z. B. den Human Rights Index als Maßstab, so ist Stufe III heute in ca. 120 Staaten (von knapp 200) bis zu einem erheblichen (aber noch unzureichenden) Grad – mindestens 65 %, d. h. Score > 0,65 – erreicht; 1950 waren es noch etwa 40 Staaten.[17]

Weltstaat

Die bisher beschriebene und interpretierte Geschichte in der politisch-gesellschaftlichen Sphäre betraf die **innere Organisation** von menschlichen Gemeinschaften bzw. Staaten.

---

[14] Besonders zu nennen ist hier die UN-Deklaration der Menschenrechte von 1948, die von nahezu allen Staaten unterzeichnet wurde.

[15] Etwas plakativ formuliert könnte man sagen, dass die Stufe I (wenn man die englische Magna Charta von 1215 als Startpunkt bezeichnet) etwa 500-600 Jahre gedauert hat, und die Stufe II (wenn man die amerikanische und französische Revolution als Startpunkt bezeichnet) 150-200 Jahre.

[16] Unter anderem ist die Sklaverei, die noch vor 250 Jahren ein weltweites, meist als selbstverständlich und legitim betrachtetes Phänomen war, weitgehend abgeschafft worden.

[17] Ein bereits befriedigender Level – ein HRI von 85 % - war 1950 erst in 20 Ländern, heute in ca. 70 Staaten erreicht.

Die politisch-gesellschaftliche Menschheitsgeschichte war und ist aber ebenso auch eine Geschichte des **Verhältnisses zwischen Gemeinschaften/ Staaten.** Es ist klar, dass beide Bereiche nicht unabhängig voneinander sind:

- Die Bedrohung von außen hat (wie erwähnt) erheblich zur Bildung größerer Einheiten mit entwickelten Binnenorganisationen beigetragen.
- Viele Staaten wuchsen durch kriegerische Eroberungen und wurden so mit der Herausforderung konfrontiert, noch komplexere Verwaltungen, Steuersysteme, Rechtsordnungen etc. zu schaffen.
- Schließlich ist in Anlehnung an den entsprechenden Gedanken von Kant zu bedenken, dass die Stabilität eines Staates und eine positive gesellschaftliche Entwicklung im o. g. Sinn bis zu einem gewissen Grad von einem Leben in Frieden mit den anderen (Nachbar-)Staaten abhängig sind.

Bezüglich der zwischenstaatlichen Verhältnisse hat es sehr lange Zeit in der Menschheitsgeschichte kaum nennenswerte Entwicklungen gegeben. Gewalttätige Auseinandersetzungen waren schon zwischen Jäger-und-Sammler-Gruppen nicht selten; sie blieben zur Zeit der ersten Dörfer und Städte an der Tagesordnung; später trugen sie maßgeblich zur Bildung, zum Wachstum und zum Fall von Staaten bei (Krieg ermöglichte das chinesische Kaiserreich, das Römische Reich, das indische Maurya-Reich, das islamische Imperium des Mittelalters, das Aztekenreich); und auch in der Neuzeit bis ins 20. Jahrhundert hinein blieb Krieg ein regelmäßiges Mittel der politischen Konfliktlösung zwischen Staaten. Immer wieder ging es bei diesen Konflikten um wirtschaftliche Ressourcen, um Macht und Einfluss oder um Religion bzw. Ideologie.[18]

In gewisser Weise glich damit das Verhältnis zwischen Staaten noch im 19. Jahrhundert dem ursprünglichen Verhältnis von Jäger-und-Sammler-Gruppen: ein natürlich gegebener Zustand, ungeregelt, oft von historischen Zufälligen abhängig (d. h. von der Stärke einzelner Staaten, von einzelnen historischen Persönlichkeiten, von technischen Entwicklungen, kulturellen Besonderheiten).[19]

Genauso wie sich die Jäger-und-Sammler-Gruppen in einem Akt der Selbstbestimmung zu Staaten weiterentwickelt haben – sich Regeln, Rechtssysteme, Regierungsstrukturen gaben –, so wird sich die Menschheit, d. h. die Gemeinschaft der Staaten, in einem **Akt der Selbstbestimmung** Regeln,

---

[18] Beim Phänomen „gewaltsame Austragung von Konflikten/Krieg" spielten also historisch alle drei Sphären – Wirtschaft, Gesellschaft/Politik, geistige Entwicklungen – eine Rolle.

[19] Kant spricht hier ein wenig despektierlich (aber nicht unzutreffend) vom *„gesetzlosen Zustand der Wilden"* (Kant (1794), S. 15).

Rechtssysteme und eine Weltregierung (mit zugewiesenem Gewaltmonopol) geben.

So sagt es unsere Theorie voraus und in der Tat ist die Menschheit seit etwa 100 Jahren dabei, eben dies zu tun. Dabei ist es unerheblich, wie genau man den heute erreichten Zustand im Einzelnen beurteilt: Klar ist, dass zwar die gedanklichen Grundlagen eigentlich gelegt und zu erheblichen Teilen auch in der UN-Charta bereits kodifiziert sind[20]; dass aber bei der Umsetzung in die Realität die weitaus größere Wegstrecke noch vor uns liegt.

Es kann, mit anderen Worten, durchaus noch Jahrhunderte dauern – und es kann in dieser Zeit auch deutliche Rückschläge geben – bis der Mensch diese Aufgabe in befriedigender Art und Weise gelöst hat (vgl. Abschn. 23.1).

17.3 Geistesgeschichte

Ich möchte in diesem Kapitel die dritte große Sphäre der Menschheitsgeschichte, die Geistesgeschichte, nur relativ kurz behandeln. Dies hat vor allem zwei Gründe:

- Die Geistesgeschichte weist – mehr noch als die Wirtschaftsgeschichte und die politisch-gesellschaftliche Geschichte – eine enorme Komplexität auf, da sie so unterschiedliche Bereiche wie Religion, Philosophie, Naturwissenschaft, Kunst und auch gesellschaftliche Moralvorstellungen umfasst. Dieser Komplexität auch nur ansatzweise gerecht zu werden, ist im Rahmen dieses Buches einfach nicht möglich.
- Bei den großen Meilensteinen in der Wirtschafts- und der politisch-gesellschaftlichen Geschichte – Einführung der Landwirtschaft, Erfindung des Geldes, Bildung von Staaten, regionenübergreifender Handel und Austausch, u.a. – hat es (wie im Teil II bereits erwähnt) in den letzten 50 Jahren durch die verschiedenen Wissenschaften eine Fülle neuer empirischer Erkenntnisse gegeben, so dass wir erst jetzt über ein einigermaßen adäquates Bild der historischen Abläufe verfügen. Bei der Geistesgeschichte ist dies **nicht** so: Sie ist im Wesentlichen über historische Schriftstücke zu-

[20] Insbesondere wird der Krieg als Mittel politischer Auseinandersetzung definitiv abgelehnt; allein dies stellt einen ungeheuren Fortschritt gegenüber dem Zustand noch vor 100-150 Jahren dar (den zum Beispiel C. Clarke in seinem Buch „Schlafwandler" über die Jahrzehnte vor dem 1. Weltkrieg eindrücklich beschreibt).

gänglich, und die meisten dieser Quellen liegen bereits seit Jahrhunderten vor. Aus diesem Grunde sind die geistesgeschichtlichen Darstellungen der Geschichtsphilosophen der Aufklärung heute noch weitgehend aktuell, und ich kann also bei der Interpretation dieser Geschichte anhand der Kategorien „Freiheit", „Streben nach Erkenntnis und nach höherem Sinn" (also geistige Bedürfnisse/Antriebe des Menschen), auf diese Werke verweisen.

Ich möchte daher hier nur fünf mir besonders wesentlich erscheinende Schritte in der Entwicklung der Menschheit in dieser Sphäre knapp skizzieren.

Emanzipation von Naturgöttern/Mythen

Der erste wesentliche Schritt – vorbereitet durch die Entwicklung der Schrift [21] – war zweifellos die **Emanzipation** von Naturgöttern, Mythen und dem Weltbild des Ausgeliefertseins an höhere Mächte hin zu einem bewussten Nachdenken über die Welt und die Rolle des Menschen in ihr; und hin zur Überzeugung, dass diese Welt jedenfalls z. T. erkennbar und verstehbar ist. Den prominentesten Ausdruck hat dieser Schritt wahrscheinlich in der griechischen Philosophie und Wissenschaft gefunden, aber er wurde in verschiedenen Ausprägungen im Jahrtausend vor der Zeitenwende in mehreren Regionen der Welt (China, Indien, Naher Osten, Griechenland) zumindest von einzelnen Denkern/Persönlichkeiten vollzogen. Der deutsche Philosoph K. Jaspers hat diesen Schritt ausführlich beschrieben,[22] mit der Formel „Vom Mythos zum Logos" auf den Punkt gebracht und mit dem Begriff „Achsenzeit" belegt (Kap. 7.3).

---

[21] Man könnte mit einer gewissen Berechtigung die Erfindung der Schrift - die ebenso wie Landwirtschaft und Staatenbildung an mehreren Orten unabhängig voneinander vollzogen wurde und die daher zweifellos ein wesentliches historisches Muster konstituiert – als „Schritt 0" in der Geistesgeschichte bezeichnen. Sie hatte zwar zunächst vor allem praktische Gründe (Dokumentation von Tauschgeschäften/Schuldverhältnissen) und könnte daher auch als Teil der Wirtschaftsgeschichte interpretiert werden; aber sie stellt auch einen bedeutenden Schritt im Sinne von Freiheit und Selbstbestimmung dar:

- Der Mensch befreit sich dadurch in seiner Kommunikation vom Hier und Jetzt, von der räumlichen und zeitlichen Beschränkung der rein mündlichen Kommunikation.
- Der Mensch stellt damit den natürlich gegebenen Kommunikationsmitteln ein selbst definiertes, nach seinen Vorstellungen formbares Kommunikationsmittel an die Seite.

Typisch ist es, dass dann **technologische** Schritte erforderlich waren, um die **geistige** Errungenschaft „Schrift" zu verbreiten und in diesem Sinne fruchtbar zu machen: zuerst die Nutzung von Papyros, später dann – erfunden in China ca. 100 v. Chr. – von Papier.

[22] „Der Mensch [wird] sich des Seins im Ganzen, seiner Selbst und seiner Grenzen bewusst … Er stellt radikale Fragen … Durch diesen Prozess wurden die bis dahin unbewusst geltenden Anschauungen, Sitten und Zustände der Prüfung unterworfen, in Frage gestellt, aufgelöst … Es begann der Kampf gegen den Mythos von seiten der Rationalität und der rational geklärten Erfahrung (der Logos gegen den Mythos)" (Jaspers (1949), S. 20/21)).

Aufklärung

Dennoch blieb die Religion für das Denken und Fühlen der meisten Menschen und auch der meisten Wissenschaftler bestimmend; d. h., die Überzeugung, dass letztlich Götter/der eine Gott das Schicksal der Welt und der einzelnen Menschen bzw. der einzelnen Völker bestimmen. Dies ging meist einher mit der Überzeugung, der wahre Sinn, das Ziel des Menschen liege nicht in dieser Welt, sondern in einem Jenseits; und die wichtigsten Erkenntnisse für den Menschen lägen in der Religion begründet. Entsprechend bescheiden[23] waren jahrtausendelang die weiteren Fortschritte in der Wissenschaft und der Philosophie (und in der Folge auch in der Wirtschaftsgeschichte/Technik und in der politisch-gesellschaftlichen Geschichte).

Die Aufklärung der Neuzeit änderte dies radikal. Im Laufe weniger Jahrhunderte wurde hier der wohl bedeutendste und umfangreichste Schritt in der Geistesgeschichte vollzogen. Die Aufklärung ist geprägt durch:

- Die grundlegende gedankliche Emanzipation von einem religiösen hin zu einem **rational-wissenschaftlich geprägten Weltbild;**
- Die Entwicklung der Überzeugung, dass der Mensch sein **Schicksal selbst bestimmt,** dass die Zukunft durch den Menschen gestaltbar ist und gestaltet wird;
- Die Entwicklung der Überzeugung, dass es eine jedem Menschen innewohnende **Fähigkeit** („Vernunft") gibt, die ihn aus „seiner selbstverschuldeten Unmündigkeit" befreien kann, die ihn zur Erkenntnis objektiver Wahrheit führen kann;
- Die zunehmende Erkenntnis, dass **Bildung** – konkret das Bildungssystem – der Schlüssel zur Entwicklung von Vernunft und Selbstbestimmung im einzelnen Menschen und damit von entscheidender Bedeutung für die weitere Entwicklung der Menschheit ist;
- Allgemein die Auszeichnung von **Freiheit** als das zentrale Ziel für alle Menschen.

Die Aufklärung hat zudem einen fundamental **reflexiven Charakter:** Ihr Ursprung ist das Bedürfnis des Menschen nach Erkenntnis und sein Streben nach Freiheit und Selbstbestimmung; sie begreift sich selbst als Ergebnis die-

[23] „*Vor der wissenschaftlichen Revolution [d. h. der Aufklärung, TU] glaubte niemand an den Fortschritt. Die meisten Kulturen meinten, das goldene Zeitalter liege in der Vergangenheit, und die Welt befinde sich auf dem absteigenden Ast …. Gegen die grundsätzlichen Probleme konnte man mit menschlichem Wissen nichts ausrichten. Wenn selbst Buddha, Konfuzius, Jesus oder Mohammed, die schließlich alles wussten, nichts gegen Hunger, Krankheit, Armut und Krieg tun konnten, was sollten dann gewöhnliche Sterbliche dagegen ausrichten?*" (Harari 2013, S. 323).

ses Strebens; und sie interpretiert bereits die ganze Geschichte als sukzessive Realisierung von Freiheit und Vernunft.[24]

Die Aufklärung ist damit eine Schlüsselepoche in der Menschheitsgeschichte auf dem Weg zu Freiheit und Selbstbestimmung.[25] Insbesondere war sie Grundlage und Voraussetzung für den beispiellosen Aufstieg von Naturwissenschaft und Technik in den letzten 300 Jahren, (auch dadurch) für die industrielle Revolution und die Überwindung der malthusianischen Falle, für den Weg in die freie Marktwirtschaft, für die gedankliche Vollendung der allgemeinen Menschenrechte und insofern für die Herausbildung der modernen Staaten[26] – damit letztendlich für diejenigen Entwicklungen, die wir in Teil I dargestellt haben.

Entdeckung der Evolutionstheorie

Obwohl die Denker der Aufklärung eigentlich methodisch und inhaltlich die Religion hinter sich gelassen und den Menschen als für sein Denken und sein Handeln (und damit für den Verlauf der Geschichte) verantwortlich in den Mittelpunkt ihres Weltbildes gestellt hatten, blieben sie in einem sehr bedeutenden Punkt der Religion/der Vorstellung eines Gottes verhaftet: die **Schöpfung des Menschen** (vgl. Kap. 7.1).

Mit der (ohne Evolutionstheorie fast unvermeidlichen) Annahme eines Schöpfungsaktes war verbunden zum einen eine unmittelbare Beziehung und **Abhängigkeit** des Menschen zum bzw. vom Schöpfer; zum anderen ein fundamentaler **Dualismus** zwischen der Natur auf der einen Seite und dem Geist/der Vernunft auf der anderen Seite. Beides führte dazu, die nichtgeistigen Seiten des Menschen als im Kern irrelevant, als störend auf dem Weg zur wahren, gottgewollten Bestimmung des Menschen anzusehen; und allge-

---

[24] Neben diesen inhaltlichen Aspekten ist das Denken der Aufklärung auch dadurch charakterisiert, dass es **formal reflexiv** ist: Das Denken denkt über die eigenen Denkprozesse nach und gibt sich - im Zuge der erkenntnistheoretischen und methodologischen Reflektionen - selbst die Kriterien, nach denen wissenschaftliche Forschung, rationale Argumentation und Wahrheitsanspruch zu beurteilen sind.

[25] Sehr viel geschichtliche und philosophische Arbeit ist in den letzten Jahrhunderten in die Beurteilung der Frage geflossen, warum diese Schlüsselepoche gerade in Europa und gerade in jenen Jahrhunderten (1500-1800) stattfand. Diese Frage ist für das vorliegende Buch unerheblich: Unsere Geschichtstheorie sagt nur, dass sie über kurz oder lang stattfinden musste und dann den weiteren Verlauf der Geschichte für die Menschheit entscheidend bestimmen würde.

Mit anderen Worten: Sie hätte grundsätzlich auch in einer anderen Weltregion oder an mehreren Orten unabhängig voneinander stattfinden können. Die Welt war nur zu diesem Zeitpunkt schon so vernetzt, dass sich die gedanklichen Errungenschaften innerhalb historisch kurzer Zeit auf den ganzen Erdball verbreitet haben bzw. – durch den europäischen Kolonialismus – verbreitet wurden.

[26] Die Aufklärung als Teil der Geistesgeschichte war damit an diesem Punkt eine unverzichtbare Voraussetzung für die entsprechenden Meilensteine in der Wirtschaftsgeschichte und der politisch-gesellschaftlichen Geschichte.

mein beeinflusste es die metaphysischen Überlegungen der Aufklärung (Ontologie und Erkenntnistheorie).

Die Entdeckung der Evolutionstheorie veränderte in diesem Punkt das Denken über die Welt noch einmal grundsätzlich.

Dieser Meilenstein ermöglichte die endgültige Emanzipation auch des aufgeklärten Menschen von der Religion[27]; er implizierte, wie in Teil III dargestellt, das Ernstnehmen der biologischen und insbesondere auch der psychischen Sphäre des Menschen und in diesem Zuge die Überwindung des dualistischen Menschenbildes. Er führte auf dieser Basis zu einem komplexeren und damit adäquateren Verständnis der **Freiheit** des Menschen, auch bei der Gestaltung der Geschichte (vgl. Kap. 7.3).

Zudem zementierte der Triumph der Evolutionstheorie (die bald durch eine Vielzahl archäologischer Entdeckungen zweifelsfrei bestätigt wurde) über die biblische Schöpfungsgeschichte die Vormachtstellung der Naturwissenschaften, allgemeiner der empirischen Wissenschaften, gegenüber Religion und Philosophie. Schließlich ermöglicht die o.g. Emanzipation, dass der Mensch jetzt (noch) voraussetzungsloser über metaphysische Fragen nachdenken kann.[28]

Freiheit bzgl. gesellschaftlicher Moralvorstellungen

Während in den letzten 200 Jahren die wirtschaftlichen und politischen Freiräume für viele Menschen jedenfalls in den westlichen Ländern langsam wuchsen, blieb trotz Aufklärung und Evolutionstheorie ihr konkretes Leben lange Zeit stark bestimmt von religiösen Inhalten und – z. T. auch daraus abgeleiteten – starren gesellschaftlichen Moralvorstellungen und Normen.

Dabei ging es primär nicht um allgemeine ethische Prinzipien, sondern um das Verhältnis und die Rollen der Geschlechter, um Sexualität, um Formen des gesellschaftlichen Umgangs, Kleiderordnungen, um Vorstellungen von Ehre, um Erziehungsfragen und vieles andere.[29]

---

[27] Damit verbunden ist auch ein anderes Selbstverständnis des Menschen, denn er verliert seine **exklusive Stellung** in der Welt: nach der Evolutionstheorie ist es zumindest wahrscheinlich (wenn auch nicht sicher), dass es auch andere intelligente Spezies im Universum gibt.

[28] Es ist durchaus verständlich, dass seit Darwin viele Philosophen metaphysische Überlegungen generell ablehnen: Wenn die Vernunft dem Menschen nicht von einem Gott geschenkt wurde, sondern sich aus der Natur entwickelt hat, ist die Auffassung naheliegend, eine ideelle Welt jenseits der physikalischen Welt (d. h. eine „metaphysische Sphäre") sei nicht existent oder jedenfalls vom Menschen rational, mit seinen Mitteln, nicht erkennbar. „Naheliegend" bedeutet allerdings nicht automatisch „wahr".

[29] Einen beeindruckenden Einblick in diese gesellschaftlichen Normen in Österreich in den Jahrzehnten vor dem 1.Weltkrieg gibt Stefan Zweig in seiner Autobiografie „Die Welt von gestern".

Seit etwa 100 Jahren nimmt die Bedeutung dieser kulturellen Normen in sehr vielen Ländern (in unterschiedlichem Ausmaß) zugunsten von mehr Freiheit und Selbstbestimmung für den einzelnen Menschen ab; d. h., die kulturelle Homogenität weicht einer größeren Heterogenität von – und auch einer größeren Toleranz gegenüber – Rollenverständnissen, Lebensentwürfen und Beziehungsmustern. Damit werden dem menschlichen Grundbedürfnis/-antrieb „Autonomie" ganz neue Dimensionen der Erfüllung erschlossen.

Man kann diese Entwicklung – die mit der in Teil III beschriebenen allgemeinen Aufwertung des Individuums in Philosophie und gesellschaftswissenschaften gegenüber dem Denken der Aufklärung zusammenhängt – als Teil der Geistesgeschichte oder als Teil der politisch-gesellschaftlichen Geschichte begreifen,[30] die hier in enger Wechselwirkung stehen.

Der Prozess der Emanzipation des Individuums von kulturellen Vorgaben/gesellschaftlichen Moralvorstellungen ist auch heute in vollem Gange. Er führt im Ergebnis (nicht zu einer Eliminierung, aber) zu einer **Depotenzierung von kulturellen Unterschieden** zwischen den einzelnen Ländern und den Regionen der Erde, die innerhalb der geistigen Sphäre ohnehin durch den wachsenden internationalen Austausch in Wissenschaft und Kunst zunehmend verwischt werden.

Internet

Dieser Prozess wird gefördert durch eine Entwicklung, die zweifellos einen weiteren Meilenstein in der Geistesgeschichte – im Sinne der Realisierung von Freiheit und Selbstbestimmung – markiert: die Nutzung des Internets, beginnend vor ca. 30 Jahren, und des Smartphones vor ca. 15 Jahren.[31]

Jahrtausendelang war die ganz überwiegende Mehrheit der Menschen bei Information und Kommunikation auf ihr unmittelbares lokales Umfeld beschränkt. Die Erfindung des **Buchdrucks** (zuerst in China, dann in Europa 1450) war ein erster, bedeutender Fortschritt, sowohl für den Austausch in Wissenschaft und Kunst, aber auch für die Bildung und Horizonterweiterung zumindest des Bürgertums (d. h. der höheren sozialen Schichten).[32]

---

[30] Sie hängt auch z. T. zusammen mit der konkreten Umsetzung der Menschenrechte in gesellschaftlich-politische Realität – in diesem Kontext ist z.B. die erhöhte Sensibilität gegenüber Rassismus, allgemein gegenüber dem Umgang mit Minderheiten in der Gesellschaft zu nennen.

[31] Es ist anzumerken, dass es hier ein umgekehrtes Voraussetzungsverhältnis gibt: Ohne die Technik des Internets/Smartphones wäre die im Folgenden zu beschreibende Entwicklung in der Geistesgeschichte nicht möglich gewesen.

[32] Condorcet (1794) weist der Erfindung des Buchdrucks – nicht zu Unrecht – in seiner Geschichtsphilosophie eine absolut entscheidende Rolle zu.

Die weitere Verbreitung von Büchern und parallel der Aufbau von **Informations- und Unterhaltungsmedien** – zunächst Zeitungen, später Radio und Fernsehen – in den letzten Jahrhunderten war eine zweite wichtige Stufe. Aber Büchermarkt und Medien waren größtenteils national ausgerichtet, und der Zugang zu ihnen war in praktisch allen Ländern lange Zeit von Elternhaus, (Vor-)Bildung und sozialen Umständen abhängig.[33]

Diese Fesseln werden durch das Internet strukturell und unwiderruflich gesprengt: Es stellt im Kern alles Wissen, praktisch alle wesentlichen Gedanken, alle neuen Erfahrungen der Menschheit, wesentliche Teile der bisherigen und neuen Kunstproduktionen an fast jedem Ort der Erde unterschiedslos zur Verfügung; und durch das Smartphone haben wachsende Teile der Menschheit (aktuell ca. 2/3[34]) Zugang zu diesen Informationen. Die sozialen Medien schließlich ermöglichen jedem Nutzer auch verschiedene Formen der Partizipation bzw. des eigenen Beitrags zu diesem gemeinsamen Pool.

Der Meilenstein Internet eröffnet damit grundsätzlich einen praktisch unbegrenzten – d. h. strukturell nicht mehr steigerungsfähigen – **Freiraum** für die eigene Informationsbeschaffung, Bildung, Wissensaneignung und für Kunsterlebnisse und Unterhaltung. Der Mensch kann damit (in Ergänzung zur formalen Schul- und weiteren beruflichen Ausbildung) **selbst bestimmen,** mit welchen Inhalten er sich selbst intensiver beschäftigen und so seine Individualität und Persönlichkeit entwickeln will.

Dies eröffnet ihm ganz neue Möglichkeiten, seine spezifischen Fähigkeiten, Talente und Potenziale zur Entfaltung zu bringen und zu formen.

Ebenso – und dies ist wahrscheinlich von ähnlich großer Bedeutung – erschließen das Internet bzw. die internetbasierten Medien und Kommunikationsplattformen völlig neue Möglichkeiten der Bildung von **Gruppen von Menschen** mit gemeinsamen Interessen, Meinungen, Aktivitäten. Während bisher diese Gruppenbildung von vorgegebenen gesellschaftlichen, oft lokalen Strukturen abhängig war (Familie, Dorf/Stadt, Vereine, Parteien, Berufsstände), kann sie jetzt frei davon erfolgen. Auch dem Grundbedürfnis/-antrieb „Gruppenzugehörigkeit" des Menschen wird damit ein weiteres bedeutendes Spektrum der Erfüllung eröffnet.

---

[33] Dieser Umstand ermöglichte nicht nur die Zensur des Informationsflusses an die Bevölkerung durch Regierungen, sondern darüber hinaus – über die Beherrschung der Medien – die aktive Beeinflussung vieler Menschen durch mediale Techniken. Es ist bekannt, dass dies u.a. ein Schlüssel zum Erfolg der Nationalsozialisten in Deutschland war.

[34] 2010 waren es noch unter 10 %.

Bzgl. der weiteren Folgen dieses Prozesses – in Wirtschaft, Politik, Gesellschaft, Religion, Kunst – (und bzgl. seiner Risiken, vgl. Kap. 19.8) steht die Menschheit noch am Anfang. Es ist aber wohl nicht übertrieben zu sagen, dass das Internet sozusagen die **formale Manifestation einer Weltkultur** darstellt: Die zunehmende Gemeinsamkeit unter den Menschen der Erde, die unsere Geschichtstheorie vorhersagt, wird hier besonders eindrucksvoll konkret und empirisch beobachtbar.

17.4 Fazit

Die Anwendung der in Kap. 16 vorgestellten Geschichtstheorie in den drei Sphären Wirtschaftsgeschichte, politisch-gesellschaftliche Geschichte und Geistesgeschichte hat gezeigt, dass diese Theorie die wichtigsten empirisch beobachtbaren Regelmäßigkeiten im Geschichtsverlauf, die wesentlichen historischen Richtungen und auch übergeordnete gegenwärtige Trends auf der Basis weniger allgemeiner Prinzipien zu erklären vermag.

Reicht dies aber aus, um die Theorie als „wahr" charakterisieren zu können?

Dieser Frage wenden wir uns jetzt zu.

18

Begründung der Theorie

Welche Kriterien müssen erfüllt sein, damit in der Wissenschaft eine Theorie über einen bestimmten Bereich der Wirklichkeit als „wahr" eingestuft werden kann, damit sie als gesicherte Erkenntnis gilt?

Seit dem Siegeszug der Naturwissenschaften in den letzten Jahrhunderten hat sich diesbezüglich ein Konsens herausgebildet, der sich an den eben dort, innerhalb der Naturwissenschaft, etablierten methodologischen Standards orientiert.

Es sind im Kern drei Kriterien:

1. Die Theorie muss zunächst und vor allem **empirisch valide** sein. Diese Forderung konkretisiert sich in drei Punkten:
   (a) Die Theorie muss die im relevanten Wirklichkeitsbereich empirisch beobachtbaren Strukturen und Verlaufsmuster – mit möglichst wenigen Grundkategorien und deren logischer Verknüpfung – **erklären.**
   (b) Sie muss in der Lage sein, richtige **Vorhersagen** über zukünftige Zustände des Wirklichkeitsbereiches (idealerweise über den Ausgang von Experimenten) zu machen.
   (c) Insbesondere muss die Theorie **falsifizierbar** sein, d. h., es muss einen empirisch beobachtbaren Zustand zu einem in der Zukunft liegenden Zeitpunkt geben, bzgl. dessen ihre Vorhersage überprüfbar entweder zutrifft oder nicht zutrifft.

T. Unnerstall, *Unsere Zukunft wird gut (sehr wahrscheinlich)*,
https://doi.org/10.1007/978-3-662-72484-2_18

2. Die Theorie darf **keine inneren logischen Widersprüche** aufweisen.
3. Die Theorie muss mit den anderen Theorien der betreffenden Wissenschaft **konsistent** sein, idealerweise sogar aus einer übergeordneten Theorie ableitbar sein.

Auf der Grundlage dieser Kriterien können wir die in Kap. 16 aufgestellte Geschichtstheorie auf den Prüfstand stellen.

18.1 Empirische Validität

(a) Erklärung

Das Kap. 17 diente dazu, eben diese Eigenschaft der Theorie – Erklärung der empirisch beobachtbaren Strukturen und Verlaufsmuster in der Menschheitsgeschichte (s. Kap. 8.8) – zu untermauern. Sie liefert diese Erklärungen auf der Basis einiger weniger allgemeiner Grundkategorien und deren Folgerungen.

Diese Kategorien basieren wiederum zum einen auf den drei allgemeinen Prämissen des Teils II (die wir als gesicherte Erkenntnis klassifiziert haben), zum anderen auf einem expliziten Menschenbild (Kap. 15), das insbesondere den zentralen Treiber der Geschichte „Freiheit und Selbstbestimmung" begründet.

Daher kann man, denke ich, dieses Kriterium als erfüllt ansehen.

(b) Vorhersagen

Natürlich sind im Bereich der Geschichte keine Experimente[1] (im engeren Sinn) möglich, die zurecht als Standardmethode der Naturwissenschaft etabliert sind.

Aber die Geschichtswissenschaft bzw. Geschichtsphilosophie teilt dieses Charakteristikum mit einigen naturwissenschaftlichen Disziplinen, deren Theorien nichtsdestoweniger fester Bestandteil der entsprechenden Wissenschaften sind: der Evolutionsbiologie, der Astronomie, der Geologie, um nur einige Beispiele zu nennen. Der Wahrheitsanspruch dieser Theorien beruht eben auf der Erklärung historischer Entwicklungen, auf der richtigen

[1] Ein Experiment besteht im Grundsatz darin, dass ein abgeschlossenes System (d. h. ein System, das nur inneren Kräften/Gesetzmäßigkeiten unterliegt, ohne relevante Einflüsse von außen) in einen definierten (Anfangs-)Zustand gebracht wird und nach einer gewissen Zeit der dann erreichte Zustand des Systems (der „Endzustand" im Sinne des Experimentes) beobachtet wird. Die Theorie der im System herrschenden Gesetzmäßigkeiten muss diesen Endzustand richtig vorhersagen.

Beschreibung auch gegenwärtiger beobachtbarer Abläufe, auf der Konsistenz mit bzw. Ableitbarkeit aus übergeordneten Theorien und auch auf der **Vorhersage** zukünftiger Ereignisse.[2]

Kann also die hier zu prüfende Theorie (zwar nicht den Ausgang von heute durchgeführten Experimenten, aber doch) wichtige zukünftige Zustände richtig vorhersagen? Die Antwort lautet: Ja.

Die Begründung dieser Behauptung ergibt sich aus folgendem Umstand.

Die in Kap. 16 aufgestellte Geschichtstheorie ist – nicht in allen ihren gedanklichen Grundlagen, ihren Begründungen und ihren Folgerungen, aber im Kern – sehr ähnlich der Grundaussage der klassischen Geschichtsphilosophie: „Geschichte ist die sukzessive Realisierung von Freiheit und Vernunft".[3]

Diese Philosophie hat am Ende des 18. Jahrhunderts – vor allem in den Werken von Condorcet und Kant – eine Reihe von Vorhersagen über die Zukunft gemacht, die wir heute, 230 Jahre später, an der Wirklichkeit messen können: Wenn sich die damaligen Vorhersagen als zutreffend erwiesen haben, bedeutet dies eine wesentliche Bestätigung der klassischen und damit auch der hier vorgestellten Theorie.

Schauen wir uns also diese Vorhersagen an, die am ausführlichsten im Kap. 10 („Von den zukünftigen Fortschritten des menschlichen Geistes") in Condorcets Buch von 1794 dargestellt sind.

Condorcet prognostiziert dort einige **allgemeine Trends:**

- Sukzessive Beseitigung der Ungleichheiten zwischen den Nationen, insbesondere auch dadurch, dass die europäischen Nationen zunehmend die Rechte und die Unabhängigkeit der Länder auf den anderen Kontinenten respektieren;
- Fortschritte in der Gleichheit innerhalb der Gesellschaften;

[2] Einige der von diesen Disziplinen zu erklärenden historischen Entwicklungen kann man im Übrigen als „natürliche Experimente" charakterisieren: wenn sich mehrere Systeme unabhängig voneinander an einem bestimmten Zeitpunkt in der Vergangenheit in einem gleichen/sehr ähnlichen Anfangszustand befanden und dann nach einer bestimmten Zeitspanne einen gleichen/sehr ähnlichen Endzustand aufweisen. Solche „natürlichen Experimente" sind auch – J. Diamond hat hierauf als Erster hingewiesen, vgl. Abschn. 8.2 – im Bereich der Geschichte identifizierbar. In der Tat haben mehrere abgeschlossene Regionen mit ähnlichem Anfangszustand nach einigen Tausend Jahren einen ähnlichen Endzustand aufgewiesen. Beispiel: abgeschlossene Regionen = Mexiko und China; Anfangszustand = J&S-Wirtschaft; Endzustand = Landwirtschaft.

[3] Wir haben den Begriff „Vernunft" (der ja für bestimmte inhaltliche, v. a. ethische Prinzipien steht) in der Beschreibung der Theorie (Kap.16) **nicht** verwendet; daher stellt sich schon hier die Frage, inwieweit man für diese Theorie die klassische Geschichtsphilosophie in Anspruch nehmen kann. S. dazu den nächsten Abschn. 18.2.

- Vervollkommnung der Menschen im Sinne von:
  - höherer Wohlstand,
  - Erweiterung und Entfaltung der intellektuellen und physischen Anlagen, insbesondere auch durch Technik,
  - Fortschritte in den Grundsätzen des Verhaltens und „moralischen Güte" des Menschen;
- Ausdehnung des Bildungssystems auf alle Menschen;
- Beschleunigung der technischen Entwicklung und der Fortschritte in der Medizin.

Wir können festhalten, dass sich alle diese Trends – evtl. mit der Ausnahme des Trends bzgl. der gesellschaftlichen bzw. individuellen Moral[4] – seit der Zeit Condorcets tatsächlich bewahrheitet haben,[5] und dass sie weiterhin intakt sind.[6]

Darüber hinaus macht Condorcet aber auch eine Reihe **ganz konkreter Vorhersagen,** insbesondere:

- politische Unabhängigkeit der südamerikanischen Länder;
- Abschaffung der Sklaverei;
- deutliche Steigerung der spezifischen Erträge in der Landwirtschaft;
- Gleichberechtigung der Geschlechter;
- Ächtung des Krieges[7];
- deutliche Steigerung der Lebenserwartung;
- Etablierung supranationaler Organisationen.

Auch diese konkreten Vorhersagen aus dem Jahr 1794 haben sich bewahrheitet – zum Teil schon innerhalb der darauf folgenden 100 Jahre, zum Teil erst in den letzten 100 Jahren.

---

[4] Inwieweit diese Vorhersage zutrifft oder nicht, hängt u. a. zusammen mit der Frage, die wir am Ende des Abschn. 15.2 gestellt haben: „Ist der Mensch im Kern gut?". Für eine Antwort s. 19.7.

[5] Dabei hat es – wie bei allen Regelmäßigkeiten und Trends in der bisherigen Geschichte – viel Auf und Ab, Vor und Zurück, langsamere und schnellere Phasen gegeben; aber am Fortschritt entlang dieser Trends insgesamt, d. h. **über längere Zeiträume betrachtet**, gibt es keinen Zweifel.

[6] Dies hat auch Christian (2022) festgestellt, S. 240ff.

[7] *„Kriege zwischen Völkern werden, wie Morde, zu den außergewöhnlichen Grausamkeiten gezählt werden, … welche dem Lande, dessen Ansehen dadurch befleckt ist, für lange Zeit ein Schandmal aufdrücken"* (S. 214). Aus meiner Sicht ist dies eine der beeindruckendsten Stellen in Condorcets Werk: Es ist (über 150 Jahre später) genauso gekommen wie von ihm vorhergesagt, obwohl zu seiner Zeit kaum jemand auch der gebildeten Menschen es für möglich gehalten hätte.

Soweit ich sehe, gibt es nur eine wesentliche Vorhersage Condorcets, die sich **nicht** erfüllt hat: Er erwartet „den schnellen Verfall der großen Religionen des Orients" (d. h. vor allem des Islam).[8]

Die Prognosen Condorcets waren für die damalige Zeit nicht nur nicht naheliegend, sie waren zum Teil geradezu revolutionär; dass sie trotzdem zum allergrößten Teil eingetroffen sind, ist ein überaus eindrucksvoller Beleg für die **empirische Validität dieser Geschichtsphilosophie.**

(c) Falsifizierbarkeit

Die Geschichtstheorie in Kap. 16 vermag also die großen Verlaufsmuster der Menschheitsgeschichte – insbesondere auch die Ergebnisse der in ihr abgelaufenen „natürlichen Experimente" – überzeugend zu erklären, und sie hat in der Vergangenheit sehr viele richtige, heute überprüfbare Vorhersagen über die Zukunft (d. h. über die heutige Gegenwart) gemacht.

Die Theorie ist aber – dieses Defizit muss ich klar einräumen – **nicht falsifizierbar,** jedenfalls nicht im engeren Sinne.

Die Theorie macht zwar grundsätzlich überprüfbare Vorhersagen über die Zukunft der Menschheit – Ende der Erwerbsarbeit, Weltstaat (und damit weitestgehend stabiler weltweiter Friede unter gleichberechtigten Ländern), weitere Durchsetzung der allgemeinen Menschenrechte, zunehmende Bedeutung einer gemeinsamen Weltkultur auf Kosten kultureller Besonderheiten, weiteres deutliches Ansteigen des Bildungsniveaus der Menschheit –, aber diese Vorhersagen haben laut der Theorie (nur) **Wahrscheinlichkeitscharakter;** die Wahrscheinlichkeit des Eintreffens nimmt im Laufe der Zeit zu, ohne aber 100 % zu erreichen (vgl. Kap. 19.1).[9]

Konkreter gesprochen: der Weltstaat kann in 70, 150, vielleicht aber auch erst in 300 Jahren Wirklichkeit werden. Die Theorie schließt insbesondere nicht aus, dass es auf dem Weg dahin massive Rückschritte gibt – d. h. eine

[8] Diese Vorhersage ist zwar zu sehen im Kontext seiner generellen, tiefen Abneigung gegen die Religion überhaupt (die vor dem Hintergrund seiner persönlichen Erfahrungen sicherlich nachvollziehbar ist); und Condorcet betont selbst am Anfang des Kap. 10, dass seine Prophezeiungen den Charakter von **Wahrscheinlichkeiten** haben, d. h., nicht an einen festen Zeitpunkt festgemacht werden dürfen; aber er hat mit „schnell" sicherlich nicht mehrere Jahrhunderte im Sinn gehabt.

[9] Rein theoretisch gibt es eine Möglichkeit, die Theorie zu falsifizieren. Es ist denkbar, dass wir in einer fernen Zukunft die Entwicklung auf, sagen wir, 100 Planeten mit intelligenten Spezies bzw. Zivilisationen über längere Zeiträume verfolgen können. Lt. der Theorie muss die Zahl der Zivilisationen, die sich im Sinne eines planetenweiten Staates organisieren, im Laufe der Zeit zunehmen. (Dies reflektiert die adäquate Prüfung von Wahrscheinlichkeitsaussagen: solche Aussagen prognostizieren eigentlich keine Ergebnisse von Einzelereignissen (wie die Entwicklung auf der Erde), sondern die Verteilung von Ergebnissen bei vielen gleicher/ähnlicher Einzelereignissen.) Tut sie das nicht, wäre die Theorie falsifiziert.

(Natürlich macht dies die nicht-triviale Voraussetzung, dass alle intelligenten Spezies ein strukturell ähnliches Wesen wie der Mensch aufweisen).

historische Epoche, die diesbezüglich hinter dem aktuell mit der UN erreichten Zustand deutlich zurückfällt.

Die Vorhersagen der Theorie sind damit dergestalt, dass es keinen definierten Zeitpunkt in der Zukunft gibt, an dem der beobachtete Zustand „Es gibt keinen Weltstaat" – d. h. das empirisch festgestellte Nicht-Eintreffen der Vorhersage – zur Aussage: „Die Theorie ist falsch" führt; und in diesem Sinne erfüllt die Theorie das Kriterium „Falsifizierbarkeit" **nicht.**

In einem abgeschwächten Sinne ist die Falsifizierbarkeit allerdings gegeben: Sollte es so sein, dass in 300 Jahren die Welt zu großen Teilen aus verfeindeten, nationalistisch bestimmten Ländern besteht, in denen die Menschenrechte immer wieder massiv verletzt werden und/oder in dem die höheren Bildungssysteme wieder kleinen Eliten vorbehalten sind – dann wäre dies (kein absolut strikter Beweis, aber doch) ein sehr starkes Indiz dafür, dass die Theorie falsch ist.

Es wäre dann rationaler, die in Kap. 2 dargestellten Trends und die Richtigkeit der Vorhersagen Condorcets als einen besonderen historischen Zufall innerhalb eines im Kern richtungslosen Geschichtsverlaufs zu interpretieren.

18.2 Innere Konsistenz

Bei der Untersuchung der inneren Konsistenz der Geschichtstheorie muss man, so denke ich, zwei Ebenen unterscheiden.

1. Abgleich mit Teil II

Auf der ersten Ebene müssen wir prüfen, ob die Theorie die allgemeinen Anforderungen an eine solche Theorie, die wir in Teil II entwickelt haben, tatsächlich erfüllt.

Wir waren dort im Ergebnis zu folgenden beiden Anforderungen gekommen (vgl. Anfang Kap. 7):

1. Eine Gesetzmäßigkeit der Geschichte (sofern es sie gibt) kann nur darin bestehen, dass - über längere Zeiträume gemittelt – die gemeinsamen, wesentlichen Bedürfnisse/Antriebe/Potenziale/Fähigkeiten des Menschen für zunehmende Teile der Menschheit zunehmend zur Erfüllung bzw. Entfaltung gebracht werden.
2. Die Struktur des menschlichen Wesens muss so beschaffen sein, dass sie – trotz der großen Unterschiede zwischen einzelnen Menschen und zwischen Kulturen und trotz der daraus erwachsenden Konflikte und Ungleichheiten – diese geschichtliche Richtung ermöglicht bzw. impliziert.

Punkt (1) ist durch die Theorie erfüllt; sie postuliert eben dies als Gesetzmäßigkeit, wobei der sukzessiven Realisierung des übergreifenden Antriebs „Freiheit und Selbstbestimmung" eine entscheidende Rolle zukommt.

Punkt (2) wird durch die Theorie dergestalt erfüllt, dass sie

- in der Struktur des menschlichen Wesens eine geistige Sphäre postuliert, die jenseits aller individuellen und kulturellen Unterschiede (die in der psychischen Sphäre manifest sind) eine grundlegende Gemeinsamkeit zwischen den Menschen begründet; und
- postuliert, dass die Bedeutung dieser Sphäre für die einzelnen menschlichen Handlungen (die Grundbausteine der Geschichte) im Laufe der Geschichte wächst: d. h., dass allgemeine, subjektunabhängige Prinzipien für immer mehr Menschen immer stärker handlungsleitend werden und daher
    - Spannungsverhältnisse zwischen den psychischen Bedürfnissen,
    - Machtstreben,
    - kulturelle Unterschiede,
    - individuell verschiedene Wert- und Zielhierarchien
- und daraus erwachsende Konflikte der o. g. geschichtlichen Richtung (1) sukzessive weniger im Wege stehen (bzw. diese Richtung sogar unterstützt wird).

Dies ist ein durchaus stimmiges Bild, und insofern ist auf dieser ersten Ebene die innere Konsistenz der Geschichtstheorie gegeben.

2. Implizite philosophische Voraussetzung
Näher analysiert, steckt in diesem Gedankengang jedoch eine fundamentale Voraussetzung, die ich bisher zwar mehrfach angedeutet, aber nicht explizit als **Voraussetzung** thematisiert habe.

Diese Voraussetzung ist die folgende.

Wir haben die geistige Sphäre des Menschen dahingehend charakterisiert, dass sie dem Menschen erlaubt, sich seine Umwelt und sein individuelles, zeitlich begrenztes Sosein, seine Persönlichkeit gegenständlich zu machen; d. h., seine Subjektivität grundsätzlich zu transzendieren.

Dieses Potenzial befähigt ihn **zum einen,** objektive wissenschaftliche Erkenntnis zu generieren bzw. nachzuvollziehen; dies stiftet eine zeitlose, überkulturelle Gemeinsamkeit zwischen den Menschen, die die Grundlage der stetigen historischen Wissensakkumulation und damit der eindeutigen historischen Richtung „wissenschaftlicher und technischer Fortschritt" darstellt.

Zum anderen befähigt ihn dieses Potenzial, seine rein subjektiven, partikularen Interessen zu relativieren und sein Handeln auch nach überindividuellen, allgemeinen, in freier Reflexion für richtig befundenen Maximen – d. h. insbesondere ethischen Werten – auszurichten.

Aber stiftet auch dieses Nachdenken, dieses Bemühen um subjektunabhängige Erkenntnis von Werten, von „ethisch wahren" Maximen des Handelns, eine zeitlose, fundamentale **Gemeinsamkeit** unter den Menschen? D. h., führt ein solches Nachdenken denknotwendig – d. h. unabhängig von kulturellen und historischen Prägungen – zu im Kern **gleichen Resultaten?**

Wir haben im zentralen Kap. 14 anhand von Beispielen argumentiert, dass **faktisch** eine solche überzeitliche Gemeinsamkeit, d. h. im Kern gleiche Resultate ethischen Nachdenkens in verschiedenen Kulturen über die Jahrtausende hinweg, festzustellen ist; und dass es auch berechtigt ist – insbesondere mit Blick auf die letzten 200 Jahre – von „ethischem Fortschritt" der Menschheit zu sprechen.

Diese **empirisch-exemplarischen** Feststellungen reichen jedoch nicht aus, um eine **allgemeingültige** Aussage zu begründen, d. h., um die o.g. Frage gesichert mit „Ja" beantworten zu können. Nur auf Basis einer allgemeingültigen Aussage aber ist die für die aufgestellte Theorie zentrale Folgerung:

> „Aus der wachsenden Bedeutung der geistigen Sphäre für menschliche Handlungen folgt, dass es einen wachsenden Kanon an **gemeinsamen** Inhalten gibt; dass Umfang und Bedeutung **gleicher** Prinzipien für das individuelle Handeln zunehmen; und dass daher die (u.a. soziokulturell bedingten) Unterschiede in individuellen Wert- und Zielhierarchien der grundsätzlichen Richtung der Geschichte sukzessive weniger im Wege stehen"

logisch gerechtfertigt.

Die Konsequenz aus dieser Analyse lautet: **Wir müssen für die Geschichtstheorie voraussetzen, dass es eine objektive, erkennbare Wahrheit bzgl. grundsätzlicher ethischer Prinzipien gibt.** Nur die Existenz objektiver Wahrheit vermag die fundamentale Gemeinsamkeit unter den Menschen bzgl. grundlegender Werte zu sichern; nur die Erkennbarkeit und gedankliche Unhintergehbarkeit der grundsätzlichen ethischen Maximen garantiert, dass jeder Mensch, unabhängig vom kulturellen und zeitlichen Kontext, beim Nachdenken über die richtigen Leitlinien seines Handelns – wahrscheinlich – zu den gleichen Resultaten, eben diesen ethischen Maximen, kommt.

Strukturell ist dies völlig analog zu den Naturwissenschaften: Die objektiven, unabhängig vom Menschen existierenden Gesetzmäßigkeiten der Natur sind hier der Grund,

- warum das Erkenntnisstreben des Menschen unabhängig von seiner Person, von Zeit und Kultur, zu den gleichen Resultaten kommt, und

- warum damit die Naturwissenschaften eine gemeinsame Bemühung der Menschheit darstellen und ganz konkret Gemeinsamkeit unter persönlich unterschiedlichsten Menschen stiften.

Überzeitlich und überkulturell stabile Gemeinsamkeit zwischen Menschen in der geistigen Sphäre ist nur denkbar, wenn (d. h. setzt voraus, dass) es einen **objektiv gegebenen gemeinsamen Bezugspunkt** gibt, einen Erkenntnisgegenstand, der vom geschichtlichen Kontext unabhängig ist; der von Menschen nur erkannt, aber nicht verändert werden kann.

* * *

Wir können dieses Ergebnis bzgl. der hier vorgestellten Geschichtstheorie noch einmal schärfen durch eine allgemeinere – und, wenn man so will, plakativere – Überlegung.

Wir postulieren ja einerseits einen freien Willen des Menschen, andererseits aber eine Gesetzmäßigkeit der Geschichte, d. h. eine Gesetzmäßigkeit darin, wie der Mensch zeit- und kulturunabhängig diesen seinen freien Willen – mit zunehmender Wahrscheinlichkeit – ausübt. Wie passt das überhaupt zusammen: Freiheit und Gesetzmäßigkeit?

Was garantiert, konkret gesprochen, dass relevante Teile der Menschheit nicht in 300 Jahren zu der irreversiblen Auffassung gelangen, dass Freiheit und Selbstbestimmung für alle Menschen der falsche Weg in die Zukunft sind, sondern dass vielmehr einige wenige – mit der entsprechenden Technik ausgestattet – die Menschheit dominieren sollten? Dann wäre die Theorie eventuell gut, um eine bestimmte Epoche der Menschheitsgeschichte plausibel zu machen, aber die von ihr behauptete (überzeitliche) Gesetzmäßigkeit wäre nicht gegeben.

Der (scheinbare) Widerspruch der Begriffe **Freiheit** und **Gesetzmäßigkeit** war und ist ja ein zentraler Grund dafür, dass seit etwa 150 Jahren die meisten Geschichtsphilosophen der Auffassung sind, eine Gesetzmäßigkeit der Geschichte könne es nicht geben: vgl. Kap. 7.3.

Dieser Widerspruch lässt sich aber auflösen. Die Lösung lautet:

- Erstens muss die Gesetzmäßigkeit inhaltlich v. a. darin bestehen, dass der Mensch sukzessive freier wird und diese seine zunehmende Freiheit zunehmend als **Freiheit im Sinne der geistigen Sphäre** wahrnimmt und ausübt, d. h. in seinem Handeln nicht nur eigene Interessen, subjektiv-psychische Bedürfnisse verfolgt, sondern auch allgemeine Maximen beachtet.
- Zweitens muss er beim Nachdenken über diese Maximen zunehmend zu dem Schluss kommen, dass diese Richtung der Geschichte – sukzessive

Realisierung von Freiheit und Selbstbestimmung für alle Menschen, immer höherer Grad an Bedürfniserfüllung/Fähigkeitsentfaltung für alle Menschen – richtig ist, ethisch geboten ist; und dass er sie folglich in seinem Handeln ermöglichen bzw. unterstützen sollte. Dies wiederum setzt voraus, dass diese Richtung der Geschichte tatsächlich **objektiv geboten** ist, d. h. eine unhintergehbare ethische Wahrheit repräsentiert.

Anders formuliert: Der Widerspruch zwischen Freiheit und Gesetzmäßigkeit wird dadurch aufgelöst, dass sich die **Freiheit in ihrer höchsten Form selbst, freiwillig, an diese Gesetzmäßigkeit bindet,** weil sie sie als wahr und geboten erkennt; weil der geistig freie Mensch erkennt, dass alle anderen Menschen dasselbe Recht auf Freiheit, Selbstbestimmung, Bedürfniserfüllung, Fähigkeitsentfaltung haben.

Diese Lösung ist gleichzeitig, soweit ich sehe, die einzig mögliche Lösung. Im gedanklichen Rahmen dieses Buches – d. h., wenn man die Prämissen 1–3 in Kap. 6 (insbesondere den freien Willen) und das Menschenbild in Kap. 15 voraussetzt – können wir als Ergebnis der Analyse festhalten:

Wenn es überhaupt eine Gesetzmäßigkeit in der Geschichte im strengen Sinne gibt, dann kann es nur **diese** Theorie sein; aus der formalen Eigenschaft, Gesetz zu sein, folgt logisch bereits der Inhalt des Gesetzes.[10]

Die Gesetzmäßigkeit hat damit, so kann man sagen, einen fundamental **reflexiven Charakter:** sie kann nur gelten, weil sie ihre eigene Erkenntnis im Sinne eines ethischen Gebotes enthält.[11]

Plakativ formuliert, sagt die Geschichtstheorie: Die Geschichte kann sich (trotz des freien Willens) deshalb längerfristig in eine Richtung entwickeln, weil der Mensch beim gründlichen Nachdenken zu dem Schluss kommt[12], dass sie sich in eben diese Richtung entwickeln **soll.**

3. Fazit

Das Fazit aus der Prüfung, ob die in Kap. 16 dargestellte Geschichtstheorie in sich widerspruchsfrei ist, ist eindeutig.

1. Das eine Ergebnis lautet: Diese Theorie ist die **einzig mögliche** Theorie der Geschichte (sofern man mit „Theorie" ein Gedankengebäude meint,

---

[10] Insbesondere sind zyklische Geschichtstheorien (wie die von Vico) oder Untergangstheorien (wie die von Oswald Spengler) deshalb falsch, weil sie eben mit der menschlichen Freiheit nicht kompatibel sind. Dies hat bereits Karl Popper in aller Klarheit ausgedrückt: „Alle zyklischen und Untergangstheorien sind offenbar widerlegt, wenn es möglich ist, dass wir selbst der Geschichte ein ethisches Ziel setzen oder einen ethischen Sinn geben können" (Mann et al. (1961), S. 113).

[11] Dies ist, philosophisch-theoretisch gesehen, eigentlich keine Überraschung: Jede wahre philosophische Theorie muss reflexiv sein (ohne dass ich dies hier näher ausführen könnte).

[12] Konkreter gewendet: „weil ein zunehmender Teil der Menschheit beim gründlichen Nachdenken mit zunehmender Wahrscheinlichkeit zu dem Schluss kommt".

dass eine allgemeine, zeitlose Gesetzmäßigkeit beschreibt).[13] Die einzige Alternative ist, dass es keine Gesetzmäßigkeit in der Geschichte gibt, und dass daher auch keine Theorie über sie möglich ist. Es mag dann temporär dominante Kräfte und dadurch verursachte, empirisch feststellbare Regelmäßigkeiten und/oder über längere Zeiträume stabile Trends geben; diese haben aber keinen Gesetzescharakter und lassen insbesondere keinerlei Aussagen über die Zukunft zu.

2. Das zweite Ergebnis lautet: Diese Theorie muss voraussetzen, dass es objektive **ethische Wahrheit** gibt;[14] und insbesondere, dass die von ihr beschriebene historische Gesetzmäßigkeit gleichzeitig auch den Charakter eines (zeitlosen) ethischen Gebotes besitzt.
   Wenn dies so ist, dann stellt der Verlauf der Geschichte gleichzeitig einen im zeitlichen Mittel andauernden, objektiven ethischen Fortschritt dar.

Die letztere Voraussetzung ist – hier werden Sie, lieber Leser, sicherlich zustimmen – alles andere als selbstverständlich. Insbesondere angesichts der Tatsache, dass der gegenwärtige philosophische „Mainstream" die Existenz objektiver ethischer Wahrheiten ziemlich einhellig ablehnt, ist eine solche Position erklärungsbedürftig.

Ist also die Voraussetzung gerechtfertigt?

Diese Fragestellung leitet über zum letzten Kriterium für die Prüfung der in Kap. 16 vorgestellten Geschichtstheorie auf Wahrheit, dem Kriterium „Konsistenz mit anderen Theorien der betreffenden Wissenschaft". Die relevante Wissenschaft ist hier die Philosophie.

18.3 Konsistenz mit anderen philosophischen Theorien

Im letzten Abschnitt haben wir festgestellt, dass eine philosophisch reflektierte Theorie der Geschichte logisch zwingend über sich hinausweist, weil sie eine bestimmte Theorie in einem anderen Gebiet der Philosophie, der Ethik, voraussetzen muss.

---

[13] Damit ist das Ergebnis der Überlegungen in 6.2 noch einmal bestätigt und konkretisiert. Ich betone noch einmal, dass diese Aussage unter den o. g. **Voraussetzungen** zu verstehen ist: Prämissen 1–3, Menschenbild – Voraussetzungen, die ich aufgrund der jeweils dargestellten Argumente für sehr gut begründet halte.

[14] Logisch formuliert: die Existenz objektiver ethischer Wahrheit ist eine **notwendige Bedingung** dafür, dass es Gesetzmäßgkeit in der Geschichte gibt. Formal: Gesetzmäßigkeit in der Geschichte => objektive ethische Wahrheit.

Dies ist als solches weder ungewöhnlich noch problematisch: Ein physikalisches Gesetz zum Beispiel setzt, genauer betrachtet, nicht selten andere (meist grundlegendere) physikalische Theorien und in jedem Fall mathematische Gesetzmäßigkeiten voraus.

Während es aber in der Physik und Mathematik von der Wissenschaftsgemeinde allgemein als wahr akzeptierte Theoriegebäude gibt, auf die man sich beziehen und die man für die weitere Theoriebildung in Anspruch nehmen bzw. der Konsistenzprüfung zugrunde legen kann, ist genau dies in der Philosophie **nicht** der Fall.

Daher geht die Ausgangsfrage: „Ist die Geschichtstheorie in Kap. 16 konsistent mit anderen philosophischen Theorien?" – die ja aus der Übertragung der naturwissenschaftlichen Methodologie auf die Geschichtsphilosophie stammt – ins Leere: Da es verschiedene, sich zum Teil diametral widersprechende andere philosophische Theorien gibt, ist **jede** Geschichtstheorie (und auch die Auffassung, dass es eine solche Theorie nicht möglich ist, weil die Geschichte keine Gesetzmäßigkeit aufweist) potenziell mit einigen dieser Theorien nicht, mit anderen sehr wohl konsistent.

Eine Alternative wäre es, die oben – im Fazit von 18.2 unter (2) – genannte ethische Position selbst philosophisch zu begründen; aber ein solches Unterfangen würde weit über den Rahmen dieses Buches hinausgehen. Innerhalb dieses Buches muss ich also **diese ethische Position als Voraussetzung stehen lassen.**

Ich möchte jedoch vier Anmerkungen machen, um den Charakter dieser Voraussetzung näher zu verdeutlichen.

1.

Der logische Zusammenhang von Geschichtsphilosophie und Ethik ist ein Beispiel für die allgemeinere Situation – auf die ich hier nur hinweisen kann –, dass eine wahre Philosophie notwendig ein **komplettes philosophisches System** sein muss. Die berühmte Frage Kants „Was ist der Mensch?" und seine drei Teilfragen (Was können wir wissen? Was sollen wir tun? Was dürfen wir hoffen?) sind auch laut Kant nur im Zusammenhang beantwortbar.

Anders formuliert: Logik, Ontologie, Erkenntnistheorie, Anthropologie, Ethik, Geschichtsphilosophie sind letztlich nur gemeinsam, eben als System, konzipierbar und begründbar (vgl. Kap. 10).

Dieser Systemgedanke ist – wie bereits in 7.1 erwähnt – bei Kant und Hegel leitend und zeichnet deren Philosophie allgemein und deren

Geschichtsphilosophie im Besonderen vor der Geschichtstheorie der anderen Denker der Aufklärung aus.[15]

2.

Auch unser spezifisches Ergebnis: „Es gibt eine Gesetzmäßigkeit der Geschichte nur dann, wenn es objektive ethische Wahrheit gibt“, ist eigentlich nicht neu:
In seinem beeindruckenden Aufsatz „Die Objektivität sozialwissenschaftlicher Erkenntnis“ aus dem Jahr 1904 ist **Max Weber** zum gleichen Ergebnis in anderer logischer Gestalt gekommen.
Weber setzt in diesem Aufsatz voraus, dass es **keine** objektive ethische Wahrheit gibt: *„Wertmaßstäbe fußen in letzter Instanz auf bestimmten Idealen und sind daher subjektiven Ursprungs“* (S. 187). *„Die Abwägung [zwischen verschiedenen Werten] ist nicht … Aufgabe der Wissenschaft, sondern des wollenden Menschen“* (S. 188).[16]
Mit aus meiner Sicht klaren und ausführlichen Argumenten kommt er **unter dieser Voraussetzung** zu dem Schluss, dass es eine Gesetzmäßigkeit der Geschichte **nicht** gibt: Es gibt lt. Weber nur die *„sinnlose Unendlichkeit des Weltgeschehens“* (S. 223); die Geschichte ist dadurch geprägt, dass sich unsere *„höchsten Ideale für alle Zeit nur im Kampf mit anderen Idealen auswirken, die Anderen ebenso heilig sind, wie uns die unseren“* (S. 193). Daher ist die Zukunft der menschlichen Kultur *„dunkel“*; jeder ethische Wert bedeutet nur einen *„endlichen Teil des ungeheuren chaotischen Stroms von Geschehnissen, der sich durch die Zeit dahinwälzt“* (S. 261).
Webers Schlussfolgerung hat damit die logische Struktur:
keine objektive ethische Wahrheit => keine Gesetzmäßigkeit der Geschichte.
Und dies ist **logisch äquivalent** zu unserem Ergebnis:
Gesetzmäßigkeit der Geschichte => objektive ethische Wahrheit.
In diesem Sinne ist unser Ergebnis in 18.2 also bereits 120 Jahre alt.

---

[15] Bei Kant wird das z. B. dadurch deutlich, dass er für seine Geschichtstheorie eine **ontologische** Voraussetzung macht, vgl. Abschn. 7.2.

[16] Vgl. auch: *„Die Geltung von Werten zu beurteilen ist Sache des Glaubens, daneben vielleicht eine Aufgabe spekulativer Betrachtung“* (S. 191).

3.

Die Voraussetzung übersubjektiver ethischer Wahrheit ist innerhalb der heutigen akademischen Philosophie in der Tat sehr umstritten, außerhalb ihrer aber nicht nur nicht ungewöhnlich, sondern geradezu die Regel:

- Für alle religiös geprägten Denker der Geschichte bis heute war bzw. ist die Existenz ethischer Wahrheit ohnehin evident, weil sie den Willen Gottes repräsentiert.
- Für die Philosophen der Aufklärung bildete sie eine zentrale Säule des Denkens, und ethische Maximen bildeten einen wesentlichen Teil der Inhalte, die dort mit dem Begriff „Vernunft" belegt wurden.
- Besonders bemerkenswert scheint mir aber, dass auch heute diese Voraussetzung bei sehr vielen Wissenschaftlern ganz selbstverständlich ist:

  – Die in Teil I.4 besprochenen Einwände (d. h. die Auffassungen, die die Gegenwart in Summe eher kritisch bewerten);
  – die in Teil II.3 analysierten Geschichtswerke der letzten Jahrzehnte;
  – das Buch „Im Grunde gut" von R. Bregman (Abschn. 15.2)

  enthalten an zentralen Stellen Werturteile, deren ethische Grundlagen nicht explizit thematisiert (oder gar begründet), d. h. ganz offensichtlich für allgemein gültig angesehen werden.
  Zudem entsprechen diese ethischen Grundlagen inhaltlich in allen Fällen weitgehend der ethischen Maxime, die ich hier als Voraussetzung für die Geschichtstheorie charakterisiert habe: „Freiheit und Selbstbestimmung für alle Menschen ist ein herausragender ethischer Wert".

- Schließlich ist diese ethische Maxime ganz konkret auch die Grundlage der UN-Deklaration der Menschenrechte und insgesamt der Arbeit der Vereinten Nationen, und sie kann insofern als (gegenwärtiger) „ethischer Konsens der Menschheit" angesehen werden.[17, 18]

Dies alles ist natürlich kein **Beweis** für die Existenz objektiver ethischer Wahrheiten. Aber es rechtfertigt m. E., die Ausgangsfrage dieses Abschnitts — Ist die Geschichtstheorie (Kap. 16) konsistent mit anderen philosophischen Theorien? — in folgendem Sinne **positiv** zu beantworten:

[17] Insbesondere wird diese Maxime auch deutlich in den 17 „Sustainable Development Goals", die 2015 einstimmig (von allen 193 Mitgliedstaaten der UN) beschlossen wurden.

[18] In diesem Zusammenhang ist es bemerkenswert, dass die Werte „Freiheit"/„Selbstbestimmung" auch in der konkreten Wertehierarchie der Menschen weltweit laufend zunehmen. Dies ist ein zentrales Ergebnis der seit etwa 40 Jahren durchgeführten World Value Surveys: s. dazu ausführlich das Buch „Freedom Rising" von Christian Welzel (2013).

Sie ist insbesondere bzgl. ihrer ethischen Voraussetzung sowohl konsistent mit der Philosophie der Aufklärung als auch mit den ethischen Auffassungen fast aller heutigen Geschichtstheoretiker/Historiker als auch mit den gedanklichen Grundlagen, auf denen seit 75 Jahren die im Rahmen der UN festgelegten kulturübergreifenden politisch-gesellschaftlichen Zielvorstellungen beruhen (und insofern auch mit den entsprechenden Vorstellungen von der anzustrebenden Richtung der Menschheitsgeschichte).

4.

Ergänzend möchte ich in aller Knappheit auf Folgendes hinweisen.
Die ganz überwiegende Mehrheit der Menschen z. B. in Deutschland – und wahrscheinlich auch Sie, lieber Leser – setzen in gewisser Weise laufend die Existenz einer übergeordneten, allgemeinverbindlichen ethischen Wahrheit voraus.
Wenn wir den Angriff Russlands auf die Ukraine, die Unterdrückung iranischer Bürger durch das Mullah-Regime oder die massive Benachteiligung afghanischer Mädchen durch die Taliban – um nur wenige aktuelle Beispiele zu nennen – verurteilen, dann tun wir dies ja **nicht** mit der impliziten Auffassung, dass die zugrunde liegenden Überzeugungen Putins, des Regimes im Iran oder der Taliban eigentlich dieselbe Berechtigung haben, d. h., dass eigentlich Meinung gegen Meinung steht; sondern wir tun dies in der Überzeugung, dass wir in einem höheren Sinne **recht haben**[19]; dass etwa die Respektierung der allgemeinen Menschenrechte eine verbindliche ethische Maxime/eine ethische Wahrheit darstellen.

Andersherum formuliert: Wenn es keine objektive ethische Wahrheit gibt, dann steht auch in diesen grundsätzlichen Fragen eben subjektive Meinung gegen subjektive Meinung, und am Ende gibt es nur das Recht des Stärkeren.
Ohne objektive ethische Maßstäbe gibt es auch keine rationale Basis, von **Fortschritt** in der Geschichte zu sprechen in Bezug auf die gesellschaftlichen Verhältnisse: Dann war die mittelalterliche Welt mit Folter, Sklaverei, Despotismus und politischer Rechtlosigkeit nicht besser oder schlechter als unsere heutige Welt – sie war nur anders.

---

[19] Diese Überzeugung hat M. Weber treffend formuliert: Er spricht von dem „uns allen in irgendeiner Form innewohnenden Glauben an die überempirische Geltung letzter und höchster Wertideen, an denen wir den Sinn unseres Daseins verankern" (S.260). Weber betont mehrfach, dieser Glauben, diese Überzeugung sei nicht **empirisch-wissenschaftlich** begründbar; was eindeutig richtig ist. Die Frage ist aber, ob sie dennoch gedanklich stringent innerhalb eines philosophischen Systems begründbar ist.

18.4 Fazit

„Ist die in Kap. 16 dargestellte Geschichtstheorie wahr?"

Diese Frage haben wir in diesem Kap. 18 anhand einer den Naturwissenschaften entlehnten Methodik geprüft und sind zu folgenden Antworten gekommen:

- Die Theorie ist **empirisch valide:** Sie erklärt die wesentlichen historischen Regelmäßigkeiten und Trends anhand einiger weniger allgemeiner Prinzipien; und sie hat in der Vergangenheit größtenteils richtige Vorhersagen zum weiteren Verlauf der Geschichte bis heute geliefert.
- Aufgrund ihres grundsätzlichen Charakters – die Theorie macht nur Wahrscheinlichkeitsaussagen, die erst im Laufe längerer Zeiträume (Jahrhunderte) sukzessive den Status quasi-definitiver Vorhersagen annehmen – ist die Theorie **nicht streng falsifizierbar** (d.h. nur annähernd über längere Zeiträume falsifizierbar).
- Die Theorie ist in sich konsistent; diese Konsistenz setzt aber voraus, dass die von ihr konstatierte Gesetzmäßigkeit der Geschichte als ethisch positiv zu beurteilen ist[20] und dass dies eine vom Menschen erkennbare[21] objektive ethische Wahrheit darstellt — die, so dann die Theorie, im Laufe der Geschichte auch tatsächlich zunehmend als solche erkannt wird. Sie ist damit fundamental **reflexiv.**
- Die Theorie ist (im gedanklichen Rahmen dieses Buches) die **einzige konsistente** Theorie der Geschichte, weil nur so das immanente Spannungsverhältnis zwischen **Freiheit** des Menschen und **Gesetzmäßigkeit** des geschichtlichen Verlaufs aufgelöst werden kann.
  Es gibt, anders formuliert, nur zwei Alternativen bzgl. der Frage, ob die Geschichte eine überzeitliche Gesetzmäßigkeit aufweist oder nicht: Entweder ist es **diese** Gesetzmäßigkeit; oder es gibt **keine** Gesetzmäßigkeit (d. h., im Kern verläuft die Geschichte ohne Richtung).

---

[20] Man kann dies auch so formulieren: „Die Weltgeschichte ist das Weltgericht", wie es Friedrich Schiller 1784 in seinem berühmten Gedicht „Resignation" getan hat.

[21] An diesem Punkt möchte ich folgendes betonen. Die grundsätzliche Struktur unserer Theorie – zunehmende Bedeutung der geistigen Sphäre im Menschen, damit zunehmende gemeinsame Inhalte, u. a. damit zunehmende Erkenntnis, dass eben diese Entwicklung richtig und gut ist, damit Beförderung dieser Entwicklung, damit Sicherung ihrer Gesetzmäßigkeit – beruht entscheidend auf dem **intellektuellen Potenzial** des Menschen. Das schließt aber nicht aus, dass der Mensch auch andere Zugänge gerade zu ethischen Maximen hat: Zugänge über spirituelle Erfahrungen, über das Gefühl der Nächstenliebe. Auch solche Zugänge können Gemeinsamkeit unter Menschen stiften (vgl. unsere Ausführungen zur Kunst in III.5).

Das genauere Verhältnis zwischen diesen Zugängen und dem gedanklichen Zugang in der geistigen Sphäre ist m. E. eine offene Frage.

- Das Wahrheitskriterium „Konsistenz mit anderen philosophischen Theorien" lässt sich hier nicht anwenden, weil es (im Unterschied zu den Naturwissenschaften) kein allgemein anerkanntes philosophisches Theoriegebäude gibt.
  Die Theorie ist aber konsistent mit den ethischen Grundsätzen, die heute, im ersten Viertel des 21. Jahrhunderts, weitestgehend sowohl dem internationalen Geistesleben wie auch (jedenfalls offiziell) den internationalen politisch-gesellschaftlichen Beziehungen zugrunde liegen.

Was bedeutet das im Endergebnis? Welchen Wahrheitsanspruch kann die Theorie stellen?

Um diese Frage möglichst klar zu beantworten, können wir noch einmal den Vergleich zu den Naturwissenschaften heranziehen, z. B. zu einer **physikalischen Theorie.**

Eine physikalische Grundtheorie hat folgende Struktur: Die Theorie operiert mit bestimmten, möglichst wenigen Kategorien = physikalischen Größen (u. a. Kraft, Ort, Zeit, Masse, Energie, Impuls); Inhalt der Theorie ist ein mit Hilfe dieser Kategorien aufgestelltes **Axiom** – d. h. eine mathematische Formel, in der die physikalischen Größen in mathematische Größen übersetzt sind und die die Beziehung dieser Größen untereinander ausdrückt; über mathematische Operationen sind daraus Vorhersagen über die Verhältnisse dieser Größen im Laufe der Zeit ableitbar, die im Experiment überprüft werden können.

Dabei werden **zwei implizite Voraussetzungen** gemacht:

- Die Mathematik spiegelt die innere logische Verfasstheit der Naturgesetze wider;
- die Naturgesetze sind überzeitlich gültig.

Das Axiom und die beiden Voraussetzungen sind dabei einfach gesetzt, werden nicht näher begründet. Ihre Wahrheit wird **allein** aus dem empirischen Erfolg, der empirischen Validierung der Theorie erschlossen.[22] Weil die Theorie für Experimente Vorhersagen liefert und weil (bzw. solange) diese Vorhersagen sich als immer richtig erweisen, halten wir die Theorie und die beiden Voraussetzungen für wahr – auch ohne anderweitige Begründung.

[22] Die innere Konsistenz wird über die innere Konsistenz der Mathematik garantiert. Die Konsistenz mit anderen Theorien wird hier vorausgesetzt. (Tatsächlich ist es so, dass die beiden Basistheorien in der Physik – Quantentheorie und allgemeine Relativitätstheorie – **keine** Konsistenz untereinander aufweisen. Dieses ungelöste Problem legt nahe, dass die Menschheit noch einen weiten Weg bezüglich der Erkenntnis aller bzw. der endgültigen Naturgesetze vor sich hat.)

Überträgt man diese Struktur auf die Geschichtstheorie, so könnte man die zentralen Bedürfnisse/Antriebe des Menschen (inkl. des Strebens nach Freiheit und Selbstbestimmung) als die Kategorien ansehen und

- die Kernaussagen des darauf aufbauenden Menschenbildes (Kap. 15),
- die in Kap. 16 beschriebene Gesetzmäßigkeit und
- deren ethische Wahrheit

als gesetzte Axiome.

Da diese Axiomatik bisher konsistente Erklärungen und richtige Vorhersagen geliefert hat, könnte man daraus auf die Wahrheit der Axiome (ohne weitere theoretische Begründung dieser Axiome) zurückschließen.

Ich denke in der Tat, dass die hier vorgestellte Geschichtstheorie auf der Basis dieser Überlegung tatsächlich einen signifikanten Wahrheitsanspruch erheben kann – aber doch **nicht denselben Wahrheitsanspruch** wie eine physikalische Theorie: weil eben keine Experimente möglich sind und weil sie nicht (im engeren Sinne) falsifizierbar ist.

(Die Frage, ob über diese Überlegungen hinaus eine Begründung der Theorie auf philosophisch-theoretischem Weg, d. h. über die Etablierung eines philosophischen Gesamtsystems, möglich ist – dies wäre eine Fortsetzung entsprechender philosophischer Bestrebungen insbesondere innerhalb der Aufklärung —, muss ich in diesem Buch offenlassen.)

19

Weitere Anmerkungen und Erläuterungen zur Theorie

19.1 „Wahrscheinlichkeit" als Grundcharakteristikum der Theorie

Wir haben bei der Darstellung der Theorie in Kap. 16 und bei ihrer Begründung in Kap. 18 betont, dass die Gesetzmäßigkeit der Geschichte strukturell den Charakter eines **Gesetzes bzgl. Wahrscheinlichkeiten** hat.

Was ist darunter näher zu verstehen?

Die Grundbausteine der menschlichen Geschichte sind laut Prämissen 1–3 (Kap. 6) einzig und allein menschliche Handlungen, die aus bestimmten Motiven heraus erfolgen. Laut unserem Menschenbild erwachsen diese Motive des Menschen aus seinen materiellen Bedürfnissen/Antrieben, psychischen Bedürfnissen/Antrieben, geistigen Bedürfnissen/Antrieben und übergreifend aus seinem Streben nach Freiheit und Selbstbestimmung.

Bei diesen Handlungen bzw. den zugrunde liegenden Entscheidungen machen Menschen jedoch Fehler; diese Entscheidungen unterliegen nicht selten vielfältigen äußeren Einflüssen; sie unterliegen – da es eben sehr verschiedene Bedürfnisse/Antriebe gibt – inneren Zielkonflikten, die emotional beeinflusst und meist auch rational nicht eindeutig auflösbar sind. Ein weiterer Aspekt ist, dass die Wirklichkeit meist komplex und es daher auch bei klarem Ziel rein sachlich nicht unbedingt klar ist, ob Handlung A oder Handlung B das gesetzte Ziel – die Umsetzung eines bestimmten Motivs – besser erreicht; der Mensch muss dann eine Wahl treffen, ohne dass diese rational aus seinem Ziel ableitbar wäre: Das Ergebnis seiner Wahl, seine Entscheidung, ist in diesem Sinne zufällig.

T. Unnerstall, *Unsere Zukunft wird gut (sehr wahrscheinlich)*,
https://doi.org/10.1007/978-3-662-72484-2_19

Aus allen diesen Gründen ist die einzelne Handlung – auch bei weitgehender Kenntnis des Bedürfnisspektrums – nicht unbedingt zielführend, hat auch **Zufallscharakter.**

Diese einzelne Handlung ist aber dennoch – so ein Axiom der Theorie – nicht beliebig, sondern sie gehorcht Wahrscheinlichkeiten: Die Wahrscheinlichkeit, dass die Handlung zielführend im Sinne von (wichtigen) Bedürfnissen/Antrieben und Freiheitstreben ist und also Bedürfniserfüllung und Freiheit befördert, ist größer, als dass sie es nicht tut.

Diese **Wahrscheinlichkeit wird größer im Laufe der Geschichte,** die lt. Theorie durch zunehmende Bedürfniserfüllung, Bildung und damit Bedeutung der geistigen Sphäre gekennzeichnet ist: Zunehmende Bedürfniserfüllung reduziert die Zielkonflikte bzw. deren Bedeutung; Bildung reduziert in der Tendenz Fehler und die Relevanz äußerer Einflüsse; höhere Selbsterkenntnis und größere Bedeutung allgemeiner (d.h. überindividueller, universaler) Prinzipien führt zu klarerer eigener Zielhierarchie und macht damit menschliche Entscheidungen (in wichtigen Situationen) tendenziell zielführender im o. g. Sinn.

Dasselbe gilt auf Ebene des Kollektivs, d. h. einer Gemeinschaft von Menschen. Es gibt auch hier Bedürfnis- und Zielkonflikte, es gibt große Unterschiede in Einfluss und Macht der einzelnen Menschen, es gibt (oft emotionsgetriebene) Gruppendynamiken, die Prozesse gemeinschaftlicher Willensbildung und Entscheidungsfindung sind meist komplex – sodass trotz grundsätzlich gemeinsamer Bedürfnisse und Antriebe das Ergebnis aller Handlungen in der einzelnen Gemeinschaft während eines bestimmten Zeitraums wiederum nicht immer zielführend ist, d. h., ebenfalls Zufallscharakter besitzt.

Aber auch dieses Ergebnis unterliegt, so die Aussage der Theorie, Wahrscheinlichkeiten: Die Wahrscheinlichkeit, dass alle Handlungen gemeinsam den Grad von Bedürfniserfüllung und Freiheit in der Gemeinschaft erhöhen, ist größer, als dass sie es nicht tun. Aufgrund des o. g. Mechanismus steigt auch diese Wahrscheinlichkeit im Laufe der Geschichte an: Die Wahrscheinlichkeit, dass eine wohlhabende, gebildete, freie Gesellschaft sich in diesem Sinne weiterentwickelt, ist größer als bei einer ärmeren, weniger gebildeten, unfreieren Gesellschaft.

Die graduell im Laufe der Geschichte höhere Wahrscheinlichkeit auf Ebene des einzelnen Menschen setzt sich damit auch in die Ebene des Kollektivs fort.

Insgesamt, so können wir konstatieren, handelt es sich nicht nur um einen auf längere Sicht unaufhaltsamen, sondern sogar um einen **positiv rückgekoppelten Prozess i. S. v:** Je weiter er fortgeschritten ist (= je weiter Bedürfniserfüllung, Freiheit und damit auch Berücksichtigung universaler Prinzipien gediehen sind), desto höher ist die Wahrscheinlichkeit, dass er durch die weiteren Handlungen der Menschen weitergetrieben und befördert wird.[1][2]

Aber: Es bleibt eine Wahrscheinlichkeit **unter 100 %;** d. h., es bleibt immer eine reale Möglichkeit, dass der einzelne Mensch Fehler macht, sich von destruktiven Einflüssen und Ängsten beeinflussen lässt, dass er (besonders bei Zielkonflikten oder in komplexen, rational schwer zu überschauenden Situationen) kontraproduktive Entscheidungen fällt. Entsprechend bleibt es eine reale Möglichkeit, dass auch im Kollektiv/in einer Gesellschaft die Summe aller Handlungen nicht die Bedürfniserfüllung und Freiheit in der Gemeinschaft fördert, sondern im Gegenteil vermindert – etwa durch Krieg, religiöse oder ideologische Beeinflussung, willkürliche Machtausübung, gegenseitige Blockade verschiedener Fraktionen in der Gemeinschaft u. a. Diese Möglichkeit ist in der empirischen Geschichte sehr oft tatsächlich Wirklichkeit geworden: Der Prozess in Richtung Realisierung von Freiheit und Selbstbestimmung ist grundsätzlich positiv rückgekoppelt, aber er ist nichtsdestoweniger – er war jedenfalls – ausgesprochen **langsam.**

Dies sind die Irrungen und Wirrungen der Geschichte, die so zahlreiche Denker beklagt haben, die früher und auch heute viele an der Gesetzmäßigkeit der Geschichte, am Menschen, an Gott (haben) zweifeln lassen.

Dem ist zu entgegnen: Menschliche Fehler **sind** unvermeidbar; Habgier, Herrschsucht, Neid, innere Spannungsverhältnisse und Zielkonflikte **bleiben** Aspekte des menschlichen Wesens; die Komplexität der Wirklichkeit führt **immer wieder** dazu, dass auch gute Intentionen scheitern können; der Zufall **ist** konstitutives Element geschichtlicher Realität.

Zugespitzt formuliert: „Das Böse" ist Teil der Welt, es ist grundsätzlich untilgbar[3]; ein Mensch/eine Gesellschaft/die Menschheit kann es eindämmen, immer weiter reduzieren, aber nicht eliminieren (vgl. Kap. 4.1).

---

[1] Ähnliches hat Kant bzgl. der politischen Geschichte konstatiert (S. 19), und auch Galor (2022) argumentiert bezüglich der Geschichte von Wirtschaft und Technik mit dieser Struktur.

[2] Entsprechend steigt im Laufe der Zeit die Wahrscheinlichkeit, dass einzelne, auf dem Weg zu immer mehr Freiheit und Selbstbestimmung/Bedürfniserfüllung liegende **Meilensteine** – Weltstaat, Realisierung der Menschenrechte (etwa i. S. v. Welt-HRI > 0,85) – tatsächlich erreicht werden.

[3] Neben dem angeführten, aus dem Wesen des Menschen abgeleiteten Argument gibt es für die These „Das Böse ist untilgbar" ein m. E. sehr gutes philosophisch-theoretisches Argument, das Theodor Litt in seinem Aufsatz in Mann et al. (1961) entwickelt. Litt schreibt: *„Der Mensch … ist ein freies Wesen. Frei aber darf ein Wesen nur dann heißen, wenn ihm ebenso gut die Möglichkeiten des normwidrigen, wie diejenigen des normgemäßen Handelns offenstehen, ja, wenn es gegen die vom Normwidrigen ausgehenden Verlockungen nicht so immun ist, dass es von ihnen überhaupt nicht angefochten werden könnte. Ethisch gesprochen:* ***[Der Mensch] könnte nicht gut sein, wenn [er] nicht auch böse zu sein vermöchte*** *(meine Hervorhebung, TU). Die Geschichte ist gerade deshalb das Feld des zur Freiheit – sei es erlösten, sei es verurteilten Menschen, weil sie sich mit strenger Unparteilichkeit dem verwerflichen nicht weniger als dem löblichen Bestreben als Stätte der Verwirklichung zur Verfügung stellt. Wollte sie nur dem Normgemäßen den*

19.2 Fragen aus Teil I und II

Auf der Basis der Theorie und der daraus gewonnenen Erkenntnisse können wir jetzt die Fragen beantworten, die sich am **Ende des Teils I** aus unseren dortigen Analysen ergeben haben.

Diese Fragen lauteten:

1. Folgt die Geschichte der Menschheit einer tieferen Gesetzmäßigkeit, hat sie eine Richtung; und wenn ja, wie sieht diese aus? Welche Erklärung gibt es dementsprechend für die phänomenale Entwicklung der letzten 200 Jahre?
2. Wenn sich die Menschheit in eine Richtung entwickelt, und wenn es dabei ein Ziel gibt – was kann man über die Erreichbarkeit dieses Ziels sagen?
3. Welche Relevanz für den Menschen und für die Menschheitsgeschichte haben allgemeine (d. h. überindividuelle, überzeitliche, kulturunabhängige) ethische Maßstäbe, auf deren Basis man rationale Werturteile wie „Fortschritt" fällen kann?

Zur Frage (1)
Die Antwort auf den ersten Teil der Frage lautet: Ja, und diese Gesetzmäßigkeit wird durch die in Kap. 16 aufgestellte Theorie beschrieben.

Der zweite Teil der Frage, der sich auf die letzten 200 Jahre bezieht, ist Gegenstand vieler kontroverser und z. T. komplexer Erklärungsversuche.

Die Erklärung auf der Basis unserer Theorie ist relativ einfach und sieht wie folgt aus: Die Geschichte ist, wie im vorigen Abschn. 19.1 dargelegt, gemäß der Theorie im Kern ein positiv rückgekoppelter Prozess.[4] Solche Prozesse im hier verwendeten Sinn – die Geschwindigkeit der Veränderung steigt mit dem bereits erreichten Stand – werden in der Mathematik standardmäßig mit **Exponentialfunktionen** oder mit **Sigmoidfunktionen** beschrieben.

Eine typische Exponentialfunktion sieht so aus wie in Abb. 19.1 abgebildet.

Eine typische Sigmoidfunktion sieht so aus wie in Abb. 19.2 abgebildet.

Raum der Verwirklichung bieten, so würde sie automatisch Stätte der Freiheit zu sein aufhören und sich in die Veranstaltung einer ethisch etikettierten Notwendigkeit verwandeln. Wer also der Geschichte nur dann einen Sinn meint zubilligen zu können, wenn sie stets und überall dem Normgemäßen zum Siege verhelfe, der macht ihre Anerkennung von einer Bedingung abhängig, die der Verleugnung der menschlichen Freiheit gleichkommt" (S. 73 f).

[4] Diese „Positive Rückkopplung"-Struktur gilt ganz allgemein, und sie gilt spezifisch auch für den Bereich Wissenschaft und Technik: Je mehr der Mensch weiß und technisch beherrscht, desto besser und schneller kann er weiteres Wissen generieren und in neue Technik umsetzen.

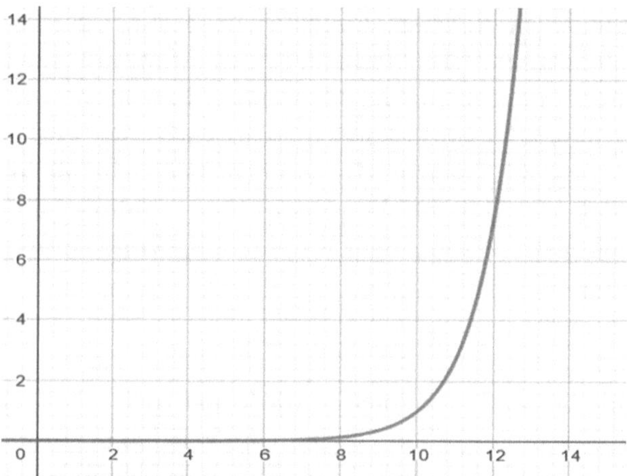

Abb. 19.1 Verlauf einer Exponentialfunktion

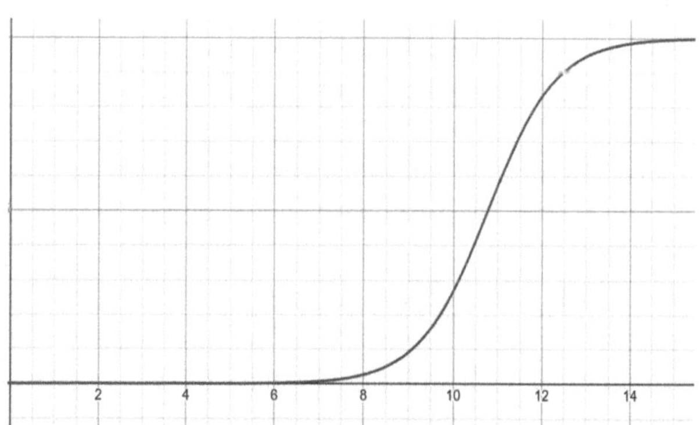

Abb. 19.2 Verlauf einer Sigmoidfunktion

Beide Funktionstypen geben qualitativ gut die Verläufe in den Abbildungen in Kap. 1 und 2 wider, die die Entwicklung der Menschheit in den letzten Jahrtausenden bzw. letzten Jahrhunderten zusammenfassen.

Unsere Theorie vermag also – transparent und eindeutig – zu erklären, wie es vom Prinzip her zu so einem Verlauf, zu der „phänomenalen Entwicklung der letzten 200 Jahre" kommen kann.

Zur Frage (2)

Antwort: Auf diese Frage kommen wir in Teil V noch einmal ausführlich zurück.

Sofern man in der politisch-gesellschaftlichen Geschichte als Ziel definiert: „Optimale Realisierung von Freiheit und Selbstbestimmung für alle Menschen, in allen Gesellschaften und für die Menschheit insgesamt" (in den Grenzen, die in Kap. 16 aufgezeigt sind), kann man als vorläufige, grobe Antwort Folgendes sagen: Aufgrund des fundamentalen Wahrscheinlichkeitscharakters der Gesetzmäßigkeit und damit der prinzipiellen Unhintergehbarkeit des **Zufalls** ist das Ziel in der Wirklichkeit nicht in Reinform, sondern nur asymptotisch erreichbar.

Zur Frage (3)
Allgemeine ethische Maßstäbe spielen eine **konstitutive** Rolle bei der Gesetzmäßigkeit der Geschichte. Eine Gesetzmäßigkeit kann es nur geben, wenn eben diese Gesetzmäßigkeit gemäß allgemeiner, objektiver Maßstäbe als ethisch gut und geboten zu beurteilen ist. Konkreter: Strukturell stabilen Fortschritt in der Geschichte kann es nur geben, wenn ein wesentlicher Teil dieses Fortschritts darin besteht, dass er vom Menschen – konkret: von einem im Lauf der Geschichte im Mittel zunehmenden Teil der Menschheit – **als Fortschritt** erkannt (und daraufhin mitgetragen und unterstützt) wird.

Wir können jetzt auch den bemerkenswerten **Antagonismus** auflösen, den wir in Bezug auf die Geschichtsphilosophie der letzten 200 Jahre in Kap. 7.3 festgestellt haben:

„Die Freiheit des Menschen wird sowohl als Argument **für** als auch als Argument **gegen** eine Gesetzmäßigkeit der Geschichte in Stellung gebracht."

Beide Auffassungen, so stellt sich heraus, haben ihre Berechtigung, sind ein Teil der Wahrheit.

Die Freiheit des Menschen, ausgeübt vom Menschen primär als allgemeiner Einzelner (d. h. in der geistigen Sphäre) ist der Garant dafür, dass es überhaupt eine Gesetzmäßigkeit gibt; in diesem Sinne haben Toynbee und Jaspers (und natürlich Scheler und die klassischen Geschichtsphilosophen) Recht.

Die Freiheit des Menschen, ausgeübt vom Menschen primär als individueller Einzelner (d. h. in der psychischen Sphäre), bedingt, dass diese Gesetzmäßigkeit ein Gesetz von Wahrscheinlichkeiten (nicht strenger Determination) ist; in diesem Sinne haben Litt, Popper, Zwenger u. v. a. Recht.

19.3 Das Verhältnis der Theorie zum „klassischen Projekt"

Wie am Ende des Teil II (in Kap. 9) bereits erwähnt, ist die in Kap. 16 formulierte Theorie der Versuch, das „klassische Projekt der Geschichtsphilosophie" – die Geschichte aus wenigen Prinzipien, d. h. aus den Kernelementen des menschlichen Wesens heraus zu erklären und so rational verstehbar zu machen – wieder aufzugreifen und auf der Basis der in den letzten 200 Jahren etablierten gedanklichen Fortschritte und empirischen Daten neu zu skizzieren.

Dieses Unterfangen hat uns zu einer Theorie geführt, die inhaltlich in ihrer Kernaussage mit den Theorien am Ende der klassischen Periode – d. h. insbesondere denjenigen von Condorcet und Kant – identisch ist.

Dies kann nicht überraschen, denn wir haben im Zuge unserer Analysen ja gesehen, dass – wenn dieses Projekt **überhaupt** durchführbar ist, d. h., wenn die Geschichte überhaupt erklärbar, in ihrer Gesamtheit rational begreifbar ist – das klassische Projekt ein eindeutiges Ergebnis hat: dass es prinzipiell nur eine, nämlich **diese,** Geschichtstheorie geben kann.

„Die Geschichte ist der Gang der Freiheit" – diese Formel der klassischen Geschichtsphilosophie[5] ist also grundsätzlich auch aus heutiger Sicht richtig. Aber der Begriff „Freiheit" darin muss gegenüber der klassischen Vorstellung viel umfassender und viel konkreter interpretiert werden.

Es geht nicht nur um einen philosophischen Begriff von Freiheit und um die abstrakte rechtliche Freiheit von Bürgern in einem modernen Staat. Es geht dabei auch um die konkrete **wirtschaftliche Freiheit** (Freiheit der Ausbildungs- und Berufswahl, Freiheit zur Gründung von Betrieben, Freiheit bzgl. Privateigentum, Konsum; Freiheit bzgl. der eigenen Mobilität etc.), um konkrete **politisch-gesellschaftliche Freiheiten** (freie Meinungsäußerung, Partizipation an Entscheidungen, Religionsfreiheit, Freiheit zur Gründung von Parteien und Vereinen, allgemein Umsetzung der Menschenrechte in der gelebten gesellschaftlichen Praxis) und auch um die konkrete Selbstbestimmung bzgl. der **eigenen Lebensführung** (Freiheit von detaillierteren gesellschaftlichen Moralvorstellungen/Rollenverständnissen, selbstbestimmte Wahl gesellschaftlichen Engagements, Freiheit bzgl. Gestaltung von persönlichen Beziehungen etc.).

Allgemeiner gesagt: Es geht um die Integration der konkreten Lebensrealität des Subjektes, der realen **Individualität** des Menschen, in den Freiheitsbe-

[5] Vgl. Angehrn 2012, S. 76.

griff; und es geht dabei immer natürlich um die Menschheit als Ganze, d. h. um die globale Situation.

So interpretiert, erweisen sich (lt. den Daten in Kap. 2) die 200 Jahre Menschheitsgeschichte seit dem Ende der klassischen Geschichtsphilosophie – trotz gravierender Rückschläge (Kolonialismus, zwei Weltkriege, Holocaust in Deutschland, Stalinismus, Kulturrevolution in China, brutale Militärdiktaturen in einer ganzen Reihe von Ländern u. a.) – in der Breite als überaus beeindruckende Bestätigung des „Gangs der Freiheit"; d. h. als sukzessive Realisierung von Freiheit und Selbstbestimmung und Erfüllung wesentlicher menschlicher Bedürfnisse für wachsende Teile der Menschheit.[6]

Genauso beeindruckend ist es, dass sich – wie wir in Kap. 17 gezeigt haben – die unglaubliche Fülle neuer empirischer Erkenntnisse über die fernere Menschheitsgeschichte, die durch Naturwissenschaften und Archäologie in diesen 200 Jahren erarbeitet worden sind, ebenfalls in diese Struktur einfügen und sie bestätigen: Auch die frühe Menschheitsgeschichte bis zur Neuzeit war – unter großen Schwankungen – der letztlich unaufhaltsame (weil gesetzesmäßige) „Gang der Freiheit".

19.4 „Development as Freedom" von Amartya Sen (1999)

Die These, dass der Verlauf der Geschichte von einer Zunahme menschlicher Freiheit gekennzeichnet ist bzw. sein soll, steht nicht nur im Zentrum der klassischen Geschichtsphilosophie, sie spielt auch bei einigen modernen Denkern eine große Rolle – ohne dass dies als Gesetzmäßigkeit aufgefasst, reflektiert oder gar begründet wird.

Hier einige Beispiele:

> *„Der tiefste Sinn der Geschichte ist eben, dass sie der Freiheit in den Ausmaßen des menschlichen Gesamtschicksals zur Verwirklichung verhilft"* (T. Litt in Mann et al. (1961), S. 74).

---

[6] Es gibt eine beeindruckende und berührende Passage in Kants Geschichtsschrift (1794) über das Verhältnis der Generationen: *„Die älteren Generationen scheinen nur um der späteren willen ihr mühseliges Geschäft zu betreiben, um nämlich diesen eine Stufe zu bereiten, von der diese das Bauwerk [der Menschheit, TU] höher bringen könnten; doch nur die spätesten [sollen] das Glück haben, in dem Gebäude zu wohnen, woran eine lange Reihe ihrer Vorfahren gearbeitet hatten, ohne doch selbst an dem Glück, das sie vorbereiteten, Anteil nehmen zu können" (S. 8).* Diesem Gedankengang folgend könnte man sagen, dass mittlerweile sehr viele Menschen auf der Erde in der Situation sind, an dem von Kant antizipierten Glück jedenfalls z. T. teilhaben zu können.

„Es ist unsere große historische Aufgabe, eine freie, pluralistische Gesellschaft zu schaffen – als den gesellschaftlichen Rahmen für eine Selbstbefreiung durch das Wissen“ (K. Popper, in Mann et al. (1961), S. 116).

„Der Widerhall aus der Geschichte ist … das Suchen [des Menschengeschlechts] der Freiheit, wie sie Freiheit verwirklichten, in welchen Gestalten sie sie entdeckten und wollten.… Die Geschichte ist der Gang des Menschen zur Freiheit“ (K. Jaspers (1957), S. 274/275).

Ein m.E. besonders bemerkenswertes und beeindruckendes Werk in diesem Zusammenhang stammt aber nicht von einem Philosophen, sondern von einem Ökonomen: dem indischen Wissenschaftler und Nobelpreisträger **Amartya Sen.** In seinem bereits mehrfach von mir zitierten, 1999 veröffentlichtem Buch „Development as Freedom“ entwickelt Sen – ausgehend von einem anderen Erkenntnisinteresse und dementsprechend ganz anderen Fragestellungen – einige Thesen, die den Aussagen des vorliegenden Buches sehr nahe kommen.

1.

Sen geht in seinem Buch von der **ethischen Maxime** aus, dass Freiheit und Selbstbestimmung der entscheidende Wert ist, an dem der Fortschritt einer Gesellschaft zu messen ist: *„The success of a society is to be evaluated … primarily by the substantive freedoms that the members of that society enjoy“* (S. 18). In diesem Sinne setzt Sen (wie ich in diesem Buch) voraus, dass es übersubjektive, überkulturelle ethische Wahrheit gibt.
Sen argumentiert ausführlich und mit zahlreichen Beispielen aus der indischen Geistesgeschichte dafür, dass dieser ethische Wert auch empirisch gesehen universaler Natur ist – d. h., dass die Auffassung, es handle sich um einen „westlichen Wert“, von dem „asiatische Werte“ zu unterscheiden seien, nicht haltbar ist.

2.

Sen vertritt entsprechend ein **universalistisches Menschenbild,** das sowohl die individuelle kulturelle Prägung als auch die gemeinsame, kulturunabhängige Fähigkeit beinhaltet, die zentralen ethischen Wahrheiten zu erkennen; und er interpretiert Freiheit auch als Freiheit zur Bindung an diese Wahrheiten im Sinne von handlungsleitenden Prinzipien: *„It is the power of reason that allows us to consider our obligations and ideals as well as* *our interests and advantages. To deny this freedom of thought would amount to a severe constraint on the reach of our rationality*" (S. 272).

3.

Auf dieser Basis ist für Sen, wie schon der Titel des Buches ausdrückt, die Zunahme der Freiheit und Selbstbestimmung des Menschen das entscheidende Charakteristikum der (positiven) **Entwicklung einer Gesellschaft:** sowohl, weil Freiheit ein wesentliches Motiv für den Menschen und damit Treiber der Geschichte ist; als auch, weil lt. Sen Freiheit für die Menschen in einer Gesellschaft, empirisch gesehen, der entscheidende Faktor ist, um in dieser Gesellschaft die menschlichen Bedürfnisse besser zu erfüllen, die menschlichen Fähigkeiten vollständiger zu entfalten und eben, übergreifend, die Menschen mehr und mehr in die Lage zu versetzen, das Leben zu führen, dass sie führen wollen.[7]

Eng damit verbunden ist Sens **empirische Feststellung:** Wenn Menschen bestimmte Freiheiten haben – etwa im ökonomischen Bereich –, dann nutzen sie sie dafür, die Freiheit auch in anderen Bereichen – etwa im Sinne der Berufswahl, im politischen Bereich oder bzgl. gesellschaftlicher Moralvorstellungen – zu erweitern; nicht nur für sich selbst, sondern (z. T. automatisch, z. T. gewollt) auch für die anderen Menschen der Gesellschaft: „*The effectiveness of freedom as an instrument lies in the fact that different kinds of freedom interrelate with one another, and freedom of one type may greatly help in advancing freedom of other types. [This is the] instrumental effectiveness of freedom … to promote human freedom*" (S. 37).

4.

Dieser Gedankengang führt, bei Sen allerdings v. a. implizit, zu zwei wesentlichen Aspekten von historischer Entwicklung/Fortschritt der Menschheit, die wir in diesem Buch deutlich gemacht haben:

Die **Reflexivität** des Prozesses: Er besteht u. a. daraus, dass er von den Menschen zunehmend als ethisch richtig erkannt wird.

Die **positive Rückkopplung** des Prozesses: Je weiter er fortgeschritten ist, desto schneller und besser kann er weitergetrieben werden.

[7] „*Freedom is a principal determinant of individual initiative and of social effectiveness. Greater freedom enhances the ability of people to help themselves and to influence the world.*" (S. 18)

Zusammenfassend etabliert Sen in seinem Buch – nicht mit Blick auf die gesamte Menschheitsgeschichte, sondern mit Blick auf die Entwicklung von v. a. ärmeren Gesellschaften („Entwicklungsländern") in der heutigen Zeit – ein historisches Verlaufsmuster, das im Kern identisch mit der hier vorgestellten Geschichtstheorie ist.

19.5 Alternative: Geschichte als richtungsloses Geschehen?

Das wesentliche Ergebnis dieses Buches ist es, dass – innerhalb des durch die Prämissen 1–3 in Kap. 6 und das Menschenbild in Kap. 15 gegebenen gedanklichen Rahmens – eine Gesetzmäßigkeit der Geschichte nur darin bestehen kann, dass

- die biologischen, psychischen und geistigen Bedürfnisse/Antriebe des Menschen zunehmend erfüllt werden und die in ihm liegenden Fähigkeiten zunehmend zur Entfaltung kommen;
- das übergreifende Streben nach Freiheit und Selbstbestimmung sukzessive realisiert wird;
- und im Zuge dessen diese Richtung der Geschichte von wachsenden Teilen der Menschheit inhaltlich als ethisch richtig und geboten erkannt wird, und die eigenen Handlungen zunehmend entsprechend gestaltet werden.

Diese Theorie ist empirisch leistungsfähig, sie ist in sich konsistent, und ihre ethische Voraussetzung kann man in einem gewissen Sinn als (jedenfalls gegenwärtigen) Konsens der Menschheit bezeichnen. Damit ist die Theorie gut begründet, sie kann einen signifikanten Wahrheitsanspruch erheben – ohne allerdings denselben Status wie eine naturwissenschaftliche Theorie beanspruchen zu können.

Die einzige Alternative zu dieser Theorie, so zeigt es die Analyse, ist die Auffassung: „Geschichte verläuft im Kern ohne Richtung, ohne Gesetzmäßigkeit." Was kann man über den Wahrheitsanspruch dieser Auffassung sagen?

Aus der **Empirie** der Geschichte heraus kann diese Auffassung nur einen sehr bedingten Wahrheitsanspruch stellen. Sie vermag die historischen „natürlichen Experimente" nicht zu deuten; sie kann prinzipiell keine Vorhersagen machen; und sie kann insbesondere das in Kap. 1 deutlich werdende Verlaufsmuster der letzten 2000 Jahre, die jahrhundertelangen Trends in Kap. 2 und auch die diesen Trends z. T. zugrunde liegende, stetige Wissensakkumulation in Naturwissenschaft und Technik nicht erklären. M. a. W.: diese Auffassung ist empirisch überhaupt nicht leistungsfähig.

Für sie spricht empirisch letztlich nur, dass in der Geschichte immer wieder bereits als sicher geglaubte kulturelle Errungenschaften verloren gegangen sind; dass es immer wieder in der Historie, in jüngerer Vergangenheit und auch aktuell kaum für möglich gehaltene Rückschläge auf dem Weg zu mehr Freiheit und Selbstbestimmung/zu besserer Erfüllung der menschlichen Bedürfnisse gab bzw. gibt (vgl. auch Kap. 4.2).

Auf den ersten Blick spricht dieses Faktum in der Tat gegen eine gesetzesmäßige Entwicklung, d. h. **für** die o. g. alternative Sicht der Geschichte als richtungsloses Geschehen.

Aber erstens ist es eben **auch** ein Faktum, dass diese Rückschläge immer nur regionaler und temporärer Natur waren und an den langfristigen Trends – wie man an den Abbildungen in Kap. 1 und 2 ablesen kann – nichts zu ändern vermochten; und zweitens vermag ja die Geschichtstheorie auch diese Rückschläge zu erklären (19.1). Letztlich, so denke ich, gilt hier der schöne Satz von Theodor Litt: „*Wer … der Geschichte nur dann einen Sinn meint zubilligen zu können, wenn sie stets und überall dem Normgemäßen [= dem Guten, TU] zum Siege verhelfe, der macht ihre Anerkennung von einer Bedingung abhängig, die der Verleugnung der menschlichen Freiheit gleichkommt*“ (Mann et. al. 1961, S. 74).

Die o. g., alternative Auffassung kann zudem auch **theoretisch** kaum einen Wahrheitsanspruch stellen, weil sie sich selbst unterminiert – weil sie **nicht reflexiv** ist. Eine Auffassung zur Geschichte ist ja selbst Teil der Geschichte, und die Annahme eines insgesamt zufälligen Geschichtsverlaufs impliziert, dass die Geschichte auch in der Sphäre „Geistesgeschichte“ zufällig verläuft, d. h., von einem richtungslosen, ewigen Aufeinanderfolgen von Kulturen, Philosophien, Religionen, Theorien geprägt ist; dass es insbesondere **keinen** prinzipiellen kulturellen, ethischen oder **gedanklichen Fortschritt gibt.**

Auf sich selbst angewendet, bedeutet das: Auch diese Auffassung zur Geschichte stellt keinen Fortschritt dar, etwa gegenüber der diametral entgegengesetzten „klassischen Geschichtstheorie“ – aber damit entzieht sie sich selbst den eigenen Wahrheitsanspruch.[8]

[8] Auf den ersten Blick gibt es eine weitere gedankliche Option: Die Auffassung sieht sich selbst als wahr an; aber sie müsste dann qua eigener These annehmen, dass diese ihre Erkenntnis in Zukunft wieder als ähnlich falsch angesehen werden wird, wie sie selbst heute die klassische Geschichtstheorie ansieht. Das hätte zur Folge, dass sie das eigene Zeitalter (bzgl. der Geschichtsphilosophie) im Verlauf der vergangenen und zukünftigen Jahrtausende als **einzigartig/ausgezeichnet** begreifen muss: „Nur in diesem kleinen Zeitfenster der Geschichte wurde die Wahrheit bezüglich der Geschichte erkannt“ – eine jedenfalls im Rahmen unserer Prämisse 1 völlig unhaltbare Position. Damit scheidet diese gedankliche Option aus.

Lieber Leser, vielleicht fragen Sie sich an diesem Punkt, ob nicht eine Theorie denkbar ist, die etwa Folgendes sagt:

„In der geistesgeschichte – insbesondere in Naturwissenschaft und Technik, in den anderen empirischen Wissenschaften und z. T. in der Philosophie – gibt es in der Tat einen stetigen Fortschritt in der Menschheitsgeschichte; der Verlauf in den beiden anderen Sphären – Wirtschaftsgeschichte, politisch-gesellschaftliche Geschichte – ist jedoch tatsächlich sinnlos, d. h. letztlich von einem unendlichen Auf und Ab ohne Richtung geprägt."

Eine solche Theorie ist jedoch inhaltlich nicht konsistent: Sie kann z. B. nicht ausschließen, dass die Menschheit weitgehend konsensual (oder eine Minderheit, die mächtig genug ist, für alle anderen) beschließt, in Zukunft weitgehend auf Technik und weitere naturwissenschaftliche Forschung zu verzichten und lieber wieder ein einfaches, natürliches, handwerklich-bäuerlich geprägtes Leben zu führen.[9] Zudem widerspricht ein solcher Ansatz den von vielen Historikern immer wieder festgestellten engen Wechselwirkungen zwischen den Geschichtssphären.

19.6 Zum Verhältnis Individuum – Gemeinschaft[10]

Es ist keine Frage, dass sich Fortschritt in der Geschichte in erster Linie auf der Ebene der **Gemeinschaft** manifestiert.

Der Grad von Freiheit und Selbstbestimmung in einer Gesellschaft manifestiert sich in erster Linie im Bildungssystem, in Wirtschaftsstrukturen, in der technischen Ausstattung, in der Verfassung und den Gesetzesbüchern, in politischen Institutionen, in verbreiteten Weltbildern und Verhaltensmustern. Der Grad der Erfüllung von Bedürfnissen lässt sich – vgl. Teil I dieses Buches – u. a. ablesen an Statistiken über Armut, Kindersterblichkeit, Lebenserwartung, Gewalt in der Gesellschaft/Kriegsgeschehen, Bildungserfolge, soziale Durchlässigkeit, Wohlstand und auch Lebenszufriedenheit.

Diese Realitäten definieren zum einen den **Rahmen,** in dem Freiheit und Selbstbestimmung für den einzelnen Menschen konkret gelebt werden können. Zum anderen **prägen** sie die Individuen, ihre Psyche, ihre Persönlichkeit, ihr Wertesystem, ihre Verhaltensmuster und etablieren so bis zu einem gewissen Grad eine gemeinsame Basis (einen Kanon an kulturellen Elementen), auf der dann die weitere Ausprägung und Entfaltung der Individualitäten, der einzelnen Persönlichkeiten stattfindet.

[9] Ein solches Szenario ist aus Science-Fiction-Romanen und -Filmen bekannt, siehe z. B. „Star Trek: Der Aufstand" (1998).

[10] Vgl. zu diesem Punkt die Ausführungen in Teil II, Prämisse 1.

Genau so klar ist aber, dass jeder wirtschaftliche, politisch-gesellschaftliche, gedankliche Fortschritt in diesem Sinne von **einzelnen Menschen** erkämpft werden muss (bzw. ggf. auch verteidigt werden muss). Der institutionelle, gesetzliche, technische, wirtschaftliche, moralische Rahmen kann und muss immer wieder von einzelnen Menschen – ermöglicht in erster Linie durch die geistige Sphäre – infrage gestellt werden. Die gemeinsame kulturelle Basis kann und muss immer wieder, von ihr ausgehend, von einzelnen Menschen transzendiert werden, damit, von ihnen initiiert, weiterer Fortschritt stattfinden und dann zukünftige Generationen prägen kann: Das Bildungssystem muss verbessert, die Wirtschaft weiterentwickelt, technische Innovationen geschaffen, Institutionen und Gesetze reformiert, Weltbilder geändert, Verhaltensmuster und kulturelle Normen erneuert werden.

Das galt vor 10.000 Jahren genauso wie vor 1000 Jahren und wie heute. (Derselbe Prozess kann auch zu temporären Rückschritten im Sinne von Freiheit, Selbstbestimmung, Bedürfniserfüllung führen: vgl. 19.1.)

Geschichte ist daher ein permanentes Wechselspiel zwischen einzelnen Individuen und der Gemeinschaft, ein dialektischer Prozess zwischen kollektivem Lernen und individuellen Impulsen. Für den geschichtlichen Fortschritt ist das Individuum genauso von der Gemeinschaft abhängig wie die Gemeinschaft vom Individuum.[11]

19.7 Wird der Mensch im Laufe der Geschichte tugendhafter?

Wir können auf der Grundlage unserer Theorie noch einmal zu der Frage zurückkommen, ob der Mensch „im Grunde gut" sei.

Die richtige Antwort lautet: Er ist nicht „im Grunde gut" – diese Formulierung macht keinen Sinn, wie in 15.2, Punkt (4) bereits ausgeführt –, aber

- er hat das Potenzial, grundsätzliche ethische Wahrheiten zu erkennen, selbst danach zu handeln und sich in der Gesellschaft für diese ethischen Maximen einzusetzen;
- er lebt mit im Laufe der Geschichte zunehmender Wahrscheinlichkeit in einer Gesellschaft, in der Freiheit und Bedürfniserfüllung wirtschaftlich, rechtlich, politisch-institutionell und weltanschaulich bereits zu einem

[11] Aus diesem Grund halte ich die Fokussierung gesellschaftlichen Fortschritts auf „welthistorische Individuen", wie sie sich etwa bei Hegel findet, für falsch, d.h. zu einseitig.

hohen Grad realisiert sind; und die ihn (v. a. seine Psyche) und sein Handeln in diesem Sinne **prägt.**

Wie im vorigen Abschnitt ausgeführt, stehen beide Aspekte in enger Wechselwirkung, befeuern sich gegenseitig.

M. a. W.: Das Wesen des Menschen ändert sich im Laufe der Geschichte nicht (Prämisse 1); der Mensch bleibt zum Guten und zum Bösen fähig. Aber die Wahrscheinlichkeit, dass er ethisch besser **handelt,** steigt im Laufe der Geschichte. Im Durchschnitt wird der Mensch im Laufe der Geschichte in seinem Handeln gewaltfreier, toleranter, respektiert eher die Bedürfnisse und die Freiheit aller anderen; zudem ist er durch die zunehmende Erfüllung seiner Bedürfnisse zunehmend weniger in der Versuchung, mit „bösen Mitteln" seine Bedürfnisse zu befriedigen.

In diesem Sinne kann man sagen: Der Mensch wird im Laufe der Geschichte tugendhafter.[12]

19.8 Zum Bedürfnis „Gruppenzugehörigkeit" in der Geschichte

Wir haben Freiheit und Selbstbestimmung als wesentliches, übergreifendes Motiv des Menschen und damit als zentralen Treiber der geschichtlichen Entwicklung identifiziert; und wir haben dies bisher – neben den Aspekten technisch-wirtschaftlicher Fortschritt und Freiheit im Sinne der geistigen Sphäre – in erster Linie konkretisiert im Sinne von sukzessiv steigenden Freiräumen für die Entwicklung der eigenen Individualität (über Privateigentum, Bildung, Berufswahl, Lebensgestaltung, Beziehungsmuster etc.) und Entfaltung der eigenen Fähigkeiten und Potenziale in Wirtschaft, Politik/öffentliche Institutionen, Wissenschaft, Kunst.

Damit werden sicherlich die psychischen Grundbedürfnisse Autonomie und Selbstwirksamkeit zunehmend im Laufe der Geschichte erfüllt. Ebenso wichtig und wirkungsmächtig im Menschen ist lt. unserem Menschenbild das psychische Grundbedürfnis „Zugehörigkeit zu Gruppen".

Wie sieht diesbezüglich die geschichtliche Entwicklung aus?

[12] Dies hat bereits Condorcet vorausgesagt (18.1), und im Ergebnis ist seine Erkenntnis richtig; wobei gerade auch hier die Entwicklung von vielen Schwankungen geprägt ist und (nach menschlichen Maßstäben) **langsam** verläuft.

1.
Der Mensch gehört faktisch bei der Geburt bestimmten Gruppen an: in erster Linie der (unmittelbaren und weiteren) **Familie** und der Gemeinschaft, deren Mitglied er ist. Seit vielen Jahrhunderten bedeutet Letzteres für die große Mehrheit der Menschen: der **Staat,** dessen Bürger er ist – ob Stadtstaat, Herzogtum, Republik, Königreich o. a. Fast alle Generationen in der Geschichte wurden zudem in eine **religiöse Glaubensgemeinschaft** hineingeboren.
Diese Gruppen – z. T. ergänzt durch Dorfgemeinschaft, Berufsstand u. a. – bildeten während der gesamten Geschichte, bis in die jüngste Zeit hinein, wesentliche Bezugspunkte und Identifikationsmöglichkeiten für das Individuum. Die je **relative** Bedeutung von Familie, Staat, Religionsgemeinschaft, Berufsstand war dabei je nach Kultur, Zeit, Individuum unterschiedlich; aber für die meisten Menschen stellten diese Gruppen insgesamt einen signifikanten Teil der eigenen Identität dar und erfüllten damit das Bedürfnis nach Gruppenzugehörigkeit.

2.
Das Bedürfnis „Gruppenzugehörigkeit" steht dabei nicht nur in einem Spannungsverhältnis zu den psychischen Individualbedürfnissen – dies haben wir mehrfach betont –, sondern sie muss im Individuum auch in Einklang gebracht werden mit der **geistigen Sphäre.**
Zur Transzendierung der eigenen Individualität, die dort (potenziell) stattfindet, gehört eindeutig auch das Infragestellen der eigenen Gruppenzugehörigkeiten. In jeder geschichtlichen Epoche war ja klar: Es gibt nicht nur die eigene Jäger-und-Sammler-Gruppe, es gibt auch andere; es gibt nicht nur die eigene Gesellschaft (Stadt/Ethnie/Staat/Nation), es gibt andere; und es gibt nicht nur die eigene Religion, es gibt andere Religionen. Mit diesem Infragestellen, diesem Schritt der Befreiung von der Fixierung auf die bei der Geburt vorgegebenen Gruppen stellt sich automatisch die Herausforderung der **Wahl.**
In der Tat: Einzelne Menschen haben zu allen Zeiten diese Wahlmöglichkeit auch genutzt[13]; aber es blieben wenige. Für die allermeisten Menschen standen einer solchen freien Wahl von Lebensort, Gesellschaft, Religion – sofern diese Wahlmöglichkeit als solche explizit reflektiert wurde – zum einen massive wirtschaftlich-praktische Gründe, persönliche Bindungen

[13] Im Buch Graeber & Wengrow (2022) wird dieser Punkt ausführlich diskutiert und mit Beispielen untermauert.

und/oder auch gesellschaftliche Zwänge entgegen. Zum anderen gab es einen Mechanismus, mit dem sich die betreffenden Gruppen vor dieser latenten Wahlfreiheit ihrer Mitglieder zu schützen versuchten: Die anderen relevanten Gruppen wurden als minderwertig dargestellt, die eigene Gruppe als „prinzipiell überlegen" interpretiert.[14]

Dieses Narrativ, in das die Menschen hineingeboren wurden, war jahrtausendelang – neben oder gepaart mit materiellen und machtpolitischen Motiven – ein wesentlicher Grund für gewalttätige Auseinandersetzungen und Kriege: zwischen Familien, Ethnien, Städten, Staaten, Religionen.

3.

Auf der gedanklichen Ebene – im Sinne der Geistesgeschichte des Menschen – sind diese Haltungen seit der Aufklärung eigentlich überwunden.[15] Das in der Aufklärung etablierte prinzipielle Selbstbestimmungsrecht von Kulturen, die freie Religionsausübung als elementarer Teil der allgemeinen Menschenrechte, die Vorstellung eines Weltbürgertums und allgemein die Gleichberechtigung aller Menschen lassen keinen Raum für eine Interpretation der eigenen Familie, Gesellschaft, Religion[16] als „prinzipiell höherwertig"; und erst recht lassen sie keinen Raum für das Narrativ, andere entsprechende Gruppen bekämpfen zu dürfen oder zu müssen. Diese geistigen Errungenschaften führen vielmehr zu dem klaren Bewusstsein für die Möglichkeiten der eigenen Wahl von Gruppenzugehörigkeiten.

Man wird aber konstatieren müssen, dass die Aufklärung – so wie sie generell die Bedeutung des Individuums und seiner Psyche unterschätzt hat – gerade das psychische Bedürfnis nach Gruppenzugehörigkeit und das darin liegende Konfliktpotenzial **unterschätzt** hat.

---

[14] Die frühe Geschichtsschreibung aller Völker ist ohne Ausnahme eine Darlegung nur der **eigenen** Geschichte, meist mit der Konnotation, dass nur die eigene die „wahre" Zivilisation sei, dass jenseits der eigenen Grenzen nur unzivilisierte „Barbaren" hausten (bis dann nicht selten eben diese Barbaren das Land eroberten).

[15] Natürlich gab es auch vor der Aufklärung in mehreren Weltregionen einzelne Menschen, Herrscher, Gruppen, die weitgehende Toleranz gegenüber anderen Ethnien, Ländern, Religionen propagierten und praktizierten (s. z. B. Sen (1999), S. 235 ff.). Diese Phänomene waren aber nicht Ausfluss einer breiten, grundsätzlichen gedanklichen Bewegung, sondern in erster Linie Resultat individueller (aus der geistigen Sphäre erwachsender) Überzeugungen. Entsprechend waren sie meist auf kurze historische Episoden begrenzt.

[16] Man kann (wie nicht wenige Aufklärer) durchaus der Auffassung sein, dass etwa das Christentum aufgrund seiner gedanklichen Struktur eine „weiter entwickelte", „wahrere" Religion ist als andere Religionen; aber daraus folgt dann nicht, dass Christen „prinzipiell höherwertige" Menschen sind, oder dass Anhänger anderer Religionen mit Gewalt bekämpft werden dürfen.

4.

Es hat zwar durchaus in den letzten 200 Jahren diesbezüglich erhebliche Fortschritte gegeben:

- Die Religionsfreiheit ist in fast allen Staaten der Erde in der Verfassung festgeschrieben, und eine Staatsreligion gibt es nur noch in 10–20 % der Länder (vor allem im islamischen Raum).
- Seit etwa 100 Jahren gibt es unter den Weltreligionen das Bemühen um einen friedlichen Dialog; als erster wesentlicher Meilenstein ist hier das „erste Weltparlament der Religionen" im Jahr 1893 zu nennen.
- Die Benachteiligung aufgrund ethnischer Zugehörigkeit (d. h. Rassismus) ist in vielen Ländern rechtlich verboten und auch in der gesellschaftlichen Realität (nicht völlig überwunden, aber) deutlich zurückgedrängt.
- In den meisten Ländern gibt es Einwanderungsprogramme, sodass jeder Mensch grundsätzlich (natürlich jeweils unter bestimmten Voraussetzungen) seine Staatsbürgerschaft wählen kann.
- Die Gleichberechtigung und das Selbstbestimmungsrecht der Staaten ist in der UN-Charta festgeschrieben und ist heute (nicht ungefährdet, aber) ungefährdeter als jemals zuvor in der Geschichte.

Erstens aber haben sich die per Geburt vorgegebenen Gruppenzugehörigkeiten auch in den letzten 200 Jahren in der politisch-gesellschaftlichen Geschichte als ausgesprochenen wirkungsmächtig erwiesen:

- Der Nationalismus – d. h. die Identifikation mit dem eigenen Staat/der eigenen Kultur – hat im 19. und 20. Jahrhundert Höhenflüge erlebt und war (oft in Verbindung mit anderen Motiven) maßgeblich für den Ausbruch vieler Kriege verantwortlich.
- Die gegenseitige Abgrenzung ethnischer Gruppen (z. B. der Rassismus gegenüber schwarzen Menschen, u. a. in den USA und in Südafrika) war die Ursache vieler innerstaatlicher und zwischenstaatlicher Konflikte.
- Der Antisemitismus hat gerade in Deutschland während der NS-Zeit mit dem Genozid an den Juden kaum vorstellbare Ausmaße angenommen.
- Religiöse Überzeugungen lagen vielen gewalttätigen Auseinandersetzungen zugrunde – z. B. zwischen Israel und seinen Nachbarn; zwischen sunnitischen und schiitischen islamisch geprägten Staaten/gesellschaftlichen Gruppen; zwischen Hinduismus und Islam (dies führte u. a. 1947 zur Spaltung des indischen Subkontinents in die beiden Länder Indien und Pakistan).

Zweitens hat in den letzten 200 Jahren in diesem Zusammenhang ein neues Phänomen die Bühne der Weltgeschichte betreten. Trotz der oben genannten Persistenz der per Geburt **vorgegebenen** Gruppenzugehörigkeiten hat die Bindung an diese Gemeinschaften insgesamt gerade unter den gebildeteren Menschen abgenommen und wurde z. T. ersetzt durch die Identifikation mit **selbstdefinierten** Gemeinschaften – insbesondere solchen, deren Definiens bestimmte politisch-gesellschaftliche Überzeugungen waren.[17][18] Plakativ formuliert: An die Stelle von Nation/Kultur, Ethnie oder Religion trat bei vielen Menschen die **politische Ideologie.**
Diese ideologischen Gemeinschaften entfalteten z. T. – vor allem im Falle der kommunistischen Ideologie – eine ähnliche Aggressivität gegenüber anderen, konkurrierenden Gemeinschaften wie Nationalismus und religiöser Extremismus. Die Folgen waren meist innerstaatliche Konflikte – die russische Revolution, der chinesische Bürgerkrieg, Koreakrieg, Vietnamkrieg u. a. – aber auch der Ost-West-Konflikt während des kalten Krieges war von ideologischen Gegensätzen geprägt.

5.

Wo stehen wir heute?
Drei Trends lassen sich, denke ich, ausmachen.

1. Es ist keine Frage, dass auch in der heutigen Welt nationalistische Tendenzen und religiöse Überzeugungen in erheblichem, zum Teil entscheidendem Maße für Spannungen und Konflikte verantwortlich sind: der Nationalismus in China und Russland; die Feindseligkeit von islamischen Staaten (v.a. des Iran) gegenüber Israel; verschiedene ethnische Identitäten z. B. in der Türkei und in vielen afrikanischen Ländern; der islamische Terrorismus u. a.

   Zu beobachten ist dabei, dass weiterhin (wie schon in der Geschichte) das starke Bedürfnis nach Gruppenzugehörigkeit von Regierungen/Autokraten/Politikern ausgenutzt wird, um machtpolitische Ambitionen zu befördern.

---

[17] Das von Marx und Engels ausgerufene Motto „Proletarier aller Länder, vereinigt Euch!" im Kommunistischen Manifest ist ein markantes Beispiel.

[18] Dies ist bzgl. der Zugehörigkeit zu Gruppen eine zwangsläufige, weil mehr Selbstbestimmung realisierende, Entwicklung.

Dennoch ist meines Erachtens unverkennbar, dass es sich hier zunehmend um **punktuelle Phänomene** handelt. In den allermeisten Ländern der Erde ist ein aggressiver, hegemonial ausgerichteter Nationalismus völlig verpönt, großflächige Religionskriege sind außerhalb des Nahen Ostens undenkbar, und statistisch sind auch ethnisch/religiös/ideologisch motivierte größere Bürgerkriege im Rückgang begriffen (vgl. Kap. 2).

2. Der Grund für diese Entwicklung liegt im Kern darin, dass – aufgrund der wachsenden Bedeutung der geistigen Sphäre und der dort stattfindenden Emanzipationsprozesse – die Wichtigkeit **vorgegebene**r Gruppenzugehörigkeiten für zunehmende Teile der Menschheit abnimmt zugunsten **selbst definierter** Gruppen und **selbst gewählter** Gruppenzugehörigkeiten.

   Dies hat zwei Konsequenzen:

   – Zum einen wird im Zuge der parallel stattfindenden stärkeren Ausprägung der Individualität die Anforderung des Einzelnen an die die Gruppe definierenden Inhalte **spezifischer,** damit er sich mit ihr identifizieren und so sein psychisches Bedürfnis nach Gruppenzugehörigkeit erfüllen kann. Dies führt zu kleineren, vielfältigeren, **heterogeneren** Gruppen.
   – Zum zweiten liegt es bei diesem individuellen Prozess – „Ich entscheide mich für eine Gruppe gemäß meiner politisch-gesellschaftlichen Überzeugungen bzw. gemäß anderer persönlicher Präferenzen" – in der inneren Logik, dass das Individuum dies **als** Entscheidungsprozess / **als** eigene Wahl reflektiert und damit diese Entscheidung/diese Wahl auch anderen Menschen zugesteht: d. h., dass er (zwar von der Richtigkeit seiner Position überzeugt ist, aber) andere Auffassungen respektiert.

     Damit nimmt in der Tendenz die Wahrscheinlichkeit zu, dass Konflikte zwischen konkurrierenden Gruppen – seien es politische, gesellschaftliche, kulturelle oder religiöse Gemeinschaften – **friedlich statt mit Gewalt** gelöst werden.

3. Hinzu kommt schließlich, dass im Zuge der Globalisierung, der Internationalisierung von Bildung, Wissenschaft, Kunst und der zunehmenden Migrationsbewegungen der konkrete Wechsel von Staats- und Religionszugehörigkeiten, das temporäre Leben in anderen Gesellschaften und das Erleben verschiedener Kulturen kein Einzelfall mehr ist, sondern ein zunehmend verbreitetes Phänomen darstellt. Auch dies fördert das Bewusstsein des Individuums für die Wahlmöglichkeiten bzgl. Gruppenzugehörigkeiten, es erweitert die konkreten Alternativen, und es fördert in der Tendenz die Toleranz gegenüber anderen Gruppen.

   Dieser Trend konvergiert mit der bereits dargestellten Entwicklung einer Weltkultur.

Wohlgemerkt: Es handelt sich hier – wie insgesamt bzgl. der Verlaufsmuster der Menschheitsgeschichte – um **langfristige Trends;** d. h., einzelne, evtl. nicht unerhebliche Rückschläge sind relativ wahrscheinlich.
Zudem birgt diese (gesetzesmäßige und daher unvermeidliche) Richtung der Geschichte durchaus Risiken bzw. Herausforderungen. So kann man die im Zusammenhang mit Einwand 7 in Teil I diskutierten Entwicklungen v. a. in den westlichen Gesellschaften – zunehmende Polarisierung der öffentlichen Diskussion, wachsende Bedeutung populistischer Strömungen, Zersplitterung der Parteienlandschaft, Entwicklung abgeschotteter „Meinungsbubbles" in den sozialen Medien etc. – deuten als Manifestation v. a. des Trends (2), d. h. als Ausfluss des ansonsten zu wenig erfüllten (und mit der parallelen Individualisierung in Einklang zu bringenden) Bedürfnisses nach Gruppenzugehörigkeit.

6.

In diesem Zusammenhang stellt sich eine strukturelle Frage, die in der näheren Zukunft welthistorisch eine gewisse Bedeutung erlangen dürfte:
Was hält in der Zukunft die Gesellschaft zusammen?
Die heutigen Grenzen zwischen den knapp 200 Staaten der Erde sind nun einmal meist historischen Zufällen geschuldet; das innere Zugehörigkeitsgefühl bzgl. des eigenen Staates/der eigenen Gesellschaft nimmt, wie oben geschildert, zwangsläufig – mit der Realisierung von Freiheit und Selbstbestimmung bei der Gruppenzugehörigkeit – ab; die Identifikation mit den eigenen kulturellen Wurzeln sinkt im Zuge der Entwicklung einer Weltkultur; die konkreten Wahlmöglichkeiten bzgl. der eigenen Staatsangehörigkeit nehmen zu.
Auf der anderen Seite bleiben Staaten auf absehbare Zeit als wirtschaftliche und politisch-rechtliche Einheiten wohl unverzichtbar; und eine Gesellschaft bedarf bis zu einem gewissen Grad der praktischen Solidarität unter ihren Mitgliedern.
Dies konstituiert zweifellos ein – geschichtlich gesehen **unvermeidliches – Spannungsverhältnis**. Aus meiner Sicht wird der Erfolg von Gesellschaften (im Sinne von innerer Stabilität, wirtschaftlicher Prosperität, kulturelle Leistungen, Resilienz) in den nächsten Jahrzehnten in erheblichem Maß davon abhängen, ob sie auf diese Herausforderung gute Antworten finden.[19]

[19] Es gibt hier eine enge Verbindung zu der Herausforderung für moderne Gesellschaften, die wir in Kap. 4.8 (Punkt 7.2) diskutiert haben: der Balance zwischen Allgemeinwohl und individueller Freiheit.

20

Fazit zu Teil IV

In diesem Teil IV – dem zentralen Teil des Buches – haben wir eine Theorie der Geschichte vorgestellt, angewendet (d. h. ihre Erklärung für die großen Verlaufsmuster der Menschheitsgeschichte dargelegt), begründet (d. h. ihren Wahrheitsanspruch untermauert) und in einer Reihe von Aspekten näher erläutert.

Resümierend können wir am Ende dieses Kapitels festhalten:

- Die Theorie beantwortet die Fragen, die sich in Teil I aus unserer Diskussion der Einwände gegen die „Fortschritts-These" ergeben haben.
- Die Theorie erfüllt die Forderungen, die sich aus unserer Grundsatzdiskussion über Geschichtstheorien in Kap. 6 ergeben haben.
- Die Theorie ist in ihrem Kern nicht neu: Man kann sie verstehen als eine moderne Version der klassischen Geschichtsphilosophie, die in Condorcet, Kant und Hegel ihren Höhepunkt fand. Sie führt wesentliche philosophische Einsichten des klassischen Denkens mit den in den letzten 200 Jahren erarbeiteten empirisch-wissenschaftlichen Erkenntnissen bzgl. der Individualität, der soziokulturellen Prägung und des Bedürfnisspektrums des Menschen zusammen.
- Die Theorie löst auf dieser Grundlage – genauer: auf der Grundlage des Menschenbildes in Kap. 15 – das Problem, dass in der klassischen Geschichtsphilosophie ungelöst blieb (s. Fazit von 7.2): Das Verhältnis von Gesetzmäßigkeit der Geschichte und Freiheit des Menschen.
- Die Theorie ist reflexiv und besteht damit den „Reflexivitätstest", an dem die materiellen Geschichtstheorien der Gegenwart (v. a. Morris (2010) und Galor (2022)) scheitern (vgl. 8.8).

T. Unnerstall, *Unsere Zukunft wird gut (sehr wahrscheinlich)*,
https://doi.org/10.1007/978-3-662-72484-2_20

- Die Theorie kann einen Wahrheitsanspruch stellen, der dem Wahrheitsanspruch der alternativen Konzeption – „Die Geschichte ist ein gesetzloses, im Großen richtungsloses Geschehen" – weit überlegen ist.
- Die Theorie muss voraussetzen, dass Gleichberechtigung, Freiheit und Selbstbestimmung des Menschen allgemeingültige (objektive) ethische Maximen darstellen – eine Voraussetzung allerdings, die sie mit fast allen anderen in den letzten Jahrzehnten veröffentlichten Geschichtstheorien (Kap. 8) und Stellungnahmen zur Situation der Menschheit (Kap. 3 und 4) teilt.
- Die Theorie hat jedoch Grenzen: ihr Charakteristikum, dass sie axiomatisch auf Wahrscheinlichkeiten bzgl. menschlicher Handlungen beruht und daher nur Wahrscheinlichkeitsaussagen machen kann, führt dazu, dass
  - Vorhersagen nur über lange Zeiträume (Jahrhunderte) einigermaßen verlässlich möglich sind;
  - die Theorie nicht (streng) falsifizierbar ist und daher nicht denselben Status beanspruchen kann wie etwa eine etablierte physikalische Theorie.

Vor dem Hintergrund dieses Resümees bleibt jetzt noch die Frage, was denn die Theorie – neben der Erklärung der bisherigen großen Linien der Menschheitsgeschichte – zum Verständnis von **Gegenwart und Zukunft** leistet.

Wir haben zwar bereits einige Vorhersagen aus der Theorie abgeleitet, und wir haben auch gesehen, dass sie eine Begründung, einen gedanklichen Rahmen bietet für eine zentrale gesellschaftliche Herausforderung der Gegenwart: das Ausbalancieren von individueller Freiheit und gemeinschaftlichen Erfordernissen.

Aber im letzten Teil V des Buches wollen wir jetzt auf Basis der Theorie **systematisch** die Frage beantworten: „Wo stehen wir heute als Menschheit"?

Teil V

Wo stehen wir heute als Menschheit?

21

Einführung

Lieber Leser, warum lesen Sie dieses Buch?

Warum beschäftigt sich jemand mit der Menschheitsgeschichte? Was ist die Motivation, sich die Frage nach Gesetzmäßigkeiten in dieser Geschichte zu stellen?

Ich denke, auf diese Fragen gibt es im Kern zwei Antworten; d. h., dem Lesen dieses Buches, der Beschäftigung mit Geschichte, der Konzeption einer Geschichtstheorie liegen **zwei mögliche Motive** zugrunde:

1. Erkenntnis als solche;
2. (Hoffnung auf) Anwendung der Erkenntnis auf einen darüberhinausgehenden Zweck: Einordnung des eigenen Lebens / der Gegenwart; Vorhersagen der Zukunft; Lehren für die weitere Gestaltung der Zukunft.

Zu (1)

Der Mensch strebt nach (objektiver) Erkenntnis. Das ist Teil unseres Menschenbildes, und der wohl prominenteste Ausdruck dieses Strebens ist die **Wissenschaft** – der Mensch schafft Wissen nur um des Wissens willen, auch ohne bereits eine Anwendung, einen weiterführenden Zweck im Sinn zu haben oder gar konkret zu planen; s. auch Persönlicher Exkurs VI.

T. Unnerstall, *Unsere Zukunft wird gut (sehr wahrscheinlich)*,
https://doi.org/10.1007/978-3-662-72484-2_21

Persönlicher Exkurs VI – Gibt es zweckfreie Wissenschaft?

Mir ist bewusst, dass die Aussage „Es gibt zweckfreie Wissenschaft" nicht unumstritten ist. Es gibt prominente Stimmen, die meinen, dass hinter jeder wissenschaftlichen Anstrengung entweder andere persönliche Motive stecken (Geld, Ruhm, Eitelkeit) und/oder – über deren Finanzierung – auch politische/wirtschaftliche Interessen.

Es gibt jedoch aus meiner Sicht sowohl in der Historie wie heute viele Beispiele, die diese Auffassung widerlegen. Ein für mich eindrucksvolles jüngeres Beispiel ist der englische Mathematiker Andrew Wiles und sein Beweis des „Großen Fermatschen Satzes". Dieses mathematische Theorem aus der Zahlentheorie wurde vom französischen Mathematiker Pierre de Fermat um das Jahr 1640 herum aufgestellt, konnte aber jahrhundertelang – trotz vieler Bemühungen großer Mathematiker – nicht bewiesen werden.

Schon als Kind war Wiles nach seiner Aussage von diesem Problem fasziniert. Später war er anerkannter Professor für Mathematik an verschiedenen renommierten Universitäten (Cambridge, Princeton u. a.) und hätte es weder für seine Karriere noch für seine finanzielle Situation nötig gehabt, sich diesem Problem näher zu widmen; und ohnehin war es angesichts der Vorgeschichte höchst ungewiss, ob er Erfolg haben würde. Dennoch arbeitete er sieben Jahre lang (Ende der 1980er- / Anfang der 1990er-Jahre) intensiv an einem Beweis, den er eines Morgens schließlich fand. (Er kommentierte die für den Beweis entscheidende mathematische Struktur mit Glückstränen in den Augen und den Worten: „It was so indescribably beautiful, so elegant and simple.")

Gerade diese „Interesselosigkeit"/„Zwecklosigkeit" der wissenschaftlichen Arbeit ist eine – vielleicht nicht zwingende, aber doch hilfreiche – Voraussetzung, um sie erfolgreich durchzuführen; um ihre Objektivität (Unabhängigkeit von Subjekt, Kultur, Zeit) zu gewährleisten.

Dies gilt für die Naturwissenschaften – bei denen es einfacher ist, weil der Gegenstand der Erkenntnis als solcher unabhängig von menschlichen Zwecken ist –, aber es gilt auch für die Geisteswissenschaften, d. h. zum Beispiel für die Geschichtstheorie.

Sich wissenschaftlich mit Geschichte zu beschäftigen, eine Geschichtstheorie zu erarbeiten, erfüllt also zunächst einfach das Bedürfnis nach Erkenntnis. Dieselbe Motivation, denke ich, ist ein Grund für das Rezipieren dieses Wissens, für die geistige Beschäftigung mit Geschichte und ihren Verlaufsmustern, also z. B. für das Lesen dieses Buches.

Man kann dies auch Freude am Verstehen nennen, oder „innere Erbauung"[1];es bleibt ein im Kern sich selbst genügender, geistiger Prozess im Menschen.

[1] In seiner berühmten Vorlesung „Was heißt und zu welchem Ende studiert man Universalgeschichte?" im Jahr 1784 gab Friedrich Schiller (u. a.) folgende Antwort: „Um dem höchsten Geist in seiner schönsten Wirkung zu begegnen."

Zu (2)

Jedes neue Wissen, jede neue Erkenntnis weist freilich sofort über sich hinaus: Indem der Mensch dieses Wissen hat und sich bewusst macht, dass er es hat – indem er es sich **gegenständlich** macht –, hat er es bereits transzendiert, ist bereits auf einer nächsten, höheren Stufe. Er fragt dann, was daraus folgt, welche weiteren Fragen / welche weiteren Ziele des Erkenntnisstrebens sich mit diesem Wissen als Basis nahelegen, wie man es anwenden kann, ob und wie man es für das eigene Leben oder für andere Zwecke fruchtbar machen kann.

Der naheliegende Anwendungsbereich der Naturwissenschaften ist die Vorhersage zukünftiger Ereignisse und die Gestaltung bestimmter Vorgänge in der Natur zum Nutzen des Menschen durch **Technik.**

Auch in der Geschichtswissenschaft ist dieser Gedanke an die **Anwendung einer Geschichtstheorie** sehr präsent; er zeigt sich bei fast allen Denkern, die wir in Teil II des Buches besprochen haben.

Schon **Hobbes** im 17. Jhdt. erhofft sich vom rationalen Verständnis der Geschichte *„eine friedlichere Zukunft für das Menschengeschlecht“*. **Kant** ist der Überzeugung, die Erkenntnis des Ziels der Geschichte und die entsprechende Darstellung ihrer Gesetzmäßigkeit könne dem Erreichen des Ziels förderlich sein (S. 19, 24) und *„zur politischen Wahrsagerkunst künftiger Staatsveränderungen dienen“* (S. 23). **Condorcet** geht sogar noch weiter, wenn er formuliert: *„Wenn es eine Wissenschaft gibt, die Fortschritte des Menschengeschlechts vorauszusehen, zu lenken und zu beschleunigen, so muss sie von der Geschichte der Fortschritte, die bereits gemacht worden sind, ihren Ausgang nehmen“* (S. 38). Bei **Marx** schließlich steht die Geschichtstheorie ohnehin im Dienst der Anwendung, d. h. der Änderung der politisch-gesellschaftlichen Verhältnisse.

Aber auch bei den modernen Werken, die von einer Gesetzmäßigkeit der Geschichte ausgehen, schwingt dieses Motiv mit: *„Die Weltgeschichte [zu entschlüsseln] ist … von ungeheurer Bedeutung, wenn wir unsere Vergangenheit verstehen und daraus Lehren für die Zukunft ziehen wollen“* (**Diamond** (1998), S. 14; vgl. S. 28); *„Nur Historiker … können uns lehren, wie wir verhindern, dass die Unterschiede [zwischen Menschen] uns zerstören“* (**Morris** (2010), S. 593). *„Heute verfügen wir über die Instrumente, die uns erlauben, die Reise der Menschheit in ihrer Gesamtheit zu verstehen. Ich hoffe, [dies] wird uns bei der Ausarbeitung von Maßnahmen leiten, die den Wohlstand auf der ganzen Welt fördern“* (**Galor** (2022), S. 317).

Bezogen auf das vorliegende Buch können wir diese Überlegungen – die kurze Darstellung der beiden Hauptmotive für die Beschäftigung mit der Geschichte – dahin gehend umsetzen, dass wir festhalten: Die Teile I–IV waren dem Motiv „Erkenntnis" gewidmet; im jetzigen, abschließenden Teil V steht das Motiv „Anwendung" im Mittelpunkt. Wir wenden uns also jetzt der Frage zu, wie wir die Erkenntnisse bzgl. der Gesetzmäßigkeit der Geschichte, die wir gewonnen haben, weitergehend nutzen können; ob und inwieweit wir sie über die Erklärung der Vergangenheit und wichtiger gegenwärtiger Trends hinaus fruchtbar machen können.

Wir können uns dabei, die o. g. Impulse früherer Autoren aufnehmend, an drei Leitfragen orientieren:

- **Einordnung:** Wie können wir die Gegenwart in den Gesamtablauf der „Menschheitsreise" einordnen: Wo steht die Menschheit am Anfang des 21. Jahrhunderts?
- **Vorhersage:** Was können wir heute rational über die Zukunft vorhersagen und was nicht?
- **Gestaltung:** Können wir aus der Vergangenheit und aus dem Verstehen ihrer Verlaufsmuster etwas für die heutige Zeit lernen; d. h., inwieweit können wir mit diesem Verständnis die Zukunft besser gestalten als ohne ein solches Verständnis?

Die letzte Frage werden wir jedoch in diesem Buch nicht behandeln; sie würde, ernst genommen, ein eigenes Buch erfordern.

22

Vorbereitende Überlegungen

Was bedeutet „Einordnung der Gegenwart"?

Einordnen bedeutet einen **Platz** zuweisen innerhalb eines Ganzen, das aus intrinsisch zusammenhängenden, geordneten einzelnen Elementen besteht.

Das „Ganze" ist hier offensichtlich der Gesamtweg der Menschheit von ihrem Anfang – den wir auf ca. 70.000 v. Chr. datiert haben – bis zu ihrem Ende in der Zukunft.

Auf den ersten Blick scheint ein solches Unterfangen völlig unsinnig zu sein: Wir haben keinerlei rationale Möglichkeit, das „Ende" der Menschheit in irgendeiner Form zu datieren (bzw. uns vorzustellen, wie es aussehen könnte / was „Ende" überhaupt bedeuten könnte) – also kann es, so wird man zunächst folgern, auch keine rationale Möglichkeit der Einordnung, des Zuweisens eines Platzes zwischen Anfang und Ende geben.

Rein formallogisch stimmt dieser Einwand natürlich; aber es wäre doch voreilig, damit die Frage der Einordnung vollständig ad acta zu legen, für in jeder Hinsicht unbeantwortbar zu erklären:

Zyklische Geschichte

Bedeutende Philosophen der Vergangenheit – wie etwa Vico oder, in etwas anderer Form, Platon – waren davon überzeugt, dass die Geschichte (zwar formal noch unbestimmbar lange weitergeht, aber) in **Zyklen** verläuft: Perioden des „Aufstiegs" mit zunehmender Rationalität und Moralität in der Welt werden abgelöst von Verfall und Unordnung; dann beginnt der Zyklus von neuem.

T. Unnerstall, *Unsere Zukunft wird gut (sehr wahrscheinlich)*,
https://doi.org/10.1007/978-3-662-72484-2_22

In einem solchen Geschichtsbild wäre es durchaus sinnvoll, die Gegenwart einzuordnen im Sinne von: Wo im aktuellen Zyklus stehen wir gerade?

„Plateau"-Geschichte

Einige Denker haben auch die Ansicht vertreten, dass die Geschichte (zwar formal unbestimmbar lange weitergeht, aber) auf einen „Plateau-Zustand" zustrebt:

Ein Zustand, in dem es keine grundsätzlichen Neuerungen auf wirtschaftlichem, politisch-gesellschaftlichem und geistigem Gebiet mehr gibt; ein Zustand also, konkreter gesprochen, in dem die Menschheit

- materiell komfortabel,
- weitgehend in friedlichen, stabilen gesellschaftlichen Ordnungen,
- ohne neue wissenschaftliche Erkenntnis oder jedenfalls ohne tiefgreifende technologische Neuerungen

lebt.

Bei Hegel z. B. gibt es zumindest einige Andeutungen in diese Richtung; bei Marx findet sich – meist eher implizit – eine solche Vorstellung; und in jüngster Zeit hat der amerikanische Politikwissenschaftler F. Fukuyama unter dem berühmten Schlagwort vom „Ende der Geschichte" ganz explizit ein solches Geschichtsmodell skizziert.

Auch bei einer solchen Theorie der Geschichte kann man sinnvoll fragen, wie die Gegenwart auf dem Weg zu diesem „Plateau-Zustand" einzuordnen ist, d. h., wie viel des Weges dorthin die Menschheit bereits zurückgelegt hat.

Richtungslose Geschichte

Erwähnen möchte ich schließlich in diesem Zusammenhang das – in diesem Buch bereits mehrfach diskutierte – Geschichtsbild, dass einerseits vom Mainstream der heutigen akademischen Geschichtsphilosophie, andererseits z. B. vom prominenten Historiker Y. Harari vertreten wird: Die Geschichte sei nicht nur durch Unbestimmbarkeit bzgl. ihrer formalen zeitlichen Dauer, sondern auch durch die Unbestimmtheit bzgl. ihres inhaltlichen Verlaufs gekennzeichnet.

Die sinnvolle Einordnung der Gegenwart ist nach dieser Auffassung tatsächlich nicht möglich – aber sie scheitert primär **nicht** daran, dass das Ende nicht bestimmbar ist, sondern daran, dass die Geschichte ohnehin ein richtungsloses Geschehen ist. Die Gegenwart ist damit nur ein beliebiges Element in einem chaotischen Ganzen ohne Ordnung (bis auf den formalen zeitlichen Ablauf) und damit ohne „Plätze" in einem definierbaren Sinn.

Fazit
Diese knappen Überlegungen zeigen zweierlei:

- Es hängt vom Bild der Geschichte, von der **Geschichtstheorie** ab, inwieweit die Frage nach der „Einordnung der Gegenwart" – trotz der völligen Unbestimmbarkeit eines Endes der Menschheit – eine sinnvolle, rationale Antwort erlaubt oder nicht.
- Näher betrachtet, hängt die Antwort (logischerweise) insbesondere davon ab, welche **Aussagen über die Zukunft** die jeweilige Geschichtstheorie macht.

Wie sieht die Antwort aus, wenn wir nun **die in Teil IV dargestellte Geschichtstheorie** zugrunde legen? Welche Aussage macht diese Theorie über die Zukunft der Menschheit?

Bevor wir die erste Frage rational adressieren können, müssen wir ganz offenbar zuerst die zweite beantworten: nicht nur punktuell wie in Kap. 17, sondern möglichst systematisch.

23

Was können wir heute rational über die Zukunft vorhersagen und was nicht?

23.1 Annahmen

Blickt man grundsätzlich auf das Thema „Prognosen über die Zukunft", so wird schnell klar, dass jede Aussage dazu, dass jede konkrete Prognose also, nur in einem **definierten gedanklichen Rahmen** – nur bei der Annahme bestimmter Voraussetzungen – rational möglich ist.

Für uns in diesem Buch liegen diese Voraussetzungen bereits fest: Es sind unsere Prämissen 1–3 (Teil II), das in III.6 dargestellte Menschenbild und die daraus abgeleitete Geschichtstheorie (Teil IV).

Es ist erforderlich, dies näher auszuführen.

Prämisse 1

„Der Mensch in allen seinen Wesenszügen … hat sich in den letzten 70.000 Jahre nicht verändert **und verändert sich auch in der Zukunft nicht.**"

Diese Prämisse 1 haben wir in Teil II in Bezug auf die Vergangenheit bis heute als weitgehend unstrittig und als „gesicherte Erkenntnis" charakterisiert. In Bezug auf die Zukunft jedoch ist sie alles andere als unstrittig. Zwar machen auch die Denker der Aufklärung implizit diese Voraussetzung, und dasselbe wird man von vielen späteren Philosophen wie Karl Marx, Jakob Burkhard, Max Weber, Max Scheler u. a. sagen können.

Die neueren Werke zur Geschichte, die wir in Kap. 8 besprochen haben, teilen diese Voraussetzung jedoch **nicht** mehr – jedenfalls diejenigen nicht, die sich ausführlicher zur Zukunft der Menschheit äußern: I. Morris, Y. Harari und D. Christian. Morris etwa meint: *Wir werden die Beschränktheiten*

T. Unnerstall, *Unsere Zukunft wird gut (sehr wahrscheinlich)*,
https://doi.org/10.1007/978-3-662-72484-2_23

unserer biologischen Grundausstattung überwinden und zu neuen Wesen werden, zu Wesen, die Homo sapiens so weit voraus sind, wie ein heutiger Mensch den einzelnen Zellen voraus ist, die sich zu seinem Körper zusammengeschlossen haben" (S. 568); dies bedeute *„einen radikalen Wandel dessen, was es heißt, Mensch zu sein"* (S. 571). (Damit werde, so Morris, natürlich auch sein „Morris-Theorem" obsolet, S. 590.) Ähnliche Prophezeiungen macht Harari in seinem Buch „Homo Deus" (2017): Die Menschen werden danach streben, *„gottgleiche Kontrolle über den eigenen biologischen Unterbau [zu] erlangen"* (S. 72) und dann *„unseren Körper und Geist umzugestalten"* (S. 78); bis sie schließlich *„keine Menschen mehr sind"* (S. 82). In diesem Sinne, so meint er, käme dann die **Menschheits**-Geschichte an ihr Ende (S. 77). Ähnliche Überlegungen spielen auch in D. Christians „Zukunft denken" (2022) eine erhebliche Rolle.

Was ist von diesen Prognosen zu halten?

Nun, dem Ausgangspunkt ist m. E. auf jeden Fall zuzustimmen: Es ist eine logische Folge des Strebens nach Freiheit und Selbstbestimmung, dass der Mensch in der Tat versuchen wird, sich von den Begrenzungen durch seine Biologie zu befreien – nicht nur, wie bisher, in dem er seine biologische Ausstattung **ergänzt** durch Maschinen, die seine körperlichen und intellektuellen Kräfte sozusagen verlängern, sondern dadurch, dass er diese Ausstattung direkt **verändert.**

Die entscheidende Frage ist jedoch, ob er damit nicht nur Erbkrankheiten besiegt, seine Lebensdauer verlängert, seine körperlichen und intellektuellen Fähigkeiten erhöht; sondern ob er damit sein **Wesen im Sinne des Menschenbildes (Kap. 15)** substanziell verändert.

Sollte dies der Fall sein, geht die Basis für die Geschichtstheorie verloren und damit die Basis für aus der Theorie abgeleitete Vorhersagen über die Zukunft. M. a. W.: Nimmt man einen „ganz anderen" zukünftigen Menschen an, den wir als heutige Menschen per definitionem nicht begreifen können, funktioniert nicht nur der logische Aufbau **dieses Buches** nicht mehr:

Prämissen 1–3 + Menschenbild (+ objektive ethische Maximen)
= > Geschichtstheorie
= > Vorhersagen über die Zukunft;

sondern **jegliche** rationale Vorhersage über Denken und Handeln dieses zukünftigen Menschen und damit über die weitere Geschichte auf der Erde verliert ihre argumentative Basis, d. h. wird unmöglich (vgl. Harari 2017, S. 78).

Wir können ein solches Szenario theoretisch nicht ausschließen, aber da es jegliche rationale Zukunftsprognose verunmöglicht, lassen wir es im Folgenden unberücksichtigt.

Wir nehmen also Prämisse 1 auch in der erweiterten Form als wahr an; insbesondere nehmen wir damit an, dass unser Menschenbild auch für die zukünftigen Generationen zutrifft.

Prämisse 2

Der Mensch hat einen freien Willen, auch in der Zukunft.

Diese Voraussetzung hat eine ähnliche Struktur wie Prämisse 1.

Prämisse 3

Die menschliche Geschichte wird von Menschen und nur von Menschen gemacht – **auch in der Zukunft.**

Diese Prämisse als weitere Voraussetzung für rationale Zukunftsprognosen ist deshalb wichtig, weil damit (mindestens) zwei theoretisch denkbare Zukunftsszenarien ausgeschlossen werden.[1]

- Das **eine Szenario** ist ein von außen kommendes, katastrophales Naturereignis, auf das die Menschheit keinen Einfluss hat – etwa ein Meteoriteneinschlag ähnlicher Größenordnung wie vor 66 Mio. Jahren (als in der Folge die Dinosaurier ausstarben). Sofern nicht ein solches Ereignis ohnehin zum Aussterben der Menschheit führt, würde es die Lebens- und Zivilisationsbedingungen für Jahrhunderte auf eine Weise verändern, die nicht vorhersehbar ist und damit wiederum Zukunftsprognosen unmöglich macht.
- Das **zweite Szenario** ist eines, das bereits Gegenstand vieler Science-Fiction-Romane und -Filme war: die Ankunft einer anderen intelligenten (technologisch sehr weit überlegenen)[2] Spezies auf der Erde. Es liegt auf der Hand, dass auch dadurch jeder vernünftigen Vorhersage über die Zukunft der Boden entzogen wird.

[1] Als weiteres Szenario wäre jedenfalls theoretisch denkbar (d. h. beim gegenwärtigen Stand des Wissens durchaus möglich), dass es in Zukunft vom Menschen geschaffene Wesen mit künstlicher Intelligenz gibt, die Selbstbewusstsein entwickeln und dadurch zu unabhängigen Akteuren in der Weltgeschichte werden. Vgl. 23.4, Punkt 2, „Künstliche Intelligenz".

[2] Dass diese Spezies technologisch weit überlegen sein muss, folgt aus der Tatsache ihrer Ankunft: Sie muss eine Distanz von mindestens einigen Lichtjahren überwunden haben. Die Menschheit hat (noch) keine konkrete Vorstellung davon, wie das technisch in einer mit Lebewesen kompatiblen Zeitspanne möglich sein könnte (mit heutiger Technologie würde eine Reise nur zum nächstgelegenen Stern Zehntausende von Jahren dauern).

Wir halten fest: Die Prämissen 1–3 in ihrer erweiterten, die Zukunft einschließenden Form müssen – ganz unabhängig von einem spezifischen Geschichtsbild – in jedem Fall vorausgesetzt werden, wenn man nicht von vornherein rationale Aussagen über die Zukunft der Menschheit ausschließen will. Sie sind die **Bedingungen der Möglichkeit,** argumentativ abgesicherte Vorhersagen über die weitere Geschichte zu machen.

Wenn wir diese Prämissen also voraussetzen, folgt aber noch nicht, dass solche Vorhersagen tatsächlich möglich sind: (Rationale) Vorhersagen sind ja prinzipiell nur möglich auf der Basis von **Gesetzmäßigkeiten.** Also müssen wir (natürlich) eine Gesetzmäßigkeit der Geschichte voraussetzen, eben die in diesem Buch vertretene Geschichtstheorie.

Fazit
Wir nehmen im Folgenden an,

- dass zukünftige Fortschritte in der Gen- und Biotechnologie das Wesen des Menschen (insbesondere die geistige Sphäre und seinen freien Willen) im Kern nicht verändern;
- dass die Menschheit von katastrophalen natürlichen Ereignissen aus dem Weltall und von (ungeplanten) Besuchen fremder intelligenter Lebewesen verschont bleibt; und
- dass die Geschichtstheorie: „Die Geschichte ist die sukzessive Verwirklichung von Freiheit und Selbstbestimmung des Menschen", wahr ist.

23.2 Vorhersagen I: politisch-gesellschaftliche Geschichte

Kann man auf Basis dieser Annahmen – im dadurch definierten gedanklichen Rahmen – gesicherte, d. h. rational klar ableitbare Aussagen über die Zukunft treffen? Wenn ja, welche?

Das Plateau
Zunächst können wir festhalten, dass wir – sozusagen en passant – in Kap. 17 bei der Behandlung der drei Sphären der Geschichte bereits einige beobachtbare und als gesetzmäßig einzustufende Trends in die Zukunft extrapoliert und damit Vorhersagen gemacht haben:

- Wirtschaftsgeschichte:
  - (im Mittel) weiter zunehmender materieller Lebensstandard in allen Regionen der Welt
  - Ende des Zwangs zu Erwerbsarbeit, weitgehend selbstbestimmte Tätigkeiten
  - Ende von Hunger und extremer Armut
- Politisch-gesellschaftliche Geschichte:
  - hohes Niveau der konkret gelebten Menschenrechte
  - hohes Bildungsniveau der meisten Menschen
  - weitgehendes Verschwinden von Nationalismus und religiösen Spannungen
  - Weltregierung (mit zugewiesenem Gewaltmonopol), dadurch weitestgehend Frieden
- Geistesgeschichte:
  - hohe individuelle Freiheit bzgl. Bildungsweg, Beruf, Lebensführung, Beziehungsmustern, Gruppenzugehörigkeiten
  - hohe Identifikation mit einer Weltkultur bei – bleibenden – kulturellen Besonderheiten

Zusammengenommen zeichnet dies ein in sich stimmiges Bild der wirtschaftlichen und politisch-gesellschaftlichen Zukunft auf der Erde. Es ist natürlich ein grobes Bild, und in diesem Zusammenhang ist die folgende Überlegung wichtig.

Im Hinblick auf die Realisierung von Freiheit und Selbstbestimmung in der Geschichte hat zum einen die Beseitigung von Hunger und Armut, zum anderen die Umsetzung der zentralen Menschenrechte (inkl. Bildung) in die konkrete, gesellschaftliche Realität zunächst die größte Bedeutung. Diese zweifellos primären Ziele setzen aber nur einen Rahmen:

a) Die **genaue Ausgestaltung** der Freiheit/Freiheitsrechte des Einzelnen, ihre Begrenzung im Detail im Hinblick auf die Rechte aller anderen bzw. im Hinblick auf gemeinsame Bedürfnisse in der Gesellschaft; und
b) die Frage, inwieweit im Zuge der wirtschaftlichen Entwicklung **soziale Ungleichheiten** zugelassen/begrenzt/ausgeglichen werden,

sind damit nicht festgelegt.

Es gibt, konkreter formuliert, nicht **die** ideale Verfassung, nicht ein ideales Rechtssystem, nicht einen idealen Umfang der sozialen Sicherungssysteme, nicht einen idealen GINI-Koeffizienten, nicht ein ideales Verhältnis der Rechte des Einzelnen und seiner Pflichten gegenüber der Gesellschaft, in der er lebt.

Diese Themen – allgemeiner gesagt: das genaue Verhältnis von Individuum und Gemeinschaft – müssen innerhalb eines relativ weiten Spektrums an Möglichkeiten von jeder Gesellschaft je nach historischer Situation, Kultur, aktuellen Herausforderungen, externen Einflüssen jeweils neu verhandelt und justiert werden.[3, 4]

Es gibt also hier **keinen definierten Zielzustand;** es gibt nur, so denke ich, insofern einen asymptotischen Verlauf, als dass das Spektrum der von den Menschen akzeptierten Möglichkeiten im Laufe der Zeit (mit zunehmendem Wohlstand, zunehmender Bildung und steigender Bedeutung universaler kultureller Überzeugungen) kleiner wird.

Dasselbe gilt auch für die Frage der regierungsform im engeren Sinne, insbesondere für die Frage nach der Partizipation des einzelnen Menschen an den Entscheidungen, die ihn als Mitglied der Gesellschaft betreffen. Fundamental gesehen, ist diese Partizipation Teil der Menschenrechte und daher unverzichtbar; aber auf welchen Ebenen sie stattfindet, welche Rolle z. B. Parteien einnehmen, wie das (unvermeidliche) repräsentative Element ausgestaltet wird, wie das Wahlsystem aussieht, wie die nötige Kompetenz der Regierungsmitglieder gesichert wird, welche Befugnisse ein Regierungschef in welchen Situationen hat, mit welchen Instrumenten die Macht der Regierung begrenzt wird: All diese Aspekte lassen – wiederum – ein ganzes Spektrum an Möglichkeiten zu, die mit der grundsätzlichen Realisierung von Freiheit und Selbstbestimmung in der Geschichte kompatibel sind.

Dasselbe gilt für das fernere Ziel, den Weltstaat. Es gibt nicht **den** einen idealen Weltstaat/Völkerbund, sondern verschiedene zielführende Möglichkeiten; d. h., bzgl. der Aspekte

[3] Sen (1999) betont das ebenfalls unter dem Begriff „social choice", S. 76 ff.

[4] Die meisten konkreten politischen Streitpunkte in vielen Staaten der Erde bewegen sich mittlerweile **innerhalb dieses Spektrums.** Das bedeutet, geschichtlich betrachtet, einen ungeheuren Fortschritt gegenüber allen früheren Zeiten; dennoch werden diese Auseinandersetzungen (leider) nicht selten mit großer Schärfe geführt – so, als ob die Auffassungen des politischen Gegners geradewegs in die Katastrophe führen würden.

- Rechte und Pflichten der einzelnen Staaten,
- Ausgleich realer (v. a. wirtschaftlicher) Ungleichheiten,
- genaue Rollenverteilung/Machtaufteilung zwischen den Regierungen der einzelnen Staaten und der Weltregierung

gibt es ein erhebliches Spektrum von Lösungen.

Mit anderen Worten: Das eingangs skizzierte Bild der wirtschaftlichen und politisch-gesellschaftlichen Zukunft der Menschheit auf der Erde definiert zwar **einerseits** einen strukturell stabilen (End-)Zustand, in dem – in der wirtschaftlichen und politisch-gesellschaftlichen Sphäre – Freiheit und Selbstbestimmung (inkl. einer ausreichenden materiellen Basis) grundsätzlich so weit wie sinnvoll möglich realisiert sind. **Andererseits** ist dieser Zustand nicht starr, völlig gleichbleibend, unveränderlich; er bezeichnet ein Spektrum von Möglichkeiten, lässt Raum für verschiedene institutionelle und realpolitische Lösungen und weitere Entwicklungen im Laufe der Zeit.

Hinzu kommt, das müssen wir immer wieder betonen: Auch in dieser Welt kann es und wird es – jedenfalls noch sehr lange – (kleinere, regionale) gewalttätige Konflikte geben, vereinzelte Menschenrechtsverletzungen, Kriminalität, z. T. erhebliche soziale Unterschiede, politische Auseinandersetzung.

Bildlich gesprochen: Es handelt sich um ein **„Plateau“**, das aber nicht völlig flach ist, sondern kleine Hügel und Täler umfasst.

Zusammengefasst, sagt unsere Geschichtstheorie klar und ableitbar voraus,[5] dass sich die Menschheit auf der Erde in einen wirtschaftlich-politisch-gesellschaftlichen Zustand entwickeln wird, der durch

- (nach heutigen Maßstäben) hohen allgemeinen Wohlstand,
- hohe allgemeine Bildung,
- weitestgehend friedliche Verhältnisse,
- weitestgehende Realisierung der Menschenrechte,
- einen Weltstaat mit kulturell und gesellschaftlich unterschiedlichen kleineren Einheiten (Ländern) und

[5] Diese Prognose ist, exakter formuliert, im Sinne von „mit sehr hoher Wahrscheinlichkeit“ zu verstehen. Diese Einschränkung ist deshalb erforderlich, weil nicht völlig auszuschließen ist – aufgrund der grundsätzlichen Freiheit des Menschen -, dass die Menschheit vor Erreichen dieses Zustandes „Selbstmord begeht“; d. h., dass sie sich durch einen globalen Atomkrieg oder eine heute noch unbekannte Technologie selbst auslöscht oder die Lebensbedingungen auf der Erde derart massiv verändert, dass die Basis für die Prognose nicht mehr gegeben ist. Vgl. näher 24.1.

- große individuelle Freiheiten bzgl. Privateigentum, Aufenthaltsort / Wahl des kulturellen und gesellschaftlichen Umfeldes, Beruf/Tätigkeit, Lebensführung, Gruppenzugehörigkeiten

charakterisiert ist.

Da dieser Zustand strukturell weitgehend stabil sein wird, könnte man ihn durchaus als **„das Ende der Geschichte“** bezeichnen.

Das Ende der Geschichte!?
An diesem Punkt werden sie, lieber Leser, vielleicht sehr skeptisch. Wie plausibel ist es, dass nach einer 10.000 Jahre langen Wirtschafts-, politisch-gesellschaftlichen und Geistesgeschichte ausgerechnet jetzt, in dieser Menschengeneration, irgendjemand das „Ende der Geschichte“ meint rational beschreiben/festlegen (oder sogar bereits als in Teilen realisiert ansehen) zu können?

Die Frage ist völlig berechtigt, aber man kann sie – denke ich – eindeutig und überzeugend beantworten; und zwar in drei Schritten.

1.

Näher betrachtet, ist es nicht die **heutige** Menschengeneration, die diesen (End-)Zustand als erste beschrieben bzw. argumentativ abgeleitet hat. Vielmehr ist dies im Kern eine gedankliche Leistung der Generation 1750–1800.

In Kants Schrift von 1794 sind viele Elemente dieses Zustands enthalten; er glaubt, dass *„ein allgemeiner weltbürgerlicher* ***Zustand*** *[Hervorhebung TU], worin alle ursprünglichen Anlagen der Menschengattung entwickelt werden, dereinst einmal zu Stande kommen werde“ (S. 21). [Es gibt also] die Aussicht, dass [sich] die Menschengattung in weiter Ferne … endlich doch zu dem* ***Zustande*** *emporarbeitet, in welchem die Keime, die die Natur in sie legte, völlig können entwickelt werden“* (S. 23). Auch aus Condorcets Buch kann man die Erwartung eines solchen Zustandes herauslesen (*„Sie wird kommen, die Zeit, da die Sonne hienieden nur noch auf freie Menschen scheint“* (S. 198)), und auch andere Texte aus dieser Zeit – etwa diejenigen der französischen Revolution – spiegeln ähnliche Gedanken wider. Natürlich können wir heute dieses „Plateau“ genauer, differenzierter, detailreicher beschreiben; aber die Grundlagen, die Kernüberlegungen dazu stammen aus jener Zeit.

2.

In gewisser Weise verschiebt dies aber nur die Fragestellung nach hinten, löst sie nicht auf. Wie kann **überhaupt** eine Generation vom „Ende der Geschichte“ sprechen; wie kann sie sich anmaßen – so könnte man zuspitzen –, in diesem Sinne über die Zukunft zu befinden, einen Zielzustand auszurufen?
Die Antwort lautet: Das ist deshalb möglich, weil es sich um eine **zeitlose Wahrheit** handelt.
Es verhält sich damit nicht anders als mit dem Satz des Pythagoras, den Newtonschen Bewegungsgleichungen, der Evolutionstheorie oder der allgemeinen Relativitätstheorie. Dies sind zeitlose, objektive Wahrheiten, abschließende Erkenntnisse, die in aller Zukunft gelten werden: Sie können vom Menschen **nur entdeckt, nicht verändert** werden.
Die allgemeinen Menschenrechte, die Einsicht, dass der weltweite Frieden stabil nur durch einen Weltstaat gesichert werden kann – das sind ebenso überzeitliche, abschließende Erkenntnisse. Wir können auch sagen: Die „Erklärung der Menschen- und Bürgerrechte“ der französischen Nationalversammlung von 1789, die Präambel der US-amerikanischen Verfassung von 1776 haben den Charakter von „Schlussdokumenten“, abschließenden Texten – nicht in jedem Detail, aber in ihrer gedanklichen Substanz.[6]

3.

Schließlich ist noch die Frage zu klären, wie ein gerichteter Verlauf – die geschichtliche Entwicklung der politisch-gesellschaftlichen Sphäre hin zu immer größerer Freiheit und Selbstbestimmung des Menschen – **überhaupt** (in gewisser Weise) zu einem Ende kommen kann.
Die Antwort lautet: Weil es hier eine **grundsätzliche Grenze der Freiheit** gibt, nämlich die Freiheit aller anderen. Ist die individuelle Freiheit einmal (in all ihren Facetten im politisch-gesellschaftlichen und auch wirtschaftlichen Kontext) für jeden in dem Maße verwirklicht, wie es die gleichberechtigten individuellen Belange der anderen Menschen – d. h. wie es die Belange der Gemeinschaft – zulassen, ist damit ein strukturelles Ende der Entwicklung erreicht; nicht, wie ausgeführt, im Sinne genau **eines** möglichen Zustandes, aber im Sinne eines im Vergleich zur bisherigen Geschichte relativ engen Spektrums von Möglichkeiten.

[6] Dasselbe kann man zum Beispiel in etwas anderem Sinne für die „Sustainable Development Goals“ der UN von 2015 (denen alle Länder zugestimmt haben) sagen: Diese Ziele markieren unhintergehbare Meilensteine, um vom heutigen Zustand in Richtung „Plateau“ zu kommen. Vgl. T. Weber (2019).

Bildlich gesprochen, ich wiederhole es: Der Zielzustand hat nicht den Charakter eines Punktes / eines Ortes, sondern eines Plateaus.

Ist damit alles gesagt, was es zur Zukunft der Menschheit auf Basis der Geschichtstheorie zu sagen gibt?

Nein – damit ist nur ein Teil, wahrscheinlich sogar nur ein kleiner Teil der Zukunft beschrieben. Das liegt daran, dass wir bisher im Kern nur über die Zukunft bzgl. (der Wirtschaftssphäre und vor allem bzgl.) der politisch-gesellschaftlichen Sphäre der Geschichte gesprochen haben, nicht aber über die Zukunft bzgl. der Sphäre „Geistesgeschichte".

Bevor wir darauf näher eingehen, müssen wir uns aber noch mit einem gewichtigen Einwand gegen die bisherigen Überlegungen beschäftigen: ein Einwand, den man wohl am besten als **„Karl Poppers Argument"** bezeichnen kann.

23.3 Karl Poppers Argument

Der berühmte, in diesem Buch bereits mehrfach zitierte Philosoph Karl Popper behauptet im Vorwort zu seiner Schrift „Das Elend des Historismus" (1957) Folgendes: *„Ich habe gezeigt, dass es uns aus streng logischen Gründen unmöglich ist, den zukünftigen Verlauf der Geschichte mit rationalen Methoden vorherzusagen."*

Sein Argument ist relativ einfach:

- *„Der Ablauf der menschlichen Geschichte wird stark beeinflusst durch das Anwachsen des menschlichen Wissens.*
- *Wir können mit rationalen oder wissenschaftlichen Methoden das zukünftige Wachstum unserer wissenschaftlichen Erkenntnisse nicht vorhersagen.*
- *Daher können wir den zukünftigen Verlauf der menschlichen Geschichte nicht vorhersagen"* (Popper (1957), S. XIII).

Was ist zu diesem Argument zu sagen?

1.

Das Argument ist auf jeden Fall stichhaltig, sofern es um die Zukunft von (Natur-)Wissenschaft und Technik geht.

In der Tat: Wir können heute **prinzipiell** nicht wissen, wie sich die Physik, Chemie, Biologie etc. in Zukunft entwickeln wird; und damit auch nicht, welche technologischen Möglichkeiten aus diesen zukünftigen Entwicklungen erwachsen. **In diesem Sinne** können wir die Zukunft der Menschheit nicht vorhersagen.

2.

Auf der anderen Seite gibt es aber – im hier gesetzten gedanklichen Rahmen, d. h. unter unseren Annahmen in 23.1 – wesentliche Aspekte/Bereiche der Geschichte, die von zukünftigen, wissenschaftlich-technischen Entwicklungen **nicht** substanziell beeinflusst werden: insbesondere das Wesen des Menschen, d. h. u. a. seine geistigen Antriebe/Fähigkeiten und sein Streben nach Freiheit und Selbstbestimmung. Dasselbe gilt damit für grundsätzliche Fragen bzgl. des Verhältnisses von Individuum und Gemeinschaft, bzgl. der Menschenrechte und ihrer Verwirklichung in politisch-gesellschaftlichen Ordnungen, bzgl. der Entwicklungen in Richtung Weltstaat und Weltkultur.
Wie bisher schon werden neue Techniken die Handlungsmöglichkeiten des Menschen und die Tragweite einzelner menschlicher Entscheidungen erweitern und auf diese Weise sowohl den Weg zum „Plateau-Zustand" als auch dann die Wege „auf dem Plateau" beeinflussen, werden neue Chancen und neue Risiken eröffnen; aber strukturell ändern sie nichts an dem Zielzustand.
In diesem Sinne können wir also die Zukunft der Menschheit sehr wohl vorhersagen.[7]

3.

Die Crux – wenn Sie so wollen, die Lücke – im Argument Poppers liegt damit im ersten Satz, im Begriff „stark beeinflussen".[8] Insofern Teilbereiche

[7] Gegen diese Feststellung und den zu ihr führenden Gedankengang könnte man einwenden, dass ich die Relevanz von Poppers Argument hier – nicht argumentativ, sondern – einfach per Annahme verneine: der Annahme, dass zukünftiges Wissen und Technik das Wesen des Menschen nicht verändert. Genau das könne man ja nicht wissen, so der Einwand, und daher sei meine Überlegung im Kern zirkulär.

Dieser Einwand ist rein formal nicht unberechtigt; aber ich würde dagegenhalten, dass diese Annahme bezüglich des Menschen die grundsätzlichste mögliche Annahme darstellt und daher außerhalb konkreter inhaltlicher Debatten steht.

Man kann dies auch so formulieren: Thema dieses Buches ist die **Menschheitsgeschichte,** und die hier dargestellte Theorie ist eine Theorie der Geschichte des Menschen im heutigen Sinne. Sollte zukünftige Technik diesen Menschen in diesem Sinne verändern, **endet** damit die Menschheitsgeschichte; d. h. eine neue Geschichte anderer intelligenter Wesen beginnt.

[8] Dasselbe gilt, ohne hier im Detail darauf näher einzugehen, für die weitere – oben nicht zitierte – Folgerung Poppers, *„eine wissenschaftliche Theorie der geschichtlichen Entwicklung als Grundlage historischer Prognosen ist unmöglich."* Eine wissenschaftliche Theorie **aller** geschichtlichen Entwicklung ist in der Tat

der menschlichen Realität und damit der Geschichte der Menschheit tatsächlich „stark beeinflusst" werden durch (zusätzliches zukünftiges) Wissen und Technik, gilt für sie die Folgerung Poppers der Nicht-Vorhersagbarkeit; insofern sie in diesem Sinne nicht „stark beeinflusst" werden, gilt die Folgerung Poppers nicht.[9]

Die Tragweite des Argumentes von Popper bemisst sich, zusammengefasst, an der Frage, inwieweit die Geschichte des Menschen / welche Bereiche geschichtlicher Realität tatsächlich **entscheidend** von zukünftigem Wissen und Technik beeinflusst werden (können).

Dies ist logisch eng verwandt mit der Frage nach der Zukunft in der Sphäre „Geistesgeschichte" und deren Auswirkungen auf die beiden anderen Geschichtssphären.

23.4 Vorhersagen II: Geistesgeschichte

Was kann man über die Zukunft in der Sphäre der Geistesgeschichte sagen, die ja mit der geistigen Sphäre im Menschen, d. h. seinem Streben nach Erkenntnis und (höherem) Sinn, korrespondiert?

Zunächst können wir bezüglich der (formalen) Bedeutung dieser Sphäre Folgendes festhalten bzw. in Erinnerung rufen:

- Die Bedeutung dieser geistigen Sphäre im Menschen und damit in der menschlichen Geschichte wird – im Zuge weiter zunehmender Bildung und weiter zunehmender Erfüllung materieller und psychischer Bedürfnisse – weiter zunehmen.
- Dies gilt zum einen im Sinne des Einflusses auf die Entscheidungen und das Handeln des Menschen. Zum anderen gilt es aber auch konkret für die Tätigkeiten des Menschen: In dem Maße, wie in der produzierenden Wirtschaft und in – nicht allen, aber vielen – Dienstleistungsbereichen menschliche Arbeit durch intelligente Maschinen ersetzt wird,[10] kann und wird mehr menschliche Arbeit, mehr Energie und mehr Zeit (in den

unmöglich (das folgt allerdings schon, wie in Teil II und Teil IV dargestellt, aus der Unhintergehbarkeit des Zufalls); aber eine Theorie der wesentlichen Verlaufsmuster der geschichtlichen Entwicklung ist sehr wohl möglich: eben die hier dargestellte Geschichtstheorie.

[9] Popper selbst sieht dies völlig klar: „*Widerlegt mit meinem Argument ist nur die Möglichkeit der Vorhersage geschichtlicher Entwicklungen, insofern diese durch das Wachstum des Wissens beeinflusst werden können*" (a. a. O., S. XIV).

[10] Die zukünftige Robotertechnik / künstliche Intelligenz hat hier also einen erheblichen Einfluss auf die Geistesgeschichte – allerdings nur im Sinne von Beschleunigung, nicht im Sinne grundsätzlicher inhaltlicher Beeinflussung.

Fortschritt in der Geistesgeschichte, d. h.) in die Bereiche Wissenschaft, Technik, Kunst und auch in darüberhinausgehende Sinnstiftungen fließen.

Wichtiger ist aber die inhaltliche Frage: Was bedeutet der „Gang der Freiheit" für die Zukunft in dieser Sphäre?

Es ist sinnvoll und notwendig, hier die Bereiche Religion und Philosophie, Naturwissenschaft und Technik, Kunst separat anzuschauen.

1. Religion und Philosophie

Es wäre vermessen und würde ohnehin den Rahmen dieses Buches komplett sprengen, wenn ich über die Zukunft von Religion und Philosophie eine umfassendere Aussage machen wollte. Ohnehin greift hier (jedenfalls potenziell) das Argument Poppers, dass man zukünftiges – hier vor allem philosophisches – Wissen nicht antizipieren kann.

Daher können wir in diesem Kontext nur eines festhalten.

Der gedankliche Rahmen dieses Buches enthält die Voraussetzung, dass es erstens auch in der Philosophie zeitlose, objektive Wahrheiten gibt, und dass zweitens jedenfalls in der Ethik einige dieser Wahrheiten bereits entdeckt worden sind. In diesem Sinne ist m. E. in der Philosophie in Teilen ein **Endpunkt innerhalb der Geistesgeschichte** erreicht. Aber auch hier handelt es sich, genauer betrachtet, nicht um einen Punkt, sondern um ein „geistiges Plateau", auf dem weitere Ausdifferenzierungen, Detaillierungen möglich und wünschenswert sind.[11]

Eine interessante und wichtige **Frage** in Bezug auf die Zukunft in diesem Bereich der Geistesgeschichte, die ich aber nur erwähnen möchte (und auf die ich keine Antwort habe), ist die folgende.

Laut unserem Menschenbild ist ein wesentlicher Antrieb im Menschen, der der geistigen Sphäre zugeordnet ist, das Bedürfnis nach „höherem" – d. h. über das eigene Leben, die materiellen und psychischen Bedürfnisse und Interessen der eigenen Person hinausgehendem – Sinn.

Historisch wurde und wird dieses Bedürfnis für die überwiegende Mehrheit der Menschheit durch die Religion erfüllt: durch den Glauben an ein der physischen Welt übergeordnetes (oft, aber nicht immer, als „Gott" personi-

[11] Eine besonders wichtige Aufgabe besteht m. E. darin, diese ethischen Wahrheiten als Teil eines gesamten philosophischen Systems zu begreifen, sie aus einer übergeordneten Theorie abzuleiten – so wie wir heute, um die Analogie zu den Naturwissenschaften noch einmal zu ziehen, die Newtonschen Bewegungsgesetze als Teil der bzw. als ableitbar aus der allgemeinen Relativitätstheorie begreifen. Das „geistige Plateau" in der Ethik ist Teil einer Gesamtlandschaft.

fiziertes) ideelles Sein, das die Grundstruktur und den prinzipiellen Weg der Welt bestimmt, ethische Maximen enthält und dem der Mensch verantwortlich ist.

Die religiöse Lehre bzw. der so bestimmte Weg der Welt und die handlungsleitenden Gebote geben **Orientierung**, und ein Leben gemäß diesem vorbestimmten Weg / gemäß der Gebote verleiht dem eigenen Leben („höheren") **Sinn.**

Dabei gab es immer und gibt es heute auf der einen Seite eine Pluralität sowohl von verschiedenen Religionen als auch von unterschiedlichen Strömungen/Vorstellungen innerhalb der großen Religionen („Weltreligionen"). Diese Vielfalt bezieht sich nicht nur auf die theoretischen Inhalte der Religion, sondern auch auf die religiöse Praxis, d. h. auf Formen der Anbetung/Verehrung, der gemeinschaftlichen Handlungen und Erlebnisse, der Vorschriften für das alltägliche Leben.

Auf der anderen Seite aber eint diese Religionen/Strömungen die Überzeugung, dass es sich bei der Lehre um eine zeitlose, überindividuelle und auch kulturelle Unterschiede (Sprache, Nationalität, Ethnie, Bildung, Wohlstand) übergreifende Wahrheit handelt; und es gibt bzgl. der konkreten ethischen Gebote durchaus erhebliche inhaltliche Überschneidungen.[12]

Es ist naheliegend anzunehmen, dass es hier auch eine Verbindung gibt mit – evtl. auch: einen fließenden Übergang zu – den bereits entdeckten Kernwahrheiten der philosophischen Ethik.

Wie wird sich, so lautet jetzt die Frage, diese Pluralität an Antworten auf die Sinnfrage des Menschen (und dann auch die Vielfalt der religiösen Praktiken) – auch vor dem Hintergrund der in Kap. 4.7 festgestellten negativen Korrelation von Religion und Wohlstand/Bildung – in der näheren und mittelfristigen Zukunft entwickeln? Die Religionen im heutigen Sinn werden an Bedeutung verlieren; aber wird es neue Formen – neben primär gedanklichen Zugängen – zur Erfüllung des Bedürfnisses nach "höherem" Sinn geben?

2. Wissenschaft und Technik

Im Bereich Naturwissenschaft und Technik realisieren sich Freiheit und Selbstbestimmung zum einen, **abstrakt,** dadurch, dass der Mensch seinem Erkenntnisstreben folgt und so den Bereich der noch unbekannten, ihn potenziell beeinflussenden Natur (und damit der potenziellen Fremdbestim-

[12] Vgl. das „Weltparlament der Religionen" und das Projekt „Weltethos".

mung) sukzessive reduziert.[13] Zum anderen realisieren sie sich, **konkret,** dadurch, dass er durch aus wissenschaftlicher Erkenntnis erwachsende Technologie seine Handlungsmöglichkeiten laufend erweitert und seine Unabhängigkeit von den natürlich gegebenen Umweltbedingungen ausbaut; d. h., Abläufe in dieser Umwelt zunehmend seiner Bestimmung / seinem Willen unterwirft (vgl. Kap. 16, Punkt 8).

In Analogie zum Gedankengang in Kap. 23.2 bezüglich der politisch-gesellschaftlichen Geschichte können wir uns auch hier zunächst fragen, ob es eine „grundsätzliche Grenze" dieser Entwicklung gibt und in diesem Sinne ein „Ende der Geschichte" denkbar ist.

Schon diese ganz abstrakte Frage ist jedoch erstens jedenfalls auf der Basis heutigen Wissens nicht beantwortbar; und zweitens wäre, selbst wenn wir die Frage rein theoretisch rational bejahen könnten, damit praktisch wenig gewonnen. Wir hätten dennoch keine Möglichkeit, eine solche Grenze irgendwie inhaltlich näher zu bestimmen, über diesen theoretisch gedachten „Endzustand" irgendeine Aussage zu machen. Hier nämlich greift Poppers Argument in voller Schärfe: Zukünftiges Wissen über die Natur ist nicht antizipierbar; wir können zwar davon ausgehen, dass die bereits fest etablierten physikalischen Theorien annähernd[14] zeitlose Wahrheiten darstellen, aber **welchen Teil des Gesamtspektrums** an Naturgesetzen sie abbilden, können wir – jedenfalls an diesem Punkt der Geschichte – prinzipiell nicht wissen.

Es bleibt nur eines, was wir angesichts dieser Sachlage tun können. Wir können versuchen, einige der in den nächsten Jahrzehnten/Jahrhunderten mit hoher Wahrscheinlichkeit verfolgten **Stoßrichtungen** von Wissenschaft und nachfolgend Technik zu antizipieren. Dieser Gedanke führt auf folgende Prognosen:

Unabhängigkeit von der eigenen Biologie
Wie bereits in 23.1 im Zusammenhang mit der Prämisse 1 ausgeführt, wird die jetzige und zukünftige Forschung dazu führen, dass der Mensch seine

[13] Marie Curie (sicherlich eine der beeindruckendsten Persönlichkeiten in der Geschichte der Naturwissenschaften) hat diesem Gedanken folgendermaßen Ausdruck gegeben: „Now is the time to understand more, so that we may fear less."

[14] Die beiden heute etablierten physikalischen Grundtheorien – die Quantentheorie und die allgmeine Relativitätstheorie – sind nicht kompatibel miteinander und können daher nicht genau stimmen; sie müssen vielmehr (wie schon die Newtonschen Gesetze) Teil einer umfassenderen Theorie sein, die diese beide Theorien dann als in bestimmten Wirklichkeitsbereichen **annähernd** gültig, d.h. das wahre Naturgesetz erfassend, ausweist.

eigenen biologisch geprägten Eigenschaften und Fähigkeiten einerseits modifiziert/erweitert, andererseits als Individuum (z. T.) selbst wird wählen können.

Dabei wird es um die Vermeidung von Krankheiten gehen, um die Verlängerung des Lebens, evtl. um psychische Strukturen; sicherlich auch um Intelligenz / intellektuelle Fähigkeiten u. a. Wo dies hinführt, können wir nicht sagen; aber zweifellos werden diese Möglichkeiten – auch wenn wir, lt. unserer Prämisse, Änderungen des menschlichen Wesens ausschließen – erhebliche Auswirkungen auf die konkrete Lebensrealität und auf Wirtschaft, Politik und Gesellschaft haben. Deren Grundstrukturen werden erhalten bleiben, aber die konkreten Ausformungen und Prozesse werden sich entsprechend weiterentwickeln (müssen); d. h. (wie schon betont): Auf dem Plateau gibt es weiterhin zu lösende Herausforderungen.

Unabhängigkeit vom Lebensraum Erde

Eine zweite Stoßrichtung in den nächsten Jahrhunderten wird die Eroberung des Weltraums sein. Neben der reinen Neugier wird es dabei, um die Gewinnung natürlicher außerirdischer Ressourcen und um die Besiedlung anderer Himmelskörper[15] gehen; und – natürlich und vor allem – wird auch die Suche nach außerirdischem Leben und außerirdischer Intelligenz eine zentrale Rolle spielen.

Bei dieser Entwicklungsrichtung ist das Spektrum denkbarer Entdeckungen, Technologien und deren Folgen wohl noch größer. Vor allem eine Begegnung, der Umgang, die Auseinandersetzung mit anderen intelligenten Lebewesen hätte voraussichtlich fundamentale Folgen für viele Bereiche menschlichen Lebens auf der Erde.

Unabhängigkeit von der Evolution als Quelle des Lebens

In gewisser Weise beeinflusst der Mensch seit Jahrtausenden die natürliche Evolution, indem er Pflanzen und Tierarten züchtet; durch genveränderte Pflanzen ist im letzten Jahrhundert eine weitere Handlungsoption hinzugekommen; und es liegt in der Logik dieser Entwicklung, dass der Mensch versuchen wird, nicht nur – über fossile DNA – ausgestorbene Tierarten (und eventuell den Neandertaler?) wieder zum Leben zu erwecken, sondern auch neue biologische Lebensformen zu kreieren. Auch hier sind die Grenzen nicht absehbar.

[15] Eine entscheidende Herausforderung in diesem Zusammenhang ist die Entwicklung von Raumschiffen, die sich mit fast Lichtgeschwindigkeit (oder Überlichtgeschwindigkeit?) bewegen können. Ob/inwieweit das möglich ist, können wir heute nicht wissen.

Künstliche Intelligenz

Zu jedem der vorgenannten Bereiche und natürlich auch zur Frage der künstlichen Intelligenz wurden und werden viele Bücher (Sachbücher und auch Romane) geschrieben. Ich möchte hierzu auf der grundsätzlichen Ebene nur eine einzige Anmerkung machen, die mir in der mittlerweile breiten Diskussion bisher manchmal zu kurz zu kommen scheint.

Die entscheidende Frage bei der künstlichen Intelligenz wird sein, ob der Mensch in der Lage ist, eine künstliche Intelligenz zu bauen, die **Selbstbewusstsein** hat und auf dieser Basis einen freien – insbesondere nur dem eigenen, selbstbestimmten Nachdenken folgenden (und d. h. insbesondere: vom Willen seiner Erbauer unabhängigen) – **Willen** entwickelt.

Dies wiederum hängt (nicht sicher, aber wahrscheinlich) an der Beantwortung der Frage, wie in der irdischen Evolution aus unbewusster Materie – und noch sind alle Computer unbewusste Materie – Bewusstsein und dann Selbstbewusstsein entstanden ist und entstehen kann.

Noch ist die Wissenschaft sehr weit von der Beantwortung dieser Frage entfernt; aber ich sehe keinen Grund, warum sie nicht vom Menschen beantwortbar sein sollte. Je nach Antwort könnte es dann leicht, schwer oder evtl. unmöglich sein, diese Struktur auf eine „Maschine" zu übertragen.

Ganz unabhängig von dieser grundsätzlichen Frage steht aber fest, dass (auch ohne Selbstbewusstsein) die weitere Entwicklung der künstlichen Intelligenz weitreichende Folgen für die Lebensrealität des Menschen und insbesondere für die arbeitswelt haben wird. U. a. im Hinblick darauf prognostizieren einige Ökonomen ja (m. E. zurecht) das Ende der „Erwerbsarbeit" im Sinne des Zwangs, sich seinen Lebensunterhalt mit Arbeit zu verdienen.

Diese wenigen Schlaglichter mögen genügen, um eine gewisse Ahnung von heute plausibel/wahrscheinlich erscheinenden zukünftigen Forschungsrichtungen und technologischen Möglichkeiten zu bekommen. Sie unterstreichen noch einmal konkreter, was abstrakt ohnehin klar ist: Wir haben **keine Vorstellung** davon, wie – abgesehen von dem Plateau im politisch-gesellschaftlichen Bereich und viel höheren Freiheiten in der Arbeitswelt – das Leben eines Menschen in 200 oder 2000 Jahren aussehen könnte. Vieles, ja, fast alles deutet darauf hin, dass der Unterschied zum heutigen Leben mindestens so groß sein wird wie der zwischen dem Leben eines Bürgers von Athen im Jahre 400 v. Chr. und dem Leben in Athen im Jahre 2026.

3. Kunst
Zur Zukunft der Kunst möchte ich nur zwei kurze Anmerkungen machen:

- Wenn unsere Geschichtstheorie und das ihr zugrunde liegende Menschenbild richtig sind, werden Menschen auch in 2000 Jahren noch „Romeo und Julia“ anschauen (in welchem Medium auch immer), den „Hermes“ von Praxiteles, den „David“ von Michelangelo, den Himmelstempel und den Taj Mahal bewundern und den Werken von Mozart lauschen. Meisterwerke der Kunst haben in diesem Sinne einen ähnlichen Charakter wie zeitlose Wahrheiten in Philosophie, Physik und Mathematik.
- Es wird sicherlich über zukünftige Technologien völlig neue Kunstformen geben, die sowohl neue Ausdrucksmöglichkeiten als auch neue Kunsterlebnisse eröffnen (man denke nur an die Möglichkeiten, die „virtual reality“ bieten wird).

23.5 Fazit

Die Antwort auf die Ausgangsfrage, welche Vorhersagen über die Zukunft auf der Basis unserer Geschichtstheorie rational möglich sind und welche nicht – oder, anders formuliert, welche argumentativ abgesicherte Folgerungen aus dieser Theorie für die Zukunft gezogen werden können und welche nicht –, hat drei Elemente.

(1)
Rationale Vorhersagen sind – logischerweise – nur dann möglich, wenn die **Voraussetzungen,** unter denen wir die Geschichtstheorie formuliert haben und von denen ihre Wahrheit folglich abhängt, als auch in der Zukunft gültig angenommen werden, insbesondere also die Prämissen 1–3 des Teils II.

(2)
In Bezug auf die **politisch-gesellschaftliche Sphäre der Geschichte** auf der Erde (und z. T. in Bezug auf die Wirtschaftsgeschichte) ist eine Vorhersage möglich. Die Theorie prognostiziert einen strukturell stabilen Zustand der Menschheit, ein „Plateau“, das – bei evtl. großer Heterogenität bzgl. einzelner kultureller Elemente, sozialer Strukturen und gesellschaft-

lichen (Detail-)Organisationen und bei großen individuellen Freiheiten – durch einen Weltstaat charakterisiert ist, der weitestgehend Frieden, allgemeine Menschenrechte, die Begrenzung sozialer Unterschiede, umfassende Bildungsmöglichkeiten gewährleistet und von einer Weltkultur und Weltwirtschaft getragen wird.

(3)

In Bezug auf die **Geistesgeschichte** und insbesondere in Bezug auf die Zukunft von Wissenschaft und Technik (inkl. deren Auswirkungen auf die konkrete Lebensrealität der Menschheit „auf dem Plateau") ist eine Vorhersage nicht möglich. Aus der Geschichtstheorie folgen hier nur einige Stoßrichtungen des zukünftigen Erkenntnisstrebens bzw. technologischer Entwicklungen; diese vermitteln immerhin einen (sehr begrenzten) Eindruck von den vielfältigen möglichen „Zukünften", die zumindest denkbar erscheinen.

Auf der Basis dieser Ergebnisse können wir jetzt zur Leitfrage dieses Teils V zurückkehren: Wo stehen wir heute, am Anfang des 21. Jahrhunderts, als Menschheit?

24

Wo stehen wir heute?

Bei der Frage der Einordnung der Gegenwart in die „Gesamtreise“ der Menschheit müssen wir, dem Ergebnis des Kap. 23 folgend, eine fundamentale Unterscheidung treffen zwischen der politisch-gesellschaftlichen Geschichtssphäre auf der Erde[1] und der Sphäre Wissenschaft und Technik (inkl. deren Auswirkungen auf Wirtschaft, Lebenspraxis, ggf. außerirdische Kolonien).

24.1 Einordnung: politisch-gesellschaftliche Geschichte

Wo stehen wir heute auf dem Weg zum Plateau?

Im Rahmen der in diesem Buch aufgestellten Geschichtstheorie gibt es auf diese Frage eine eindeutige rationale Antwort: Wir stehen mit hoher Wahrscheinlichkeit **kurz davor.**

Warum?

Wenn man als Anfangspunkt der Menschheitsreise die kognitive Revolution vor 70.000 Jahren nimmt, dann würde selbst ein Gründungstermin 3000 n. Chr. für einen stabil funktionierenden Weltstaat das Kriterium „kurz davor“

[1] Ich habe bewusst hier bei der politisch gesellschaftlichen Sphäre den Zusatz „auf der Erde“ gewählt: Es ist nicht auszuschließen, dass eine „Star Trek / Star Wars-Zukunft“ Wirklichkeit wird, in der es eine Vielzahl von intelligenten Zivilisationen gibt, die untereinander in Kontakt stehen und zwischen denen sich zum Teil ähnliche Fragen stellen wie einst und heute zwischen den Ländern der Erde. In diesem Fall wird die politisch-gesellschaftliche Geschichte der Menschheit auf einer neuen Ebene weitergehen.

T. Unnerstall, *Unsere Zukunft wird gut (sehr wahrscheinlich)*,
https://doi.org/10.1007/978-3-662-72484-2_24

erfüllen: Die verbleibenden 1000 Jahre bis dahin machen nur noch 1,5 % des gesamten Weges aus; mehr als 98 % dieses Weges hat die Menschheit in diesem Szenario bereits hinter sich.[2]

Es gibt aber – neben dieser zugegebenermaßen sehr abstrakten Überlegung – eine Reihe von Argumenten bzw. faktischen Anzeichen dafür, dass das Plateau deutlich näher liegt, d. h., nur ein, zwei Jahrhunderte entfernt ist.

1. Ebene der einzelnen Länder
Nimmt man die wesentlichen (Minimal-)Charakteristika des Plateaus:

1. keine extreme Armut (< 2,5 %),
2. weitgehend friedliche innere Verhältnisse,
3. gute medizinische Versorgung, niedrige Kindersterblichkeit (< 2 %),
4. gut entwickeltes Bildungssystem (alle Kinder in Grundschulausbildung, 80 % mit sekundärer Schulbildung),
5. GINI-Koeffizient < 0,45,
6. Human Rights Index > 0,85,

so erfüllen heute außerhalb Subsahara-Afrikas bereits über 80 % der Länder die Kriterien 1–5, und in 30–40 Jahren werden es allen realistischen Prognosen zufolge nahe 100 % sein.

Auch Subsahara-Afrika holt bzgl. dieser Aspekte in beeindruckender Weise auf, siehe Tab. 24.1, sodass man auch für die meisten afrikanischen Länder erwarten kann, dass sie im Laufe der zweiten Hälfte dieses Jahrhunderts (spätestens im 22. Jahrhundert) die o. g. Charakteristika 1–5 aufweisen werden.

Schwieriger ist die Prognose bzgl. des Kriteriums 6, der konkreten Realisierung der allgemeinen Menschenrechte. Nimmt man einen Human Rights Index von 0,85 als minimales Plateau-Charakteristikum (das entspricht etwa dem

Tab. 24.1 Indikatoren für Subsahara-Afrika

Indikator	1990	2020
Extreme Armut	55 %	35 %
Kindersterblichkeit	18 %	8 %
Kinder in der Grundschule	73 %	99 %
Kinder mit sekundärer Schulbildung	24 %	45 %
GINI-Koeffizient < 0,45 (in % aller Länder)	50 %	82 %

Quelle: OurWorldinData

[2] Selbst wenn man den Beginn der Zivilisation im engeren Sinn und damit 8000 v. Chr. als Anfangspunkt der Reise definiert, hätte die Menschheit heute bereits mehr als 90 % des Weges bis 3000 n. Chr. absolviert.

Tab. 24.2 Entwicklung der Menschenrechte

Jahr	Zahl der Länder mit HRI > 0,85
1800	0
1850	3 (Belgien, Kanada, Dänemark)
1900	10
1950	25
2000	65
2020	75

Quelle: OurWorldinData

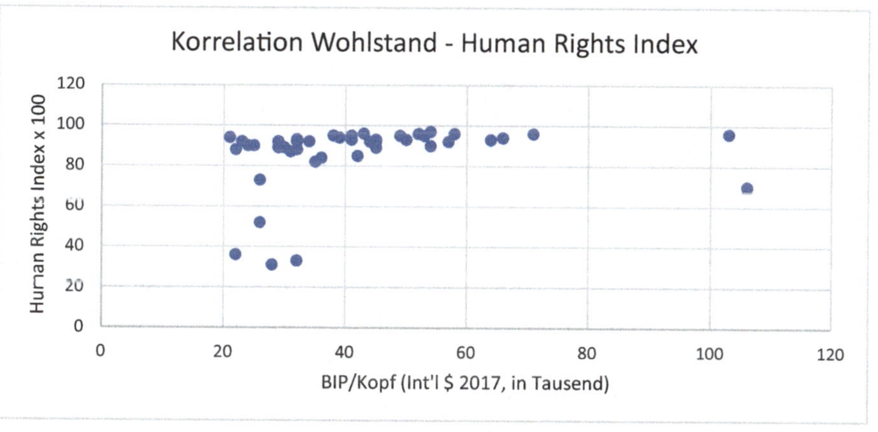

Abb. 24.1 Korrelation Wohlstand – Menschenrechte. (Quellen: BIP/Kopf lt. Weltbank, 2020; HRI lt. OurWorldinData, 2020. Abgebildet sind die ca. 50 Länder der Erde mit BIP/Kopf > 20.000 $ (ohne Qatar, Oman, VAE, Saudi-Arabien))

heutigen Durchschnitt in Europa), so ergibt sich die in Tab. 24.2 dargestellte zeitliche Entwicklung bzgl. der Länder der Erde, in denen die Menschenrechte bis zu diesem Grad erfüllt sind.

Die Entwicklung ist auch hier bisher eindeutig. Zwei Argumente sprechen dafür, dass sie – evtl. mit Schwankungen – im Kern weitergehen wird.

- Zum einen sind – wie bereits erwähnt – die Menschenrechte bereits Teil der **Verfassungen** in nahezu allen Ländern; dies sollte auf die Dauer eine gewisse Wirkung entfalten.
- Vor allem aber gibt es global eine eindeutige, enge, kulturübergreifende **Korrelation** zwischen Bildungsniveau und Wohlstand auf der einen Seite und dem Human Rights Index auf der anderen Seite (s. Abb. 24.1[3]). Es ist

[3] Es gibt, wie aus der Abbildung ersichtlich, nur sechs Länder mit einem BIP/Kopf > 20.000 $ und gleichzeitig einem HRI unter 0,8: Türkei, Russland, Kasachstan, Libyen, Malaysia und, ganz rechts, der Stadtstaat Singapur. Nicht abgebildet sind zudem die vier „Ölstaaten" Qatar, Oman, VAE und Saudi-Arabien aufgrund der Tatsache, dass sie ihren Reichtum ausschließlich dem Erdöl verdanken.

kaum vorstellbar, dass sich im Zuge des im 21. Jahrhundert in fast allen Ländern absehbar deutlich steigenden Wohlstands- und Bildungsniveaus[4] diese Länder – bis auf einzelne Ausnahmen – auf Dauer dieser Korrelation entziehen können.

Zusammenfassend können wir mit hoher Wahrscheinlichkeit davon ausgehen, dass im Laufe des 21. Jahrhunderts, spätestens im 22. Jahrhundert, die ganz überwiegende Mehrzahl der Länder auf der Erde die oben genannten „Minimalcharakteristika für das Plateau" aufweisen werden. Zu Kants Zeiten erfüllte kein einziges Land auf der Erde diese Bedingungen.[5]

Darüber hinaus gehen die meisten internationalen Prognosen davon aus, dass auch die heute ärmeren Regionen der Erde spätestens gegen Ende des Jahrhunderts ein **Wohlstandslevel** erreichen werden, das mindestens dem von Westeuropa in den 1970er-Jahren entspricht.[6]

Auf der Ebene der einzelnen Länder wäre damit das Plateau bereits erreicht.

2. Internationale Ebene

Die Frage, wann auf der Erde eine internationale Ordnung etabliert wird, die man nach wesentlichen Kriterien – gewählte Regierung, Gewaltmonopol bzgl. zwischenstaatlicher Konflikte, weltweite Gesetzgebung und Justiz, weitreichende Entscheidungsbefugnisse bzgl. globaler Themenstellungen – als **Weltstaat** charakterisieren kann, ist viel schwerer einzuschätzen.

Auf der einen Seite hat es diesbezüglich in den letzten 100 Jahren Fortschritte gegeben, die noch zu Zeiten derjenigen historischen Denker, die als erste die Notwendigkeit des Weltstaates gesehen haben, in „sehr weiter Ferne" lagen. Es gibt mit der UN, ihren Unterorganisationen und dem internationalen Gerichtshof eine etablierte internationale Ordnung, deren

[4] Bis auf die ca. 30 ärmsten Länder werden praktisch alle Staaten das Level von 20.000 $/Kopf (Int'l $ 2017) bis ca. 2060/70 erreichen, wenn man die Wachstumsraten der letzten 20 Jahre extrapoliert. 20.000 $/Kopf entspricht etwa dem Niveau in Westeuropa im Jahr 1970.

[5] Aus diesem Grund ist Kants Einschätzung, dass der auch von ihm anvisierte (End-)Zustand, von seiner Zeit aus gesehen, „in weiter Ferne" liege, sehr verständlich.

[6] Schreibt man die Wachstumsraten der letzten 20 Jahre fort, so würde z. B. Indien das Level von 20.000 $/Kopf (2017-Int'l $) etwa 2050 erreichen, Indonesien schon ca. 2040, Nigeria und Pakistan um das Jahr 2080 herum. (Eine nicht unwichtige Rolle in diesem Zusammenhang dürfte die Tatsache spielen, dass die Bevölkerungszahl in praktisch allen Ländern der Erde außerhalb Afrikas im 21. Jahrhundert ein Maximum erreichen und danach wieder zurückgehen wird. In den afrikanischen Ländern wird das Maximum nach jüngsten Schätzungen in der ersten Hälfte des 22. Jahrhunderts liegen. Damit fällt die Herausforderung „Umgang mit Bevölkerungswachstum" für die gesellschaftliche Ordnung, die in den letzten Jahrhunderten fast überall auf der Erde eine erhebliche Rolle gespielt hat, weg (bzw. wird ersetzt durch die Herausforderung „Umgang mit schrumpfender Bevölkerung"). Für die Weltbevölkerung insgesamt erwartet die neueste UN-Studie von 2024 das historische Maximum um die 2080er-Jahre herum, bei ca.10,3 Mrd. Menschen).

gedanklich-konzeptionelle Grundlagen bereits (weitgehend) endgültigen Charakter haben, d. h., auch als Basis für einen Weltstaat dienen könnten: Erklärung der Menschenrechte, Ächtung des Krieges, Gleichberechtigung aller Nationen, UN-Friedensmissionen, Respekt vor (in diesen Grenzen) eigenständiger Entwicklung der Gesellschaften u. a.

Aber **auf der anderen Seite** widerspricht die Struktur des wichtigsten UN-Gremiums, des Sicherheitsrates, mit seinem Vetorecht für fünf Länder eben diesen Prinzipien; und vor allem fehlt der letztlich entscheidende Schritt: die Übertragung substanzieller Entscheidungsrechte und des Gewaltmonopols von der nationalen auf die internationale (d. h. eigentlich die supranationale) Ebene.

Dieser Schritt ist auch, das muss man klar konstatieren, nicht in Sicht.[7]

Immerhin wird die letztlich – einigen aktuellen Tendenzen zum Trotz – unaufhaltsame Globalisierung von Kultur, Wirtschaft und Wissenschaft im Laufe dieses Jahrhunderts (wiederum: mit hoher Wahrscheinlichkeit) weitere Grundlagen für diesen Schritt legen. Auch der positiv rückgekoppelte Charakter der Entwicklung hin zu Freiheit und Selbstbestimmung der Menschheit spricht dafür, dass ein Durchbruch näher liegen könnte, als es heute scheint.

Zusammenfassend ist es aus meiner Sicht eine durchaus rationale Erwartung, dass ein Weltstaat innerhalb der nächsten ein, zwei, maximal drei Jahrhunderte Wirklichkeit und damit das Plateau erreicht wird. In diesem Fall wäre die Formel „kurz davor" in Bezug auf dieses „Ende der Geschichte" erst recht gerechtfertigt: Die Menschheit hätte deutlich über 99 % des Weges bereits absolviert.[8]

3. Gegenargumente

Was spricht gegen diese bzgl. der einzelnen Länder und bzgl. der internationalen Ebene formulierte Einordnung der Gegenwart? Lassen Sie mich die wichtigsten Gegenargumente kurz diskutieren.

Ressourcenknappheit

Könnte es sein, dass uns auf dem oben skizzierten Weg wesentliche Rohstoffe ausgehen, was die Weltwirtschaft und damit die heutige Zivilisation kollabieren ließe (oder zumindest die Fortschritte der letzten 200 Jahre z. T. rückgängig machen könnte)?

---

[7] Wie schwer dieser Schritt sein wird, kann man am bisherigen Schicksal der EU ablesen: selbst unter den, im gewissen Sinne jedenfalls, fortschrittlichsten Ländern der Erde erweist es sich als ausgesprochen mühsam, Fortschritte in diese Richtung zu erzielen.

[8] Bei einem Anfangszeitpunkt 8000 v. Chr. (Beginn der Sesshaftigkeit) wären es ca. 97 %.

Die Antwort ist eindeutig: Nein, ein solches Szenario kann man mit Sicherheit ausschließen. Für die nähere Begründung verweise ich auf Unnerstall 2021.[9]

Dasselbe gilt für die verwandte Sorge bzgl. katastrophaler Auswirkungen eines (weiteren) Verlustes an Biodiversität.

Klimawandel

Das aus heutiger Sicht vielleicht naheliegendste Gegenargument verläuft etwa wie folgt: Durch den Klimawandel werden schon in der zweiten Hälfte des 21. Jhdts. erhebliche Teile der Erde unbewohnbar; dies impliziert Migrationsbewegungen von Hunderten von Millionen Menschen, die zu einer Destabilisierung und evtl. zum Zusammenbruch der internationalen Ordnung und in der Folge zu einem signifikanten Verlust bereits sicher geglaubter zivilisatorischer Errungenschaften in vielen Ländern führen könnten.

Was ist dazu zu sagen?

- Zunächst ist klar (dies hatten wir schon in 3.5 etabliert), dass eine systemische Inkompatibilität zwischen weiterer wirtschaftlicher und damit auch gesellschaftlicher Entwicklung und Klimaschutz **nicht** existiert: Beides ist sehr wohl gemeinsam realisierbar, weil
  - die Erde CO_2-freie Energien (d. h. regenerative und nukleare Energien) im Überfluss bereitstellt,
  - der Mensch bereits heute über die Technologie verfügt, diese Energien zu nutzen und
  - der Umstieg von fossilen Energieträgern auf CO_2-freie Energieträger[10] nur wenige Prozent des weltweiten BIP erfordert.

  M. a. W.: Das Klimaproblem ist technisch und finanziell lösbar.
- Zweitens ist festzuhalten, dass
  - die Klimaziele aller Staaten zusammen genommen Stand heute eine Erderwärmung von (nur) ca. 2° implizieren;
  - die heute bereits ergriffenen Klimamaßnahmen aller Staaten zusammengenommen Stand heute eine Erderwärmung von 2,5–3° implizieren.

  Selbst das letztere Szenario (d. h., die Annahme, dass die Staaten ziemlich flächendeckend ihre Klimaziele deutlich verfehlen) ist weit weg von jenen

[9] In einem Satz zusammengefasst: Die jedenfalls in Deutschland (immer noch) gängigen Narrative einer absehbaren globalen Ressourcenknappheit – bzgl. mineralischen Rohstoffen, landwirtschaftlichen Böden, Trinkwasser etc. – entsprechen schlicht nicht den Tatsachen.

[10] Zudem gibt es die Möglichkeit – und wahrscheinlich auch die Notwendigkeit – für eine Übergangszeit fossile Energieträger weiter zu nutzen und dabei die CCS-Technologie einzusetzen (CCS = Carbon Capture and Storage; d. h. Abscheidung des CO_2 z. B. aus den Abgasen von Kohle- und Gaskraftwerken).

„Horrorszenarien“, die im hier zur Rede stehenden Argument vorausgesetzt werden.

- Drittens muss es als – nicht völlig auszuschließen, aber doch – ziemlich unwahrscheinlich bezeichnet werden, dass die bereits jetzt weltweit sehr intensiven Forschungen zu „Negative-Emissionen-Technologien“, 30–40 Jahre in die Zukunft extrapoliert, allesamt scheitern.
  Positiv formuliert: Es gibt eine hohe Wahrscheinlichkeit, dass die Menschheit schon 2050, 2060 über signifikante, technologische Möglichkeiten verfügt, um CO_2 aus der Atmosphäre zu entfernen, d. h., dann noch verbleibende CO_2-Emissionen aus dem Energieverbrauch zu kompensieren und evtl. sogar die „Sünden der Vergangenheit“ ein Stück weit wiedergutzumachen.

Zusammenfassend:

Der Klimawandel ist eine ernste weltweite Herausforderung, und gerade die wirtschaftlich weit entwickelten, reichen Länder wie Deutschland haben eine hohe, unabweisbar ethische Verantwortung, ihren Beitrag zum globalen Klimaschutz zu leisten.

Richtig ist auch, dass die Menschheit das Problem relativ lange unterschätzt, jedenfalls nicht ernsthaft adressiert hat. Seit etwa 10 Jahren jedoch fließen weltweit viel politisch-gesellschaftliche Aufmerksamkeit, erhebliche wirtschaftliche Anstrengungen und intensive Forschungsarbeit in die Bewältigung dieser Herausforderung, und das Tempo der Veränderung nimmt gerade in den letzten Jahren weiter zu.

Zweifellos wird das 21. Jahrhundert, jedenfalls in der ersten Hälfte, erheblich durch diese Thematik geprägt sein. Es spricht jedoch wenig dafür – und es ist definitiv nicht, wie oft suggeriert, Meinung „der Wissenschaft“ –, dass der Klimawandel zu einem substanziellen Bruch in der wirtschaftlichen und politisch-gesellschaftlichen Entwicklung der Menschheit führen wird.[11]

Atomkrieg

Die Gefahr einer kriegerischen Auseinandersetzung mit dem Einsatz von Atomwaffen ist real.

Das Kernproblem ist hier, dass es – anders als beim Klimaschutz und den weiter unten besprochenen Risiken – nur einiger weniger Menschen bzw. einiger weniger einzelner Entscheidungen bedarf, um dieses Szenario Wirklichkeit werden zu lassen.

Daher gibt es leider eine erhebliche Wahrscheinlichkeit, dass es im Laufe des 21. Jahrhunderts zu einem solchen Einsatz kommt: durch eines der heute

[11] In den Szenarien des IPCC – der internationalen Organisation, die den Stand des Wissens und der Diskussion in der Klimawissenschaft repräsentiert – ist im Übrigen nirgendwo von Zivilisationsbrüchen die Rede; im Gegenteil gehen diese Szenarien ohne Ausnahme davon aus, dass das Wachstum der Weltwirtschaft weitgehend uneingeschränkt weitergeht.

neun Länder, die offiziell Atomwaffen besitzen, durch eine weitere Regierung oder durch eine terroristische Vereinigung.

Die Frage ist jedoch, welchen Charakter und damit welche Auswirkungen ein solcher Einsatz hätte. Ohne an diesem Punkt zu spekulativ zu werden: Rein rational ist das Risiko / die Wahrscheinlichkeit eines **vereinzelten**, auf eine Region der Erde beschränkten Atomwaffeneinsatzes viel größer als dasjenige eines **globalen** Atomkriegs. Für die in einem solchen Fall betroffene Region wären die Auswirkungen in jeder Beziehung verheerend; aber es ist schwer zu sehen, warum dies die Menschheit insgesamt von ihrem Weg in Richtung „Plateau" (und in Richtung Fortentwicklung von Wissenschaft und Technik) abbringen sollte.

Die Folgen eines globalen Atomkrieges – der nicht gänzlich auszuschließen ist – sind hingegen, auch wenn er nicht zum Ende der Menschheit führt, nicht abschätzbar. (Dies ist ein Grund dafür, dass alle Prognosen der Geschichtstheorie den Charakter von Wahrscheinlichkeiten haben, nicht aber von Sicherheiten.)[12]

Systemrivalitäten / Renaissance des Nationalismus

Es ist sehr verständlich, wenn heute als Argument gegen einen weiteren Weg hin zu intensiverer Zusammenarbeit der Staatengemeinschaft die seit einigen Jahren wachsenden Rivalitäten und Spannungen zwischen primär autokratisch/diktatorisch geführten Ländern und primär demokratisch organisierten Ländern angeführt werden.

Diese Entwicklung ist offensichtlich, und sie findet im Angriffskrieg Russlands gegen die Ukraine und in den zunehmend aggressiven Tönen Chinas gegenüber Taiwan prominenten Ausdruck. In beiden Fällen spielt ein gegenüber den letzten Jahrzehnten deutlich gesteigerter Nationalismus jedenfalls der politischen Führung eine bedeutende Rolle.

Dennoch ist dieses Argument m. E. im Kern nicht stichhaltig. Potenziell oder real aggressiver Nationalismus ist tatsächlich in der heutigen Welt weitgehend auf Russland und China beschränkt.

Russland ist bereits heute und vor allem perspektivisch – abgesehen von seinen Atomwaffen (s. vorheriges Argument) – trotz seiner Größe ein Land mit begrenztem Einfluss. Es stellt nicht einmal 2 % der Weltbevölkerung mit deutlich sinkender Tendenz, seine Wirtschaftsleistung liegt ebenfalls im Be-

[12] Dieselbe Überlegung gilt im Kern auch für zukünftige Technologien, die dem Menschen große reale Macht an die Hand geben. Es wird nicht zu verhindern sein, dass es solche Technologie geben wird. In gewisser Weise ist dies ja geradezu, abstrakt genommen, das Ziel von Wissenschaft und Technik. Man kann es auch anders formulieren: Da es dem einzelnen Menschen (anders als einem Tier) an die Hand gegeben ist, **Selbstmord** zu begehen, ist es logisch möglich (wenngleich sehr unwahrscheinlich), dass auch die Menschheit Selbstmord begehen kann.

reich von 2 % des Welt-BIP mit sinkender Tendenz, und seine heutige Bedeutung als Exporteur von fossilen Energieträgern wird in den nächsten Jahrzehnten aufgrund des Klimaschutzes drastisch zurückgehen.

Somit bleibt **China** als wichtigste Basis für das Argument. Unabhängig davon jedoch, für wie wahrscheinlich man eine kriegerische Auseinandersetzung um Taiwan hält und wie man Chinas Entwicklung in den nächsten Jahrzehnten allgemein einschätzt: Der chinesische Anspruch – sofern er mehr ist als Propaganda bzw. taktisches politisches Instrument, d. h. wirklich strategisches Ziel –, eine „führende Rolle in der Welt" zu spielen, ist auf längere Sicht schlicht unrealistisch.

Es ist zwar denkbar – obgleich definitiv nicht sicher –, dass China in den nächsten Jahrzehnten in wesentlichen Technologien (Quantencomputing, Biotechnologie, künstliche Intelligenz) einen deutlichen Vorsprung erarbeiten und evtl. einige Jahrzehnte lang halten kann. Aber auf die Dauer hat China in der heutigen, komplexen, multipolaren Welt einfach nicht die Möglichkeiten, dies in eine signifikante Dominanz umzusetzen: China wird in der zweiten Hälfte des 21. Jahrhunderts noch ca. 10 % der Weltbevölkerung beheimaten mit stark abnehmender Tendenz[13]; damit kann man nicht 10 Mrd. hochgebildete Menschen dauerhaft entscheidend beeinflussen.[14]

Mit anderen Worten: China stellte jahrtausendelang 20–30 % der Weltbevölkerung und kann auf eine einzigartig reiche und beeindruckende Kultur zurückblicken, die jedenfalls im asiatischen Raum sehr einflussreich war. Aber auch China wird lernen müssen und wird lernen, dass es eben nur **eine** Kultur, ein Land unter vielen ist, das sich – wie jedes andere Land – gleichberechtigt und tolerant in die Vielfalt der Gesellschaften einzufügen hat.

4. Scheitern des liberalen Gesellschaftsmodells

Das letzte Gegenargument gegen eine Einordnung der Gegenwart als Epoche – in historischen Dimensionen – „kurz vor" einem Plateau-Zustand ist das aus meiner Sicht gewichtigste, und es rechtfertigt damit einen eigenen Unterabschnitt.

[13] Die chinesische Fruchtbarkeitsrate liegt zurzeit bei 1,1–1,2 und gehört damit zu den niedrigsten in der Welt; daher sinkt die Bevölkerung seit einigen Jahren. Im neuen World Population Prospect der UN von 2024 liegt die Bevölkerung Chinas (im mittleren Szenario) bei nur noch 600 Mio. in 2100.

[14] Auch hier gibt es durchaus ein Extrem-Szenario, das anders aussieht: China entwickelt eine Technologie (etwa im Bereich KI), die allen anderen Technologien derart weit überlegen (und die nicht relativ schnell von anderen Ländern kopierbar) ist, dass es damit – auch ohne größeren Gewalteinsatz – allen anderen Staaten der Erde seinen Willen aufoktroyieren kann. Erstens ist dieses Szenario sehr unwahrscheinlich, und zweitens wäre so ein Zustand hoch instabil, d. h., wäre auf (praktisch) keinen Fall über Jahrhunderte haltbar. Der naheliegende Einwand, der Westen habe eine solche Dominanz doch 200 Jahre lang ausgeübt (1800–2000), übersieht, dass damals die Welt viel weniger eng vernetzt war und (anders als heute) wirtschaftliche Entwicklung, Bildung, Binnenorganisation in sehr vielen Ländern noch in den Kinderschuhen steckten.

Dieses Argument knüpft an zum einen an unsere Diskussion in Kap. 4.8 (Einwand 7.2: „Allgemeinwohl vs. individuelle Wünsche und Ziele"), zum anderen an die Überlegungen in Kap. 19.8 („Zum Bedürfnis ‚Gruppenzugehörigkeit' in der Geschichte").

Das Gegenargument geht aus von dem in 23.2 grob skizzierten Gesellschaftsmodell des „Plateau-Zustandes": Das Leben ist gekennzeichnet durch ein – durch die umfassende Realisierung der Menschenrechte geschütztes – hohes Maß an individueller Freiheit bzgl. Privateigentum/Konsum, Tätigkeit/Beruf, Lebensführung, Beziehungsmustern, Gruppenzugehörigkeiten, Religion/ideellen Zielen/politisch-gesellschaftlichen Überzeugungen.

Die **Kernthese des Gegenargumentes** lautet dann:

> „Ein solches ‚liberales Modell' funktioniert nicht, weil die durch diese Individualisierung implizierte Heterogenität innerhalb der Gesellschaft auf die Dauer nicht gehandhabt werden kann. Der Mensch kann mit diesem Maß an Freiheit nicht vernünftig umgehen; die notwendige Solidarität in der Gesellschaft geht verloren; das Allgemeinwohl kann nicht in genügendem Umfang durchgesetzt werden; externen Herausforderungen kann nicht mit der erforderlichen gemeinsamen Anstrengung begegnet werden."

Als empirischer Beleg für diese These wird in erster Linie der Zustand der westlichen Gesellschaften – v. a. der westeuropäischen[15] Länder und der USA – angeführt, die, so die Behauptung, unter ähnlichen, alarmierenden Phänomenen leiden:

- zunehmend polarisierte und emotionalisierte öffentliche Diskussion;
- Zersplitterung der Parteienlandschaft bzw. der Strömungen innerhalb von Parteien;
- Aufstieg extremer/populistischer Bewegungen oder Persönlichkeiten;
- (dadurch) wachsende Schwierigkeiten für Regierungen, längerfristige, strategische Entscheidungen zu treffen bzw. umzusetzen;
- wachsende soziale Spannungen;
- zunehmende Migrationsbewegungen (aufgrund größerer Wahlmöglichkeiten) und daraus erwachsende Destabilisierungen;
- Verlust des Vertrauens in die staatlichen Institutionen / in die Demokratie.

Die o. g. These entspricht dann der Prognose, dass sich diese Probleme als letztlich **unlösbar** erweisen werden, d. h. dass das z. Zt. praktizierte Gesellschaftsmodell dieser Länder scheitern und anderen – deutlich autokratischeren,

[15] Mit „westeuropäischen Ländern" meinen wir hier und im Folgenden nur die Abgrenzung zu Osteuropa; korrekter wäre es, von den nord-, süd- und westeuropäischen Ländern zu sprechen.

die Freiheit des Einzelnen (zugunsten von gemeinsamen Überzeugungen und Pflichten) einschränkenden – Gesellschaftsordnungen Platz machen wird.[16]

Was ist zu diesem Gegenargument zu sagen?

1.

Zunächst möchte ich wiederholen, was ich in diesem Buch schon mehrfach betont habe: Das zentrale Thema aller Ethik und die zentrale Herausforderung aller gesellschaftlichen Ordnung liegt genau **darin** – im Verhältnis von Individuum und Gemeinschaft, im Ausbalancieren von individueller Freiheit und (der dauerhaften Gewährleistung der Freiheit aller anderen, d. h.) gemeinschaftlichen Aufgaben und Erfordernissen.
Kant hat recht, wenn er schreibt: *„Dieses Problem ist zugleich das schwerste und das, welches von der Menschengattung am spätesten aufgelöst wird“* (Kant (1784), S. 13).

2.

Wenn man dem Argument zunächst einmal dahin gehend folgt, dass man von einem Scheitern der jetzigen gesellschaftlichen Ordnungen in Westeuropa und den USA ausgeht, so gibt es jedoch **zwei** mögliche gedankliche Folgerungen.

- Folgerung 1:
  Dieses Scheitern ist **endgültig**. Der Mensch ist **prinzipiell** nicht in der Lage, mit dem aktuell in diesen Gesellschaften realisierten Maß an Freiheit und der daraus erwachsenden Heterogenität umzugehen, d. h., es mit Allgemeinwohl-Erfordernissen in Einklang zu bringen. Er braucht die engere Einbindung in eine gesellschaftlich-moralische Ordnung (und ggf. eine entsprechende Abschottung nach außen), die notfalls auch über Zwang gewährleistet werden muss.
  Mit anderen Worten: Der Weg, den die westlichen Gesellschaften in den letzten 100 Jahren und insbesondere nach dem zweiten Weltkrieg verfolgt haben, ist prinzipiell falsch / eine Sackgasse.

[16] Entsprechend skeptisch steht diese Auffassung dem Ziel „Weltstaat“ gegenüber. Im Weltstaat wird das o. g. „liberale Gesellschaftsmodell“ übertragen von der Ebene der einzelnen Gesellschaft auf die Ebene der Gemeinschaft der Gesellschaften der Erde: der Weltstaat soll – sofern Frieden und Menschenrechte gewahrt sind und die Mitgliedsländer den Entscheidungen der Weltregierung Folge leisten – bzgl. der inneren Verfasstheit der Länder (kulturelle Merkmale, Wirtschaftssystem, soziale Unterschiede, Verwaltungsstruktur, Regierungsform usw.) größtmögliche Freiheiten lassen. Auch hier, so lautet die analoge Kritik, sei die Heterogenität zu hoch, um sie stabil in einer internationalen Ordnung einzufangen und fruchtbar zu machen.

- Folgerung 2:
  Dieses Scheitern ist **temporär**. Der Mensch ist heute **noch** nicht in der Lage, das aktuell realisierte Maß an Freiheit und Heterogenität adäquat zu handhaben; er bedarf des jetzigen und evtl. noch weiterer „vergeblicher Versuche" (Kant, S. 14), muss sich diese Aufgabe und deren zentrale Aspekte noch bewusster, noch klarer machen, bevor er sie in (nicht perfekter, aber) befriedigender Art und Weise löst.

Folgerung 1 ist nicht kompatibel mit dem Menschenbild und mit der Geschichtstheorie[17]; damit scheidet sie im hier gesetzten gedanklichen Rahmen aus.
Im für die Ausgangsfrage relevanten Sinn zielt der Einwand also darauf ab, dass es noch **sehr lange** – mehr als ein paar Jahrhunderte – dauern könnte, bevor eine stabile Gesellschaftsform im o. g. Sinne realisiert wird.

3.

Wird das aktuelle Gesellschaftsmodell der westeuropäischen Länder und der USA **tatsächlich** scheitern? Ist zu erwarten, dass es in den nächsten Jahrzehnten – evtl. nach einer Phase bürgerkriegsähnlicher Zustände – substanzielle Verfassungsänderungen geben wird in Richtung deutlich autoritärer, restriktiverer gesellschaftlich-politischer Ordnungen?
Letztlich kann niemand diese Frage mit Sicherheit beantworten, und eine ausführliche Diskussion würde ein eigenes Buch erfordern.
Ich möchte mich daher auf einige wenige Bemerkungen dazu beschränken.

- Die beim Einwand im Fokus stehenden Länder (Westeuropa und USA) sind – wie bereits in Kap. 4.8 angemerkt – kein homogener Block, sondern sie weisen untereinander **erhebliche Unterschiede** auf: sowohl bzgl. „harter" Faktoren wie Sozialsystem, Bildungssystem, genaue Gewaltenteilung, Wahlrecht, Migrationsregeln; als auch bzgl. der o. g. „weichen" Faktoren wie Polarisierung, Zersplitterung, Politikverdrossenheit, Bedeutung von extremen politischen Strömungen.
  Konkret: Zwischen Ländern wie Norwegen, Schweiz, Italien, USA liegen diesbezüglich Welten. Man könnte auch sagen: Es gibt schon jetzt,

[17] Begründung: Es gibt kein Argument dafür, warum der Mensch nicht in der Lage sein sollte, die o. g. aktuellen Probleme in den zur Rede stehenden Gesellschaften bezüglich ihrer tieferen Ursachen zu analysieren, aus den Fehlern zu lernen und bei einem neuen Versuch zu vermeiden (wie etwa das jetzige Grundgesetz in Deutschland einige Fehler der Weimarer Republik vermeidet). Da der individuelle Mensch zudem im Laufe der Geschichte lt. der Geschichtstheorie zunehmend eben diese Zielsetzung reflektiert und sich zu eigen macht, sind alle Voraussetzungen gegeben, damit die jetzigen Probleme im Grundsatz überwunden bzw. in ihrer Bedeutung depotenziert werden können.

ganz real, relativ verschiedene Wege, um die eingangs genannte Kernherausforderung (Ausbalancieren von individueller Freiheit und Gemeinwohlbelangen) innerhalb des liberalen Gesellschaftsmodells gut zu lösen.[18]
Auch wenn man skeptisch bzgl. der Zukunft **einzelner Länder** ist (etwa der USA) – dass **alle** (oder die meisten) diese(r) Wege scheitern, halte ich für eine jedenfalls recht gewagte These.

- Diese Differenzierung wird unterstützt, wenn wir den Blick erweitern und die neuen Demokratien in **Osteuropa** einbeziehen. Natürlich kann man argumentieren, dass diese Ordnungen noch jung sind und daher noch nicht in der Phase, in der die Auswirkungen eines „zu" hohen Maßes an individueller Freiheit spürbar wären; aber dagegen steht wiederum das Argument, dass diese Länder von den problematischen Entwicklungen in Westeuropa lernen können.
- Schließlich wäre es ein großer Fehler, die Zukunft des liberalen Gesellschaftsmodells nur an Europa und den USA fest zu machen. Es gibt mittlerweile etwa **15 weitere Länder** rund um den Globus, die zentrale Kriterien dieses Gesellschaftsmodells erfüllen[19] und die es eventuell schon jetzt "besser machen" als die Europäer und US-Amerikaner.
Eine Prognose des Scheiterns auf alle diese Gesellschaften auszudehnen – dafür, meine ich, wird man nur sehr schwer argumentieren können.
- Letzter Punkt: Schließlich ist darauf hinzuweisen, dass sich die negativen Befunde, auf die sich das Argument stützt, vor allem in der politisch-gesellschaftlichen Sphäre abspielen, die aber nur ein **Teilbereich** der Wirklichkeit ist. So ist festzuhalten, dass die in Rede stehenden Länder jedenfalls bis heute wirtschaftlich weiterhin prosperieren und in Wissenschaft und Technik weiterhin mit an der Spitze der Welt stehen. Bemerkenswert ist zudem, dass diese Befunde ganz offensichtlich (bisher jedenfalls) keinen Einfluss auf die **Lebenszufriedenheit** in den entsprechenden gesellschaften haben: In den letzten 50 Jahren hat sich die Lebenszufriedenheit in den westeuropäischen Gesellschaften nicht geändert; und die Bevölkerungen in Westeuropa und in den USA gehören heute unverändert eindeutig zu den glücklichsten der Welt.

[18] Dies entspricht auch der Überlegung in Kap. 23.2, dass es eben nicht eine ideale Lösung, eine ideale Ordnung gibt, sondern ein Spektrum adäquater Möglichkeiten.

[19] Wenn man folgende drei Merkmale nimmt: Human Rights Index >0,9 / Demokratie-Index >80 / Civil Liberties Index >80 (s. für die nähere Erläuterung OurWorldinData), dann erfüllen zurzeit 15 Länder außerhalb Europas und den USA diese Merkmale: u. a. Kanada, Costa Rica, Uruguay, Chile, Taiwan, Japan, Südkorea, Australien, Neuseeland und mit Einschränkungen Ecuador und Ghana.

Fazit zu diesem Gegenargument
Es ist nicht zu leugnen, dass zumindest einige größere westliche Länder (USA, Deutschland, Frankreich u. a.) mit gravierenden strukturellen Problemen konfrontiert sind, die in erster Linie aus der zunehmenden – auch aus Migration herrührenden – Heterogenität in diesen Gesellschaften bzgl. Herkunft, materieller Situation, Lebensführung, Moralvorstellungen, politisch-gesellschaftlicher Überzeugungen erwachsen.

Lt. der Geschichtstheorie ist diese Heterogenität (nicht in allen Details, aber im Kern) **unvermeidlich,** da sie eine Folge der Realisierung von Freiheit und Selbstbestimmung für den einzelnen Menschen ist. Damit ist klar, dass jede liberale Gesellschaft in mehr oder weniger großem Umfang mit solchen Phänomenen konfrontiert sein wird.

Richtig ist auch, dass diese Probleme objektiv schwer zu lösen sind und z. T. auch – aufgrund immer neuer technischer Möglichkeiten und weiterer Globalisierung – eine permanente Herausforderung darstellen; und das bedeutet, dass sie permanente Anpassungen/Neujustierungen erfordern.

Eine „optimale" oder „Ein-für-alle-Mal"-Lösung gibt es dabei nicht: jede Gesellschaft muss – auf der Basis einiger rechtlicher und institutioneller Grundentscheidungen – die Details ihrer Balance von Individuum und Gemeinschaft in jeder historischen Phase, je nach Kultur, inneren Gegebenheiten, äußeren Einflüssen immer wieder aushandeln.

Dennoch – oder auch deshalb – ist es in der Summe der verschiedenen Aspekte als eher unwahrscheinlich einzustufen, dass die negativen Tendenzen zu einem **flächendeckenden** Scheitern dieses liberalen Gesellschaftsmodells führen:

- Erstens ist es – innerhalb der Voraussetzungen dieses Buches – keine Frage, dass die in der Heterogenität liegende Herausforderung prinzipiell lösbar ist;
- zweitens gibt es mittlerweile ein recht großes Spektrum solcher liberalen Gesellschaften auf der Erde (>50), die man auch als Spektrum der Wege interpretieren kann, eine möglichst stabile Lösung zu etablieren;
- drittens schließlich sollte man die Bedeutung der Probleme für die konkrete Lebensrealität und -zufriedenheit der meisten Menschen (und damit ihre „Sprengkraft") nicht überschätzen.

Es ist nicht auszuschließen, dass sich der Mensch in einem recht allgemeinen Sinne am Beginn des 21. Jahrhunderts als zu egoistisch, intolerant, naiv, beeinflussbar erweist, um mit dem hohen Maß an Freiheit in einer liberalen Gesellschaft auf Dauer erfolgreich umzugehen. Aber selbst wenn man ein solches Szenario für wahrscheinlich oder gar sicher hält: Die Menschen im 22. Jahrhundert werden über ein im Mittel signifikant höheres Bildungsniveau und einen deutlich reicheren Erfahrungsschatz bzgl. solcher Gesellschaften verfügen.

Sie haben daher noch einmal ungleich bessere Chancen, die mit dem „Plateau-Gesellschaftsmodell" einhergehenden Herausforderungen dauerhaft zu bewältigen.

5. Fazit

Wir haben **fünf Gegenargumente** gegen die These diskutiert, dass in den nächsten ein, zwei Jahrhunderten die Menschheit in der politisch gesellschaftlichen Geschichte ein „Plateau" erreichen wird, das zum einen fast flächendeckend durch weitgehend liberale gesellschaftliche Ordnungen, zum anderen durch einen Weltstaat charakterisiert ist (beide Strukturen unterstützen sich dabei gegenseitig). Diese Argumente können benannt werden mit den Stichworten:

- Ressourcenknappheit;
- Klimawandel;
- Atomkrieg;
- Renaissance des Nationalismus (v. a. China);
- Scheitern der heutigen liberalen Gesellschaftsmodelle.

Diese Einwände adressieren berechtigte Punkte[20] und erhöhen insbesondere die Wahrscheinlichkeit, dass es auf dem Weg zum Plateau (und gerade im 21. Jahrhundert) nicht unerhebliche Rückschläge gibt. Sie sind aber nicht geeignet – abgesehen von Extremszenarien, die sehr unwahrscheinlich, aber nicht völlig auszuschließen sind: weltweiter Atomkrieg, unkontrollierbare Folgen von Klimaveränderungen, längerfristiges Verschwinden liberaler Gesellschaften –, die These grundsätzlich in Zweifel zu ziehen.

Die Welt steht also **in diesem Sinne** kurz vor dem „Ende der Geschichte".

Man kann dieses etwas plakative Schlagwort allerdings auch aus einem anderen Blickwinkel betrachten.

---

[20] Eine Ausnahme ist der Einwand „Ressourcenknappheiten", der nicht wirklich berechtigt ist.

Eigentlich bedeutet der beschriebene „Plateau-Zustand" ja nur, dass – emphatisch ausgedrückt – jeder Mensch ein **menschenwürdiges Leben** führen kann. Der Mensch ist frei geboren; sein Recht ist es, seine individuellen Fähigkeiten möglichst vollständig zu entfalten und seine wesentlichen materiellen, psychischen und geistigen Bedürfnisse/Antriebe bis zu den Grenzen zu erfüllen, die durch dasselbe Recht aller gesetzt sind.

Erst auf dem Plateau ist dieses Recht strukturell stabil für alle Menschen Wirklichkeit; dieser Zustand ist damit Voraussetzung dafür, dass die gesamte Menschheit das in ihr liegende Potenzial entfalten kann.

In diesem Sinne ist das Ende der Geschichte eigentlich erst der **Anfang,** oder besser: Die Menschheit hat erst dann die erste große Aufgabe ihrer Reise gelöst, nämlich sich wahrhaft menschenwürdig selbst zu organisieren.[21]

Das Ende der Geschichte ist aus diesem Blickwinkel nur das **Ende der ersten Etappe der Menschheitsreise.**

24.2 Einordnung: Geschichte von Wissenschaft und Technik

Wo stehen wir als Menschheit in der Geschichte von Wissenschaft und Technik?

Aus der Analyse des Kap. 22 in Verbindung mit dem Ergebnis von Kap. 23 ergibt sich, dass diese Frage rational nicht beantwortbar ist: Da wir den weiteren Verlauf **dieser** Geschichte nicht vorhersagen und insbesondere keinerlei Vorstellung von einem (theoretischen) Ende haben können, ist eine Einordnung der Gegenwart in den Gesamtablauf von Anfang bis Ende im strengen Sinn unmöglich.

Es ist aber aufschlussreich, sich folgende Überlegungen vor Augen zu führen:

- Die Menschheit ist ca. 70.000 Jahre alt, aber der Anfang systematischer, breiter Naturwissenschaft und darauf aufbauender Technologie-Entwicklung liegt erst rund 400 Jahre zurück.[22][23] Wenn wir davon ausge-

[21] Vgl.: „*Unsere kurze bisherige Geschichte [war] gleichsam das Sichtreffen, das Sichversammeln der Menschen zur Aktion der Weltgeschichte, war der geistige und technische Erwerb der Ausrüstung zum Bestehen der Reise. Wir fangen gerade an*" (Jaspers (1947), S. 45).

[22] Damit sollen natürlich nicht die wissenschaftlichen Errungenschaften v. a. der griechisch-hellenistischen Zeit und der sog. Blütezeit des Islam (Abbasidenreich) herabgewürdigt werden. Aber sie blieben punktuell und beschränkten sich weitgehend auf Mathematik, phänomenologische Physik und Astronomie.

[23] „*Zu Shakespeares Zeiten [*ca. *1600, TU] [nahmen] auch die gebildeten Europäer Magie und Hexerei durchaus ernst. Sie glaubten an Werwölfe und Einhörner und waren der Überzeugung, der Himmel drehe sich um die Erde, Kometen seien schlimme Vorzeichen und die Odyssee und Aeneis seien wahre Geschichten*" (Christian 2022, S. 201).

hen, dass die Reise der Menschheit auf jeden Fall noch Tausende Jahre weitergeht, so steht die Geschichte von Wissenschaft und Technik rein formal gesehen noch ganz am Anfang.

- Während dieser letzten 400 Jahre war diese Geschichte von Wissenschaft und Technik faktisch sehr lange auf Europa und später Nordamerika beschränkt – d. h. nur ein kleiner Teil der Weltbevölkerung hatte die Möglichkeit, überhaupt an ihr zu partizipieren bzw. sie voranzutreiben. Erst seit ca. 100 Jahren gibt es eine wirklich weltweite Wissenschaftsgeschichte und -entwicklung.
- Zudem wurde selbst in den europäischen Ländern diese Geschichte sehr lange nur von einer kleinen Minderheit getragen: Eine universitäre Ausbildung bzw. qualifizierte Fachausbildung und damit die Chance, zum Fortschritt von Wissenschaft und Technik beizutragen, steht ebenfalls erst seit etwa 100 Jahren breiteren Gesellschaftsschichten offen.

Die beiden letzteren Aspekte haben gemeinsam eine sehr bemerkenswerte Folge: Während es – allgemein, d. h. nicht auf Naturwissenschaft und Technik beschränkt – im Jahr 1950 etwa 30 Mio. Menschen mit einer „tertiären" Ausbildung (d. h. in der Regel: Hochschulausbildung) auf der Erde gab, sind es heute bereits 900 Mio., und 2100 werden es nach aktuellen Schätzungen weit über 3 Mrd. sein (s. Abb. 2.10).

Diese geradezu explosionsartige Entwicklung des Bildungsniveaus und damit auch des Wissenschaftsnachwuchses (eine Verhundertfachung in nur 150 Jahren!) impliziert die rationale Erwartung, dass sich das Tempo der wissenschaftlich-technischen Entwicklung im Laufe des 21. Jahrhunderts und dann im 22. Jahrhundert nochmals drastisch beschleunigen wird (zumal es voraussichtlich in signifikanter Weise durch künstliche Intelligenz unterstützt wird).[24]

Diese Überlegungen lassen eigentlich nur einen Schluss zu: Die Menschheit steht noch am **Anfang ihrer Reise** zu einem möglichst kompletten Verständnis der Naturgesetze und ihrer Umsetzung in Technologie.

Dieselbe Erwartung liegt nahe, wenn wir uns exemplarisch vor Augen führen, was wir alles wissen können, aber noch nicht wissen:

- Wie entsteht Bewusstsein/Selbstbewusstsein aus unbewusster Materie?
- Was sind die Möglichkeiten und Grenzen künstlicher Intelligenz?
- Welche Gene in unserer DNA sind für welche biologischen Muster/Eigenschaften/Fähigkeiten verantwortlich?

---

[24] Vgl. hierzu Norberg (2016), S. 201 ff.

- Ist es möglich, die Lebenserwartung auf (z. B.) 150 Jahre zu steigern?
- Ist es möglich, menschliche Fähigkeiten etwa durch Chip-Implantate erheblich zu steigern?
- Wie sieht die endgültige Quantentheorie der subatomaren Ebene aus?
- Wie lässt sich der Widerspruch von Quantentheorie und allgemeiner Relativitätstheorie auflösen?
- Gibt es eine Möglichkeit, Raumschiffe mit nahe Lichtgeschwindigkeit reisen zu lassen? Oder durch (künstlich erzeugte, stabile) Wurmlöcher?
- Gibt es im Umkreis von z. B. 50 Lichtjahren Leben auf anderen Planeten? Wie sieht es aus?
- Ist es möglich, etwa auf dem Mars künstlich Umgebungsbedingungen so zu schaffen, dass Menschen dort leben und eine Kolonie aufbauen können?

Diese kurze Auswahl an rationalen Fragestellungen soll nur einen kleinen Eindruck vom ungeheuer großen Feld des Unbekannten (aber Erforschbaren) vermitteln; hinzu kommen u. a. heute noch gar nicht absehbare Fragestellungen, die sich aus den Antworten auf die o. g. Themen ergeben.

M. E. weist dies wiederum darauf hin, dass – sofern eine solche Quantifizierung zulässig ist – die Menschheit erst über einen recht kleinen Prozentsatz des „Wissbaren" verfügt.

Fazit
Die wenigen Anmerkungen, die wir bezüglich der Frage der Einordnung der Gegenwart in die Geschichte im Bereich Wissenschaft und Technik machen können, sprechen eine klare Sprache. Die Menschheit steht hier sehr wahrscheinlich noch am Anfang. Wir haben keine Möglichkeit zu wissen, **wie weit** am Anfang; aber dass die Menschheit eigentlich (in historischen Dimensionen gesprochen) gerade erst begonnen hat, systematisch Wissenschaft und Technologieentwicklung zu betreiben – diese Einsicht scheint mir unabweisbar.

24.3 Fazit

Die Antwort auf die Leitfrage dieses letzten Teils des Buches, „Wo stehen wir als Menschheit am Anfang des 21. Jahrhunderts?", fällt komplementär aus.

Die Menschheit ringt seit vielen Jahrtausenden darum, sich auf der Ebene einzelner Gesellschaften, aber auch bzgl. des Verhältnisses zwischen Gesellschaften, menschengerecht/menschenwürdig zu organisieren. In diesem Ringen gab es immer wieder in einzelnen Epochen und einzelnen Regionen Fortschritte, gelungene partielle Versuche; aber sie waren nicht stabil und wurden abgelöst von Epochen, in denen die entsprechenden Einsichten und Errungenschaften wieder weitgehend verloren gingen.

Dafür kann man drei wichtige Gründe benennen:

- Die Menschen hatten immer wieder mit existenziellen, für sie – mit den Möglichkeiten ihrer Zeit – nicht kontrollierbaren Problemen zu kämpfen: Hungersnöte, Epidemien, Ressourcenknappheiten; hinzu kam, z. T. dadurch bedingt, das ausgeprägte Konkurrenzverhalten zwischen Gruppen/Gesellschaften und die Omnipräsenz von physischer Gewalt.
- Es gab in diesen Jahrtausenden insgesamt sehr unterschiedliche, oft religiös oder machtpolitisch geprägte Vorstellungen und Überzeugungen darüber, was denn „menschengerecht/menschenwürdig" sei.
- Ein wesentlicher Grund dafür wiederum war, dass der Mensch sich selbst, wissenschaftlich gesehen, nicht besonders gut kannte.

Alle drei Gründe sind heute weitgehend entfallen. Insbesondere gibt es weltweit weitgehend einheitliche (und z. B. in UN-Dokumenten festgehaltene) Auffassungen darüber, was ein menschenwürdiges Leben bedeutet; und was folglich letztlich Ziel von wirtschaftlicher und v. a. von politisch-gesellschaftlicher Organisation ist.

Damit sind die konzeptionellen Grundlagen gelegt, und ihre (weitgehende) Umsetzung in die Lebensrealität auf der Erde ist absehbar. Die Menschheit wird es mit hoher Wahrscheinlichkeit in der ersten Hälfte dieses Jahrtausends schaffen, sich in einer Weise selbst zu organisieren, die – weil von gemeinsamen Überzeugungen getragen und nicht von unkontrollierbaren existenziellen Problemen bedroht – strukturell zeitlich stabil ist und in diesem Sinne das Ende des grundsätzlichen Ringens markiert.

Das Gegenteil trifft zu für das Ringen um systematische wissenschaftliche Erkenntnisse und, darauf aufbauend, zielgerichtete technologische Macht. Dieses Ringen hat zwar viele sporadische Vorläufer in früheren Jahrtausenden, aber in größerer Systematik und Konstanz ist es erst wenige Jahrhunderte alt. Es hat gerade erst begonnen, und seine Zukunft steht – bildlich und zum Teil realiter – in den Sternen.

Beide geschichtlichen Entwicklungen sind nicht unabhängig voneinander, sie bedingen sich in erheblichem Maße gegenseitig.

Und wenn der Mensch sich selbst politisch-gesellschaftlich befriedet hat, wird das – so darf man erwarten – menschliche Energie und Kreativität auf wissenschaftlich-technischem Gebiet (und bzgl. der Folgen für die Lebensrealität des Menschen) in einem Umfang freisetzen, den wir uns heute kaum vorstellen können.[25]

[25] „Mankind is now breaking free from the natural and self-imposed limitations that have always held us down. Humanity has reached escape velocity … It is easy to predict that a world without such limitations will unleash incredible creativity" (Norberg (2016), S. 201/202).

25

Schluss

Lieber Leser,

ich kann mir vorstellen, dass Sie jetzt, am Ende des Buches, doch ein wenig ungläubig auf diesen insgesamt sehr optimistischen Blick in die Zukunft der Menschheit schauen. Kann das wirklich sein? Wie plausibel ist dieses Ergebnis angesichts der Lage der Welt, die doch von so viel Streit, Irrationalität, Leid und Zukunftsskepsis geprägt ist?

Ich kann dieses Gefühl gut nachvollziehen. Das positive Ergebnis am Ende ist aber eine Folge des Versuches, mich bei diesem Buch nur von Fakten, gut begründeten Voraussetzungen und logischen Schlüssen leiten zu lassen. Inwieweit mir das gelungen ist, müssen Sie beurteilen.

Vielleicht kann aber auch folgende Analogie beim Bedenken des Ergebnisses dieses Buches helfen. Wenn die Evolutionsbiologen recht haben und die durchschnittliche Lebensspanne einer Säugetierart auf der Erde 500.000–1.000.000 Jahre beträgt, so ist die Art „homo sapiens" mit ihren 70.000 Jahren in jedem Fall noch jung, sie steckt noch in den Kinderschuhen. Und wie man mit einem Kind nachsichtig ist, das Fehler macht, seine Emotionen noch nicht gut im Griff hat, seinen Weg zum Teil noch finden muss – so sollten wir vielleicht mit uns selbst, mit den Menschen, ein wenig nachsichtig sein.

Die Menschheit wird schon erwachsen werden, ihre Jugendsünden werden hoffentlich keine langfristigen Folgen haben, einige Defizite werden sich legen – und dann steht ihr ein langes, spannendes Erwachsenenleben bevor.

T. Unnerstall, *Unsere Zukunft wird gut (sehr wahrscheinlich)*,
https://doi.org/10.1007/978-3-662-72484-2_25

Literatur

Acemoglu, D und Robinson, JA (2014), „Warum Nationen scheitern“, Fischer, Frankfurt

Angehrn, E (2012), „Geschichtsphilosophie“, Schwabe, Basel

Bregman, R (2017), „Utopien für Realisten“, Rowohlt, Hamburg

Bregman, R (2021) „Im Grunde gut“, Rowohlt, Hamburg

Burckhardt, J (1872), „Weltgeschichtliche Betrachtungen“; Ausgabe Beck, München 2018

Burkeman, O (2017), „Is the world really better than ever?“, The Guardian, 28.7.2027

Christian, D (2020), „Big History“, Piper, München

Christian, D (2022), „Zukunft denken“, Aufbau Verlage, Berlin

Coakley, M (2016), „Interpersonal Comparisons of the Good: Epistemic not Impossible“, in: Utilitas 28 (3), 2016

Condorcet, Marquis de (1794), „Entwurf einer historischen Darstellung der Fortschritte des menschlichen Geistes“; Ausgabe Suhrkamp, Frankfurt 1976

Conrad, S (2013), „Globalgeschichte“, Beck, München

Davis, V. (2022), „Finding Me“ , HarperOne, New York

Diamond, J (1998), „Arm und Reich“, Fischer, Frankfurt

Easwaran, E (2008), „Die Upanischaden“, Goldmann, München

Fest, J (1993), „Die schwierige Freiheit“, Siedler, Berlin

Fichte, JG (1800) „Die Bestimmung des Menschen“; Ausgabe Reclam, Stuttgart 1981

Fries, E (2017), „Die Geschichte der Welt“, Beck, München

Galor, O (2022), „The Journey of Humanity“, DTV, München

Gore, A (2014), „Die Zukunft“, Siedler, München

Graeber, D und Wengrow, D (2022), „Anfänge“, Klett-Cotta, Stuttgart

T. Unnerstall, *Unsere Zukunft wird gut (sehr wahrscheinlich)*,
https://doi.org/10.1007/978-3-662-72484-2

Gyatso, T (Dalai Lama) (1981), „Einführung in den Buddhismus“; Ausgabe Herder, Freiburg 2015
Harari, Y (2013), „Eine kurze Geschichte der Menschheit“, DVA, München
Harari, Y (2020), „Homo Deus“, Beck, München
Hartung, G (2018), „Philosophische Anthropologie“, Reclam, Stuttgart
Heintzelman, S und King, L (2014) „Life is pretty meaningful“, in: American Psychologist 69(6), 2014
Hegel, GFW (1826), „Philosophie der Kunst“; Ausgabe Suhrkamp, Frankfurt 2005
Hegel, GFW (1837), „Vorlesungen über die Geschichte der Philosophie“; Ausgabe Suhrkamp, Frankfurt 2021
Hösle, V (1997), „Moral und Politik“, Beck, München
Hösle, V (1999), „Die Philosophie und die Wissenschaften“, Beck, München
Hösle, V (2013), „Eine kurze Geschichte der deutschen Philosophie“, Beck, München
Jaspers, K (1949), „Vom Ursprung und Ziel der Geschichte“, Piper, München
Kant, I (1803), „Über die Erziehung“; Ausgabe DTV, München, 1997
Kant, I (1794) „Idee zu einer allgemeinen Geschichte in weltbürgerlicher Absicht“, Ausgabe LIWI, Göttingen 2019
Kelley, J und Evans, MDR (2017), „Societal Inequality and individual subjective well-being: Results from 68 societies and over 200.000 individuals, 1981–2008“, in: Social Science Research, 62
Komlosy, A (2011), „Globalgeschichte“, Böhlau Verlag, Wien
Krause, J und Trappe, T (2021), „Hybris“, Ullstein, Berlin
Litt, T (1950), „Geschichtswissenschaft und Geschichtsphilosophie“, Bruckmann, München
Mann, G et al. (1961), „Der Sinn der Geschichte“, Beck, München
Marx, K und Engels, F (1848), „Das kommunistische Manifest“, Ausgabe Pretorian Books, Varna 2019
Mirandola, P. della (1486), „Über die Würde des Menschen“, Ausgabe Evangelische Verlagsanstalt, Leipzig 2022
Morris, I (2012), „Wer regiert die Welt?“, Campus, Frankfurt
Norberg, J (2016), „Progress“, Oneworld, London
Nußberger, A (2021), „Die Menschenrechte“, Beck, München
Popper, K (1957), „Das Elend des Historizismus“; Ausgabe Mohr Siebeck, Tübingen 2003
Randers, J (2012), „2052“, Oekom, München
Rees, M (2020), „Unsere Zukunft“, WBG, Darmstadt
Rohbeck, J (2000), „Rehabilitierung der Geschichtsphilosophie“, in: DZPhil 48 (1), 2000
Rosling, H (2019), „Factfulness“, Ullstein, Berlin
Santos, H, Varnum, M und Grossmann, I (2017), „Global Increases in Individualism“, in: Psychological Science 28(9), 2017
Sargent, LT (2010), „Utopianism“, Oxford University Press, New York

Scheler, M (1928), „Die Stellung des Menschen im Kosmos"; Ausgabe Holzinger, Berlin 2016

Scheler, M (1929), „Philosophische Weltanschauung", Friedrich Cohen, Bonn

Sen, Amartya (1999), „Development as Freedom", Oxford University Press, Oxford

Shum, D (2022) „Chinesiches Roulette", Droemer, München

Smith, LC (2011) „Die Welt im Jahr 2050", DVA, München

Toynbee, AJ (1946), „A Study of History (Abridgement by D.C.Somervell)", Ausgabe Oxford University Press, Oxford 1987

Turchin, P (2022), „Disentangling the evolutionary drivers of social complexity: A comprehensive test of hypotheses", in: Science Advances 8 (25), 2022

United Nations Department of Economic and Social Affairs, Population Division (2024). World Population Prospects 2024: Summary of Results (UN DESA/POP/2024/TR/NO. 9).

Unnerstall, T (2021), „Faktencheck Nachhaltigkeit", Springer, Berlin

Weber, M (1904), „Die ‚Objektivität' sozialwissenschaftlicher Erkenntnis"; Ausgabe M.Weber, Soziologie, Universalgeschichtliche Analysen, Politik, Kröner, Stuttgart 1973

Welzel, C (2013), „Freedom Rising", Cambridge University Press, New York

Witzel, M (2010), „Das alte Indien", Beck, München

Zotz, V (2000), „Konfuzius", Rowohlt, Hamburg

Zwenger, T (2008), „Geschichtsphilosophie", WBG, Darmstadt

Verzeichnis der verwendeten Datenbanken

Our World in Data (https://ourworldindata.org/)

World Inequality Database (https://wid.world/)

World Values Survey (https://www.worldvaluessurvey.org/WVSOnline.jsp)